Erlang

programmation

Erlang

programmation

Mickaël Rémond

Remerciements à
Catherine Mathieu

EYROLLES

ÉDITIONS EYROLLES
61, bd Saint-Germain
75240 Paris Cedex 05
www.editions-eyrolles.com

Préface, par Joe Armstrong, créateur du langage Erlang

C'est pour moi un immense plaisir que de rédiger l'introduction du premier ouvrage en français consacré à Erlang. Pour l'essentiel, une simple question suffit à présenter le langage Erlang, bien mieux que ne le feraient de longs discours : pourquoi apprendre Erlang ? Pourquoi apprendre encore un autre langage – les langages de programmation ne sont-ils pas, après tout, suffisamment nombreux ?

La réponse est simple : Erlang n'est pas « un autre langage de programmation ». De bien des manières, il est fondamentalement différent des langages informatiques que vous connaissez probablement. Car dans l'écrasante majorité, ceux-là ont été conçus pour écrire des programmes *séquentiels*. Erlang a, pour sa part, été conçu pour écrire des programmes *concurrents*.

Le monde réel, celui qui réside hors de nos ordinateurs et dans lequel nous vivons, travaillons et mourons, est indéniablement concurrent. Les choses s'y produisent en parallèle et notre existence même repose sur les interactions complexes d'un très grand nombre d'activités concurrentes.

Cette simple observation conduit au paradoxe suivant : tandis que les activités s'organisent dans notre monde de manière parallèle et que notre existence dépend de la concurrence d'un grand nombre d'activités, les langages que nous utilisons pour modéliser, décrire et transcrire cette réalité en programmes sont essentiellement séquentiels. Cette observation revêtirait peu d'importance si nous écrivions des programmes qui n'ont nul besoin d'interagir avec le monde réel. Or, ce n'est bien souvent pas le cas, et l'écart entre les natures concurrentielle du monde réel et séquentielle de la plupart des langages de développement devient un vrai problème. Écrire du code séquentiel censé interagir avec le monde réel, où la concurrence est naturelle et inévitable, constitue en soi un défi excessivement difficile.

Ce problème est toutefois considérablement simplifié si une correspondance peut être établie entre les paradigmes de concurrence observables dans le monde réel et des paradigmes similaires dans les langages de développement. Cette approche réduit l'écart sémantique entre le problème et sa solution, en simplifiant cette dernière. C'est ce vers quoi tend le langage Erlang.

Le développement en Erlang enseigne au programmeur une nouvelle manière de considérer le monde, en l'obligeant à analyser les problèmes auxquels il est confronté en termes de processus concurrents et de messages échangés entre ces processus.

Un programme Erlang est composé d'un nombre arbitraire de processus qui s'exécutent en parallèle. Ces processus interagissent en échangeant des messages. C'est même là la seule façon pour eux d'interagir. En outre, leur espace d'exécution n'est pas limité à une seule machine : il peut s'étendre à un *nœud* Erlang quelconque situé sur l'Internet.

En termes de ressources machine, le coût des processus Erlang est négligeable, si on le compare à celui du mécanisme de *threads* tel qu'il est implémenté dans la plupart des systèmes d'exploitation. Un processus Erlang ne partage de données avec aucun autre processus et reste extrêmement léger.

L'utilisation de processus concurrents n'interagissant que par échanges de messages constitue les bases de la programmation distribuée, à laquelle Erlang s'adapte naturellement. Alors que de plus en plus de machines sont connectées de façon permanente à Internet, le développement d'applications distribuées n'en devient que plus intéressant. L'émergence de technologies comme .NET et l'intérêt soutenu autour de protocoles comme SOAP et WSDL renforcent la vision selon laquelle la prochaine génération d'applications sera intrinsèquement distribuée *et* concurrente.

Des millions d'applications séquentielles fonctionnent aujourd'hui sur des ordinateurs isolés, mais tout indique que les applications distribuées devraient devenir de plus en plus courantes et pourraient finalement prendre une place plus importante que les applications non distribuées.

Je crois sincèrement que la plupart de ces applications, nouvelles et excitantes, seront celles qui connecteront les gens par-delà les barrières culturelles, sociales et économiques. Le Web n'est qu'une première étape. Je m'attends à ce que de nouvelles applications distribuées changent la manière dont nous travaillons, jouons, voire transforment le monde dans lequel nous vivons – tout comme le *World Wide Web* l'a fait.

La réalisation de programmes distribués et concurrents par nature est le défi auquel doit faire face tout programmeur souhaitant « changer le monde ». La lecture du livre de Mickaël sur Erlang constitue un premier pas dans cette direction.

Amusez-vous et écrivez du code audacieux !

Swedish Institute of Computer Science, Stockholm, janvier 2003

Joe Armstrong

Remerciements

Cet ouvrage s'inscrit dans le prolongement de plusieurs années de réflexion. Je remercie donc tous ceux qui m'ont accompagné et guidé sur ce chemin. Je pense en particulier à Thierry et Nat, qui m'aident à croire qu'une informatique réjouissante, enthousiasmante et tout simplement belle peut encore exister. Merci à tous les deux et que nos échanges fructueux se poursuivent encore très longtemps.

Merci à toute la communauté des développeurs Erlang, qui m'a accueilli à bras ouverts et qui prend un réel plaisir à expliquer, défendre et promouvoir le « plus beau langage du monde ». Merci à Joe, Bjarne, Francesco, Ulf, Luke, Sean, Chandru, Vlad, Erik, Claes, Torbjorn et tous les autres.

Un merci chaleureux à Muriel qui a cru dans ce projet avec un enthousiasme rafraîchissant.

Enfin, Catherine, mon épouse, a été une fidèle *supporter* de cet ouvrage sur Erlang et s'est fortement impliquée dans la relecture du livre. Je la remercie pour son soutien sans faille durant les longs mois de maturation et d'élaboration du projet. Il faut croire que nous étions destinés à « accoucher » en même temps de nos deux « projets ». Merci également à Julien qui fait preuve d'une grande patience pendant que son papa s'isolait pour travailler sur le livre. Je les embrasse tous deux.

Mickaël Rémond (*mickael.remond@erlang-fr.org*)
http://erlang-fr.org

Table des matières

CHAPITRE 4

La programmation concurrente 105

CHAPITRE 5

Gestion des erreurs 117

CHAPITRE 8

Les bases de données 199

CHAPITRE 9

Le développement
d'interfaces graphiques 227

Avant-propos

Écrire un livre sur Erlang n'est pas chose aisée et laisse forcément un sentiment d'inachevé : le langage est si puissant, l'environnement de développement contient des fonctionnalités si nombreuses et les bibliothèques sont si riches, qu'il s'avère impossible de couvrir, de manière détaillée, en un seul ouvrage, l'ensemble des possibilités offertes par ce langage. Pour mémoire, la documentation officielle, en anglais, occupe une étagère complète de bibliothèque.

C'est bien là le paradoxe. Erlang est un des langages les plus puissants aujourd'hui disponibles. Il est utilisé avec succès dans d'importants projets industriels, il est abondamment documenté, mais reste aujourd'hui encore méconnu. Le débutant souffre vraisemblablement d'une abondance de documentation très technique, parfois imprégnée de la « culture télécoms » des créateurs du langage.

Ce livre tente d'y remédier. Il offre au développeur désireux de se lancer dans l'apprentissage d'Erlang un outil pour comprendre ce qui fait l'essence et la particularité de ce langage.

> Le code source des études de cas est disponible en téléchargement sur le site d'accompagnement à l'adresse www.editions-eyrolles.com.

À qui s'adresse ce livre ?

Les points forts d'Erlang sont assurément orientés réseau. Toute personne impliquée dans la réalisation d'applications « serveur » robustes, tolérantes aux pannes et capables de monter en charge, qu'il s'agisse de développeurs ou de chefs de projets, trouvera un intérêt dans la lecture de cet ouvrage.

Plus généralement, Erlang bouleverse la manière d'appréhender le développement. Nombre de ceux qui l'ont essayé affirment aujourd'hui que leur manière d'aborder un problème informatique s'en trouve modifiée, y compris au cours de développements réalisés dans des langages plus traditionnels. Gageons que la connaissance de ce langage devra faire partie de la culture d'un bon développeur !

Bien entendu, cet ouvrage s'adresse également aux administrateurs système qui gèrent quotidiennement des applications Erlang dans leur environnement de production. Il leur donne les principes nécessaires à la bonne gestion d'applications Erlang.

Pourquoi Erlang aujourd'hui ?

La programmation concurrente pour un modèle de développement orienté services

Sous l'influence des transformations liées à l'essor de l'Internet, l'informatique s'oriente aujourd'hui vers un modèle à base de services. Ce modèle n'est ni plus ni moins qu'une distribution fonctionnelle décentralisée des systèmes informatiques. Les protocoles SOAP et WSDL apportent une réponse pratique à la problématique des services Web. Ils ne sont cependant que la partie émergée de l'iceberg. La vrai question reste : comment concevoir et mettre en œuvre des systèmes distribués robustes ? Quels sont les mécanismes sous-jacents ?

En effet, le modèle des services Web s'appuie sur une approche plus stratégique afin de remplir un objectif fonctionnel : les systèmes informatiques ne doivent plus être cantonnés aux limites de l'entreprise ; ils doivent être capables de collaborer entre eux, chacun détenant une petite partie de l'application globale. Fort de ce constat, le concept de services Web en vient à proposer un système qui repose sur le passage de messages, fort similaire à celui sur lequel Erlang repose.

Nous assistons donc à une convergence vers un modèle fonctionnel distribué, à base de services faiblement couplés, qui tend à remplacer le modèle d'interopérabilité à base d'objets, fortement couplé comme CORBA (*Common Object Request Broker Architecture*), pour la construction de systèmes d'information. Cela signifie que la dépendance entre tous les éléments du système doit être relativement faible pour tolérer des coupures réseau, voire ne reposer sur aucune connexion permanente. Le couplage doit être faible également dans la conception des divers éléments de l'application : chacune des applications du système doit pouvoir être développée indépendamment des autres, tout en étant capable de s'intégrer dans le système d'ensemble. C'est cela que permet de mettre en œuvre l'approche du développement par service.

S'appuyer sur les acquis du langage Erlang pour réaliser de tels systèmes distribués orientés services permet de disposer d'une avance considérable. Erlang est le langage de choix pour développer dans ce type d'architecture.

Le mode de fonctionnement d'Erlang correspond, de par sa conception même, à celui qui est aujourd'hui promu par l'avènement des services Web. Conception, architecture, mécanismes de tolérance aux pannes… Erlang apporte une réponse générale à la problématique du développement orienté services.

Il est ainsi traditionnel en Erlang de créer des ensembles applicatifs dont les éléments fonctionnent de manière concurrente. Ces programmes partagent des informations en se synchronisant par un échange de messages. L'ensemble constitue une application distribuée, dont l'organisation physique importe peu : que les programmes tournent localement ou que certains programmes soient présents sur telle autre machine n'a aucune incidence.

Erlang et les services Web : les vertus de l'approche hybride

Actuellement, le développement d'architectures orientées services connaît deux faiblesses majeures, à savoir les performances et la robustesse. Une approche « hybride » faisant intervenir Erlang serait idéale :

- **Performances.** Le principal inconvénient des services Web est le coût de traitement induit par l'introduction d'un protocole tel que SOAP dans les échanges entre programmes. Le temps nécessaire à la lecture du flux XML et à sa transformation dans une structure de données propre au programme qui souhaite l'exploiter peut considérablement nuire à son utilisation. Cette lacune fait qu'il est préférable de limiter l'utilisation de SOAP au cas où l'interopérabilité est absolument nécessaire et où SOAP est le seul moyen d'assurer cette interopérabilité. Si l'on échappe à ce cas de figure, il est préférable d'utiliser un autre point d'entrée que l'interface SOAP. Cela signifie également que, lors de la construction d'un système, SOAP ne doit pas être utilisé pour faire communiquer chacun des programmes du système, mais uniquement pour implanter la communication du système avec les programmes extérieurs.

Pour les communications internes, entre les éléments du système, il est préférable d'utiliser le mécanisme standard d'Erlang pour la communication entre nœuds.

• **Robustesse et maturité.** Les services Web gagneraient à intégrer les mécanismes d'Erlang permettant de rendre une application distribuée robuste, tolérante aux pannes, etc. Erlang implémente un modèle élaboré depuis une quinzaine d'années, qui a fait ses preuves sur des applications industrielles.

Le modèle de développement d'une application à base de services Web étant proche du mode de développement des interfaces Erlang, il est très simple de doter un programme Erlang existant d'une interface SOAP. Nous bénéficions ainsi de tous les avantages relatifs à la construction d'une application OTP et d'une ouverture sur l'extérieur extrêmement simple à obtenir. Nous pouvons ainsi réunir le meilleur des deux mondes !

Erlang, langage « glu » et middleware

Pour qualifier un langage, il est courant d'entendre le terme de « langage glu ». Cette définition insiste sur le rôle pivot que joue un langage pour fédérer des développements hétérogènes. Erlang peut être défini comme tel du fait de sa capacité à interopérer avec les autres langages.

À la différence des langages de script habituellement qualifiés de langages glu, Erlang ne se contente pas de fédérer des applications : il les fédère aussi au niveau d'un réseau, lorsqu'elles sont réparties sur un ensemble de machines. À ce titre, l'environnement de développement Erlang mérite plus le nom de logiciel médiateur, ou *middleware*. Un développeur habile est même capable de transmettre les caractéristiques de ce nouvel ensemble au développement résultant. Erlang est ainsi souvent utilisé pour transformer des systèmes classiques en outils robustes, tolérants aux pannes, capables de monter en charge.

Le terme de glu pourrait aussi laisser croire qu'Erlang n'est qu'un langage de script peu adapté aux développements de grande envergure. C'est tout le contraire. Une application Erlang comprend souvent près de quatre fois moins de lignes de code – étant admis qu'il y a le même nombre de bogues dans une ligne de code Erlang que dans une ligne d'un autre langage. On en déduit que la productivité des développeurs est considérablement accrue, et que les avantages à développer en Erlang se font d'autant mieux sentir que le projet est de taille importante. De fait, Erlang a déjà été utilisé pour réaliser des développements d'une taille considérable. C'est lui qui a été choisi pour implémenter le routeur AXD 310 d'Ericsson. Dans l'échelle des créations humaines, un tel routeur se classe à un niveau de complexité supérieur à un satellite artificiel.

Questions fréquentes sur Erlang

Pourquoi utiliser Erlang ?

Plusieurs raisons peuvent justifier l'utilisation d'Erlang :

- **Développements orientés serveur.** Les développements orientés serveur impliquent quasi nécessairement la gestion de la concurrence. Les serveurs ont pour objet de servir de ressources à des clients accédant au programme de manière simultanée. Erlang excelle pour tous ces développements.
- **Développements orientés réseau.** Si l'on souhaite développer un programme mettant en œuvre des ressources réseaux, Erlang est un langage qui s'impose rapidement. C'est un middleware très complet. Les outils pour les développements orientés réseaux sont largement disponibles en Erlang.
- **Qualité du code.** Pour développer un programme tirant partie des principales caractéristiques du langage, l'environnement de développement Erlang devient un outil précieux : migration de code pour l'organisation de la haute disponibilité, mise à jour du code à chaud, réplication des données, etc. Erlang met déjà en œuvre ces mécanismes.
- **Productivité.** Sur des projets d'envergure, la productivité des développeurs entre pour bonne part dans le coût du projet. Erlang permet d'accélérer les développements et de réduire les coûts.

Erlang est-il un langage ou un environnement de développement ?

Les deux. Erlang est constitué de plusieurs éléments et se rapproche davantage de l'environnement de développement que du simple langage. En outre, il joue par certaines fonctions le rôle de système d'exploitation (gestion des processus, ordonnancement de l'exécution des tâches, etc.).

Erlang est-il uniquement adapté au domaine des télécommunications ?

Erlang est issu du secteur des télécommunications. Sa principale caractéristique est la concurrence. Les applications de télécommunications sont loin d'être les seules à pouvoir être qualifiées de concurrentes. La concurrence d'Erlang trouve à s'appliquer dans de nombreux autres types d'applications :

- client/serveur traditionnel ;
- développement de « services » ;
- systèmes « pair à pair » ;
- interfaces utilisateur.

Pour montrer la portée généraliste d'Erlang, citons Wings3D, un modeleur 3D développé en Erlang, **Er**macs, une version du célèbre éditeur de texte Emacs, basée sur Erlang plutôt que sur Lisp, etc.

Erlang est-il très compliqué à apprendre ?

Erlang est un langage extrêmement simple à apprendre. Sa syntaxe est limitée et s'assimile très vite. Les débutants deviennent très vite productifs dans ce langage dès lors qu'ils acquièrent les bases nécessaires et la philosophie du langage.

Erlang permet de rendre simples les développements les plus complexes. La programmation concurrente, dite « multithreadée » constitue bien souvent un horizon difficile à atteindre pour le programmeur débutant ou occasionnel. En Erlang, les développements concurrents constituent une approche naturelle du développement. Les débutants sont capables de réaliser des programmes composés de plusieurs processus (*threads*) dès leur premier jour d'apprentissage du langage.

Le langage C est-il seul à permettre la réalisation d'applications serveur performantes ?

L'idée que seul le langage C permet la réalisation d'applications serveur performantes est couramment répandue. Apache, par exemple, l'une des applications serveur les plus utilisées dans le monde, est développé en langage C.

Or, la réalisation d'un serveur Erlang permet d'obtenir des performances comparables à ce qu'il est possible d'obtenir avec d'autres langages comme le C.

> Il existe une application Erlang, baptisée Yaws qui fournit des performances similaires à celles d'Apache pour servir des pages HTML statiques. Le modèle de processus léger d'Erlang permet à Yaws de supporter la montée en charge mieux qu'Apache. Pour finir, le modèle de développement dynamique d'Erlang lui permet d'offrir des performances supérieures au couple Apache-PHP pour servir des pages dynamiques, grâce à une intégration étroite du moteur de génération de pages au cœur du serveur Web Yaws. Les performances sont similaires à la réalisation d'un site Web dynamique pour Apache par la création de modules Apache, mais le développement en est beaucoup moins complexe.

Erlang fait le choix d'un modèle de développement fonctionnel par rapport à un modèle de développement objet pour des raisons de performance et de constance dans les temps de réponse de l'application. La superposition des couches objet à travers le mécanisme d'héritage peut pénaliser les temps de réponse. Or Erlang est conçu pour être un langage temps réel mou. Il doit permettre d'offrir des temps de latence très faibles pour démarrer le traitement de nouvelles opérations. Pour offrir ce type de garanties, le modèle objet n'a pu être retenu.

Erlang est donc une alternative crédible pour la réalisation de serveurs haute performance, hautement disponibles.

Erlang n'est pas un langage objet : n'est-il pas obsolète ?

Erlang propose les avantages offerts par les langages fonctionnels aussi bien que les avantages offerts par les langages objet :

- **Développement algorithmique.** Le caractère fonctionnel du langage en fait un langage adapté pour l'implémentation des algorithmes. Le développement des algorithmes est toujours traité avec une approche fonctionnelle, y compris dans les langages de développement orientés objet. Disposer d'un langage fonctionnel très puissant permet de développer plus rapidement et plus simplement des algorithmes complexes.

- **Conception.** Le développement orienté objet relève d'une approche de conception des programmes et non de développement d'algorithmes. Erlang dispose du framework OTP qui met en œuvre une technique de conception des programmes Erlang au moins aussi puissante que l'approche objet. Le framework OTP est une approche du développement basé sur les motifs récurrents de programmation en langage Erlang. Tout comme la conception dans l'approche objet, le framework Erlang/OTP s'appuie sur des modèles de conception (*design patterns*).

- **Architecture.** L'environnement Erlang en plaçant au centre de son mode de développement la concurrence et la distribution des traitements est un outil middleware précieux pour les architectes des systèmes d'information, y compris pour assembler des développements effectués dans d'autres langages.

L'avenir du langage semble assuré par la nécessité d'intégrer robustesse et haute disponibilité dans les développements stratégiques. Par ailleurs, l'avènement des architectures orientées service conduit vers une approche fonctionnelle du développement.

Erlang excelle dans les domaines qui ont trait aux réseaux et à la programmation de systèmes robustes. Son principal inconvénient reste pour l'instant sa relative confidentialité. Opter pour Erlang est aussi une question de *feeling* : si ce choix dépend de l'adéquation d'Erlang à un besoin donné, il dépend aussi de la facilité avec laquelle le développeur peut modéliser un problème en Erlang, qui reste un langage doté d'une certaine « personnalité ». Mais, une fois le paradigme Erlang assimilé, le sentiment de simplification de problèmes complexes qu'il procure est tel que le développeur risque fort de ne plus vouloir s'en passer.

Première partie

Le langage Erlang

1

Présentation
et installation d'Erlang

Le nom d'Erlang provient d'un double jeu de mots. Du nom d'un mathématicien danois, Agner Krarup Erlang, dont les travaux du début du siècle ont conduit à l'énoncé d'une loi applicable à la mesure d'intensité du trafic sur les réseaux téléphoniques, la formule dite d'Erlang est très utilisée dans le milieu des télécommunications. Le langage Erlang a quant à lui été conçu en Suède, pays scandinave comme le Danemark, chez Ericsson, société spécialisée dans le domaine des télécommunications. Pouvant également résonner comme une contraction d'*Ericsson Language*, il n'en fallait pas plus pour que le nom d'Erlang réponde aux exigences de ses créateurs.

Origines et développement d'un langage hors du commun

C'est au sein du Laboratoire d'informatique d'Ericsson – CSLAB (*Computer Science Laboratory*) – que le langage Erlang a vu le jour. Ce laboratoire cherchait les meilleurs concepts et outils pour le développement de systèmes de télécommunication. Très tôt, les recherches se sont portées sur les langages déclaratifs. Dès 1983, Bjärne Dacker contribue à une conférence sur ce thème (« Using Lisp to Develop Programming Support Environments in an Industrial Environment », Bjarne Däcker, International Workshop on Software Development Tools for Telecommunication Systems, 6-8 avril 1983, Anaheim, États-Unis). En 1984, des problèmes spécifiques à ce type d'application sont soulevés (« Problem Areas in the Use of Modern Languages for the Programming of Telecommunication Switching Systems », Mike Williams, NT-P Symposium on Languages and Methods for Telecommunications Applications, 6-8 mars 1984, Åbo, Suède). C'est en 1986 que les premières idées concernant les objectifs et l'architecture d'Erlang émergent plus précisément. Une conférence place le problème sur le terrain de la programmation logique (« The Phoning Philosophers' Problem or Logic Programming for Telecommunications Applications », Joe Armstrong, Nabiel Elshiewy et Robert Virding, Third IEEE Symposium on Logic Programming, 23-26 septembre 1986, Salt Lake City, États-Unis). À l'époque, il s'agissait de créer un outil de développement adapté à la réalisation d'applications pour les échanges téléphoniques. À partir de 1986, Erlang est concrétisé sous la forme d'un dialecte de Prolog. L'implantation repose sur un interpréteur Prolog. Un seul développeur travaille alors sur le projet : Joe Armstrong.

Origines et développement d'un langage hors du commun *(suite)*

En 1989, les premiers résultats concluant sont obtenus. La voie choisie semble bonne. L'équipe grossit et intègre trois développeurs (Mike Williams, Robert Virding, Joe Armstrong). Le système commence à être utilisé (dix utilisateurs). Il abandonne l'interpréteur Prolog pour s'appuyer sur sa propre machine virtuelle. Cette machine est historiquement connue sous le nom de JAM (Joe Abstract Machine). En 1998, lors de la sortie en Open Source du langage, c'est toujours une évolution de cette machine virtuelle qui est utilisée. Les binaires, en pseudo-code, portent alors l'extension .jam à la place de l'extension .beam, aujourd'hui adoptée. Le système progresse régulièrement. En 1993, le département Erlang systems est créé. Il rassemble 25 personnes. Un livre, *Concurrent Programming in Erlang*, Joe ARMSTRONG, Mike WILLIAMS et Robert VIRDING. Prentice Hall, 1993, expliquant les fondements de la programmation concurrente en Erlang, est publié. En 1994, divers travaux sont menés pour élargir le domaine d'application d'Erlang. Une première série a pour objectif de rendre Erlang plus rapide et donc applicable à des domaines où les calculs sont plus intensifs. Le code exécutable est alors généré en passant par une représentation intermédiaire en C. Une autre étude a pour but de doter le système d'outils de création d'interfaces graphiques en Erlang, sur la base de Tcl/TK (« Using Tcl/TK from Erlang », Ingemar Ahlberg, 1994 Tcl/TK Workshop, Nouvelle-Orléans, 23-25 juin 1994). L'année 1995 marque une nouvelle étape dans la progression du langage. Le système de ramasse-miettes (*Garbage collection*) est amélioré (« A Garbage Collector for the Concurrent Real-Time Language Erlang », Robert Virding, International Workshop on Memory Management, Kinross, Écosse, 27-29 septembre 1995). Par ailleurs, les fondements d'une base de données temps réel logiciel et distribuée sont posés (« Amnesia, a distributed telecomminications DBMS », Claes Wikström, Hans Nilsson et Torbjörn Törnquist, Technical report describing the overall structure of Amnesia, non publié).

L'année suivante est celle de la maturité. Le livre fait l'objet d'une réédition. La base de données Mnesia, un des atouts de l'environnement de développement, est développée et utilisée au sein d'Ericsson. Le développement d'un framework applicatif permet d'améliorer l'industrialisation du système et d'accroître la productivité des développeurs : OTP (*Open Telecom Platform*) est créé. Mais surtout, Ericsson franchit un pas très important en utilisant Erlang pour le développement d'un de ses produits majeurs : le routeur ATM AXD301. Ulf Wiger lors d'une conférence à Aix-la-Chapelle en Allemagne présentait la complexité d'un routeur ATM comme équivalente à celle d'une navette spatiale. Suite au succès atteint dans le développement du routeur, d'autres projets de développement ont été menés chez Ericsson.

La recherche d'amélioration des performances d'exécution du langage Erlang pousse également Ericsson sur la voie de la recherche d'un processeur capable d'exécuter directement et d'optimiser l'exécution de code Erlang. Les travaux conduisent à la réalisation de prototypes du processeur à base de matériel programmable baptisé FPGA (*Field Programmable Gate Array*). Les prototypes prennent la forme d'une carte PCI à insérer dans un ordinateur PC standard capable d'exécuter de façon native des programmes Erlang. Le projet ne dépasse cependant pas le stade de prototype et aucun véritable processeur Erlang n'a jusqu'ici été produit, vraisemblablement parce que le rythme actuel de croissance de la puissance des machines rend l'investissement peu rentable.

En 1997, la recherche autour d'Erlang se poursuit : le langage s'enrichit d'un système de sécurisation et d'un système de typage (« The Erlang Type System », Joe Armstrong, et « Towards an Even Safer Erlang », Dan Sahlin et Lawrie Brown – Australian Defence Force Academy – Erlang User Conference, Electrum, Kista, Suède, 26 août 1997). Pourtant, le système de typage ne se révèle pas totalement concluant, et en tout cas pas suffisamment nécessaire pour être intégré au code officiel d'Erlang. De même, la sécurisation peut être obtenue par des moyens détournés. C'est la raison pour laquelle elle n'est pas non plus intégrée, d'autant qu'Ericsson utilise uniquement Erlang sur des grappes de machines fonctionnant sur un réseau indépendant et sûr. À partir de 1998, la recherche s'intéresse à la preuve formelle. C'est un aspect particulièrement important dans le domaine des télécommunications où les phases de tests sont extrêmement coûteuses. Même si la preuve formelle et la vérification des programmes sont encore une utopie à l'échelle industrielle, l'investissement semble en valoir la chandelle.

C'est pourtant cette même année 1998 qui marque un tournant important dans l'histoire du langage. En effet, la société Ericsson décide de ne plus utiliser Erlang dans ses nouveaux produits, malgré le succès rencontré dans le développement du routeur AXD 301. Des négociations s'engagent entre les équipes de développement et la direction de la société. En effet, Ericsson aura besoin de développeurs Erlang pendant encore 10 ans, soit la durée de vie estimée du routeur, mais les équipes actuelles se sentent bridées. Un accord est donc conclu. Le langage Erlang devient Open Source. Il peut être utilisé sans contrainte en dehors d'Ericsson et prend en quelque sorte son autonomie. Il devient un outil indépendant de sa société créatrice même s'il y reste très lié puisque Ericsson est encore aujourd'hui un important gisement de compétences Erlang. C'est un moyen pour la société de s'assurer de trouver des gens formés à Erlang en dehors d'Ericsson puisque les universités peuvent enseigner le langage sans payer de coûteuses licences. Après cet accord, une partie des équipes travaillant sur Erlang quitte Ericsson pour créer une société, Bluetail.

Bluetail souhaite travailler dans le domaine des services Internet. Son credo est de transformer des logiciels standards, non robustes, non tolérants aux pannes, sans qualité de service, en des outils fiables, capables de monter en charge et tolérants aux pannes. La société édite plusieurs produits : *Bluetail Mail Robustifier*, dédié à la qualité de service des plates-formes de transport de mail, puis un outil destiné à la répartition des charges de serveurs Web. Son succès est fulgurant, elle est vendue en 2000 à Alteon Web System, pour la somme de 152 millions de dollars. Alteon est ensuite racheté par Nortel. En 2001, Nortel sort un produit d'accélération SSL, le meilleur du marché selon différents tests, produit développé en Erlang.

Pendant ce temps-là, l'histoire d'Erlang poursuit son cours chez Ericsson. Les nouvelles versions de l'environnement sortent régulièrement (en général, les versions majeures sortent tous les ans au moment de la conférence des utilisateurs Erlang vers les mois de septembre/octobre). L'Institut suédois de recherche en informatique (SICS, Swedish Institute of Computer Science – *http://www.sics.se/*) emploie désormais Joe Armstrong et reprend le flambeau de la recherche autour du langage.

L'histoire du langage Erlang arrive aujourd'hui à un tournant. Elle montre qu'Erlang ne résulte pas d'une coopération active *via* Internet. À la différence de langages tels que Perl, Python et PHP, qui ont été créés par ses utilisateurs, Erlang est un langage plus industriel, encore trop méconnu parmi les développeurs et qui, après avoir fait ses preuves sur des projets industriels, doit sortir de son cercle initial.

Présentation d'Erlang

Erlang est à la fois un langage et un environnement de développement. Le langage lui-même combine des idées issues de deux philosophies de programmation différentes :

- l'approche concurrente, représentée par des langages comme ADA, Concurrent Pascal, Chill, etc. ;
- l'approche déclarative, représentée par Prolog, ML, Haskell, etc.

Les caractéristiques du langage découlent directement de ces inspirations. La syntaxe d'Erlang est proche du langage Prolog, car le langage a été développé à l'origine comme une extension de Prolog et fonctionnait à l'origine dans un interpréteur Prolog.

Le programme suivant correspond à la version Erlang du traditionnel Hello World! :

```
-module(hello).
-export([world]).
world() -> io:format("Hello World!~n", []).
```

Quant à l'environnement d'exécution et à la machine virtuelle, ils offrent des services particuliers aux programmes développés en Erlang, parmi lesquels :

- la gestion automatique de la mémoire avec ramasse-miettes (*Garbage collection*) ;

- des fonctionnalités réseau intégrées au langages, qui permettent d'exécuter du code sur une machine virtuelle située sur une autre machine ou d'échanger des messages entre des programmes tournant sur des machines différentes. L'échange de messages entre processus sur une même machine revêt ainsi le même formalisme que celui de messages entre programmes tournant à différents endroits sur le réseau.

- la planification et l'ordonnancement de l'exécution des processus (ordonnancement des tâches).

Ces caractéristiques techniques et la manière dont le langage a été conçu confèrent à l'environnement Erlang des avantages indéniables, aussi bien pour les développeurs que pour les utilisateurs.

Bénéfices à l'exploitation : la haute disponibilité des applications

Plusieurs éléments concourent à doter les applications Erlang de haute disponibilité. Le bénéfice pour les utilisateurs de l'application est immédiat : ils disposent d'applications plus stables, plus robustes, offrant une meilleure qualité de service. Les caractéristiques déterminantes en sont les suivantes.

Concurrence

Erlang gère des processus extrêmement légers, dont l'occupation mémoire évolue dynamiquement. Les processus ne partagent pas de mémoire et communiquent de manière asynchrone par passage de messages. Erlang permet de développer des applications utilisant un très grand nombre de processus simultanés. Un programme de test permet de vérifier le fonctionnement de la machine virtuelle selon le nombre de processus. Il montre que l'environnement de développement Erlang est capable de gérer sans problème plusieurs milliers de processus. Cette caractéristique est fondamentale car c'est d'elle que découlent les principaux avantages du langage – notamment l'amélioration de la productivité du développeur et de la qualité des logiciels produits.

La concurrence du système et la gestion des processus ne sont pas liées aux caractéristiques du système d'exploitation. Cela garantit qu'un programme fonctionnera à l'identique sur toutes les architectures supportées (voir **chapitre 4**).

Distribution

Erlang est conçu pour fonctionner en environnement distribué. Une machine virtuelle Erlang constitue en fait ce que l'on nomme un « nœud » Erlang. Un système distribué Erlang est un réseau de « nœuds » – en général un par processeur. Un « nœud » Erlang peut créer des processus sur d'autres « nœuds », dont certains peuvent même tourner sur des systèmes d'exploitation différents. Les processus s'exécutant sur différents « nœuds » communiquent exactement de la même manière que des processus qui s'exécutent sur un même « nœud ».

Cette possibilité de distribution quasi transparente permet de créer des programmes capables de monter en charge plus facilement. Si le programme a été réalisé selon les principes typiques de conception Erlang, pour pouvoir traiter plus d'informations simultanément il suffira d'ajouter un ordinateur faisant fonctionner une machine virtuelle Erlang sur le réseau.

Robustesse

La conception même de la gestion des erreurs en langage Erlang permet de construire des systèmes tolérants aux pannes. En effet, la séparation entre le code comportant la logique applicative et le code de gestion des erreurs introduit la notion de supervision. Le code qui effectue le travail est contrôlé par un code de supervision qui prend les mesures nécessaires en cas de problème.

Dans bien des cas, cette caractéristique permet de traiter des erreurs non connues au moment de la réalisation du programme, tout en assurant une continuité de services pour les applications clientes. L'erreur est traitée de manière transparente pour les clients.

Sur un ensemble de machines, des processus peuvent surveiller le statut et l'activité d'autres processus, même si ces derniers s'exécutent sur d'autres « nœuds ». Dans un système distribué, les processus peuvent être configurés pour s'exécuter sur d'autres « nœuds » en cas de problème, et peuvent automatiquement revenir sur les « nœuds » initiaux une fois le problème résolu. On appelle cela la migration de code.

La robustesse s'applique aussi au caractère industriel de l'environnement Erlang. Erlang est utilisé pour des applications critiques chez Ericsson et chez Nortel. La machine virtuelle est parfaitement maîtrisée et très stable. Sa consommation CPU et mémoire reste faible par comparaison avec celle de la machine virtuelle Java.

Mise à jour du code à chaud, sans interruption de service

La haute disponibilité des systèmes est devenue une contrainte fondamentale dans un nombre croissant d'activités. C'est le cas dans le domaine des télécommunications, mais c'est plus largement le cas de toute application qui doit être utilisée au niveau mondial. Les périodes de maintenance (mise à jour de code, etc.), traditionnellement nocturnes, sont réduites à néant dès lors que les fuseaux horaires impliquent une utilisation 24 h /24 de l'application. La possibilité de mettre à jour le code d'une application sans interrompre le service devient alors un élément important. C'est même le seul moyen d'atteindre le fameux taux de disponibilité des « cinq 9 » : 99,999 %.

Erlang permet de le faire sans arrêter le système. L'ancien code peut-être neutralisé et remplacé par le nouveau. Pendant la transition, l'ancien et le nouveau code peuvent cohabiter. Il est ainsi possible de corriger des bogues et d'installer de nouvelles versions sur un système en fonctionnement. Cette possibilité de mettre à jour le code à chaud repose en grande partie sur la dynamicité du langage : la compilation n'est pas un préalable indispensable à l'exécution de certaines parties de code, qui peuvent être générées au moment de l'exécution du programme.

Productivité et confort de développement

À la concurrence du langage, s'ajoutent d'autres qualités qui simplifient la conception des programmes.

Gestion de la mémoire

Les développeurs Erlang n'ont pas besoin d'intégrer la gestion de la mémoire. Celle-ci est prise en charge par l'environnement. La mémoire est allouée dynamiquement lorsque c'est nécessaire et elle est désallouée lorsque les espaces mémoire concernés ne sont plus utilisés. Un mécanisme de ramasse-miettes (*Garbage collection*) est utilisé.

Cette caractéristique permet de développer plus rapidement et, surtout, élimine les erreurs de programmation relatives à la gestion de la mémoire, courantes dans d'autres langages. Elle permet aussi d'éviter les problèmes de sécurité dus aux dépassements de capacité de variable (*buffer overflow*).

Interfaçage avec d'autres environnements

Les processus Erlang peuvent communiquer avec d'autres programmes grâce au même mécanisme de passage de messages qui est utilisé entre les processus eux-mêmes. On se sert de ce mécanisme pour les communications avec le système d'exploitation et pour les interactions avec des programmes écrits dans d'autres langages. Si les performances pures sont recherchées, une extension de ce concept permet par exemple à des programmes C d'être directement liés dans le système d'exécution Erlang.

Erlang dispose également en standard de nombreuses applications permettant d'assurer l'interopérabilité avec d'autres environnements : une bibliothèque d'intégration à Java, une implémentation CORBA, une implémentation de la bibliothèque ASN.1 et une bibliothèque COM

Erlang peut donc être parfaitement exploité dans tous les cas de figure, même lorsque le nouveau programme que l'on écrit doit s'interfacer avec un code déjà existant.

Développement rapide et maquettage

Erlang est un langage très expressif, dynamiquement typé. Il est donc extrêmement bien adapté au développement rapide en phase de maquettage. Les maquettes peuvent ensuite être améliorées par itérations rapides du développement pour aboutir au produit final. Le cycle de développement dans cette approche est très court et repose sur un enchaînement rapide des phases de développement, des phases d'intégration et des phases de tests. Plusieurs études ont montré chez Ericsson l'impact de l'utilisation d'Erlang sur la productivité. Les plus modérés parlent d'un accroissement de la productivité de quatre fois par rapport à un développeur C.

Les développeurs mettant en œuvre les principes de la méthodologie eXtreme Programming ou RUP (*Rational Unified Process*) trouveront donc dans Erlang un outil particulièrement adapté à leur approche. La construction continue des applications a été implémentée autour du langage sous le nom de *daily build* au sein d'un groupe de sociétés suédois. Cette approche consiste à utiliser des mécanismes automatiques pour reconstruire l'application à partir de ses sources et à passer la batterie de test destinée à en valider le fonctionnement. Ces mécanismes automatiques s'appliquent sur l'entrepôt de code partagé par l'équipe de développement et permettent de détecter les problèmes d'intégration des travaux des différents développeurs.

La question du typage d'un langage est un thème de discussion récurrent sur les listes de diffusion et dans les forums sur le Web. Cette question s'inscrit selon nous dans un débat relativement formel. Il est clair que la méthodologie de développement appliquée dans un langage typé et dans un langage non typé ne sera pas exactement la même. Dans le **chapitre 5** sur la gestion des erreurs, nous abordons cette question en essayant d'y répondre de manière pragmatique.

Un framework de développement d'applications et un environnement complet

Erlang/OTP constitue un framework de développement d'applications qui permet de faciliter la mise en œuvre de tous ces concepts (voir **chapitre 6**).

Par ailleurs, l'environnement de développement Erlang/OTP est très complet et propose de nombreux outils indispensables dans le cadre du développement d'applications professionnelles : éditeur de code, débogueur, outils d'analyse du code, etc.

Diffusion et pérennité du langage

Erlang/OTP est disponible dans une version accessible en libre téléchargement. L'accès à l'environnement de développement Erlang est maintenant totalement gratuit, ce qui n'a pas toujours été le cas. Les caractéristiques suivantes contribuent à la diffusion et la pérennité du langage :

Disponibilité des sources d'Erlang et liberté d'exploitation

L'environnement de développement Erlang, c'est-à-dire la machine virtuelle, le compilateur et les applications standards, est totalement Open Source. Erlang/OTP est disponible sous licence EPL (*Erlang Public License*), qui est simplement une adaptation à la législation suédoise de la licence du navigateur Web Mozilla (MPL – *Mozilla Public License*). Beaucoup de bibliothèques et d'extensions sont également disponibles sous diverses licences de logiciels libres. La pérennité du langage se trouve donc assurée.

De même, une activité commerciale établie autour d'Erlang s'appuie sur une parfaite maîtrise du langage, car le code source permet de connaître en détail le fonctionnement de la machine virtuelle par exemple, et parce que les modifications de l'environnement de développement sont possibles sans aucune redevance financière ni autorisation préalable.

Le caractère Open Source constitue enfin une source de dynamisme importante autour de la plate-forme Erlang, puisqu'elle permet à un écosystème de s'établir (communauté d'utilisateurs, société de services, éditeurs de produits, etc.).

Environnement multi-plate-forme

En Erlang, la technique la plus courante de compilation produit du pseudo-code, c'est-à-dire du code destiné à être exécuté sur une machine virtuelle. Un code ainsi compilé peut être exécuté sur toute plate-forme cible pour laquelle la machine virtuelle a été portée.

> Notons que le portage de la machine virtuelle Erlang a été fait pour un nombre de plates-formes plus important que pour celle de Java. En outre, le développement d'un code multi-plate-forme en Erlang ne nécessite pas la prise en compte des particularités de la machine virtuelle sur une plate-forme donnée.

Le pseudo-code produit est léger. Allié au caractère multi-plate-forme, il permet de distribuer et de faire exécuter du code sur les machines d'un réseau.

> Erlang propose en standard ce que Java essaie de faire depuis seulement 1995 et que Microsoft essaie à son tour aujourd'hui avec C#, mais avec une stabilité et une maturité supérieure car il a d'emblée été conçu pour des projets industriels. À titre d'exemple, il est tout à fait possible en Erlang de construire une application distribuée sur un cluster de machines hétérogènes, certaines fonctionnant sous Linux, d'autres sous Solaris, et d'autres enfin sous Windows. Ce niveau d'interopérabilité fait d'Erlang un recours comparable aux solutions Java et C#.

Bénéfices pour une utilisation industrielle

Erlang n'est pas seulement un langage généraliste. Il dispose de caractéristiques qui le rendent utilisable pour des besoins industriels où les temps de réponse et l'occupation mémoire peuvent être fondamentaux.

Temps réel logiciel

Erlang permet de développer des systèmes temps réel logiciel. Ces systèmes nécessitent des temps de réponse de quelques millisecondes. Il n'est pas possible, dans ces systèmes, de tolérer de longues phases de récupération de la mémoire (*garbage collection*). Erlang utilise donc des techniques de récupération mémoire incrémentales.

La base de données Mnesia, fournie avec l'environnement de développement Erlang, dispose également de caractéristiques temps réel logiciel. Ces caractéristiques la rendent particulièrement adaptée pour les applications industrielles, comme les télécommunications, dans laquelle la maîtrise des temps de réponse est un élément fondamental, mais également dans les systèmes embarqués.

Chargement incrémental du code

Les utilisateurs peuvent contrôler très précisément la manière dont le code est chargé. Pour un système embarqué, le code peut être chargé au démarrage du système. Dans le cas d'un système de développement, le code peut être chargé au fur et à mesure des besoins, même lorsque le système fonctionne. Si l'on découvre des bogues durant les tests, seul le code bogué à besoin d'être remplacé.

Erlang peut dès lors avantageusement s'intégrer dans les appareils mobiles et connectés. Il fonctionne d'ores et déjà sur une machine Compaq iPAQ, sous Linux, par exemple, et son utilisation dans les téléphones cellulaires est totalement envisageable.

L'ensemble de ces caractéristiques fait d'Erlang un langage de choix pour la programmation de serveurs ou de clients dans un contexte de robustesse et de montée en charge. Il se trouve que ce domaine de la programmation et ces problématiques occupent aujourd'hui une place centrale dans le développement.

Installation et premiers contacts

Il faut d'abord procéder à l'installation d'Erlang avant de pouvoir goûter aux joies de ce langage. Cette procédure diffère en fonction du système d'exploitation utilisé. À l'issue de l'installation, vous devez disposer d'un environnement Erlang opérationnel qui vous permette de faire vos premiers pas.

On procède à l'installation d'Erlang de deux manières :

• Installation à partir des fichiers binaires

Vous pouvez opter pour une installation à partir d'une distribution d'Erlang sous forme de fichiers binaires s'ils ont déjà été préparés pour votre plate-forme. Aujourd'hui, ne sont disponibles que des distributions d'Erlang pré-compilées pour Microsoft Windows et Linux avec le système de paquetage RPM ou Debian.

- Compilation à partir des sources

  La compilation à partir des sources est la méthode privilégiée sur les systèmes de type Unix. Cette étape ne doit pas vous effrayer car la chaîne de compilation d'Erlang/OTP est stable et cette étape se déroule en général sans encombre sur les plates-formes supportées.

  Cette méthode n'est pas adaptée au système d'exploitation Microsoft Windows, qui ne propose pas de compilateur en standard. En revanche, c'est une approche tout à fait habituelle pour les systèmes Unix et dérivés.

Téléchargement des fichiers de distribution Erlang/OTP

Le site www.erlang.org

L'installation nécessite de procéder à la récupération de la distribution Erlang/OTP, disponible sur le site officiel d'Erlang *www.erlang.org.*

La page dédiée au téléchargement des distributions Erlang/OTP est disponible à l'adresse *http://www.erlang.org/download.html.*

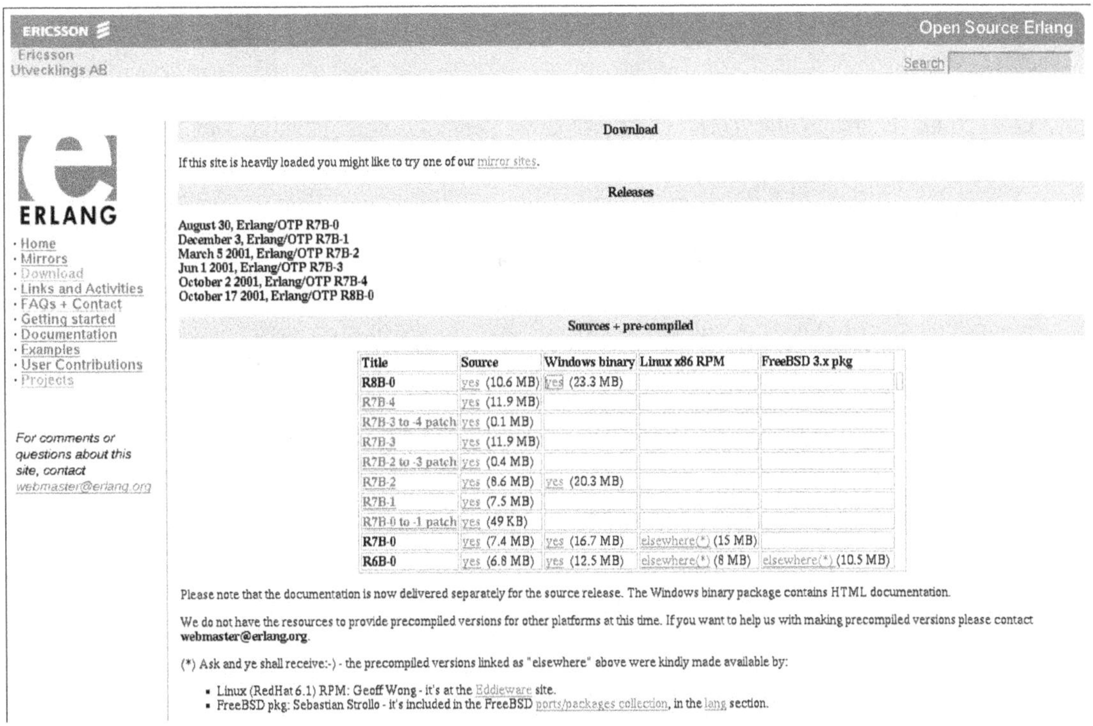

ERICSSON — Open Source Erlang

Ericsson
Utvecklings AB

Search

Download

If this site is heavily loaded you might like to try one of our mirror sites.

Releases

August 30, Erlang/OTP R7B-0
December 3, Erlang/OTP R7B-1
March 5 2001, Erlang/OTP R7B-2
Jun 1 2001, Erlang/OTP R7B-3
October 2 2001, Erlang/OTP R7B-4
October 17 2001, Erlang/OTP R8B-0

ERLANG
· Home
· Mirrors
· Download
· Links and Activities
· FAQs + Contact
· Getting started
· Documentation
· Examples
· User Contributions
· Projects

For comments or questions about this site, contact webmaster@erlang.org

Sources + pre-compiled

Title	Source	Windows binary	Linux x86 RPM	FreeBSD 3.x pkg
R8B-0	yes (10.6 MB)	yes (23.3 MB)		
R7B-4	yes (11.9 MB)			
R7B-3 to -4 patch	yes (0.1 MB)			
R7B-3	yes (11.9 MB)			
R7B-2 to -3 patch	yes (0.4 MB)			
R7B-2	yes (8.6 MB)	yes (20.3 MB)		
R7B-1	yes (7.5 MB)			
R7B-0 to -1 patch	yes (49 KB)			
R7B-0	yes (7.4 MB)	yes (16.7 MB)	elsewhere(*) (15 MB)	
R6B-0	yes (6.8 MB)	yes (12.5 MB)	elsewhere(*) (8 MB)	elsewhere(*) (10.5 MB)

Please note that the documentation is now delivered separately for the source release. The Windows binary package contains HTML documentation.

We do not have the resources to provide precompiled versions for other platforms at this time. If you want to help us with making precompiled versions please contact **webmaster@erlang.org**.

(*) Ask and ye shall receive:-) - the precompiled versions linked as "elsewhere" above were kindly made available by:

- Linux (RedHat 6.1) RPM: Geoff Wong - it's at the Eddieware site.
- FreeBSD pkg: Sebastian Strollo - it's included in the FreeBSD ports/packages collection, in the lang section.

Figure 1-1

La page de téléchargement des distributions Erlang/OTP

Les numéros de version des distributions d'Erlang/OTP

Les numéros de version des distributions Erlang/OTP sont constitués par une suite de caractères de la forme *Rns-m*. Voici la signification de ce numéro de version :

- La première lettre est toujours un « R » et signifie « Release » : Distribution.

- Le deuxième caractère, représenté par « n », est un chiffre. Il donne le numéro de version de l'environnement de développement Erlang/OTP, par exemple « 8 ». Une nouvelle version est publiée à chaque fois que des fonctionnalités importantes sont ajoutées.

- Le troisième caractère, représenté par « s », est une lettre qui informe sur le statut de la distribution concernée. Cette lettre peut être soit un « A », soit un « B ». La présence d'un « A » signifie qu'il s'agit de la version en phase de test avant la distribution officielle. La présence d'un « B » signifie qu'il s'agit d'une version stable.

- Le quatrième caractère, après le tiret, est représenté par un « m ». Il s'agit d'un chiffre correspondant à la version mineure de la distribution Erlang/OTP. La numérotation commence à 0 pour la première distribution publiée avec un numéro de version donné. Lorsque des mises à jour de correction de bogue sont nécessaires, elles sont publiées avec un numéro de version mineure augmentée de 1. Par exemple, quatre mises à jour ont été effectuées pour la version R7B.

Pour un environnement de production, il est recommandé de toujours utiliser la dernière version disponible avec un statut stable.

En revanche, pour un environnement de développement, si vous souhaitez participer à la phase de test de la future version, et ainsi détecter des problèmes potentiels avant la publication de la version officielle, vous pouvez essayer les versions dont le statut indique une phase de test. Ces versions sont en général quasi stables et n'induisent souvent que des problèmes mineurs. Le volume du code développé chez Ericsson constitue en effet un environnement de test gigantesque permettant de détecter la plupart des bogues avant même d'atteindre la phase de test publique.

Les nouvelles versions majeures sont en général publiées au rythme d'une par an, généralement au moment de la conférence des utilisateurs Erlang, programmée tous les ans à l'automne à Stockholm.

Numéros de versions d'Erlang

Ce schéma de numérotation des versions est relativement simple et clair. Cependant, il est obscurci par la cohabitation avec d'autres systèmes de numérotation de version.

Les versions Rns-m sont parfois intitulées version y.x dans certaines références, telles celles installées dans le menu Démarrer de Microsoft Windows ou dans la numérotation des paquetages sur la distribution Linux Debian. Par exemple, l'installation de la version binaire R8B-0 est parfois référencée sous le nom d'Erlang 5.1 sur certains écrans d'installation de Windows.

En fait, le numéro de version d'Erlang désigne la distribution, c'est-à-dire le paquetage rassemblant la machine virtuelle et un ensemble de modules faisant partie de l'environnement de développement Erlang. Chaque élément de la distribution Erlang est suivi indépendamment les uns des autres chez Ericsson, parfois par des personnes différentes. Chacun de ces modules dispose de son propre numéro de version, répondant à un schéma plus classique de numérotation : x.y.

Lorsque que l'on fait référence à Erlang x.y, il s'agit en fait d'une référence à la version de l'émulateur Erlang qui est utilisée. En l'occurrence, dans la distribution Erlang/OTP R8B-0, c'est la version 5.1 de l'émulateur qui est fournie.

Quels fichiers télécharger ?

Selon le mode d'installation et votre système d'exploitation, les fichiers qu'il faudra télécharger ne seront pas identiques :

- Dans le cadre d'une installation sur le système d'exploitation Microsoft Windows, seul le fichier contenant la version binaire pré-compilée doit être téléchargée. Le fichier est nommé `otp_win32_Rns-m.exe`.

La distribution d'Erlang/OTP pour binaire inclut la documentation au format HTML. Vous n'avez donc pas besoin de télécharger de fichiers supplémentaires.

- Pour une installation à partir des sources sur tous les autres systèmes, il faut télécharger :
  - le paquetage contenant les sources d'Erlang/OTP : `otp_src_Rns-m.tar.gz` ;
  - la documentation au format HTML : `otp_html_Rns-m.tar.gz` ; ce téléchargement est option-nel ;
  - les pages de manuel au format Unix : `otp_man_Rns-m.tar.gz` ; ce téléchargement est optionnel.

- Les fichiers binaires au format RPM pour la plate-forme Linux Intel x86 ne sont en général pas disponibles sur le site officiel d'Erlang. Il faut se tourner vers des sites non officiels proposant ce type de fichier. Le site d'Erlang-fr propose les distributions d'Erlang au format RPM le plus à jour : *http://downloads.erlang-fr.org/*

- Les fichiers binaires au format Debian pour la plate-forme Linux x86 sont directement disponibles en standard avec la distribution Debian.

D'autres distributions précompilées sont mises à disposition au cas par cas sur des sites de passionnés du langage. Par exemple :

- version pour machine Compaq IPAQ fonctionnant sous Linux,
- version pour Mac Os X.

Installation d'Erlang/OTP

Sous Microsoft Windows

Erlang/OTP peut être installé sur toutes les versions de Microsoft Windows à partir de la version Windows 95.

Lorsque vous avez téléchargé la version Windows binaire de l'environnement de développement, vous pouvez lancer l'installation en exécutant le programme `otp_win32_Rns-m.exe`.

L'installation se déroule en mode graphique et ne comporte que six écrans extrêmement simples. Les choix par défaut sont pertinents et nous recommandons de les sélectionner sur une machine de déve-loppement. Sur une machine de production, il ne sera pas nécessaire d'installer la documentation.

Figure 1-2

Un des écrans d'installation d'Erlang/OTP R8B-0 sous Microsoft Windows

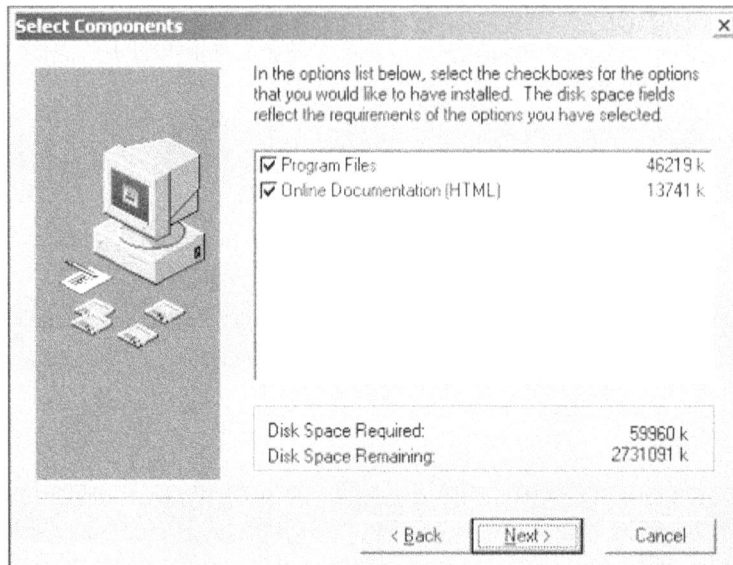

Sous Linux à partir des paquetages RPM

L'installation d'Erlang/OTP à partir des fichiers RPM est très simple.

La première étape consiste à apposer sa signature sur le système en tant qu'administrateur de la machine (root).

Pour poursuivre la procédure, on dispose de nombreux outils de manipulations d'archives RPM. Une des manières de procéder consiste à utiliser la ligne de commande pour réaliser l'installation. Dans le répertoire où vous avez téléchargé le paquetage RPM, saisissez la ligne de commande suivante :

```
rpm -ivh erlang-9.0-1mdk.i586.rpm
```

Sous Linux, distribution Debian

On procède à l'installation d'Erlang/OTP sur un système Debian Linux au moyen de la commande suivante, saisie en tant qu'administrateur de la machine (root) :

```
apt-get install erlang
```

Par le biais des dépendances entre les paquetages, cette commande installe tout l'environnement Erlang/OTP, y compris la documentation (pages de manuel et version HTML). Pour installer un système sans la documentation, utilisez plutôt la commande :

```
apt-get install erlang-base
```

Cette commande suppose que vous utilisez un système Debian opérationnel, capable de récupérer les paquetages sur votre CD-Rom Debian ou *via* le réseau.

Installation sur d'autres systèmes à partir des sources

Ce mode d'installation concerne tous les systèmes d'exploitation pour lequel la version binaire n'est pas disponible. Il concerne également les cas où vous souhaitez utiliser des paramètres de compilation particuliers. C'est le mode d'installation que nous recommandons pour les utilisateurs d'Erlang expérimentés. Pour les débutants, préférez d'abord l'installation à partir des fichiers binaires lorsque c'est possible sur votre système.

Pour une installation à partir des sources, il faut d'abord disposer de l'environnement nécessaire à la compilation. Le tableau 2-1 liste les dépendances nécessaires à la compilation d'Erlang en soulignant les cas où l'outil demandé est optionnel.

Tableau 2-1. Les outils nécessaires et optionnels pour la compilation d'Erlang/OTP.

Outils	Optionnel ou obligatoire
GNU make	Obligatoire
GNU C compiler (gcc)	Obligatoire
Perl 5	Obligatoire
nawk ou gawk	Optionnel. Utilisé par le module SNMP.
openSSL ou ssleay	Optionnel. Utilisé par les applications « ssl » et « crypto ».
Java Development Kit au moins égal à 1.2.2	Optionnel. Utilisé pour l'interfaçage avec les applications Java, géré par les modules « jinterface », « ic » et « orber ».
X Windows	Optionnel. Utilisé par l'application graphique « gs ». Sans possibilité d'accès au fichier de développement de X Windows, vous ne pourrez pas utiliser l'outil graphique de l'environnement de développement OTP.
sed	Obligatoire
m4	Optionnel. Utilisé lors de la compilation de HiPE, le compilateur natif Erlang.

Il faut ensuite décompresser l'archive `otp_src_Rns-m.tar.gz` au moyen de la commande :

```
tar -zxvf otp_src_Rns-m.tar.gz -C /tmp/
```

Positionnez-vous ensuite dans le répertoire d'extraction :

```
cd /tmp/otp_src_Rns-m
```

puis lancez le processus de configuration à l'aide de la commande standard sur la majorité des systèmes :

```
./configure
```

Sur Linux x86 et Solaris, nous recommandons d'utiliser les options permettant de disposer du compilateur natif HiPE et du mode d'entrée/sortie multi-threadé en saisissant plutôt la commande :

```
./configure -enable-hipe -enable-threads
```

> À partir de la version R9B-0 d'Erlang, le compilateur natif Hipe est activé par défaut sur les plates-formes supportées. L'option `-enable-hipe` est donc superflue pour la compilation d'Erlang R9B.

Cette commande permet d'adapter la description de la compilation à votre environnement et vous signale des bibliothèques nécessaires à la compilation de l'environnement de développement Erlang qui font défaut.

Options d'installation et de configuration

D'autres options peuvent être passées à la commande `configure` afin de pouvoir contrôler certains aspects de l'installation.

Par exemple, si vous souhaitez désactiver certains modules à la compilation, vous pouvez utiliser l'option `–without-MODULE`, où `MODULE` est le nom du module dont vous souhaiter éviter la compilation.

Ainsi, pour désactiver la compilation du module « ssl », parce que vous n'avez pas openSSL sur votre système, vous pouvez ajouter l'option `–without-ssl` à la commande `configure`.

Les messages en fin de compilation vous signalent si tout s'est correctement déroulé et quels sont les modules qui ont été désactivés car considérés comme n'étant pas pertinents sur votre machine. C'est le cas du support de Java sur une machine ne disposant pas de compilateur Java et de machine virtuelle Java. L'avertissement prendrait alors la forme suivante illustrée en figure 1-3. Ces avertissements ne sont pas bloquants et n'empêchent pas de lancer la compilation.

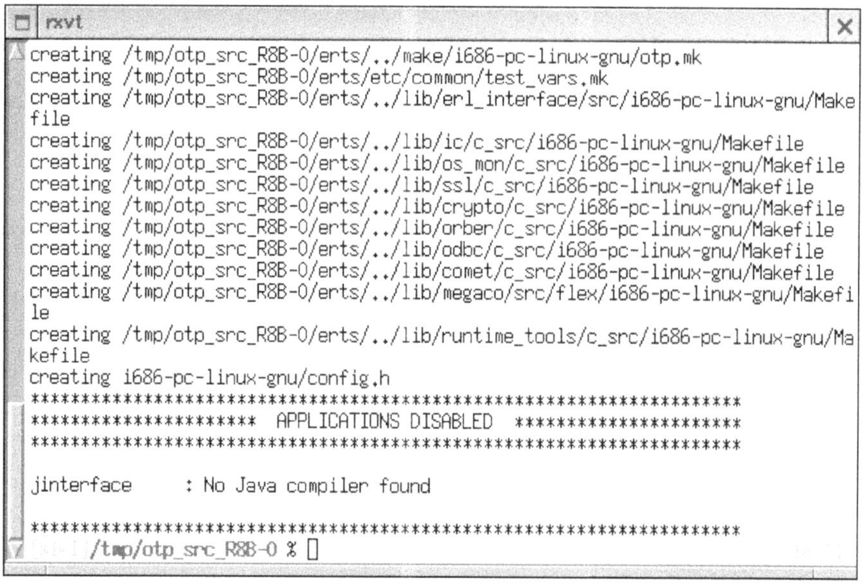

Figure 1-3

La fin de l'exécution de la commande/ configure : les outils d'interface avec Java ne seront ni compilés ni installés

```
creating /tmp/otp_src_R8B-0/erts/../make/i686-pc-linux-gnu/otp.mk
creating /tmp/otp_src_R8B-0/erts/etc/common/test_vars.mk
creating /tmp/otp_src_R8B-0/erts/../lib/erl_interface/src/i686-pc-linux-gnu/Make
file
creating /tmp/otp_src_R8B-0/erts/../lib/ic/c_src/i686-pc-linux-gnu/Makefile
creating /tmp/otp_src_R8B-0/erts/../lib/os_mon/c_src/i686-pc-linux-gnu/Makefile
creating /tmp/otp_src_R8B-0/erts/../lib/ssl/c_src/i686-pc-linux-gnu/Makefile
creating /tmp/otp_src_R8B-0/erts/../lib/crypto/c_src/i686-pc-linux-gnu/Makefile
creating /tmp/otp_src_R8B-0/erts/../lib/orber/c_src/i686-pc-linux-gnu/Makefile
creating /tmp/otp_src_R8B-0/erts/../lib/odbc/c_src/i686-pc-linux-gnu/Makefile
creating /tmp/otp_src_R8B-0/erts/../lib/comet/c_src/i686-pc-linux-gnu/Makefile
creating /tmp/otp_src_R8B-0/erts/../lib/megaco/src/flex/i686-pc-linux-gnu/Makefi
le
creating /tmp/otp_src_R8B-0/erts/../lib/runtime_tools/c_src/i686-pc-linux-gnu/Ma
kefile
creating i686-pc-linux-gnu/config.h
***********************************************************************
********************* APPLICATIONS DISABLED ***********************
***********************************************************************

jinterface    : No Java compiler found

***********************************************************************
       /tmp/otp_src_R8B-0 %
```

Une fois la configuration de l'environnement de compilation effectuée, vous pouvez lancer la compilation avec la commande :

```
make
```

Si tout se déroule bien, vous pouvez ensuite installer le système. En vous signant comme administrateur de la machine (root), lancez la commande suivante :

```
make install
```

L'environnement Erlang/OTP est maintenant installé sur votre machine.

Quelques sources d'erreurs possibles

La phase de configuration d'Erlang et de compilation peut être lancée comme un simple utilisateur. Cependant, des problèmes peuvent survenir si votre utilisateur Linux, par exemple, a défini les paramètres locaux comme français (les paramètres locaux sont couramment désignés par *locales*).

Pour la compilation d'Erlang, il est donc recommandé de lancer la compilation en tant qu'administrateur (root), qui utilise en général les locales C standards. En effet, avec des « locales » françaises la compilation peut poser problème. Les scripts de configuration automatique s'appuient sur la reconnaissance de certains mots dans l'aide de programme en ligne de commande pour déterminer la version des outils. Or, les schémas de reconnaissance de ces mots sont en anglais. C'est le cas de l'outil GNU `config.guess`. Avec une version traduite des outils, le processus de reconnaissance de ces motifs peut échouer et provoquer l'échec de la compilation Erlang.

Une autre source d'erreur peut être l'absence de la bibliothèque de développement `ncurses5`. La chaîne de configuration devrait signaler ce problème de dépendance manquante, mais ce n'est pas le cas pour cette bibliothèque particulière, et la compilation échoue en émettant des messages relativement obscurs, pour tout avertissement.

Vérification de l'installation

Après la procédure d'installation, il est important de vérifier que tout fonctionne comme prévu. Sous Windows, vous pouvez lancer l'interpréteur Erlang grâce aux raccourcis placés dans le menu « Démarrer » (figure 1-4).

Figure 1-4

Les raccourcis d'accès à l'interpréteur Erlang et à la documentation d'Erlang/OTP.

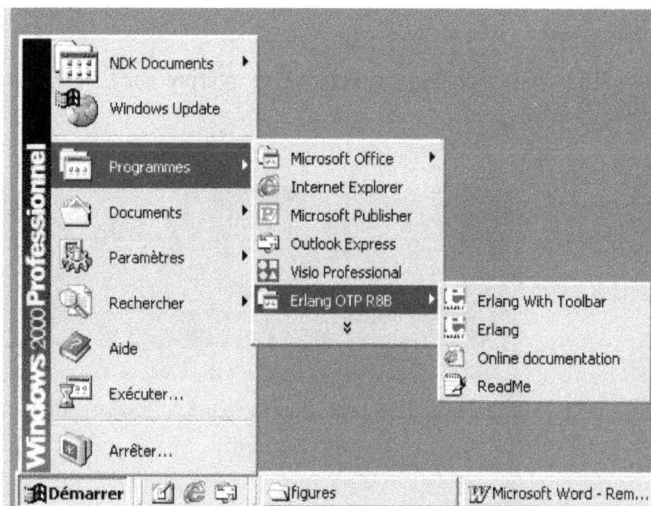

Le raccourci « Erlang With Toolbar » lance l'interpréteur et la barre de lancement des outils graphique Erlang. Cette option permet de vérifier le bon fonctionnement des outils graphiques (figure 1-5).

Figure 1-5

L'interpréteur Erlang et la barre d'outils sous Microsoft Windows.

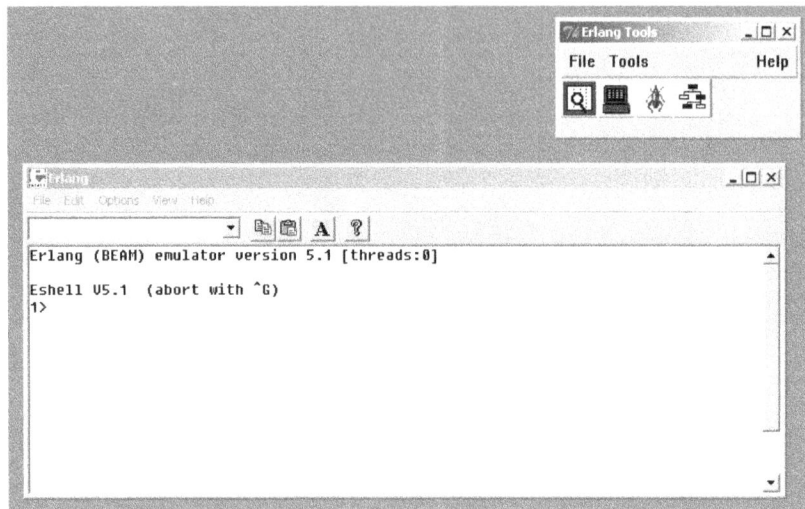

Sur les autres systèmes, on procède au lancement de l'interpréteur à partir de la ligne de commande :

```
erl
```

Le lancement de la barre d'outils se fait en activant la commande suivante depuis l'interpréteur Erlang :

```
toolbar:start().
```

La figure 1-6 montre une copie d'écran d'un interpréteur Erlang fonctionnant dans un terminal et la barre d'outils Erlang.

Figure 1-6

L'interpréteur Erlang et la barre d'outils sous Linux.

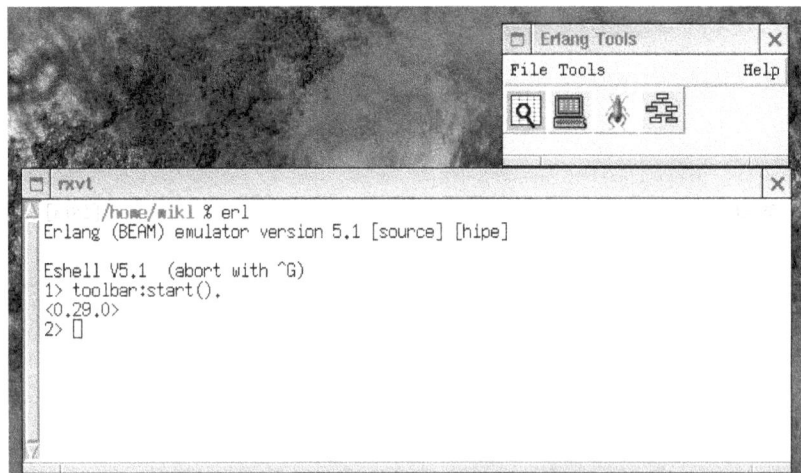

Si vous parvenez à lancer l'interpréteur et à faire fonctionner la barre d'outils, c'est que votre système Erlang est opérationnel.

Maintenant, un peu de détente !

Pour se détendre un peu après l'installation de l'environnement, voici une petite manipulation donnant accès à des programmes supplémentaires dans la barre d'outils.

Dans le menu Tools de la barre d'outils, sélectionnez la commande Add GS Contributions. Cette commande ajoute quatre nouvelles icônes à la barre d'outils : Mandelbrot, Bonk, Othello et Cols.

Il s'agit de quatre divertissements proposés par les développeurs d'Erlang/OTP (figure 1-7 ci-après).

Figure 1-7

Jeux inclus dans la distribution Erlang.

Installation de la documentation

Quand on procède à l'installation sous Microsoft Windows, la documentation au format HTML est proposée à partir du programme d'installation.

De même, l'installation de la documentation se fait au moyen de l'installation de paquetages Debian pour la documentation. Si vous avez choisi d'installer le paquetage Erlang-base, sans la documentation, vous pouvez choisir d'ajouter les pages de manuels ou la documentation HTML à votre système en utilisant l'une des commandes suivantes en tant qu'administrateur de la machine (root) :

```
apt-get install erlang-manpages
apt-get install erlang-doc-html
```

En revanche, lorsque vous installez le système à partir de ses sources, les documentations ne sont pas automatiquement installées. Pour installer les pages de manuel à partir de l'archive que vous avez téléchargée, utilisez la commande suivante en tant qu'administrateur de la machine (root) :

```
tar zxvf otp_man_Rns-m.tar.gz -C /usr/local/lib/erlang/
```

Pour installer la documentation au format HTML, utilisez les commandes (en tant qu'administrateur) :

```
tar zxvf otp_html_Rns-m.tar.gz -C /usr/local/lib/erlang/
```

Vous disposez maintenant d'un environnement Erlang/OTP fonctionnel, comportant machine virtuelle, compilateur, bibliothèques standards de développement et documentation.

Prise en main

Une fois l'installation terminée, nous voilà comme promis en situation de faire nos premières découvertes du langage Erlang.

L'interpréteur Erlang propose un terminal. Ce shell nous permet d'entrer de façon interactive des commandes et de nous familiariser aussi bien avec l'environnement d'exécution de programme qu'avec le langage lui-même.

Pour commencer, revenons sur la commande qui nous a permis de lancer la barre d'outils :

```
toolbar:start().
```

Cette simple commande en dit déjà très long sur la syntaxe du langage. Du point de vue sémantique, cette commande est un appel de fonction. Sa syntaxe comporte plusieurs éléments :

- le nom du module contenant la fonction : `toolbar`
- le caractère de composition d'une référence de fonction qualifiée par son nom de module : `:`
- le nom de la fonction à exécuter : `start`
- les paramètres de la fonction à exécuter : `()`
- le caractère de terminaison de commande : `.`

Le module est l'unité d'organisation du code développé en Erlang. Il regroupe un ensemble de fonctions répondant à un ensemble de besoins similaires ou implantant une partie d'une application.

Une fonction nommée est toujours référencée par le nom de la fonction et le module qui contient ladite fonction. La référence au nom de module peut parfois être implicite, mais elle existe toujours. Le nom du module sert à donner un contexte pour l'appel de la fonction. Il fait entièrement partie de la référence à cette dernière.

Nous pouvons ainsi faire référence dans l'interpréteur à une autre fonction nommée start, mais appartenant à un module différent :

```
appmon:start().
```

Cette commande ne démarre pas la barre d'outils, mais directement l'application appmon de supervision des applications Erlang.

Une fonction est un élément qui accepte des paramètres en entrée pour servir de base à l'exécution de son traitement. Comme au sens mathématique du terme, le résultat de la fonction peut être modifié par les paramètres qui lui sont passés en entrée. Les fonctions que nous avons vues jusqu'ici ne prennent aucun paramètre en entrée. Les paramètres envoyés à la fonction sont regroupés entre parenthèses et séparés par des virgules. Leur expression est placée à droite du nom de la fonction.

Par exemple, la fonction calendar:is_leap_year permet de savoir si une année donnée est bissextile :

```
1> calendar:is_leap_year(2000).
true
2> calendar:is_leap_year(2002).
false
```

La fonction calendar:last_day_of_the_month permet de connaître le dernier jour d'un mois donné :

```
1> calendar:last_day_of_the_month(2000,02).
29
2> calendar:last_day_of_the_month(2002,02).
28
```

Différence avec la syntaxe du langage Pascal

L'expression des paramètres doit toujours être explicite, même lorsqu'il n'y en a aucun. Pour cela, les parenthèses ouvrantes et fermantes sont toujours explicites en Erlang, contrairement à ce qui peut se faire en langage Pascal. L'appel de la fonction calendar:local_time utilise donc toujours les parenthèses, même si cette fonction n'accepte aucun paramètre en entrée :

```
3> calendar:local_time().
{{2002,3,3},{15,55,22}}
```

Nous verrons que le nombre de paramètres est important pour désigner une fonction, tout comme le nom de la fonction lui-même ou bien le nom du module dans lequel cette fonction est définie.

Pour finir, le caractère '.' en fin de ligne sert à indiquer la fin d'une commande et à provoquer son exécution par l'interpréteur. Il signifie à l'interpréteur que nous avons terminé de saisir notre commande et qu'il peut l'exécuter. Le retour chariot n'est pas suffisant à lui seul pour lancer l'exécution car il est possible de saisir une commande sur plusieurs lignes :

```
1> calendar:last_day_of_the_month(
1> 2004,
```

```
1> O2
1> ).
29
```

Pour signifier qu'il permet de poursuivre la commande saisie après un retour chariot, l'interpréteur rappelle le numéro de la commande. Ce numéro est identique pour toutes les lignes de la commande et il est repris tant que la commande n'est pas terminée.

Pour continuer à utiliser l'interpréteur Erlang, nous allons essayer de saisir d'autres commandes. Par exemple, les opérateurs arithmétiques permettent de réaliser des opérations en Erlang :

```
1> 1+1.
2
2> 2-2.
0
3> 3*3.
9
4> 4/4.
1.00000
```

Au-delà du calcul, il est possible d'affecter le résultat à une variable. Erlang étant un langage dynamique, la déclaration des variables n'est pas nécessaire :

```
1> X = 3*6.
18
2> Y = 2*11.
22
3> X+Y.
40
```

Le développement Erlang n'est pas entièrement interactif, comme en Lisp. L'interpréteur sert essentiellement à tester ses développements et à administrer un environnement Erlang.

Le développement passe quant à lui par la définition de modules, renfermant un ensemble de fonctions. Les modules sont ensuite compilés et peuvent alors être utilisés depuis l'interpréteur.

Nous allons compiler et exécuter le traditionnel programme Hello World, déjà présenté en introduction au chapitre 1. Ce programme est uniquement composé d'un seul module. Saisissez le module suivant dans un fichier texte, en dehors de l'interpréteur Erlang :

```
-module(hello).
-export([world]).
world() -> io:format("Hello World!~n", []).
```

Enregistrer le contenu du module dans un fichier nommé hello.erl. Vous noterez bien qu'il est impératif d'utiliser le nom du module, auquel on ajoute le suffixe .erl, comme nom de fichier.

Le nom du fichier est ici hello.erl. Si vous lui donnez un autre nom, la compilation du module hello dans un fichier module.erl, par exemple, générerait l'erreur suivante :

```
** Module name 'hello' does not match file name 'module' **
{error,badfile}
```

Pour lancer la compilation, lancez un interpréteur depuis le répertoire puis utilisez la commande erlang c() avec le nom du module en paramètre :

```
Erlang (BEAM) emulator version 5.1 [source] [hipe] [threads:0]

Eshell V5.1  (abort with ^G)
1> c(hello).
{ok,hello}
2>
```

Si vous n'avez fait aucune erreur de syntaxe et si vous êtes placé dans le bon répertoire, votre module doit se compiler sans aucun problème.

Vous pouvez maintenant exécuter votre programme en appelant l'unique fonction de votre module :

```
2> hello:world().
Hello World!
ok
```

Le programme affiche à l'écran la formule de salutation habituelle (Hello World !). La ligne suivante contient le mot « ok » qui correspond au paramètre de retour de la fonction. Ce paramètre de retour correspond à la valeur de la dernière instruction d'une fonction. « ok » correspond donc ici également au paramètre de retour de la fonction io:format.

Nous avons maintenant suffisamment manipulé l'interpréteur pour disposer d'un avant-goût de la manière de travailler en Erlang. Il nous faut maintenant apprendre à mettre fin à l'interpréteur et à quitter notre session interactive.

Pour stopper l'interpréteur Erlang et mettre fin à la session interactive, plusieurs commandes sont possibles. La plus élégante consiste à mettre fin au premier processus lancé dans l'interpréteur. Ce processus est géré par un module nommé init. Le processus est démarré lors du boot de la machine virtuelle Erlang. Le fait de mettre fin à ce processus termine proprement l'exécution de l'interpréteur :

```
[mikl]/home/mikl % erl
Erlang (BEAM) emulator version 5.1 [source] [hipe]

Eshell V5.1  (abort with ^G)
1> init:stop().
ok
[mikl]/home/mikl %
```

Quitter l'environnement

D'autres manières, plus radicales, permettent de sortir de l'environnement, sans poser, dans la plupart des cas, de problème.

Vous pouvez utiliser la séquence C-c (control-c) pour passer en mode Break, et répondre avec « a » puis « Entrée » pour « Abandon ».

Vous pouvez également envoyer deux fois la séquence C-c (control-c) pour mettre fin directement à la session du shell Erlang.

Conclusion

Vous disposez maintenant d'un environnement Erlang/OTP opérationnel sur votre machine et avez pu commencer à interagir avec l'interpréteur Erlang *via* le shell Erlang. Vous pouvez continuer votre expérimentation en essayant de saisir et d'inventer de nouvelles commandes à partir de ce que vous connaissez déjà.

Lors de vos expérimentations, il est probable que le comportement de l'interpréteur vous déroute quelque peu, en particulier, si vous connaissez d'autres langages de programmation. Nous vous laissons par exemple méditer sur la session interactive suivante :

```
1> X = 1.
1
2> Y = 2.
2
3> X = Y * 2.
** exited: {{badmatch,4},[{erl_eval,expr,3}]} **
4> a = 12.
** exited: {{badmatch,12},[{erl_eval,expr,3}]} **
```

Ces commandes apparemment simples provoquent des erreurs pour le moment incompréhensibles. Le chapitre suivant a justement pour objet de fournir une explication à ce comportement étrange.

Les particularités les plus notables du langage Erlang ont été abordées dans ce chapitre, depuis l'installation de l'environnement jusqu'aux principales caractéristiques du langage. Il est temps maintenant d'entrer dans le vif du sujet en abordant les bases de la programmation Erlang, à savoir les fonctions et la récursivité, la correspondance de motifs ainsi que les variables et les types.

2

Grands principes du langage

Erlang est souvent présenté par Joe Armstrong, son créateur, comme un « langage orienté concurrence », par opposition à l'expression « langage orienté objet ». Un développeur expérimenté en Erlang structure en effet son application non pas autour de la notion d'objet mais autour de la notion de processus. Cette caractéristique oriente vers un style de développement et des idiomes de programmation très différents de ceux pratiqués par les langages orientés objet et par les langages de scripts. Il est courant en Erlang d'imaginer des algorithmes parallèles pour résoudre un problème donné.

Erlang n'est un langage fonctionnel qu'à titre secondaire. Ses créateurs l'ont doté de caractéristiques fonctionnelles car elles facilitent la mise en œuvre de la concurrence dans le langage. La limitation des effets de bord permet de réaliser des systèmes concurrents dont le comportement est plus prévisible qu'avec les langages traditionnels. Erlang permet donc de réaliser des systèmes complexes contenant moins de défauts, ce qui est une des clés du développement d'applications robustes.

On reproche principalement aux langages concurrents et aux langages fonctionnels d'être complexes à apprendre et surtout à maîtriser. Les créateurs du langage Erlang ont cependant réussi le tour de force de faire d'Erlang un langage simple grâce à une syntaxe réduite. Erlang place vraiment le développement d'applications concurrentes à la portée de tous.

Ce chapitre revient plus en détail sur les fondements du langage pour transmettre au lecteur les principes qui le guideront dans l'appréhension de ses futurs développements Erlang. La concurrence étant un aspect fondamental, elle devient une dimension du développement à part entière. Elle détermine toutes les caractéristiques du langage décrites dans ce chapitre. Pour devenir un bon développeur Erlang, il faut comprendre qu'il est un langage très différent des autres et que les schémas de développement habituels ne peuvent s'appliquer tels quels. Développer de bons programmes Erlang implique de réellement penser en Erlang.

Outre la concurrence, le développement s'articule autour de quatre notions que l'on doit parfaitement maîtriser pour pouvoir saisir pleinement la philosophie du développement en Erlang :

- l'importance des fonctions,
- la place de la récursivité,
- l'affectation unique des variables,
- la correspondance de motifs (*pattern matching*).

L'omniprésence des fonctions

Erlang fait partie de la catégorie des langages fonctionnels, que l'on appelle aussi langages déclaratifs. Les fonctions jouent donc un rôle central dans la mise en œuvre du langage. Une fonction regroupe une séquence d'une ou plusieurs expressions. Une expression peut être l'affectation du résultat d'une opération arithmétique à une variable, un appel de fonction ou une opération de correspondance de motifs.

Note

La notion de correspondance de motifs est certainement encore très floue pour le lecteur. Il n'est pas question de s'y attarder pour le moment. Il suffit de retenir qu'il s'agit d'un traitement particulier à Erlang, mélangeant affectation de variables et tests d'égalité.

Au sens mathématique du terme, les fonctions sont des sortes de filtres qui acceptent des paramètres (entrée de la fonction) et qui renvoient un résultat (sortie de la fonction). Programmer en Erlang consiste à écrire des fonctions. Un programme simple est équivalent au minimum à une fonction. Dans les programmes plus complexes, en revanche, on s'attache souvent à organiser la composition de ces fonctions, c'est-à-dire leur imbrication. Les fonctions peuvent être ainsi combinées, le résultat en sortie d'une ou plusieurs fonctions servant de valeurs d'entrée pour une autre fonction.

On compose ainsi une espèce de « tube » dans lequel les fonctions s'enchaînent entre elles. La figure 2-1 présente une vision schématique d'un programme fonctionnel dans lequel les fonctions s'enchaînent les unes après les autres. Les paramètres d'entrées de chaque fonction sont constitués par les résultats renvoyés par la fonction précédente.

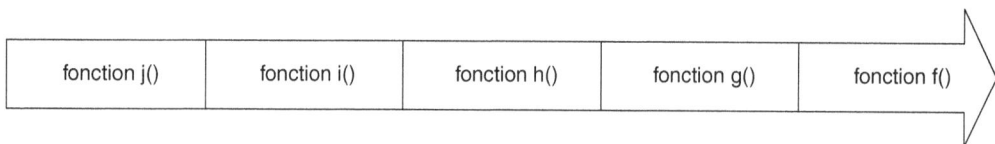

| fonction j() | fonction i() | fonction h() | fonction g() | fonction f() |

Figure 2-1

Vision schématique d'un programme fonctionnel

Pour en revenir au langage proprement dit, voici un exemple de fonction en Erlang :

```
f(X) -> X*2.
```

C'est une fonction extrêmement simple. Sa valeur d'entrée, représentée symboliquement par X, est multipliée par deux. Le résultat de cette opération constitue la valeur de sortie.

> **Syntaxe des variables**
>
> Pour être reconnue comme telle, toute variable doit prendre en Erlang une majuscule initiale.

Nous pouvons ici considérer que nous avons réalisé un programme trivial, composé d'une seule et unique fonction. Exécuter le programme revient à exécuter la fonction en affectant une valeur d'entrée pour chaque paramètre de la fonction. Un exemple d'exécution pourrait en être le suivant :

```
f(2).
```

La valeur de retour serait 4.

Nous avons déjà évoqué ce point : une des manières de rendre plus complexe un programme Erlang consiste à utiliser la composition de fonction. Cette opération revient à exécuter de façon séquentielle des fonctions en utilisant le résultat de l'une comme paramètre de la fonction suivante. Par exemple, pour appliquer deux fois une fonction donnée à un paramètre, une fonction peut être composée avec elle-même. f(f(2)) est une composition valide et nous renvoie la valeur 8.

Des fonctions différentes peuvent être combinées entre elles. L'ordre de leur composition est important. Supposons que nous ayons deux fonctions :

```
f(X) -> X*2.
g(X) -> X+1.
```

Nous pouvons composer ces deux fonctions de la manière suivante : f(g(2)). qui renvoie 6 et g(f(2)). qui renvoie 5.

La composition n'est pas la seule manière qui soit à notre disposition pour enchaîner des traitements en Erlang. Une fonction Erlang n'est pas seulement définie par une opération arithmétique. Elle peut être définie par une séquence d'expressions. Par exemple, nous pouvons définir une fonction i() en trois expressions :

```
i(X) -> Y = X * 2,    Z = Y + 1,    Z * 2.
```

La fonction renvoie le résultat de l'évaluation de la dernière expression. Par exemple, i(1). renvoie la valeur 6.

Nous en savons maintenant suffisamment sur les fonctions pour concevoir des programmes dans un langage fonctionnel. Il convient tout d'abord d'explorer les autres particularités du langage Erlang : l'affectation unique des variables et la correspondance de motifs. Nous verrons que ces deux caractéristiques ne sont que deux facettes d'un même problème et se rejoignent.

La place de la récursivité

La récursivité est une technique de développement qui consiste à définir une fonction en utilisant la fonction elle-même. Le calcul du résultat de la fonction se fait donc sous forme d'itérations sur la fonction, jusqu'à obtention d'une condition de sortie définie différemment. Il faut au moins prévoir un cas de sortie, et ces cas doivent être bien déterminés et effectifs sous peine de placer le programme dans une boucle infinie, ce qui est en général loin d'être un effet désiré...

La récursion s'applique tout naturellement au calcul mathématique dont la définition est récursive. C'est le cas du calcul de factorielles. Le calcul de la factorielle de N consiste à multiplier N par la factorielle de N - 1, la factorielle de 0 étant un cas particulier et valant 1. Factorielle de 0 est, comme notre condition de sortie de l'appel récursif de la fonction factorielle :

```
factorielle(0) -> 1;
factorielle(N) -> N * factorielle(N-1).
```

La traduction en algorithme récursif de l'énoncé précédent est directe. Factorielle de N vaut [N × factorielle de (N − 1)], 0 étant toujours notre cas particulier.

La récursion en Erlang n'est cependant pas seulement limitée à la traduction de calculs mathématiques définis par récursion. Elle met en jeu bien plus que cela et constitue la figure courante d'itération dans les programmes Erlang. L'itération est par exemple utilisée pour parcourir des listes ou pour réaliser N fois un traitement de boucle. L'itération récursive sur une liste d'éléments consiste à traiter le premier élément de la liste et à reprendre le même traitement sur le reste de la liste. La condition de sortie est réalisée lorsque tous les éléments de la liste ont été traités, c'est-à-dire lorsque la liste est vide et qu'il n'y a pas d'élément suivant à traiter.

La récursivité est davantage présentée dans les langages classiques comme une figure de style que comme une technique courante de développement, notamment en raison des performances souvent moindres que son utilisation entraîne. Dans les langages fonctionnels, en particulier en Erlang, la récursivité est une technique de développement courante et encouragée. Appliquer une figure récursive permet souvent de produire un code plus lisible et compact. Le langage est optimisé pour traiter les fonctions récursives. Les performances des traitements récursifs sont donc très bonnes.

L'affectation unique des variables

Une variable est un symbole permettant d'accéder à une valeur. Lors de la résolution de systèmes d'équations mathématiques, les variables sont d'abord inconnues. La résolution du système permet progressivement de déterminer la valeur de chacune des variables. Lorsque la valeur d'une variable est découverte, le symbole et la variable sont liés et interchangeables. La variable est remplacée par sa valeur, partout où elle apparaît. La variable ne peut alors plus prendre d'autres valeurs.

L'utilisation des variables en Erlang correspond à l'approche mathématique qui en est faite. Une variable à laquelle une valeur a été affectée ne peut plus être changée en Erlang. C'est ce mécanisme qui est désigné par affectation unique.

L'affectation unique signifie qu'après avoir été affectée, une variable est dite liée. On ne peut plus lui affecter une autre valeur. Elle sera détruite (et donc déliée), dès lors que le déroulement du programme ne nécessite plus de maintenir sa valeur en mémoire, c'est-à-dire lorsque la variable est hors de portée des instructions en cours d'évaluation par le programme.

Cette particularité influe directement sur le style de programmation. Les habitués d'autres langages penseront probablement qu'il n'est pas possible de programmer en Erlang dans ces conditions. L'affectation des variables et la modification de leur valeur sont en effet au centre des techniques de développement dans les langages traditionnels. Par exemple, effectuer une boucle par incrémentation d'un compteur jusqu'à une certaine valeur peut ainsi sembler impossible à réaliser. Que les développeurs soient immédiatement rassurés, le style de programmation change, mais toutes les figures traditionnelles du développement n'en restent pas moins possibles.

Concrètement, pourquoi les créateurs du langage ont-il choisi de limiter l'affectation d'une variable à une seule valeur ?

L'affectation unique des variables s'inscrit dans le style fonctionnel de programmation pure. Il tend à limiter les effets de bord mal contrôlés dans les programmes développés en Erlang. Un effet de bord se produit dès lors qu'une fonction change l'état du système. Les appels successifs à la fonction peuvent donner des résultats différents à mesure que l'état du système évolue. À l'inverse, une fonction sans effet de bord peut être exécutée un nombre quelconque de fois, avec les mêmes valeurs en entrée, à n'importe quel moment durant l'exécution d'un programme, elle produira toujours le même résultat.

> Une fonction comme `io:format/2` qui affiche des informations sur la console provoque également un effet de bord. L'écriture d'information à l'écran change l'état du système. Utiliser la fonction une fois ou 1000 fois traduit un comportement différent, en particulier pour l'utilisateur qui lit le résultat à l'écran.

Les effets de bords sont problématiques dès lors que plusieurs fonctions peuvent être exécutées de manière concurrente. Du moment que ces morceaux de code s'exécutent simultanément, il y a des risques d'indétermination importants sur la valeur que va avoir la variable.

Si l'on exécute deux fois, successivement, une fonction dont le rôle est d'ajouter 1 à une variable globale, la valeur de cette variable augmente de 2 unités. En revanche, si l'on exécute deux fois cette fonction en parallèle, en un cas seulement la valeur enregistrée par une fonction est écrasée par l'autre fonction. Ce dernier cas est illustré par la figure 2-2.

Figure 2-2

Cas d'indétermination d'exécution de fonctions avec effet de bord lorsqu'elles sont exécutées en parallèle

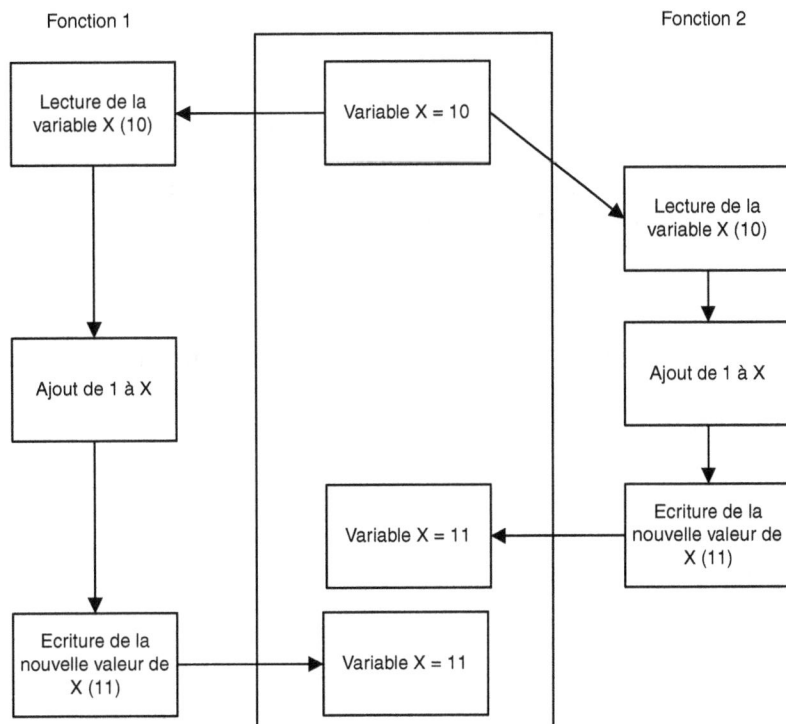

Des systèmes de verrous de modifications sur la variable doivent être mis en place pour éviter ces indéterminations en allouant temporairement la ressource pour un seul processus simultanément (sémaphore). Ces systèmes de verrous alourdissent cependant le code. Erlang étant un langage essentiellement concurrent, il tente de restreindre ces cas, en imposant un style de programmation qui limite les effets de bord. L'affectation unique entre dans ce contexte.

L'affectation unique des fonctions a également un impact sur la lisibilité du code source. Il peut parfois devenir difficile de comprendre le cheminement du programme et d'imaginer tous les cas aboutissant à la modification d'une variable donnée. C'est particulièrement le cas lorsque la variable est globale et peut être modifiée en des points très différents du système. L'affectation unique permet de limiter ce problème de lisibilité en affectant la valeur de la variable qu'une seule fois.

Appréhender l'affectation unique des variables

Au niveau de la logique de programmation, l'affectation unique des variables est déroutant. Comment réaliser une boucle, par exemple (représentée de façon classique par l'instruction `for`), si l'on ne peut pas modifier la valeur de la variable à l'intérieur de notre itération ?

En fait, le développeur joue sur une autre dimension, la portée des variables, pour réaliser des boucles, par exemple, en dépit de l'affectation unique. Une variable liée, c'est-à-dire à laquelle on a affecté une valeur, n'existe que dans un espace réduit, constitué par sa portée. La portée définit en fait l'existence de la variable. Les variables sont détruites, et donc déliées, dès lors que l'on quitte leur espace d'existence.

La portée est déterminée par deux règles simples :

1. Les variables affectées dans une fonction n'ont d'existence qu'à l'intérieur de cette fonction. Lorsque la fonction se termine, les variables sont détruites.

2. L'entrée dans une fonction crée un nouvel espace de définition, propre à cette fonction. Aucune variable n'est plus considérée comme liée à l'entrée dans une nouvelle fonction. Pour ceux qui connaissent d'autres langages de programmation, cela signifie qu'il n'y a que des variables à portée locale et aucune variable de portée « globale ». Là encore, pour limiter les effets de bord…

En jouant sur la portée et sur la récursion, un développeur Erlang parvient à recréer des fonctionnements pour lesquels la modification de valeur semble nécessaire. Les boucles sont réalisées au moyen d'un appel récursif de fonction dans lequel le compteur est constitué par le paramètre de la fonction. La fonction `process/2` exécute la fonction `f()` pour toutes valeurs comprises entre `Value` et `To` par incrément unitaire. L'état du compteur (Value) est passé d'itération en itération comme un paramètre de la fonction `process` :

```
process(Value, To) when Valeur = To -> terminé;
process(Valeur, To) -> f(Value), process(Value +1, To).
```

Enfin, il n'est pas nécessaire de disposer de la possibilité de modifier la variable servant de critère d'itération pour produire l'itération.

La correspondance de motifs

La correspondance de motifs, *pattern matching* en anglais, constitue la généralisation du concept d'affectation unique des variables.

La correspondance de motifs permet d'assurer deux types d'opérations :

- affecter des valeurs aux variables non liées,
- tester des correspondances entre valeurs.

Le comportement de l'opération de correspondance de motifs est en quelque sorte adaptatif, et ce aux expressions de motifs et de paramètres qui lui sont transmises.

Cette opération est déclenchée dans trois cas :

- l'utilisation du signe « = » dans une expression,
- l'appel d'une fonction,
- l'utilisation d'instructions Erlang de type `if`, `case`, etc.

Une opération de correspondance de motifs peut soit réussir, soit échouer. L'échec de la correspondance génère une erreur d'exécution.

Utilisation du signe « = »

La correspondance de motifs est appliquée entre les éléments de part et d'autre du signe « égal » :

- La partie droite de l'égalité (paramètre) ne doit comporter que des valeurs, c'est-à-dire qu'elle ne peut comporter que des valeurs, des variables liées ou des appels de fonction. Les appels de fonction se réduisent à des valeurs après leur évaluation. La partie *paramètre* ne peut pas contenir de variables non liées.
- La partie gauche de la correspondance (motif) peut en outre comporter des variables non liées. Pour toutes les variables non liées, une opération d'affectation est effectuée, tandis que pour toutes les variables liées, valeur ou retour de fonction, c'est un test d'égalité qui est mené.

Par exemple, `X=3.` déclenche l'affectation de 3 à la variable X, si X n'est pas encore lié. La même instruction déclenchera une erreur si X est déjà lié à une autre valeur que 3. Elle sera sans effet si X est déjà lié à la valeur 3.

L'affectation unique n'est donc que l'application directe de la correspondance de motifs. La première exécution affecte une valeur à une variable non liée. La deuxième exécution conduit à un test d'égalité.

Autre exemple, `Y = f(3).` affectera le résultat de l'appel de la fonction `f` avec le paramètre 3, si la variable Y n'est pas encore liée, ou bien une erreur si X est lié à une autre valeur que le résultat de l'appel de la fonction `f(3)`.

Enfin, `f(3) = g(4).` déclenche une erreur si le résultat de l'évaluation de la fonction `f(3)` est différent de l'évaluation du résultat de `g(4)`. Il ne se passe rien dans le cas contraire.

La correspondance se fait donc toujours après évaluation des fonctions et symboles présents des deux côtés de l'expression.

L'opération tient en outre compte des motifs des expressions présentes de part et d'autre du signe « égal ». Si les motifs sont différents, l'opération échoue nécessairement. Par motif, on entend ici agencement des valeurs et variables au sein d'une structure de données composée. Les structures de données composées doivent généralement être égales, sinon le test échoue. Par exemple :

```
{X, Y} = {f(1), g(2)}.
```

Lors de l'appel d'une fonction

L'appel d'une fonction déclenche une opération de correspondance de motifs. Le fonctionnement est le même que dans le cas précédent. La partie « paramètre » correspond aux paramètres d'appel de la fonction. La partie « motif » de la correspondance équivaut à la définition des paramètres de la fonction.

L'appel d'une fonction peut donc échouer si la correspondance de motifs échoue. Ce comportement ne peut être compris qu'en étudiant en détail les fonctions dans le langage Erlang. Retenez cependant qu'une fonction peut comporter plusieurs définitions et que la correspondance de motifs est un moyen de sélection de la fonction à exécuter lors du déroulement du programme. La première définition de fonction satisfaisant l'opération de correspondance de motifs est exécutée. Les autres définitions sont ignorées pour l'appel de fonction courant.

De par ces caractéristiques, la fonction est non seulement le modèle de base de la récursion, mais également le modèle de base du branchement conditionnel.

Dans les instructions de type if, case...

Les tests conditionnels en Erlang sont réalisés, non par test d'égalité, mais par correspondance de motifs. La condition de l'instruction équivaut aux paramètres de la correspondance de motifs, tandis que les différents cas proposés équivalent aux motifs. La sélection des traitements à exécuter est opérée par correspondance de motifs. Les traitements associés au premier motif satisfaisant l'opération sont exécutés ; ceux qui sont associés aux autres motifs sont ignorés.

Trois exemples faciles

Voici quelques exemples qui illustrent le style de développement induit par les caractéristiques du langage Erlang. Même si vous n'avez pas encore acquis toutes les connaissances nécessaires pour les comprendre pour le moment, ils vous permettront cependant de vous familiariser avec le langage et de vous imprégner de ces idiomes.

Quicksort

Le quicksort est un algorithme classique de tri de liste. Il s'implémente de manière très compacte en Erlang :

```
sort([]) -> [] ;
sort([Pivot|T]) ->
    sort([X || X <- T, X < Pivot]) ++ [Pivot] ++ sort([X || X <- T, X >= Pivot]).
```

Appréciez la capacité d'expression du langage pour l'implémentation de cet algorithme classique (il importe peu vous n'en compreniez pas encore toutes les subtilités).

Dernier élément d'une liste

La fonction `dernier/1` renvoie le dernier élément d'une liste. Là encore, la fonction s'appuie sur une définition récursive :

```
dernier([First]) -> First ;
dernier([First|Rest]) -> dernier(Rest).
```

Cette fonction parcourt toute la liste et, lorsqu'elle ne contient plus qu'un seul élément, le renvoie. Elle renvoie donc le dernier élément de la liste.

Compte les caractères d'une liste

Voici enfin la fonction `compte/1` qui compte les caractères d'une liste :

```
compte(Chaine) ->
    compte(Chaine, 0).
compte([], Nombre) -> Nombre;
compte([Caractere|Reste]) -> compte(Reste, Nombre + 1).
```

Les variables et types

Les variables et les types de données constituent les fondements de la programmation. En Erlang, les types de données sont très simples et réduits. Ce n'est pas une limitation mais une des caractéristiques importantes du langage qui contribuent à en faire un langage extrêmement expressif. Plus précisément, cela signifie que l'on peut ainsi écrire des programmes comportant moins de lignes de code que les programmes C ou Java, par exemple.

Syntaxe

Un nom de variable en Erlang comporte toujours une majuscule initiale.

Les variables en Erlang peuvent être considérées comme des étiquettes. Une variable est caractérisée par son nom. Ce nom peut être associé à une valeur. Lorsque le nom est effectivement associé à une valeur, on dit alors que la variable est liée, ce qui signifie que la valeur de la variable ne peut plus être changée, tant qu'elle continue à exister dans le système.

La portée permet de déterminer le cycle de vie des variables. Une variable est créée non liée. Elle peut ensuite être liée à une valeur. Lorsque l'exécution du programme conduit à exécuter des instructions pour lesquelles une variable donnée est hors de portée, la variable est détruite. Les règles de portée des variables ont été énoncées plus haut dans la section « Appréhender l'affectation unique des variables ».

Il n'y a pas de déclaration de variable en Erlang car l'opération de liaison de la variable à une valeur permet de lui affecter un type à ce moment là. Erlang n'est pas un langage non typé, c'est-à-dire qu'il tient compte des types de variables. C'est un langage qui s'abstrait de la nécessité de déclarer le type d'une variable en le déterminant au moment de l'exécution du programme, lors de l'affectation de la variable à une valeur. Puisqu'une variable ne peut être changée avant sa destruction, il n'est donc pas possible de changer le type d'une variable une fois qu'il a été déterminé. On dit pour cette raison qu'Erlang est un langage typé de façon dynamique. Le type d'une variable est déterminé lors de son affectation et non lors de sa déclaration.

> Par comparaison, Java est un langage dit statiquement typé. Les variables doivent toujours être déclarées avant ou de façon concomitante à toute affectation de valeur. Leur type ne peut pas changer. En revanche, le langage Java n'impose pas l'affectation unique des variables. Une variable en Java peut accepter une nouvelle valeur dès lors que l'on respecte le type qui a précédemment été assigné.
>
> En revanche, Python est un langage non typé. Cela signifie que les variables n'ont pas besoin d'être déclarées, comme en Erlang. En revanche, les variables en Python peuvent être réaffectées plusieurs fois comme en Java.

Comparaison avec les systèmes de typage de Java et Python

Les développeurs familiers de Java ou Python pourront situer facilement Erlang grâce aux comparaisons suivantes.

Déclaration

Erlang, comme Python, n'impose pas de déclaration de variable. Voici une affectation en Erlang :

```
1> Valeur = 1.
1.
2> io:format("~p~n", [Valeur]).
1
ok
```

et l'équivalent en Python :

```
>>> valeur = 1
>>> print valeur
1
```

Un tel exemple, en Java, nécessite une déclaration de la variable. Voici un extrait de la classe Java implémentant un tel code :

```
… définition de la classe
int valeur;
valeur = 1;
System.out.println();
… fin de la définition de la classe
```

Changement de type

En Erlang comme en Java, le changement de type de variable est interdit, mais pour différentes raisons.

Erlang ne permet pas le changement de type d'une variable car il viole la règle d'affectation unique. L'erreur se traduit par une correspondance de motifs qui échoue :

```
1> Valeur = 1.
1
2> Valeur = "chien".
** exited: {{badmatch,"chien"},[{erl_eval,expr,3}]} **
```

Java ne permet pas le changement de type car il viole la déclaration de la variable. Une définition de classe utilisant le fragment de code Java suivant ne peut pas être compilée. Le compilateur signale que l'on essaie d'affecter une valeur de type chaîne de caractères à une variable de type entier :

```
… définition de la classe
int valeur;
valeur = 1;
valeur = "chien";
… fin de la définition de la classe
```

Python permet en revanche de changer dynamiquement le type d'une variable :

```
>>> valeur = 1
>>> valeur = "chien"
>>> print valeur
chien
```

Pour conclure, le typage des variables répond à deux objectifs :

• Permettre l'allocation d'un espace mémoire adapté aux valeurs qui vont être associées à la variable. C'est un objectif strictement technique. Erlang, comme Python et Java, permet aux développeurs de s'abstraire des problématiques de gestion de la mémoire à l'aide d'un système automatique : le ramasse-miettes.

• Permettre de signaler les erreurs de programmation au moment de la compilation. Une erreur de programmation affectant une valeur d'un mauvais type à une variable est signalée lors de la compilation. Erlang accomplit en partie ce rôle avec l'affectation unique des variables. Plus généralement, le contrôle des erreurs de programmation est résolu par la méthodologie de développement, qui doit s'appuyer sur une politique de test unitaires. Le développement Erlang est particulièrement adapté à l'utilisation de la méthode *extreme programming*.

Les types élémentaires

Les données constituent un élément fondamental du développement. Les opérations consistant à manipuler et transformer des données sont souvent la raison d'être d'un programme. Cette manipulation des données s'effectue au travers d'un modèle permettant de représenter la réalité et de simplifier les traitements qui leur seront appliqués.

Types de données et gestion de la mémoire

Dans les langages de bas niveau, comme le C, le type d'une variable détermine son occupation mémoire. Le programmeur peut donc optimiser son programme en fonction des informations qu'il prévoit de stocker dans une variable. Il dispose pour cela de différents types, permettant de représenter des entiers par exemple.

Erlang est un langage de haut niveau. La contrainte de gestion de la mémoire, qui implique la prise en considération de types différents pour des raisons d'optimisation ne repose plus sur le programmeur. C'est à la machine virtuelle que revient la tâche d'optimiser la gestion de la mémoire en fonction des valeurs contenues dans les variables. C'est la raison pour laquelle les types élémentaires en Erlang sont très peu nombreux et très peu contraints. Pour reprendre la comparaison avec le langage C, Erlang ne dispose par exemple que d'un seul type pour les entiers.

Dans tous langages, les structures de données sont composées par le développeur à l'aide de briques élémentaires incluses dans le langage : ce sont les types de données élémentaires.

La documentation Erlang recourt au mot « terme » pour désigner l'ensemble des types de données, simples ou composés du langage Erlang.

Erlang propose seulement cinq types élémentaires :

- les entiers,
- les réels,
- les atomes,
- les identifiants de processus, souvent désignés sous la forme abrégée PID (*Process ID*),
- les références.

Ces cinq types élémentaires suffisent au développement de programme Erlang.

Et les chaînes de caractères ?

En Erlang, il n'y a pas de type spécifique pour les chaînes de caractères. Nous verrons dans la suite de cette section que les chaînes de caractères sont implémentées comme un type composé à partir du type élémentaire « entier ».

Les entiers

Notation standard : l'utilisation classique

Les entiers constituent le type le plus simple en Erlang. Ils ne sont pas arbitrairement limités à une plage de valeurs particulières, comme c'est le cas dans les langages de bas niveau, c'est-à-dire plus proches des contraintes machines, comme Java ou le langage C.

Les exemples suivants conduisent à des affectations valides d'entiers à des variables Erlang :

```
Petit = 1.
Nulle = 0.
Arbitraire = 12.
Grand = 1234567890.
TresGrand = 12345678901234567890.
Negatif = -12.
```

En Java, il existe quatre types d'entiers : `byte`, `short`, `int` et `long`, qui se distinguent par leur capacité. Le risque de dépassement de capacité est toujours présent en Java. Si on incrémente un entier au-delà de sa capacité, on provoque une erreur lors de l'exécution du programme.

Erlang, quant à lui, gère automatiquement les grands nombres sans qu'il faille se préoccuper du typage de la variable en tenant compte de la taille de la variable attendue :

```
1>  X=1234567890*1234567890*1234567890.
1881676371789154860897069000
```

Les entiers et la représentation des caractères

Contrairement à d'autres langages, il n'y a pas de type de données particulier pour représenter un caractère en Erlang. C'est le type entier qui est utilisé pour représenter les caractères. Un caractère peut être directement représenté par l'entier correspondant à sa valeur dans la table de définition des caractères ASCII[1]. Par exemple, l'entier 32 représente le caractère « » (espace), l'entier 97 correspond au caractère « a », et l'entier 10 au caractère non affichable de retour chariot.

Cette notation des caractères sous forme d'entiers n'est pas toujours parfaitement lisible dans le code source du programme et il est parfois utile de pouvoir faire référence à un caractère sans devoir nécessairement se souvenir de son code ASCII. On utilise pour cela une syntaxe où le caractère que l'on souhaite référencer est précédé d'un « $ ». Par exemple :

```
1> $a.
97
```

Un test de correspondance de motifs permet de vérifier que les deux notations sont équivalentes :

```
2> 98=$b.
98
```

De même, les opérateurs arithmétiques portant sur les entiers s'appliquent également :

```
1> $a+$b.
195
2> $a/$b.
0.989796
```

Les réels

La notation standard

Le type réel permet de manipuler des nombres à virgule flottante et non plus des entiers. Erlang impose l'utilisation du point comme séparateur de décimale, comme la plupart des langages informatiques.

Voici des exemples d'affectation de variables avec des nombres réels :

```
ReelNegatif = -12.3456789001.
ReelNul = 0.0000.
GrandReel = 1234567890.1234567890.
TresGrandReel = 12345678901234567890.12345678901234567890.
```

La notation exponentielle

C'est là une deuxième façon de représenter les nombres réels, qui consiste simplement à toujours représenter un nombre avec un seul chiffre avant le séparateur de décimale, qui est le point « . » en Erlang. L'ordre de grandeur est alors signifié par le caractère « e » suivi du nombre de fois par lequel il faut multiplier le nombre par 10 pour obtenir sa représentation réelle standard.

---

1. *American Standard Code for Information Interchange* : Code américain standard pour l'échange d'informations. Voir *http://www.commentcamarche.net/base/ascii.htm*.

Par exemple :

```
1> 1234.56 = 1.23456E3.
1234.56
```

Le symbole exponentiel peut figurer en majuscule ou minuscule : « e » ou « E » :

```
2> 1.23456E3 = 1.23456e3.
1234.56
```

La valeur exponentielle, qui suit le symbole « e », peut être négative. Le chiffre suivant représente alors le nombre de fois par lequel il faut diviser par 10 le nombre situé en partie gauche. Il s'agit ici de représenter des valeurs extrêmement faibles :

```
3> 0.0001=1.0e-4.
1.00000e-4
```

Cette notation est très utilisée dans le domaine scientifique car elle permet d'appréhender plus rapidement l'ordre de grandeur du nombre manipulé.

La précision

La ligne de commande Erlang n'affiche pas en standard les réels avec toute la précision requise. Il faut prendre garde à cela lorsqu'on souhaite exploiter le résultat d'un calcul. Par défaut, seules quatre décimales sont fournies en ligne de commande par l'interpréteur. Pour pouvoir connaître les décimales manquantes, il faut utiliser la fonction io:format/2 qui permet de formater précisément la manière dont un nombre réel sera affiché à l'écran :

```
1> A = 12.123456789012345.
12.1235
2> io:format("Valeur = ~18.15f~n", [A]).
Valeur = 12.12345678901234
ok
```

---

printf

La fonction io:format/2 est équivalente à la fonction printf utilisées dans beaucoup de languages.

L'option de formatage « ~X.Yf » d'un nombre réel donne d'abord le nombre total de caractères sur lequel le nombre va être affiché (X). Ce nombre total de caractères inclut le point décimal. La deuxième valeur décrit le nombre de décimales à afficher (Y).

Lors du traitement de nombres comportant des décimales, il convient cependant de veiller à la précision des nombres affichés lorsqu'on demande une précision supérieure à celle du nombre manipulé :

```
1> A = 1.0001.
1.00010
2> io:format("~21.18f~n",[A]).
 1.000099999999999989
ok
```

Il ne s'agit que d'un problème d'affichage. La valeur manipulée par le programme reste exacte :

```
3> io:format("~21.18f~n",[A-1.0001]).
 0.000000000000000000
ok
```

Les atomes

Les atomes forment un type de données particulier que l'on ne retrouve pas systématiquement dans les autres langages de développement. Ce sont en fait des constantes contenant des informations représentées sous la forme d'une suite de caractères. Le nom d'atome indique que cette suite de caractères forme cependant une donnée indivisible, atomique.

Ils permettent de définir des valeurs qui ont une signification particulière pour une application, par exemple la distinction entre « vrai » et « faux ». Ils servent à mettre en place des conventions de développement et contribuent à rendre les programmes plus lisibles, notamment lors de la définition des valeurs de retour des fonctions ou des messages. Les atomes sont également sollicités dans le nommage des structures de données (les « *records* »).

Composition d'un atome

Les atomes peuvent contenir tous types caractères, y compris des espaces, des chiffres, des caractères accentués, des symboles de ponctuation et les caractères d'échappement standards représentant retour chariot, tabulation, etc.

Dans le code Erlang ou dans l'interpréteur, les atomes sont encadrés par de simples quotes (apostrophes). Les quotes sont cependant optionnelles si les conditions suivantes sont réunies :

• L'atome commence par une lettre de l'alphabet en minuscule. Cette condition est impérative pour ne pas le confondre avec une variable ou un entier.

• L'atome ne contient que des caractères alphabétiques, numériques ou le caractère de soulignement « _ ». Les caractères accentués sont admis dans les atomes sans quote. L'atome doit être entouré de quotes s'il contient des espaces ou d'autres caractères spéciaux, par exemple « @ ».

Voici quelques atomes valides :

```
atome
'Abracadabra !!'
a2002_03
'Nouvelle \t constante avec des caractères spéciaux'
```

Du bon usage des atomes

Les atomes ne doivent pas être utilisés en lieu et place des chaînes de caractères dans d'autres langages. Ils doivent être employés comme des constantes qui ont une signification particulière pour le programme Erlang. Plusieurs raisons plaident pour un usage raisonné des atomes :

• Les fonctions de traitement de chaînes de caractères ne peuvent pas être appliquées aux atomes.

• La mémoire attribuée au stockage des atomes n'est pas récupérée par le ramasse-miettes. Il faut donc que le nombre d'atomes utilisé dans un programme soit limité à un ensemble de valeurs fini. Dans le cas contraire, par exemple, si les atomes sont constitués dynamiquement, des « fuites de mémoire » peuvent se produire. La bonne gestion des atomes est un critère important dans la réalisation d'un code propre et performant.

- Un atome ne peut pas, comme son nom l'indique, être découpé en fragments. Un atome constitue un élément atomique indivisible. En revanche, une chaîne de caractères peut être manipulée par fragment. Il est courant d'extraire certains morceaux d'une chaîne de caractères ou bien de la parcourir caractère par caractère.

- À l'inverse, l'utilisation des atomes par rapport aux chaînes de caractères est pertinente lorsque la valeur manipulée est une constante du programme car les atomes prennent beaucoup moins de place en mémoire que les chaînes de caractères.

Les conventions de développement Erlang recommandent l'utilisation de certains atomes traditionnels. Par exemple, l'atome ok est généralement utilisé comme retour d'une fonction dont le déroulement s'est bien passé. La fonction io:format/2 renvoi l'atome ok après avoir affiché les informations demandées sur la sortie standard.

```
1> io:format("La fonction io:format/2 va retourner ok:~n", []).
La fonction io:format/2 va retourner ok:
ok
```

La fonction test/0 renvoie ok lorsque le traitement correspond aux critères attendus. Si la fonction traitement/1 renvoie 10, nous considérons qu'il s'agit d'une erreur. L'atome resultat_non_permis est alors renvoyé. Pour tous les autres cas, le traitement est correct et l'atome ok est renvoyé pour le signifier :

```
test() ->
    Resultat = traitement(),
    io:format("Resultat: ~p~n", [Resultat]),
    case Resultat of
        10 -> resultat_non_permis;
        Autre -> ok
    end.

%% Le traitement génère un nombre aléatoire compris entre 0 et 100
traitement() ->
random:uniform(100).
```

Attention

L'erreur générée est une convention de programmation. Il s'agit d'une erreur qui doit être traitée par programme. Du point de vue de l'interpréteur Erlang, le programme se déroule correctement. Pour les programmes importants, il ne s'agit pas de la meilleure manière pour traiter des erreurs. Nous verrons au chapitre 5 comment déléguer la gestion des erreurs à l'interpréteur Erlang par le biais des exceptions et des mécanismes sophistiqués de supervision.

Et le type booléen ?

Les atomes `true` et `false` représentent une des conventions de développement Erlang les mieux établies. Ce couple d'atomes sert à représenter le type booléen, qui n'existe pas en tant que type de données Erlang.

L'exemple présenté ci-après illustre l'utilisation des atomes `true` et `false` en tant que valeur booléenne. La fonction `est_pair/1` renvoie `true` ou `false` selon que le nombre entier passé en paramètre est pair ou impair.

```
-module(booleen).

-export([est_pair/1]).

%% La fonction est_paire renvoie true ou false selon que l'entier passé en
%% paramètre est un nombre pair ou pas.
est_pair(Nombre) ->
    %% On teste le reste de la division par 2
    case Nombre rem 2 of
        0 -> true;       % Si le reste est égal à zéro, alors c'est un nombre pair
        Other -> false   % Sinon c'est un nombre impair.
    end.
```

La fonction s'utilise comme suit :

```
1> booleen:est_pair(2).
true
2> booleen:est_pair(3).
false
```

Les identifiants de processus

Les identifiants de processus constituent un type propre à Erlang. L'existence de ce type à part entière témoigne de l'importance des processus et du développement parallèle en Erlang.

Les identifiants de processus sont fondamentaux. Ils désignent un identifiant unique de processus. Cet identifiant est unique sur la machine Erlang locale (nœud Erlang), mais également à l'échelle d'un réseau de machines virtuelles Erlang interconnectées. Les processus sont au cœur du langage et la bonne gestion des identifiants de processus sur un cluster de machine est une condition nécessaire du fonctionnement du système.

La représentation d'un identifiant de processus

Un processus est défini par trois entiers, encadrés par les caractères « inférieur » et « supérieur ». Un identifiant de processus ressemble à une balise XML. Il pourrait par exemple être représenté par la séquence de caractères suivante :

```
<1.2.3>
```

Des processus par milliers

Un moyen de visualiser une représentation des identifiants de processus consiste à utiliser la commande du shell `i()`. Elle donne la liste des processus en cours d'exécution sur le système :

```
Erlang (BEAM) emulator version 5.1 [source] [hipe] [threads:0]

Eshell V5.1  (abort with ^G)
1> i().
Pid                 Initial Call                      Heap    Reds Msgs
Registered          Current Function                  Stack
<0.0.0>             otp_ring0:start/2                  377     3234  0
init                init:loop/1                         2
<0.2.0>             erl_prim_loader:start_it/4         610   20897   0
erl_prim_loader     erl_prim_loader:loop/3              5
<0.4.0>             gen_event:init_it/6                233     221   0
error_logger        gen_event:loop/4                   10
<0.5.0>             application_controller:init/1      987     527   0
… La liste des processus est tronquée ici
<0.25.0>            shell:evaluator/3                  987    7176   0
                    c:pinfo/1                           38
Total                                                30843  132839   0
                                                       245

ok
```

> **Note**
> La lecture de cette liste peut sembler peu aisée sur la console car le résultat est formaté pour représenter 80 colonnes et chaque processus est ainsi décrit sur deux lignes.

La première colonne, *Pid*, pour *Process ID* (identifiant de processus), donne la représentation textuelle des identifiants de processus en cours d'exécution.

> **Note**
> L'abréviation *PID*, pour « processus ID », est largement utilisées dans les programmes Erlang.

La deuxième colonne, *Initial Call*, est très utile pour imaginer les tâches des processus et essayer de retrouver la commande qui l'a lancé. Elle présente le nom de la première fonction appelée pour un processus donné. Le processus en question se terminent avec la fonction en question.

La colonne *Registered* nous donne une indication sur la nature du processus en nous présentant le nom qui lui a été attribué, le cas échéant. Les processus nommés sont en général des processus de longue durée, jouant le rôle de serveur.

Sur un environnement Erlang fraîchement démarré, n'exécutant aucune application particulière, une vingtaine de processus sont en cours d'exécution en standard. Sur un système en exploitation, il est courant de voir plusieurs milliers de processus fonctionnant simultanément.

Les identifiants de processus correspondent à une référence d'objet dans les langages orientés objet comme Python ou Java.

Génération d'un identifiant de processus

Un identifiant de processus n'est pas une chaîne de caractères. Il constitue un type de base d'Erlang et à ce titre est généré par le système. Pour être réutilisé, l'identifiant peut être récupéré dans une variable de deux manières :

- Par création d'un processus : lors de la création d'un nouveau processus, il est possible de lier l'identifiant de processus renvoyé à une variable. Dans l'exemple suivant, la fonction spawn/3 est chargée de créer un processus à partir de la fonction initiale minute/0. La fonction minute/0 se contente d'attendre une minute et d'afficher un message sur la sortie standard. La fonction se termine ensuite et le processus disparaît alors du système.

```
Erlang (BEAM) emulator version 5.1 [source] [hipe] [threads:0]

Eshell V5.1  (abort with ^G)
1> c(processus).
{ok,processus}
2> processus:create().
L'identifiant de processus est: "<0.34.0>"
ok
```

Le processus a bien démarré. Nous avons lié son identifiant à la variable Pid. Sa représentation sous forme de chaîne de caractères est la suivante : <0.34.0>

La commande i() du shell nous permet de le retrouver dans la liste des processus en cours d'exécution.

```
3> i().
Pid                   Initial Call              Heap    Reds Msgs
Registered            Current Function          Stack
<0.0.0>               otp_ring0:start/2          377    3234    0
init                  init:loop/1                  2
  [...]
<0.25.0>              kernel_config:init/1       233      45    0
                      gen_server:loop/6           12
<0.26.0>              supervisor:kernel/1        233      59    0
kernel_safe_sup       gen_server:loop/6           12
<0.34.0>              processus:minute/0         233      21    0
                      timer:sleep/1                3
Total                                          38362  262632    0
                                                 248
ok
```

Lorsque le message apparaît sur la console, la fonction s'achève et le processus prend fin. Il a disparu de la liste des processus en cours d'exécution :

```
Le temps imparti est écoulé.
4> i().
Pid                   Initial Call              Heap    Reds Msgs
Registered            Current Function          Stack
<0.0.0>               otp_ring0:start/2          377    3234    0
init                  init:loop/1                  2
  [...]
```

```
<0.25.0>              kernel_config:init/1           233      45     0
                      gen_server:loop/6              12
<0.26.0>              supervisor:kernel/1            233      59     0
kernel_safe_sup       gen_server:loop/6              12
Total                                              37752  295109    0
                                                     245

ok
```

- Par conversion : si l'on connaît la chaîne de réprésentation de l'identifiant de processus, il est possible de la convertir en idenfiant de processus. La fonction de base `list_to_pid/1` permet de convertir une chaîne de caractères en identifiant de processus.

Dans l'exemple suivant, nous créons par conversion l'identifiant du processus `init` (<0.0.0>). Nous mettons ensuite fin à ce processus à l'aide de la fonction de base `exit/2`.

```
Erlang (BEAM) emulator version 5.1 [source] [hipe] [threads:0]

Eshell V5.1  (abort with ^G)
1> Init = list_to_pid("<0.0.0>").
<0.0.0>
2> exit(Init, kill).
true
3> i().
Pid                   Initial Call                   Heap    Reds Msgs
Registered            Current Function               Stack
<0.2.0>               erl_prim_loader:start_it/4     610    21139    0
erl_prim_loader       erl_prim_loader:loop/3          5
<0.4.0>               gen_event:init_it/6            233     240     0
error_logger          gen_event:loop/4               10
  [...]
<0.26.0>              supervisor:kernel/1            233      59     0
kernel_safe_sup       gen_server:loop/6              12
Total                                              30233  130796    0
                                                     243

ok
```

Quelques remarques sur l'utilisation des identifiants de processus

Même si l'identifiant de processus peut être affiché comme une chaîne de caractères, une fonction manipulant des processus n'accepte pas de recevoir une chaîne de caractères à la place de l'identifiant de processus. Elle est juste capable de manipuler un identifiant de processus et non sa représentation textuelle. L'étape de conversion préalable est donc indispensable si l'on ne dispose pas de l'original de l'identifiant.

Par ailleurs, seule la phase de création d'un processus lui donne une existence physique dans le système. La phase de conversion ne garantit cependant pas que la chaîne fournie corresponde à un quelconque processus ayant existé dans le système. La conversion sert à recréer un identifiant de processus dont on ne dispose que de la représentation textuelle. (Par exemple, à partir de la commande interactive `i()`.)

Il est peu probable en revanche que la génération manuelle d'un identifiant de processus soit réellement exploitable. Les cas particuliers en seraient par exemple la création d'une fonction souhaitant envoyer un message à tous les processus compris entre les deux identifiants.

En général, les identifiants de processus que l'on manipule sont récupérés en retour de la fonction de création du processus.

Enfin, il faut garder à l'esprit que disposer d'un identifiant de processus donne des droits sur ce processus. Il s'agit d'un privilège important. Il est ainsi possible d'envoyer des messages à ce processus pour influencer son comportement ou y mettre fin prématurément.

> Les travaux sur la sécurisation de la machine virtuelle Erlang portent sur la restriction et le contrôle des privilèges attachés à la possession de l'identifiant d'un processus. Pour plus d'informations, voir :
> *http://www.unsw.adfa.edu.au/~lpb/papers/tr9704.html.*

Les références

Un développeur n'utilise les références que lorsqu'il veut disposer d'un identifiant unique sur l'ensemble des nœuds du réseau Erlang. Dans ce cas, il doit générer une référence à l'aide de la fonction intégrée make_ref/1.

```
Erlang (BEAM) emulator version 5.1 [source] [hipe] [threads:0]

Eshell V5.1  (abort with ^G)
1> B = make_ref().
#Ref<0.0.0.139>
2> C = make_ref().
#Ref<0.0.0.144>
3> B.
#Ref<0.0.0.139>
4> C.
#Ref<0.0.0.144>
```

On recourt rarement aux références lorsqu'on développe en Erlang. Elles sont en revanche souvent utilisées par les modules système Erlang existants. On trouve ainsi des exemples d'utilisation de références dans les bibliothèques de développement standard d'Erlang. Dans le module Erlang, les outils de timer et de monitoring de processus utilisent ainsi des références comme identifiants de timer et de moniteur.

> **Des références uniques ?**
> Les références générées sont presque uniques. Une référence est générée avec un identifiant déjà attribué après environ 2^{82} appels à la fonction make_ref/0. Cela signifie que l'on peut dans la plupart des cas considérer cette référence comme unique. En effet, cela signifie en pratique qu'une application consommant 1000 références par seconde peut fonctionner pendant 153 339 145 055 128 ans avant qu'un conflit entre deux références identiques ne puisse se produire.

Le système de référence est utile et remplit parfaitement bien sa fonction dès lors qu'il s'agit de générer des références temporaires. Toutefois, si l'on souhaite mettre en place un système de référence permanent, il faut se tourner vers d'autres modes de génération de références.

En effet, le système de référence repart à zéro à chaque redémarrage de l'environnement Erlang. Cela signifie que, si certaines références ont été sauvegardées dans une base de données, des références identiques seront à nouveau générées. Il faut dans ce cas se tourner vers un algorithme personnalisé de génération de références uniques persistantes.

La fonction suivante propose un exemple de génération *ad hoc* d'identifiants, mais nombre d'autres algorithmes peuvent être imaginés. La référence générée est unique sur un ensemble de nœuds Erlang, car le nom du nœud est intégré dans la référence.

```erlang
-module(reference).
-export([new/0]).
new() ->
    N=node(),
    {MS,S,US} = erlang:now(),
    atom_to_list(N) ++ "." ++ integer_to_list(MS) ++ "." ++
    integer_to_list(S) ++ "." ++ integer_to_list(US).
```

Voici le résultat de la génération d'une référence :

```erlang
1> reference:new().
"nonode@nohost.1036.164355.996818"
```

> **Note**
>
> La fonction `reference:new/0` génère des références uniques toutes les microsecondes. Si deux références sont générées sur le même nœud Erlang, durant la même microseconde, alors les références seront identiques.

Opérations sur les types élémentaires

Opérations arithmétiques

Voici quelques opérations arithmétiques qu'il est possible de réaliser sur les types élémentaires :

- Addition : X + Y.
- Soustraction : X – Y.
- Multiplication : X * Y.
- Division : X / Y

X et Y peuvent être des entiers ou des réels, et il est possible de mélanger entiers et réels dans les quatre opérations standards. La division et la multiplication sont prioritaires sur les autres opérations, excepté l'inversion de signe (– X) qui prime sur toutes les opérations.

- Division à résultat entier : X div Y.
- Reste d'une division : X rem Y renvoie le reste de la division de X par Y.

Dans les deux cas précédents, X et Y doivent impérativement être des entiers. Le résultat est un nombre entier également.

Opérations logiques

Voici quelques exemples d'expressions logiques portant sur des nombres booléens représentés par les atomes `true` ou `false` :

- X and Y : « et ». Renvoie vrai si X et Y sont vrais, et faux dans le cas contraire.
- X or Y : « ou ». Renvoie F si X et Y sont faux, et vrai dans tous les autres cas.
- X xor Y : « ou exclusif ». Renvoie vrai si soit X soit Y sont de sens opposé, et faux s'ils sont de même sens.
- not X : opération logique « non » : Inverse le booléen X.

Opérations logiques binaires

Erlang supporte des opérations logiques binaires portant sur des entiers à l'aide des mots-clés suivants :

- X band Y : « et »,
- X bor Y : « ou »,
- X bxor Y : « ou exclusif »,
- X bsl N : décalage des bits de N vers la gauche (shift left),
- X bsr N : décalage des bits de N vers la droite (shift right).

Ces opérations portent sur des entiers et non plus sur des booléens. L'opération est effectuée en comparaison bit à bit.

Fonctions mathématiques

Les fonctions mathématiques Erlang sont regroupées dans le module `math`. Voici quelques exemples de fonctions :

- `sin(X)` : sinus de X,
- `cos(X)` : cosinus de X,
- `tan(X)` : tangente de X,
- `pow(X, Y)` : calcule X puissance Y,
- `sqrt(X)` : racine carrée de X.

Les types manipulés en Erlang sont très limités et s'assimilent extrêmement vite. Pour développer des applications complètes, il convient cependant toujours d'aller au-delà de l'utilisation de ces types élémentaires. Il faut pouvoir créer des structures de données représentant le modèle de données applicatif.

Types composés et structures de données

Les concepteurs d'Erlang ont sur ce point également fait le choix de la simplicité. Tout comme les types élémentaires, les types composés sont peu nombreux. Il n'y a en effet que deux types composés en Erlang :

- les listes,
- les tuples.

Ces deux types composés permettent cependant de modéliser toutes les structures de données possibles, y compris les plus complexes.

> **Listes et tuples : les piliers des langages de programmation fonctionnelle**
>
> Alliés à la programmation récursive, ils permettent d'effectuer de façon simple et efficace des traitements complexes. Les listes et les tuples sont ainsi également très importants en langage LISP.

Les listes et les tuples sont des conteneurs qui juxtaposent des *séquences* hétérogènes de types de données éventuellement différents, pouvant être élémentaires ou composés.

La différence entre une liste et un tuple est d'ordre sémantique. La position des valeurs dans le tuple à une signification bien précise, alors qu'elle est sans importance dans la liste. Autrement dit, le tuple rassemble des valeurs ordonnées alors que la liste rassemble des valeurs pour lesquelles l'ordonnancement n'est pas significatif.

Les listes

Définition et syntaxe

Une liste regroupe au sein d'un même ensemble des types Erlang, élémentaires ou composés. On procède au regroupement au moyen de crochets marquant le début et la fin de la liste : « [» et «] ». Les éléments de la liste sont séparés par des virgules.

Voici quelques exemples de listes regroupant des types élémentaires.

```
Nombres = [0, 1, 2, 3, 4, 5, 6, 7, 8, 9].
Atomes = [ok, error, true, false].
Reels = [3.12, 4.23, 5.34].
IdentifiantDeProcessus = [<0.0.0>, <0.0.27>, <0.0.32>].
References = [#Ref<0.0.0.139>, #Ref<0.0.0.144>, #Ref<0.0.0.139>].
```

> **Attention**
>
> Afin qu'ils puissent être exploités, les identifiants et les processus doivent être générés comme indiqué au chapitre 7. Les exemples de listes à base d'identifiants de processus et de références ne peuvent pas être utilisés directement en ligne de commande ou dans un programme. Il faut générer les types souhaités soit par création, soit par conversion.
>
> L'exemple présenté en fin de ce chapitre montre précisément qu'il est possible de faire des conversions en série de chaînes de caractères vers des identifiants de processus ou des références.

Une liste peut être vide. Elle est simplement représentée par un crochet ouvrant immédiatement suivi d'un crochet fermant :

```
ListeVide = [].
```

Une liste peut regrouper des types complexes, comme d'autres listes ou des tuples :

```
ListeDeListe = [[1,3,5,7,9], [2,4,6,8]].
ListeDeTuple = [{1,a}, {2,b}, {3,c}].
```

Une liste n'a pas de limitation en termes de longueur. Elle peut contenir un nombre d'éléments asservi uniquement à la mémoire disponible.

Les listes peuvent être hétérogènes, c'est-à-dire que tous les types Erlang peuvent être mélangés dans une même liste.

```
ListeDeTypesSimples = [1, a, 3.12].
ListeDeTypesSimplesEtComplexes = [1, [1,a], {2,3}].
```

Les listes peuvent donc en contenir d'autres. Cette possibilité d'imbrication permet de gérer des structures de données complexes, tabulaires ou arborescentes.

Modélisation des données avec les listes

Les listes constituent la structure composée la plus importante en Erlang. Elles correspondent à une structure de données extrêmement souple, permettant de modéliser toutes les organisations de données imaginables par imbrication de listes. Un champ dans une base de données pourrait se modéliser en une liste de la manière suivante :

```
[\"Mickaël\", \"Rémond\", \"erlang-fr\"]
```

Tandis que l'ensemble des enregistrements de la base de données pourrait se modéliser de la façon suivante, en procédant à une imbrication de listes :

```
[[\"Mickaël\", \"Rémond\", \"erlang-fr\"],
 ...
 [\"Joe\", \"Armstrong\", \"Bluetail\"]]
```

Les listes servent en général plutôt à modéliser des structures dont le nombre d'éléments ne peut pas être déterminé à l'avance durant l'écriture du programme.

Par exemple, voici la liste des objets contenus dans un salon :

```
[table, chaise1, chaise2, armoire, ordinateur]
```

Supposons maintenant que nous prenions pour convention de ne pas s'arrêter au premier niveau, mais de regarder également dans les conteneurs. La structure devient :

```
[table, chaise1, chaise2, [livre1, livre2, vetements], ordinateur]
```

Nous pouvons observer que nous perdons une information ici : le nom du conteneur des livres. L'introduction des tuples nous permettra de proposer un meilleur modèle de données pour cet exemple.

La base du traitement sur les listes : l'extraction du premier élément de liste

L'importance des listes en Erlang va de pair avec celle qui est donnée à la récursion. Un schéma très courant dans le langage consiste à construire une fonction récursive chargée de traiter tous les éléments d'une liste. Le traitement des listes est très courant en Erlang. Des fonctions permettent de prendre le premier élément de la liste et de récupérer le reste.

La fonction head(List) renvoie le premier élément d'une liste, tandis que la fonction tail(List) renvoie la fin de la liste.

Ces fonctions sont d'une telle utilité que le langage dispose d'une syntaxe spéciale, pour extraire le premier élément d'une liste et renvoyer le reste : `[PremierElement|ResteDeLaListe]` L'application de la correspondance de motifs avec ce schéma permet de réaliser ce que l'on appelle un éclatement de la liste. La valeur du premier élément est liée à la première variable. Une liste représentant la fin de la liste est affectée à la deuxième variable. Par exemple :

```
[PremierElement|ResteDeLaListe] = [1,2,3,4].
```

Dans cet exemple, la variable `PremierElement` vaut 1. La variable `ResteDeLaListe` vaut [2,3,4] :

```
1> [PremierElement|ResteDeLaListe] = [1,2,3,4].
[1,2,3,4]
2> PremierElement.
1
3> ResteDeLaListe.
[2,3,4]
```

C'est cette dernière syntaxe de décomposition des listes par correspondance de motifs qui est la plus utilisée en Erlang. On recourt très rarement aux fonctions `head/0` et `tail/0`.

Cette syntaxe peut également être utilisée dans la définition des fonctions. Par exemple, la fonction suivante renvoie le premier élément d'une liste. Il s'agit d'une implémentation de la fonction standard `head/1`.

```
tete([Head|Tail]) ->
    Head.
```

De même, la fonction `tail/1` s'implémente comme suit :

```
queue([Head|Tail]) ->
    Tail.
```

La séparation de la première valeur d'une liste du reste de la liste a un caractère asymétrique. Il s'agit

---

Sur le nommage des variables

En anglais *head* signifie « tête », et *tail* « queue ». Cette terminologie est souvent reprise dans les programmes Erlang pour nommer les variables. On trouve souvent dans les programmes Erlang cette convention de nommage ; on procède à l'éclatement de la liste en utilisant des variables nommées `Head` et `Tail`, parfois même simplement `H` et `T`.

L'application de cette convention de nommage ne constitue pas une bonne pratique de programmation. Il faut toujours chercher à définir les éléments qui sont attendus dans le nom de la variable. L'utilisation au singulier et au pluriel d'un nom décrivant les éléments de la liste constitue une meilleure pratique. Par exemple, si l'on manipule une liste de personnes, l'extraction de la première personne de la liste peut être symbolisée comme suit : `[Personne|Personnes]`. Cela permet de donner de précieuses informations sur la nature du traitement opéré dans le code et d'en faciliter la relecture.

---

d'une extraction de la première valeur. La première variable reçoit toujours la valeur en dehors du contexte de liste, tandis que la deuxième variable récupère toujours le reste des valeurs dans le contexte de la liste. Cela signifie que, sur une simple liste plate, le premier élément extrait n'est pas une liste, tandis que le reste de la liste est une liste. Par exemple :

```
1> [Personne|Personnes] = [pierre,paul,jacques].
[pierre,paul,jacques]
2> Personne.
pierre
3> Personnes.
[paul,jacques]
```

S'il n'y a que deux éléments dans la liste, l'extraction du reste de la liste renvoie une liste à un élément :

```
1> [Personne|Personnes] = [pierre,paul].
[pierre,paul]
2> Personne.
pierre
3> Personnes.
[paul]
```

Lors de l'extraction d'une liste à un seul élément, une liste vide est affectée à la variable correspondant au reste de la liste :

```
1> [Personne|Personnes] = [pierre].
[pierre]
2> Personne.
pierre
3> Personnes.
[]
```

L'extraction d'une liste vide renvoie une erreur correspondant à l'utilisation d'un motif illégal :

```
1> [Personne|Personnes] = [].
** exited: {{illegal_pattern,{cons,1,{var,1,'Personne'},{var,1,'Personnes'}}},
          [{erl_eval,expr,3}]} **
```

À titre d'exemple, supposons que nous souhaitions gérer les objets présents dans notre pièce. Il nous faut écrire une fonction qui affiche de manière élégante la liste des objets présents dans la pièce. Nous allons donc composer une fonction récursive, dont le critère de sortie de la récursion sera la présence d'aucun autre élément. Chaque appel successif à la fonction se fera avec un élément en moins.

On peut procéder à des extractions dans une liste au-delà du premier élément en plaçant plusieurs variables dans le motif d'extraction avant le caractère « | ». On peut alors extraire plusieurs éléments de la liste en une opération :

```
1> [Elt1, Elt2, Elt3 | ResteElt] = [1,2,3,4,5,6].
[1,2,3,4,5,6]
2> Elt1.
1
3> Elt3.
3
```

La correspondance de motifs échoue si l'on essaie d'extraire plus d'éléments qu'il n'y en a réellement dans la liste :

```
4> [Elt4, Elt5, Elt6 | ResteElt] = [1,2].
** exited: {{badmatch,[1,2]},[{erl_eval,expr,3}]} **
```

C'est pour cette raison qu'en règle générale, il est préférable de privilégier l'extraction des éléments de la liste un à un par traitement récursif, en particulier lorsqu'on ne connaît pas par avance la taille de la liste que l'on va manipuler.

Les chaînes de caractères

Les chaînes de caractères en Erlang correspondent au même type que les listes. Nous avons vu qu'un caractère était en fait représenté avec le type entier. Très logiquement, une chaîne de caractères est représentée en Erlang comme une liste d'entiers.

La syntaxe habituelle d'une chaîne de caractères est supportée par le langage Erlang. Des guillemets sont utilisés pour marquer le début et la fin de la chaîne de caractères. Les caractères accentués et la ponctuation sont autorisés.

```
UneChaine = "Bonjour".
UneAutreChaine = "Autre chaine de caractères!".
```

Les caractères « " » et « \ » doivent être échappés, c'est-à-dire précédé d'un caractère « \ » (antislash) pour pouvoir être utilisés dans une chaîne de caractères car ils ont une signification spéciale. Le guillemet marque le début et la fin de la chaîne tandis de l'antislash est utilisé pour introduire des caractères spéciaux, dont l'antislash et le guillemet :

```
UneChaine = "Il dit: \"Bonjour\"".
UneAutreChaine = "Le caractère \\ à une signification particulière".
```

Des caractères spéciaux peuvent également être introduits avec une notation à base d'antislash. Ainsi le retour chariot est symbolisé de cette façon : « \n ».

Liste, chaîne de caractères et optimisation

Les listes servent également de type de chaîne de caractères. Cela pose deux types de problèmes. D'une part, l'occupation des chaînes de caractères est très importante, car les listes contiennent des informations permettant de relier un élément avec ses prédécesseurs et ses successeurs. D'autre part, le traitement des chaînes de caractères par le biais d'une liste n'est pas très performant en raison de ces informations complémentaires à manipuler.

En conséquence, lorsqu'on souhaite effectuer un traitement intensif de chaîne de caractères, il est recommandé d'utiliser le type binaire. Par exemple, le module Erlang de traitement XML, nommé xmerl, utilise le type binaire pour manipuler des chaînes de caractères.

Dans la plupart des cas, cependant, on peut se contenter du traitement des chaînes de caractères sous forme de listes.

Les tuples

Définition et syntaxe

Un tuple regroupe au sein d'un même ensemble des types Erlang, élémentaires ou composés. On procède au regroupement par l'utilisation d'accolades marquant le début et la fin du tuple : « { » et « } ». Les éléments d'un tuple sont séparés par des virgules.

Voici quelques exemples de tuples regroupant des types élémentaires.

```
Resultat = {ok, 12}.
Resultat2 = {erreur, "Enregistrement non trouvé"}
Enregistrement = {nom, "Rémond"}
```

Modélisation des données avec les tuples

La composition d'un tuple a une signification particulière. Le programmeur l'utilise pour donner un sens à chaque élément du tuple.

La liste est utilisée lorsqu'on ne connaît pas le nombre d'éléments qui vont être manipulés. À l'inverse, lorsqu'on manipule un tuple, c'est que l'on sait à l'avance, par convention, le nombre d'éléments que le tuple va comporter. Il s'agit d'une convention mise en place par le programmeur.

Par exemple, si nous souhaitons créer une structure de données pour stocker des informations sur une personne, nous utiliserons un tuple pour cela, si la liste des données qui doit être manipulée dans notre programme est limitative et définie à l'avance.

Dans notre exemple, pour stocker des informations concernant une personne, nous pouvons utiliser un tuple de trois éléments de long. Les informations stockées pourraient être les suivantes :

```
{nom, prenom, profession}
```

Pour un individu donné, les informations seraient alors exprimées sous la forme d'un tuple comme :

```
{"Dupond", "Jean", "Informaticien"}
```

La structure du tuple est fixe. Pour chaque tuple, nous sommes certains de trouver le nom en première position, le prénom en deuxième position et la profession en troisième position. Les programmes manipulant les tuples peuvent donc supposer que, pour chaque tuple modélisant notre individu, les informations seront stockées de manière identique. Ils peuvent ainsi manipuler en bloc les informations concernant un individu, mais également en extraire les données.

Les fonctions suivantes permettent par exemple de renvoyer le nom, le prénom ou la profession d'un individu donné, passés en paramètres. Voici un extrait du module `tuple1` implémentant ces fonctions :

```
nom(Individu) ->
    element(1, Individu).

prenom(Individu) ->
    element(2, Individu).

profession(Individu) ->
    element(3, Individu).
```

Dans votre code, vous pouvez ainsi accéder de manière explicite aux informations concernant un individu donné :

```
2> Individu = {"Dupond", "Jean", "Informaticien"}.
{"Dupond","Jean","Informaticien"}
3> tuple1:prenom(Individu).
"Dupond"
4> tuple1:profession(Individu).
"Jean"
5> tuple1:profession(Individu).
"Informaticien"
```

Typage d'informations

En Erlang, il est courant de typer les informations que l'on manipule à l'aide d'un tuple. On appelle cela « taguer » l'information. Cette opération consiste à rassembler les informations que l'on souhaite manipuler au sein d'un tuple : ce dernier contient alors une structure de données, dont le premier élément donne une indication sur les données présentes dans la structure de données.

Reprenons l'exemple de la modélisation de notre individu. Il est parfois utile de s'assurer que l'on manipule un tuple d'une nature donnée. Un tuple qui décrit un individu sera vraisemblablement différent d'un autre décrivant une société. Non seulement la longueur du tuple mais, surtout, la signification des données présentes pour chaque élément du tuple peuvent différer. Les suppositions faites par le programme peuvent alors entraîner des erreurs d'exécution.

Pour marquer le type de notre individu, la technique la plus courante consiste à placer en premier élément du tuple un atome décrivant la nature des informations présentes dans le tuple. Notre tuple de définition d'individu deviendrait alors :

```
{individu, "Dupond", "Jean", "Informaticien"}
```

Il est ainsi possible de vérifier qu'un tuple passé en paramètre est bien de la nature attendue par simple test de correspondance de motifs :

```
{individu, Nom, Prenom, Profession} = Individu.
```

> **Des tuples aux structures**
>
> Les structures (*records*) sont une généralisation de ce principe. L'utilisation des enregistrements est traitée en détail plus bas dans ce chapitre.

La technique du typage de tuple permet également de définir la nature des informations renvoyées par une fonction. Il est ainsi possible de renvoyer une valeur en précisant, par exemple, si le traitement s'est bien déroulé ou pas.

Le tuple suivant est par exemple utilisé comme valeur de retour d'une fonction dont le traitement s'est bien déroulé et inclut le résultat du traitement :

```
{ok, 123}
```

Cet autre tuple en revanche est utilisé comme valeur de retour d'une fonction dont le traitement s'est mal déroulé. Le deuxième élément du tuple contient la cause de l'erreur :

```
{error, ressource_non_disponible}
```

Combiner listes et tuples

La combinaison des listes et des tuples permet de modéliser toutes les structures de données possibles dans le langage Erlang. En voici quelques exemples.

Le tableau : la liste de tuples

Le cas de combinaison le plus courant est la liste de tuples, qui correspond à un ensemble de données tabulaires. En termes de base de données, il s'agit d'un ensemble d'enregistrements.

Par exemple, supposons que nous souhaitions manipuler une liste de personnes, lesquelles ne sont pas uniquement décrites par leur nom, mais également par leur âge, leur adresse, leur profession et leur matricule. Le matricule est un identifiant unique permettant de désigner de manière non équivoque un individu. Chaque personne sera décrite par un tuple. Chaque élément du tuple correspond à une information sur la personne. En fonction de ces données, voici comment nous décririons un individu donné :

```
{matricule, nom, prenom, age, adresse, profession}
```

Ce qui en pratique permet de définir les individus en respectant ce formalisme :

```
{1, "Dupond", "Jean", 30, "18, rue de la fosse aux lions - Paris", "Informaticien"}
```

Lorsque nous manipulons un tuple représentant un individu dans nos programmes, nous savons que son premier élément correspond au matricule de l'individu, que son deuxième élément correspond à son nom, etc. La structure du tuple est figée. Nous connaissons à l'avance son nombre d'éléments et le type de valeurs que nous sommes censés trouver dans chaque élément.

Si une valeur du tuple est inconnue, elle ne doit cependant jamais être omise, sous peine de briser la structure du tuple et de rendre impossible son traitement. Si l'on omet une valeur, par exemple, l'âge, les informations de la structure du tuple sont décalées. Le programme s'attendant à trouver l'âge en position 4 dans notre exemple trouverait en réalité l'adresse. La sémantique du tuple ne serait donc pas respectée.

Il faut, dans ce cas, définir un formalisme permettant de suppléer l'absence d'information. On peut par exemple utiliser l'atome none. La valeur couramment utilisée en Erlang est l'atome undefined. Dans notre exemple, un tuple représentant un individu dont l'âge, par exemple, ne serait pas défini se présenterait de la manière suivante :

```
{1, "Dupond", "Jean", undefined, "18, rue de la fosse aux lions - Paris", "Informaticien"}
```

Ces tuples représentant une personne peuvent être manipulés comme des éléments d'une liste. Une liste peut ainsi regrouper l'ensemble des individus dont notre programme a eu connaissance.

La structure ainsi modélisée correspond à un tableau :

Matricule	Nom	Prénom	Age	Adresse	Profession
1	"Dupond"	"Jean"	Undefined	"18, rue de la fosse aux lions – Paris"	"Informaticien"
...					

Les structures de données arborescentes

L'utilisation de listes, éventuellement combinées, permet de modéliser des structures de données arborescentes. Une structure de données arborescente contient une « racine » qui permet d'accéder à des sous-branches. Comme certaines se prolongent, on peut ainsi structurer plus avant les informations. D'autres branches s'arrêtent, donnant alors accès aux « feuilles », c'est-à-dire aux informations, de notre structure arborescente.

L'exemple le plus courant de structure de données arborescentes est celui de l'organisation des répertoires et des fichiers d'un système informatique (figure 2-3).

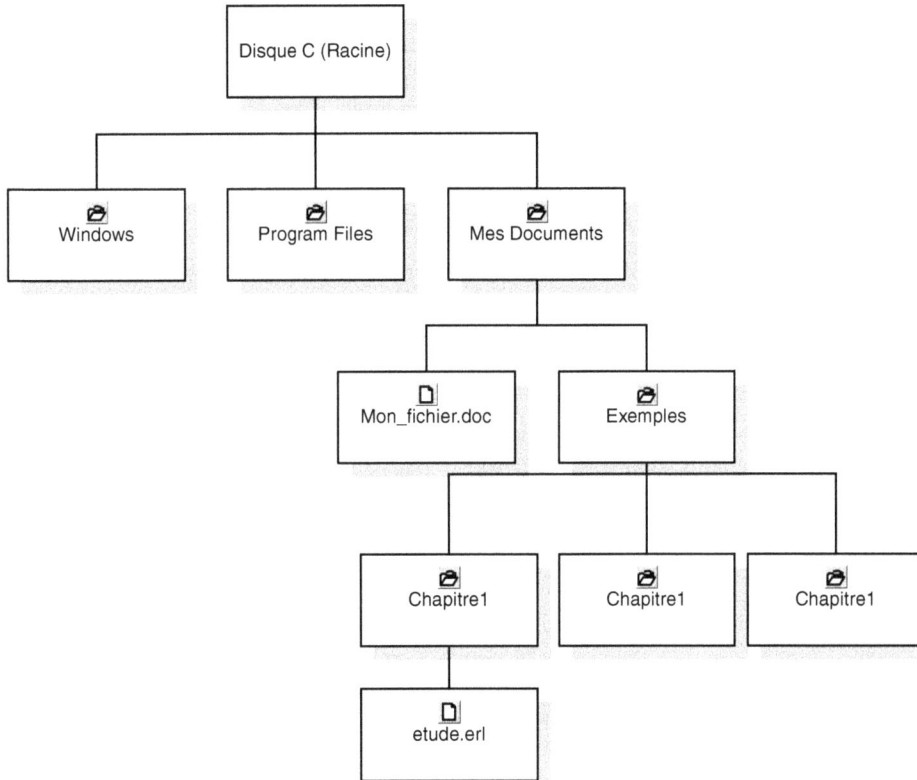

Figure 2-3

Une structure de données arborescente : l'organisation des répertoires et des fichiers

Ce sont des structures de données plus complexes que les tableaux, car leur profondeur est arbitraire. Le tableau correspond en fait à une structure arborescente se limitant au niveau 2 (figure 2-4).

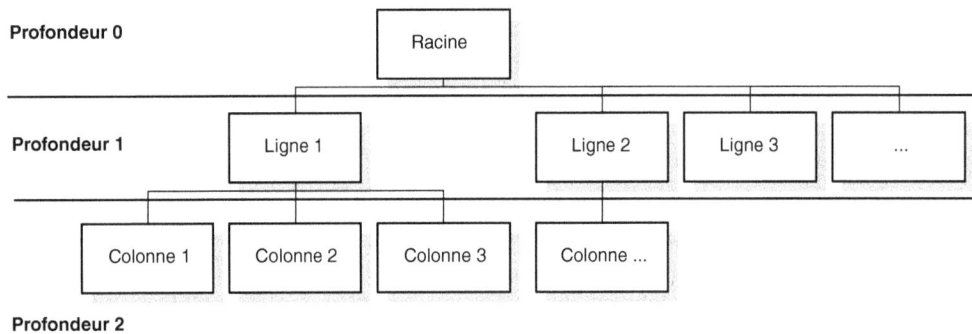

Figure 2-4

La représentation d'un tableau sous forme arborescente à deux niveaux.

La figure 2-5 présente une représentation de notre tableau d'individus sous forme d'arbre.

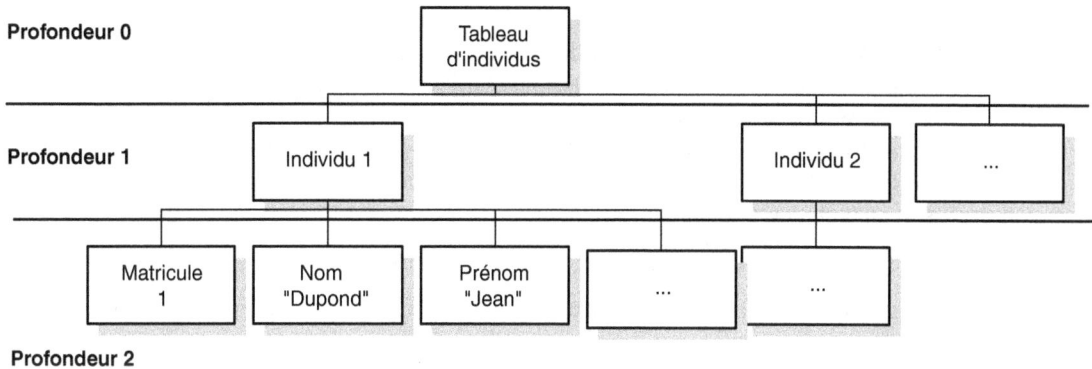

Figure 2-5

Notre tableau d'individus, sous forme arborescente.

Il est possible d'utiliser les structures de listes Erlang pour organiser des données arborescentes.

Les informations contenues dans un fichier HTML sont par exemple arborescentes. Le fichier HTML suivant décrit une structure de données :

```
<!DOCTYPE html PUBLIC \"-//W3C//DTD XHTML 1.0 Strict//EN\" \"DTD/xhtml1-strict.dtd\">
<html>
 <head>
  <title>Titre du document HTML</title>
 </head>
 <body>
  <h1>Titre de niveau 1</h1>
  <p>Paragraphe introductif.</p>
  <h2>Titre de niveau 2</h2>
  <p>Voici le contenu d'un paragraphe dans le corps du document. Ce
  paragraphe introduit le tableau suivant :</p>
  <table>
   <thead>
    <tr>
     <td>Titre de la colonne 1</td>
     <td>Titre de la colonne 2</td>
    </tr>
   </thead>
   <tr>
    <td>ligne 1 - colonne 1</td>
    <td>ligne 1 - colonne 2</td>
   </tr>
   <tr>
    <td>ligne 2 - colonne 1</td>
    <td>ligne 2 - colonne 2</td>
   </tr>
```

```
    </table>
   </body>
  </html>
```

En Erlang, cette structure est modélisée par des listes imbriquées. Le niveau d'imbrication des listes équivaut à la profondeur des informations dans notre arbre. Notre fichier HTML pourrait ainsi être modélisé comme suit en Erlang. Nous considérons que chaque élément HTML est modélisé par un tuple. Le premier élément du tuple est le nom de la balise HTML. Le second élément du tuple est constitué par la liste des fils. Un fils peut être soit une liste contenant le texte présent dans la balise concerné, soit un tuple, modélisant un sous-élément HTML.

```
Element_HTML = {nom_element, [{nom_sous_element, ["contenu textuel"]},…]}.
```

En nous limitant simplement au premier niveau de notre fichier, sa description pourrait donc être la suivante :

```
{html, [{head, ["Entête"]},{body, ["Corps"]}]}.
```

La description complète de notre structure de données HTML arborescente serait alors :

```
{html, [{head, [
            {title, ["Titre du document HTML"]}]},
        {body, [
            {h1, ["Titre de niveau 1"]},
            {p, ["Paragraphe introductif."]},
            {h2, ["Titre de niveau 2"]},
            {p, ["Voici le contenu d'un paragraphe dans le corps du document.
            ➥Ce paragraphe introduit le tableau suivant :"]},
            {table, [
               {thead, [
                   {td, ["Titre de la colonne 1"]},
                   {td, ["Titre de la colonne 2"]}]},
               {tr, [
                   {td, ["ligne 1 - colonne 1"]},
                   {td, ["ligne 1 - colonne 2"]}]},
                   {td, ["ligne 2 - colonne 1"]},
                   {td, ["ligne 2 - colonne 2"]}]},
            ]}
        ]}
]}.
```

> La description du type de document et les retours chariots ont été ignorés par souci de simplification de la structure décrite et de lisibilité de l'exemple.

La liste comme élément d'un tuple

Lorsqu'on crée une description de données, certaines des données constitutives peuvent être multiples. Par exemple, dans le cas de la description de notre individu, celui-ci peut disposer de plusieurs prénoms. L'utilisation d'une liste comme valeur d'un élément du tuple permet de traiter ce cas. Voici un tuple décrivant un individu qui dispose de plusieurs prénoms :

```
{1, "Dupond", ["Jean", "Denis", "Edouard"], undefined, "18, rue de la fosse aux lions -
➠Paris", "Informaticien"}
```

Le tuple qui en résulte peut bien entendu être utilisé comme élément d'une liste. Ainsi notre tuple peut-il lui-même être un élément d'une liste. Il rentre ainsi dans la composition d'un tableau complexe, dans lequel l'intersection d'une colonne et d'une ligne peut comprendre plusieurs subdivisions :

Matricule	Nom		Prénoms		Age	Adresse	Profession
1	"Dupond"	"Jean"	"Denis"	"Edouard"	undefined	"18, rue de la fosse aux lions – Paris"	"Informaticien"
...							

Les structures (« records »)

Les structures répondent à trois objectifs :

- Permettre les typages des informations véhiculées dans un tuple, pour le cas échéant, effectuer certains contrôles avant traitement.

- Faciliter la maintenance du code en évitant d'importantes modifications du code lorsqu'une structure de données est modifiée. Ainsi l'ajout d'un élément dans un tuple peut-il nécessiter des modifications dans tous les programmes qui le manipulent. L'accès aux informations par leur nom permet au programmeur de réorganiser le tuple sans être contraint de revoir les numéros permettant d'extraire les données du tuple.

L'utilisation d'une structure permet d'ajouter plus facilement des éléments, tout en minimisant l'impact sur le code. Un programme qui n'a pas besoin de traiter les informations ajoutées ne doit pas alors être modifié. Une simple recompilation suffit.

- Améliorer la lisibilité du code en permettant l'accès à un élément d'un tuple par le nom de l'information présente à une position donnée.

> Les structures sont également utilisées pour la définition d'une base de données Mnesia, décrite au chapitre 8.

Définition d'une structure de données

On définit une structure de données en ajoutant une déclaration de type *record* dans l'en-tête d'un module. On utilise l'expression -record/2 avec, pour premier paramètre, le nom de la structure que l'on souhaite définir, et pour deuxième paramètre un tuple d'atomes nommant les éléments de la structure, également nommés « champs » de la structure. L'en-tête de module suivant présente une définition de structure destinée à stocker les informations d'un individu :

```
-module(record1).

%% Ce sont les fonctions destinées à la gestion de notre liste
%% d'individus
-export([start/0, stop/0, create/1, find/1, delete/1]).

%% Description des informations concernant un individu:
-record(individu, {nom, prenom, ville, telephone}).
```

Utilisation d'un fichier partagé pour les définitions de structure

Traditionnellement, les structures sont placées dans un fichier partagé (fichier d'inclusion), afin que l'on puisse les réutiliser à l'identique dans différents modules. Pour ce faire, on crée un fichier à l'extension « .hrl » dans lequel on place les définitions de structure de l'application. L'expression d'en-tête de module -include/1 permet d'intégrer le contenu de ce fichier au moment de la compilation.

Relation entre structures et tuples

Les structures correspondent en fait à des tuples. Les valeurs contenues dans un tuple ne peuvent cependant être extraites et manipulées qu'à partir de leur position numérique dans le tuple.

Les structures ne peuvent être définies et utilisées que dans le cadre d'un module. Il n'est pas possible de les déclarer ni même de les utiliser depuis la ligne de commande Erlang. Et ce, parce que les structures sont simplement retraitées et transformées en tuple par le compilateur Erlang. Ainsi la structure ci-dessous (1) correspond-elle au tuple suivant (2) :

1. `-record(individu, {nom, prenom}).`

2. `{individu, nom, prenom}`

À chaque fois que des instructions de manipulation de structure sont utilisées, le compilateur les remplace par des instructions portant sur le tuple équivalent. Il remplace ainsi les accès nommés aux valeurs de la structure par des instructions de manipulation du tuple équivalentes, utilisant la position numérique de l'élément. Voilà pourquoi, il faut recompiler les programmes utilisant une structure donnée si celle-ci a changé. Le compilateur doit remettre à jour la correspondance entre les noms et les positions des informations dans le tuple.

L'essentiel des tâches sur les structures étant un artifice réalisé lors du processus de compilation, il n'est pas possible de manipuler directement les structures depuis la ligne de commande en utilisant la syntaxe qui leur est propre. En revanche, il est possible depuis la ligne de commande de manipuler la structure comme s'il s'agissait d'un tuple en accédant aux informations par leur position dans le tuple. Il faut cependant garder en mémoire l'opération effectuée par le compilateur. Le premier élément est toujours le nom du tuple. Le premier élément de la structure est ainsi accessible à la deuxième position du tuple. L'ensemble des valeurs est ainsi décalé.

L'accès aux informations par le numéro de position dans le tuple s'entoure cependant de quelque incertitude et est susceptible de provoquer des erreurs si l'on se trompe dans le numéro d'accès à une valeur ou si la structure du tuple change. En utilisant la structure, on peut donner des noms à chaque élément d'un tuple et accéder à leurs éléments par leur nom.

Affectation de valeurs à une structure

La définition d'une structure met en place un formalisme permettant de définir les données manipulées par la structure. Par analogie avec l'approche objet, on peut appeler cette étape instanciation : La structure s'incarne dans une utilisation particulière ; chaque champ se voit affecter des valeurs particulières.

La création d'une structure se définit comme suit :

```
-record(structure1, {champ1, champ2, champ3}).
```

La création d'un instance de la structure, comportant des valeurs particulières, se fait à partir de la syntaxe suivante :

```
#structure1{champ1 = expression1, champ2 = expression2, champ3 = expression3}
```

Dans le module `record2` suivant, nous créons une instance de notre individu :

```
-module(record2).

%% La fonction de création (instanciation) de la structure
-export([creation_structure/4]).

%% La définition de notre structure individu
-record(individu, {nom, prenom, ville, telephone}).

creation_structure(Nom, Prenom, Ville, Telephone) ->
    #individu{nom = Nom,
        prenom = Prenom,
        ville = Ville,
        telephone = Telephone}.
```

La fonction `creation_structure/4` se contente d'utiliser la syntaxe classique de création de structure à partir des valeurs qui lui sont passées en paramètres :

```
1> record2:creation_structure("Rémond", "Mickaël", "Paris", "0122334455").
{individu,"Rémond","Mickaël","Paris","0122334455"}
```

Une structure peut bien évidemment être affectée à une variable non encore liée :

```
2> MickaelRemond = record2:creation_structure("Rémond", "Mickaël", "Paris", "0122334455").
{individu,"Rémond","Mickaël","Paris","0122334455"}
```

Cette variable peut ensuite être exploitée normalement dans les programmes ou depuis la ligne de commande :

```
3> io:format("La structure créée est: ~p~n", [MickaelRemond]).
La structure créée est: {individu,"Rémond","Mickaël","Paris","0122334455"}
ok
```

La valeur de chaque champ peut être un quelconque type de données Erlang, simple ou composé. Aucune contrainte n'est placée sur le typage des champs d'une structure ; aucun contrôle de type n'est effectué. Dans le cas suivant, on retrouve les types atome, liste, entier, et identifiant de processus :

```
1> record2:creation_structure(atom, ["Liste","de","Prenom"], 123, self()).
{individu,atom,["Liste","de","Prenom"],123,<0.25.0>}
```

Un champ peut même contenir une instanciation de structure. On peut ainsi imbriquer des structures de données.

Accès aux valeurs d'une structure

On accède aux valeurs d'une structure en appliquant la syntaxe suivante :

```
Variable#nom_structure.nom_champ
```

La variable nommée Variable existe déjà et doit être liée à une structure de type nom_structure. Le champ auquel on souhaite accéder s'intitule nom_champ.

Le module record3 illustre l'accès aux valeurs d'une structure :

```
-module(record3).

%% Fonction de création (instanciation) de la structure
-export([creation_structure/4]).

%% Fonction d'affichage de la structure
-export([affiche_structure/1]).

%% Notre définition de structure
-record(individu, {nom, prenom, ville, telephone}).

%% La fonction d'instanciation de notre structure à partir des valeurs
%% passées en paramètre.
creation_structure(Nom, Prenom, Ville, Telephone) ->
    #individu{nom = Nom,
        prenom = Prenom,
        ville = Ville,
        telephone = Telephone}.

%% Fonction d'affichage des informations contenues dans une structure
%% passée en paramètre
affiche_structure(Structure) ->
    Nom = Structure#individu.nom,
    Prenom = Structure#individu.prenom,
    Ville = Structure#individu.ville,
    Telephone = Structure#individu.telephone,

    io:format("Nom: ~p~nPrénom: ~p~nVille: ~p~nTéléphone: ~p~n",
        [Nom, Prenom, Ville, Telephone]).
```

La fonction affiche_structure/0 accède à chacun des champs de la structure et affiche l'ensemble des valeurs de champ à l'écran :

```
1> MickaelRemond = record3:creation_structure("Rémond", "Mickaël", "Paris", "0122334455").
{individu,"Rémond","Mickaël","Paris","0122334455"}
2> record3:affiche_structure(MickaelRemond).
Nom: "Rémond"
Prénom: "Mickaël"
Ville: "Paris"
Telephone: "0122334455"
ok
```

Une tentative d'accès à un champ non défini dans la structure provoque une erreur lors de la compilation du programme. Par exemple, l'insertion de la fonction affiche_structure_erreur/1 dans le module record3 empêche sa compilation :

```
affiche_structure_erreur(Structure) ->
    Nom = Structure#individu.nom,
    Prenom = Structure#individu.prenom,
    Ville = Structure#individu.ville,
    Fax = Structure#individu.fax,

    io:format("Nom: ~p~nPrénom: ~p~nVille: ~p~nFax: ~p~n",
        [Nom, Prenom, Ville, Fax]).
```

Le compilateur signale que le champ fax n'est pas défini :

```
[mremond@mremond ch6]$ erlc record3.erl
/home/mremond/erlang/workspace/ch6/record3.erl:26: field fax undefined in record individu
```

Les valeurs par défaut

Valeur par défaut « standard »

L'affectation d'une valeur à un champ est optionnelle lors de la création d'une structure. Lorsqu'on crée une structure sans préciser de valeur pour un champ donné, sa valeur par défaut est alors utilisée. Lorsque aucune valeur par défaut n'est précisée au moment de la définition de la structure, la valeur par défaut utilisée est l'atome undefined (non défini).

Considérons le module record4 suivant :

```
-module(record4).

%% Fonctions de création (instanciation de la structure)
-export([creation_structure/0, creation_structure/2]).

%% Fonction d'affichage de la structure
-export([affiche_structure/1]).

%% Notre définition de structure
-record(individu, {nom, prenom, ville, telephone}).

%% La fonction d'instanciation de notre structure sans définition de
%% champ (Sans valeur particulière)
creation_structure() ->
    #individu{}.

%% Fonction d'instanciation de notre structure en donnant la valeur de
%% deux champs
creation_structure(Nom, Prenom) ->
    #individu{nom = Nom, prenom = Prenom}.

%% Fonction d'affichage des informations contenues dans une structure
%% passée en paramètre
affiche_structure(Structure) ->
    Nom = Structure#individu.nom,
    Prenom = Structure#individu.prenom,
    Ville = Structure#individu.ville,
    Telephone = Structure#individu.telephone,

    io:format("Nom: ~p~nPrénom: ~p~nVille: ~p~nTéléphone: ~p~n",
        [Nom, Prenom, Ville, Telephone]).
```

La fonction `creation_structure/0` crée une structure sans passer de valeurs de champ particulières. Les valeurs par défaut sont donc utilisées pour tous les champs :

```
1> IndividuParDefaut = record4:creation_structure().
{individu,undefined,undefined,undefined,undefined}
2> record4:affiche_structure(IndividuParDefaut).
Nom: undefined
Prénom: undefined
Ville: undefined
Téléphone: undefined
ok
```

La fonction `creation_structure/2` donne des valeurs pour deux des champs sur les quatre définis dans la structure ; les autres utilisent les valeurs par défaut :

```
3> IndividuNomPrenom = record4:creation_structure("Rémond", "Mickaël").
{individu,"Rémond","Mickaël",undefined,undefined}
4> record4:affiche_structure(IndividuNomPrenom).
Nom: "Rémond"
Prénom: "Mickaël"
Ville: undefined
Téléphone: undefined
ok
```

Il n'y a donc aucun risque à utiliser une valeur de champ qui n'a pas été précisée lors de l'instanciation d'une structure. Dans notre exemple, nous pouvons faire référence à la ville dans une structure, même si la ville n'a jamais été définie précisément. Le fait que des valeurs par défaut soient fixées permet d'éviter qu'une erreur ne se produise à l'exécution du programme.

Valeur par défaut personnalisée dans la définition de la structure

On définit une valeur par défaut personnalisée dans l'expression de définition de la structure, selon la syntaxe suivante :

```
-record(nom_structure, {champ1 = expression1, champ2 = expression2, champ3}).
```

La définition de valeur par défaut personnalisée est optionnelle. La valeur par défaut reste alors la valeur par défaut standard `undefined`.

La définition suivante montre l'utilisation d'une valeur par défaut pour notre structure individu :

```
-record(individu, {nom,
                    prenom,
                    ville = "Paris",
                    telephone}).
```

Avec une telle définition de structure, l'instanciation d'un individu qui ne précise aucune valeur de champ conduit à une structure ayant les valeurs suivantes :

```
Nom: undefined
Prénom: undefined
Ville: "Paris"
Téléphone: undefined
```

Attribution d'un ensemble de valeurs identiques

Il est possible de préciser des « valeurs par défaut » identiques pour tous les champs non définis au moment de l'instanciation d'une structure. On utilise pour ce faire le nom de champ générique « _ » (tiret de soulignement). La valeur affectée à ce champ l'est en fait à tous les champs qui ne sont pas définis dans l'instruction d'affectation. Les valeurs par défaut, personnalisées ou standards, sont alors ignorées.

Le module record5 présente un tel cas d'attribution de valeurs identiques :

```erlang
-module(record5).

%% Fonctions de création (instanciation de la structure)
-export([creation_structure/0, creation_structure/2]).

%% Fonction d'affichage de la structure
-export([affiche_structure/1]).

%% Notre définition de structure
-record(individu, {nom, prenom, ville = "Paris" , telephone}).

%% La fonction d'instanciation de notre structure sans définition de
%% champ (Sans valeur particulière)
creation_structure() ->
    #individu{}.

%% Fonction d'instanciation de notre structure en donnant la valeur de
%% deux champs
creation_structure(Nom, Prenom) ->
    #individu{nom = Nom, prenom = Prenom, _ = non_defini}.

%% Fonction d'affichage des informations contenues dans une structure
%% passée en paramètre
affiche_structure(Structure) ->
    Nom = Structure#individu.nom,
    Prenom = Structure#individu.prenom,
    Ville = Structure#individu.ville,
    Telephone = Structure#individu.telephone,

    io:format("Nom: ~p~nPrénom: ~p~nVille: ~p~nTéléphone: ~p~n",
        [Nom, Prenom, Ville, Telephone]).
```

La création de la structure individu avec la fonction creation_structure/2 utilise l'atome non_defini pour remplir les champs ville et telephone. La valeur par défaut personnalisée pour le champ ville est ignorée :

```erlang
1> Individu = record5:creation_structure("Rémond", "Mickaël").
{individu,"Rémond","Mickaël",non_defini,non_defini}
2> record5:affiche_structure(Individu).
Nom: "Rémond"
Prénom: "Mickaël"
Ville: non_defini
Téléphone: non_defini
ok
```

Modification d'une structure

Il est possible de modifier les informations présentes dans une structure donnée. Cela ne signifie pas que la variable qui héberge la structure est mise à jour. Le principe d'affectation unique des variables Erlang est toujours respecté. La modification d'une structure consiste en la création d'une nouvelle structure par modification de certains champs d'une structure existante.

La syntaxe pour mener à bien une telle opération est la suivante :

```
Variable#nom_structure{champ2 = expression2}
```

À l'issue d'une telle opération, une nouvelle structure est créée à partir des informations présentes dans la structure stockée dans la Variable. Les champs dont la définition est explicitée entre les accolades remplacent ceux de la structure d'origine. Il en résulte une nouvelle structure pouvant être affectée à une nouvelle variable ou qui peut, par exemple, être passée en paramètres d'une fonction.

Le module record6 introduit la fonction modif_structure/0 illustrant la création de structure par modification des valeurs d'une structure existante :

```
-module(record6).

%% Fonctions de démonstration de la modification de structures
-export([modif_structure/0]).

%% Fonction d'affichage de la structure
-export([affiche_structure/1]).

%% Notre définition de structure
-record(individu, {nom, prenom, ville = "Paris", telephone}).

%% La fonction d'instanciation de notre structure sans définition de
%% champ (Sans valeur particulière)
modif_structure() ->
    %% Création et affichage de la première structure:
    Individu1 = #individu{nom = "Rémond", prenom = "Mickaël"},
    io:format(" -*- Première structure -*-~n", []),
    affiche_structure(Individu1),

    %% Une deuxième structure est créée par modification de la
    %% précédente
    Individu2 = Individu1#individu{telephone = "0122334455"},
    io:format(" -*- Deuxième structure -*-~n", []),
    affiche_structure(Individu2).

%% Fonction d'affichage des informations contenues dans une structure
%% passée en paramètre
affiche_structure(Structure) ->
    Nom = Structure#individu.nom,
    Prenom = Structure#individu.prenom,
    Ville = Structure#individu.ville,
    Telephone = Structure#individu.telephone,

    io:format("Nom: ~p~nPrénom: ~p~nVille: ~p~nTéléphone: ~p~n",
        [Nom, Prenom, Ville, Telephone]).
```

L'exécution de la fonction `modif_structure/0` donne le résultat suivant :

```
1> record6:modif_structure().
 -*- Première structure -*-
Nom: "Rémond"
Prénom: "Mickaël"
Ville: "Paris"
Téléphone: undefined
 -*- Deuxième structure -*-
Nom: "Rémond"
Prénom: "Mickaël"
Ville: "Paris"
Téléphone: "0122334455"
ok
```

Structures et correspondance de motifs

Extraction des champs d'une structure

La correspondance de motifs offre une syntaxe claire et compacte pour l'accès aux informations contenues dans le champ d'une structure. Elle permet notamment d'extraire plusieurs champs en une opération.

Le motif d'extraction utilise le formalisme de la structure pour décrire les champs d'une structure à extraire :

```
#nom_structure{champ_a = Variable1, champ_d = Variable2, …} = Struct.
```

Avec une telle syntaxe, les variables `Variable1`, `Variable2` sont liées avec les valeurs de champ `champ_a` et `champ_d` de la structure `Struct`.

Par exemple, pour extraire le nom et le prénom d'une structure individu, on peut utiliser la syntaxe suivante :

```
#individu{nom = Nom, prenom = Prenom} = Individu.
```

Aux variables non liées `Nom` et `Prenom` sont affectées les valeurs des champs `nom` et `prenom` de l'instance de structure `Individu`.

Cette approche, qui peut être utilisée dans le corps d'une fonction comme dans sa définition, est intéressante si seuls certains champs de la structure passée en paramètres intéressent les traitements de la fonction. Par exemple, la fonction `affiche_nom/1` n'utilise que le nom de la structure `individu` :

```
affiche_nom(#individu{nom = Nom}) ->
    io:format("Le nom de l'individu passé en paramètre est ~p~n", [Nom]).
```

Traitements conditionnels d'une structure

Lorsque le motif de correspondance est utilisé avec des variables liées ou des valeurs, il permet de conditionner le traitement en fonction de la valeur de certains champs.

Dans l'exemple suivant, le motif dans la déclaration de fonction permet de définir un traitement différent selon la ville de l'individu passé en paramètre :

```
affiche_liste_point_vente(#individu{ville = "paris"}) ->
  %% Affiche la liste des points de vente de Paris par arrondissement
  … ;
affiche_liste_point_vente(#individu{ville = "lyon"}) ->
  %% Affiche la liste des points de vente de Lyon et des environs par localité
  … .
```

Le même type de motif peut être évidemment utilisé dans les clauses d'instruction `case` ou `receive`, en utilisant des valeurs ou des variables liées. De la même façon, le motif peut être combiné avec des variables non liées pour extraire des valeurs.

Le type binaire

Les versions les plus récentes d'Erlang ont introduit un nouveau type de données, le type binaire, essentiellement destiné à la définition de protocole de communication réseaux. Ce type permet de stocker des informations au format binaire et de procéder à des opérations directement au niveau binaire.

Il est parfois utilisé en lieu et place des listes pour le stockage des chaînes de caractères, car :

- il est moins consommateur en mémoire que les listes,
- ses traitements sont plus performants,
- le passage d'un binaire en paramètre d'une fonction n'entraîne pas sa duplication, comme c'est le cas pour les autres types de données.

Il est très souvent employé pour la définition de protocoles réseau, s'appuyant non pas sur un échange de structures de données textuelles, mais sur un formalisme binaire, plus optimisé.

Conclusion

La gestion des types de données en Erlang est extrêmement simple, mais permet de concevoir les traitements les plus complexes, notamment grâce à la récursivité, figure très courante du langage.

3

Construire et structurer un programme Erlang

Nous verrons dans ce chapitre comment est organisé un programme Erlang, et quelles sont les constructions élémentaires (listes et tuples) et de contrôle qui sont à la disposition du développeur pour définir une logique applicative. Le développement en Erlang repose sur des concepts qui sont parfois déroutants pour les nouveaux venus dans un langage fonctionnel.

Organisation en fonctions, modules et paquetages

Les modules pour organiser et réutiliser

Les modules permettent d'organiser en tronçons des programmes importants dans des unités de codes fonctionnellement cohérentes. Le développeur isolé peut ainsi structurer et organiser son travail et le rendre à la fois plus compréhensible et maintenable. La structure modulaire favorise également le travail en collaboration de groupes de développeurs, ou l'échange et l'utilisation de fragments de code d'autres développeurs sans risque de provoquer un conflit dans le nom des fonctions utilisées. On dit que chaque module dispose d'un espace de nom différent. Cela signifie en pratique que deux modules peuvent implémenter les mêmes fonctions dans une même application sans que cela ne provoque de conflit. C'est une caractéristique indispensable pour des développements de taille importante comme dans le cas de la réutilisation d'un code existant dans différents contextes. Un module peut être réutilisé tel quel sans que l'on doive modifier sa propre politique de nommage.

Composition d'un module

Du point de vue physique, un module correspond à un fichier. Le nom du fichier est obligatoirement le nom du module auquel on ajoute l'extension .erl pour préciser qu'il s'agit d'un fichier source Erlang.

> Il y a moyen de contourner cette obligation, mais il est très fortement déconseillé de déroger à cette règle, sauf dans le cas particulier de la génération de code par programme.

Le code suivant, dénommé `simple.erl`, présente un exemple de module simple permettant de mettre en évidence la structure d'un module :

```erlang
%% Fichier source Erlang simple.erl
%% Auteur: Mickaël Rémond

%% Début de l'en-tête du module --
-module(simple).

-export([premier/1]).

%% -- Fin de l'en-tête du module

%% Début du corps du module --

%% Premier: Fonction renvoyant le premier élément de la liste
%%  Il s'agit d'une fonction publique
premier([]) ->
    [];
premier([Element|Elements]) ->
    Element.

%% Dernier: Fonction renvoyant le dernier élément de la liste
%%  Il s'agit d'une fonction privée
dernier(Liste) ->
    dernier(Liste, []).

dernier([], Dernier) ->
    Dernier;
dernier([Element| Elements], Dernier) ->
    dernier(Elements, Element).
%% -- Fin du corps du module
```

Un module se décompose en deux parties :

- l'en-tête,
- le corps.

Des commentaires à destination des lecteurs du code source peuvent être ajoutés aussi bien dans l'entête que dans le corps du module. Ils sont ignorés par l'environnement de développement Erlang.

L'en-tête

L'en-tête contient les informations descriptives du module. Il est uniquement composé d'expressions de la forme :

```erlang
-expression(Terme, [Terme]).
```

Une expression d'en-tête de module ressemble à un appel de fonction précédé du signe « – ». On utilise les mêmes types de paramètres que dans l'appel de fonction, à savoir tous les nombres entiers et réels, les listes et les tuples.

L'en-tête comporte aussi un certain nombre d'expressions obligatoires et optionnelles.

Enfin, le développeur peut ajouter d'autres expressions. Ces expressions personnalisées constituent des attributs du code. Ces attributs se retrouvent dans l'objet compilé. Ils peuvent être employés dans des traitements Erlang manipulant des codes objets ou des codes source. Ils ne peuvent être placés dans le code qu'à titre d'information pour le développeur ou pour l'administrateur d'une application Erlang.

Aucune instruction ou définition de fonction ne peut se trouver dans l'en-tête du module. La fin de l'en-tête est simplement marquée par la dernière expression d'en-tête.

Nommage d'un module

Parmi les expressions obligatoires, signalons :

-module/1 : son paramètre est un atome. C'est la première expression à placer dans un code source. Le paramètre permet de nommer le module, d'où son importance. Le nom du module doit être identique au nom du fichier contenant la définition du module, sans l'extension .erl toutefois. Des commentaires peuvent précéder l'expression d'en-tête qui définit le nom du module.

Nom du module et nom de fichier source

Si le nom du module tel qu'il est défini dans la directive –module/1 diffère du nom du fichier source, le fichier peut être compilé mais une erreur est générée lors du chargement du code du module. Le fichier qui en résulte ne peut donc pas être directement utilisé :

```
1> serveur_sup2:start().

=ERROR REPORT==== 29-Sep-2002::13:07:22 ===
beam/beam_load.c(855): Error loading module serveur_sup2:
  module name in object code is serveur_sup
** exited: {undef,[{serveur_sup2,start,[]},
                {erl_eval,expr,3},
                {erl_eval,exprs,4},
                {shell,eval_loop,2}]]} **

=ERROR REPORT==== 29-Sep-2002::13:07:22 ===
Loading of /home/mremond/share/erlang/workspace/ch11/serveur_sup2.beam failed: badfile
```

Description de l'interface du module

La description de l'interface d'un module consiste à définir les fonctions publiques, qui peuvent être utilisées dans d'autres modules.

L'interface se définit par l'expression d'en-tête suivante :

-export/1 : son paramètre est une liste de fonctions, désignée selon la forme nomdefonction/X où X est le nombre de paramètres de la fonction.

Il est possible d'utiliser autant d'expressions export qu'on le souhaite. Il est ainsi courant d'utiliser des expressions d'export différentes pour créer des regroupements fonctionnels entre les fonctions publiques du module. Ces regroupements n'ont aucune signification pour l'environnement de développement Erlang, mais constituent une information précieuse pour le développeur.

Voici un exemple d'utilisation de plusieurs expressions d'exports, regroupant fonctionnellement les fonctions : hello_srv.erl :

```erlang
-module(hello_srv).

-behaviour(gen_server).

%% fonctions requises par le comportement gen_server
%% (callbacks).
-export([init/1,
         handle_call/3,
         handle_cast/2,
         handle_info/2,
         terminate/2,
         code_change/3]).

%% fonctions de contrôle du serveur
-export([start/0,
         start_link/0,
         stop/0]).

%% fonctions de stockage et récupération des valeurs
-export([store/2,
         retrieve/1]).

%% Macro définissant le nom du serveur
%% Définir ce nom à l'aide d'une macro permet d'en changer %% facilement.
-define(server, hellosrv).

%% ----------------------------------------
%% Interface du serveur (API)

%% start: Démarrage du serveur.
start() ->
    gen_server:start({local, ?server}, ?MODULE, [], []).
… etc …
```

L'utilisation de l'expression d'en-tête export n'est pas obligatoire en tant que telle. Toutefois, on se sert d'un module par appel de ses fonctions. Si aucune fonction n'est définie comme publique, c'est-à-dire exportée du module, le module ne peut être utilisé.

En réalité, les fonctions qui ne sont pas exportées peuvent être utilisées dans un autre module si elles sont explicitement importées dans le module qui souhaite s'en servir. L'import de fonction étant une pratique à éviter absolument, retenez simplement que, pour utiliser une fonction dans un autre module, il faut qu'elle soit « exportée ». L'import est une mauvaise pratique de programmation, car elle contourne les interfaces de modules.

La compilation du module `sansexport.erl` est possible mais n'a pas vraiment de sens :

```
-module(sansexport).

%% Cette fonction ne peut pas être utilisée car elle n'est pas
%% exportée.
fonction() ->
    io:format("Je ne devrais pas pouvoir être appele~n", []).
```

L'environnement de développement Erlang signale les fonctions qui sont définies mais qui ne sont jamais utilisées dans le corps de fonction et qui ne sont pas exportées. Ce genre d'avertissement peut permettre de détecter du code mort, vraisemblablement à supprimer avant de livrer le programme, ou bien des omissions dans la définition de l'interface du module, ou encore des erreurs typographiques dans le programme. La fonction est effectivement appelée mais elle est mal orthographiée ou appelée avec un mauvais nombre de paramètres.

Inclure du code provenant d'un fichier externe

Lors du développement d'un programme complexe, des constantes, des définitions de type ou des macros doivent souvent être définies afin de rendre le code plus lisible et aisé à maintenir.

Afin d'être certain d'utiliser les mêmes valeurs dans tous les modules de son application, il est recommandé de stocker ces valeurs dans un fichier externe, qui est ensuite inclus dans le code du module courant par le compilateur au moment de la compilation.

Les fichiers .hrl

Ces fichiers portent en général l'extension `.hrl`. Il s'agit d'une référence aux fichiers *header* utilisés en langage C pour définir macros et constantes. Ces fichiers portent en langage C l'extension `.h`. En Erlang, l'extension `.hrl` correspond à l'extension standard `.erl` dans laquelle le caractère e est remplacé par un h.

Voici un exemple de fichier `.hrl`, nommé `chesslang.hrl`, permettant, dans le cadre du développement d'un programme d'échecs, de définir la codification numérique de chaque pièce dans notre programme. Pour rendre plus compréhensible le code développé, nous associons donc des noms à la codification numérique de chaque pièce :

```
%% La codification des pièces
-define(pion, 1).
-define(cavalier, 2).
-define(fou, 3).
-define(tour, 4).
-define(dame, 5).
-define(roi, 6).
```

L'expression `-include/1` permet d'utiliser le contenu de ce fichier, dit d'*include*, dans notre module :

`-include/1` prend une chaîne de caractères en paramètre. Il s'agit du nom complet du fichier à inclure, avec son extension.

On utilise un fichier `chesslang.hrl` dans un module de la façon suivante. Dans l'en-tête du module Erlang `deplacements.erl`, on trouve la référence au fichier d'inclusion `chesslang.hrl` :

```
-module(deplacements).

-export([piece/2, can_pawn_jump/1]).

-include("chesslang.hrl").
```

Dans la suite du programme, on peut directement se servir des macros définies dans notre fichier d'inclusion. Par exemple, la valeur du pion est utilisée avec la séquence ?pion :

```
%% Déplacement du pion
%% Le pion est blanc:
piece(Piece = {Case, Pion}, Echiquier)
  when abs(Pion) == ?pion,
       Pion > 0 ->
    ListePieces = Echiquier#echiquier.pieces,
    %% Traitement de l'avance du pion.
    Moves = case can_pawn_jump(Piece) of
    %% Si le pion se trouve sur sa case de départ, deux mouvements sont possibles
    true -> filtre_mouvements_pion([Case - 10, Case - 20], ListePieces);
    %% S'il ne s'y trouve pas, un seul mouvement est possible.
    false -> filtre_mouvements_pion([Case - 10, Case - 20], ListePieces)
        %% Traitement de la prise par le pion.
    end;
… etc …
```

Lors de la compilation, le compilateur traite notre module comme si le contenu du fichier d'*include* y était compris. Par convention, le fichier d'inclusion .hrl contient des expressions qui ne peuvent être utilisées que dans l'en-tête d'un module Erlang. Respectez cette convention pour ne pas perturber les développeurs Erlang qui pourront être amenés à modifier votre code. De même, il n'est pas possible d'utiliser l'inclusion de fichiers dans le corps du module, car l'expression d'inclusion est une expression d'en-tête.

Autres expressions d'en-tête standards

- −import/1 permet d'utiliser des fonctions privées d'autres modules. Cette expression est symétrique par rapport à l'expression d'export. Elle prend une liste de fonctions en paramètres. Son emploi est absolument à éviter dans vos programmes. Si vous devez recourir à des fonctions d'un autre module, alors il faut que ces fonctions aient été conçues pour faire partie de l'interface du module. Elles sont dans ce cas exportées. Dans le cas contraire, il ne faut pas y recourir, car le développeur ne les a pas conçues pour qu'elles soient utilisées directement. On considère qu'elles font partie des détails d'implémentation du module. À ce titre, elles sont susceptibles d'être fréquemment modifiées, voire supprimées.

Parmi les autres expressions d'en-tête standards, on retiendra :

- −define/2, qui permet de définir des macros.
- −record/2, qui permet d'accéder aux éléments d'un tuple en attribuant un nom à chaque élément.
- −behaviour/1, qui permet de définir à quel comportement un module Erlang doit être rattaché.

L'emploi des deux premières expressions est défini dans la suite de ce chapitre. L'expression −behaviour (comportement) est utilisée dans le cadre du framework Erlang/OTP.

Le corps

Le corps contient des définitions de fonction. Cela peut être des fonctions publiques, utilisables par d'autres modules ou depuis la console Erlang ou privées. L'ordre de déclaration des fonctions n'a aucune importance. Déclarations de fonctions privées et publiques peuvent être mélangées.

Fonctions publiques et fonctions privées

Les fonctions publiques sont des fonctions exportées d'un module. Elles peuvent être utilisées dans d'autres modules.

Les fonctions privées sont uniquement à usage interne du module. Elles ne peuvent être appelées que dans le module dans lequel elles sont définies. Ce sont en général des fonctions exécutant des traitements propres à l'implémentation des fonctions principales du module. On les utilise pour structurer le code en plusieurs fonctions plus lisibles et maniables. Elles n'ont cependant pas vocation à être utilisées en l'état en dehors de leur contexte, parce que leur implémentation est *ad hoc* par rapport au module lui-même, ou bien parce que leur implémentation est susceptible de changer.

L'intérêt de distinguer fonctions publiques et fonctions privées est également manifeste en Erlang. Une fonction avec une interface utilisateur standard peut nécessiter plusieurs fonctions techniques pour accomplir son travail. La fonction nombre_pair/1 du module gen_liste1 offre une interface publique :

```
-module(gen_liste1).

-export([nombre_pair/1]).

%% La fonction nombre_pair/1 renvoie une liste de nombres pairs allant
%% de 2 à Limite (passée en paramètre).
nombre_pair(Limite) ->
    nombre_pair(Limite, 2, []).
%% Lorsque le compteur atteint la limite, on renvoie le résultat
nombre_pair(Limite, Compteur, Resultat) when Compteur > Limite ->
    lists:reverse(Resultat);
%% On ajoute le compteur au résultat et on poursuit la génération de
%% la liste
nombre_pair(Limite, Compteur, Resultat) ->
    nombre_pair(Limite, Compteur + 2, [Compteur | Resultat]).
```

Elle repose cependant sur une fonction technique, introduisant un accumulateur chargé de composer le résultat d'itération en itération. L'emploi d'une fonction récursive et d'un paramètre accumulateur est un détail d'implémentation qui n'a pas à être connu de l'utilisateur de notre fonction. C'est la raison pour laquelle seule la fonction publique nombre_pair/1 peut être utilisée par l'extérieur. L'appel direct à la fonction nombre_pair/3 impliquerait que l'utilisateur connaisse le détail de l'implémentation de notre fonction. Il lui faudrait savoir qu'il faut toujours passer un accumulateur vide en dernier paramètre. De même, la fonction est conçue pour recevoir en paramètre initial un nombre pair. Aucun test n'est effectué quant au nombre initial de la fonction générant la liste. Sans ces contrôles, un utilisateur de notre fonction peut utiliser notre code de manière erronée. Dans notre cas, le contrôle du nombre initial n'est cependant pas nécessaire car la fonction n'est pas publique. C'est au développeur du module qu'il incombe de fournir une valeur pertinente et non pas à l'utilisateur.

Le chargement de code à chaud

Le module constitue également l'unité de chargement de code. Lorsqu'une fonction d'un module est utilisée pour la première fois, le module est chargé. Lors du rechargement du module, le code de toutes les fonctions présentes dans le module est mis à jour.

Compilation

Le module est l'unité de compilation. Il est cependant possible, en utilisant la compilation native, de ne compiler que certaines fonctions en natif. L'intégralité du module doit cependant avoir été préalablement compilée en pseudo-code avant de pouvoir compiler une fonction donnée en code natif.

Les fonctions

Les fonctions constituent le deuxième élément d'organisation du code. À l'intérieur d'un module, les instructions du programme Erlang sont regroupées en fonctions. Dans le corps d'un module, toutes les instructions doivent appartenir à une fonction. Aucune affectation de variable, aucun appel de fonction, ne peut avoir lieu en dehors d'une définition de fonction.

La fonction est la principale unité de structuration d'un développement Erlang. Parmi les caractéristiques du langage Erlang, on souligne souvent son caractère fonctionnel, c'est-à-dire l'importance de la place qui est faite aux fonctions dans le langage. Nous traitons ici des aspects pratiques relatifs aux fonctions.

Du point de vue de la syntaxe, une fonction se compose d'une ou plusieurs clauses. Chaque clause est elle-même composée d'une définition et d'un traitement.

La signature d'une fonction

Une fonction est définie par un nom et un nombre de paramètres, qui déterminent sa signature. Le nombre de paramètres de la fonction, appelé *arité* de la fonction, est un critère discriminant. Deux fonctions portant le même nom sont en réalité différentes si elles acceptent un nombre différent de paramètres.

Une fonction ne peut pas être redéfinie au sein d'un même module. Tenter de redéfinir une fonction provoque une erreur de compilation. Le critère de redéfinition d'une fonction est basé sur sa signature.

Les noms des paramètres de fonction ne sont pas discriminants : chaque nom correspond simplement à une affectation à une ou plusieurs variables des paramètres d'appel de la fonction lors de son exécution.

Les deux fonctions suivantes sont ainsi strictement identiques :

```
fonction(Param1, Param2) ->
    io:format("~p - ~p~n", [Param1, Param2]).

fonction(Nom, Prenom) ->
    io:format("~p - ~p~n", [Nom, Prenom]).
```

Les traitements de la fonction suivante sont différents mais la signature reste la même que pour les deux fonctions précédentes :

```
fonction(Nombre1, Nombre2) ->
    Nombre1 + Nombre2.
```

Il n'est pas possible de les compiler dans le même module car la signature est la même : `fonction/2`. On considère donc que la seconde fonction redéfinit la première.

En revanche, les deux fonctions suivantes sont bien différentes. Elles ont une signature différente, `ajoute/2` et `ajoute/3` :

```
ajoute(Nombre1, Nombre2) ->
    Nombre1 + Nombre2.

ajoute(Nombre1, Nombre2, Nombre3) ->
    Nombre1 + Nombre2 + Nombre3.
```

La définition de la clause d'une fonction

La définition de la clause d'une fonction permet de préciser :

- Le nom de la fonction : il commence par un caractère alphabétique minuscule. Il ne contient pas d'espace, de caractères spéciaux ou accentués. En revanche, il contient des chiffres, des lettres ou des tirets de soulignement. Voici quelques exemples de nom de fonction :

  ```
  ajoute
  additionneDesNombres
  incremente_dune_unité
  ```

- Le nombre de paramètres : une fonction peut accepter de 0 à n paramètres. Les paramètres sont définis après le nom de la fonction et placés entre parenthèses. Ils sont séparés par des virgules. Voici quelques exemples de définitions de clauses de fonctions, extraits du module Erlang `net_adm` :

  ```
  host_file()
  names(Hostname)
  collect_new(Sofar, Nodelist)
  ```

Ces fonctions correspondent aux signatures de fonction `host_file/0`, `names/1` et `collect_new/2`.

Une fonction qui n'accepte pas de paramètres doit utiliser les parenthèses ouvrante et fermante. Les parenthèses font en effet partie intégrante de la définition de la fonction.

Dans la définition d'une fonction, les paramètres sont souvent associés à des noms de variables. Ces variables sont affectées avec les valeurs passées en paramètre d'appel lors de l'exécution de la fonction. Les variables utilisées dans la définition d'une fonction doivent donc être considérées comme étant liées dans la partie traitement de la fonction : on les utilise pour manipuler directement leur valeur. Comme toutes les variables en Erlang, elles ne peuvent pas être réaffectées dans le corps de la fonction.

Définition de fonction : comparaison Erlang/Python

En Erlang, une fonction ne peut avoir ni paramètre optionnel, ni paramètre nommé, permettant lors de l'appel d'une fonction de redéfinir l'ordre des paramètres.

Le corps de la fonction : les traitements

La partie des traitements regroupe en fait une ou plusieurs expressions Erlang. Cette partie est séparée de la définition de la fonction par les caractères « -> ». La définition de la fonction se termine par le caractère « . » (point), qu'elle comporte une seule ou plusieurs clauses. La fonction suivante est ainsi complète. Elle comporte une partie déclaration et une partie traitement. Elle affiche sur l'écran (sortie standard) le paramètre reçu en entrée :

```erlang
%% Déclaration de la fonction:
affiche(Param) ->
    %% Partie traitement
    io:format("Paramètre reçu: ~p~n", [Param]).
```

Cette fonction ne comporte qu'une seule instruction dans sa partie traitement. Plusieurs instructions peuvent cependant être utilisées. Les instructions sont séparées par le caractère « , » (virgule). Voici une fonction dont le corps comporte une séquence de plusieurs traitements :

```erlang
%% Définition de la fonction:
quatreoperations(Nombre1, Nombre2) ->
    %% Corps de la fonction:
    Addition = Nombre1 + Nombre2,
    Soustraction = Nombre1 - Nombre2,
    Multiplication = Nombre1 * Nombre2,
    Division = Nombre1 / Nombre2,

    %% La valeur de retour de la fonction: Un tuple contenant le
    %% résultat des quatre opérations:
    {Addition, Soustraction, Multiplication, Division}.
```

Les instructions sont exécutées de façon séquentielle. Une instruction n'est exécutée que lorsque l'exécution de la précédente s'est achevée.

Les clauses

Les clauses sont une particularité du langage Erlang par rapport à des langages comme Python ou Java. Il est possible de définir plusieurs fois une fonction, et d'affecter des traitements différents à chacune de ces clauses. Lors de l'exécution de la fonction, une et seulement une clause est sélectionnée par correspondance de motifs. Les traitements associés à cette clause sont alors exécutés.

Les valeurs d'appel de la fonction sont comparées avec les valeurs de la définition de chaque clause. Si ces valeurs correspondent, alors le code associé à cette définition est exécuté et les autres définitions de la fonction sont ignorées pour cet appel de fonction. Si la concordance ne s'établit pas, la définition suivante de la fonction est testée, et ce jusqu'à ce qu'une concordance soit trouvée. Si aucune concordance n'est trouvée, une erreur survient lors de l'exécution.

Une clause est donc composée d'une définition de fonction et d'un traitement. Chaque définition de fonction peut comporter soit des variables, soit des valeurs. Les variables sont dans ce cas nécessairement non liées (voir ce qui a été dit sur la portée. Les règles de portée sont évoquées au chapitre 2) et seront nécessairement liées par l'exécution de la fonction.

Les clauses sont séparées entre elles par des points-virgules « ; ». La dernière clause se termine par le caractère « . » (point).

Toutes les clauses doivent comporter une définition de fonction présentant un nom identique, ainsi qu'un nombre de paramètres identique.

Voici un exemple de fonction permettant par exemple de renvoyer false si le paramètre d'entrée est 0, et true (vrai) si le paramètre d'entrée est une autre valeur :

```
vraifaux(0) ->
    false;
vraifaux(Other) ->
    true.
```

L'ordre des clauses est significatif. Dès qu'une clause peut être exécutée le processus de sélection des clauses s'arrête. La définition d'une fonction comportant plusieurs clauses doit donc s'effectuer du cas particulier vers le cas le plus général. Par exemple, si l'on inverse l'ordre des clauses de la fonction vraifaux/1, la fonction renvoie toujours true, quelles que soient les valeurs passées en paramètres.

Les variables placées dans la définition d'une clause de fonction sont liées aux valeurs d'appel de cette dernière. La liaison est oubliée d'une clause à l'autre. Elle peut cependant être utilisée dans la même clause. Il est par exemple possible de vérifier que le premier paramètre est identique au deuxième paramètre par correspondance de motifs (*pattern matching*), avec une fonction de la forme :

```
egal(Param, Param) ->
  true;
egal(Param, AutreChose) ->
  false.
```

Dans la première clause, la valeur du premier paramètre d'appel de la fonction est affectée à la variable Param, qui est donc liée. Comme il n'est pas possible d'affecter une nouvelle valeur à une variable en Erlang, l'environnement Erlang réalise un test de correspondance de motifs entre la variable Param, liée avec le premier paramètre d'appel de la fonction, et le deuxième paramètre d'appel de la fonction.

La valeur de retour d'une fonction

Une fonction renvoie toujours une valeur de retour. Il s'agit de la valeur de la dernière expression évaluée par la fonction.

Une fonction ne peut renvoyer qu'une seule valeur de retour. L'utilisation des structures composées permet cependant de contourner cette limite. Une fonction peut renvoyer n'importe quel type de données, y compris un tuple ou une liste. Pour renvoyer plusieurs valeurs à partir d'une fonction, il suffit donc d'emballer ces valeurs au sein d'un tuple ou d'une liste.

Appel de fonctions, imbrication et ordre d'évaluation

Un appel de fonction peut être effectué en lieu et place de toute valeur Erlang. La fonction est alors exécutée et la valeur de retour de la fonction est utilisée dans le contexte courant.

Cette caractéristique autorise l'imbrication de fonctions : une fonction peut prendre comme paramètre le résultat de l'exécution d'une autre fonction. Par exemple :

```
list:reverse(list:flatten([1,[2,3,[4,5]]])).
```

De même, une fonction peut en appeler d'autres dans le corps de sa définition.

L'appel d'une fonction locale au module courant permet d'omettre le nom du module dans l'appel de la fonction :

```
fonction(param1, param2, …)
```

Pour appeler une fonction située dans un autre module, on doit préciser le nom du module dans lequel réside la fonction :

```
module:fonction(param1, param2, …)
```

On peut utiliser le nom du module pour appeler une fonction locale. Cette opération diffère toutefois en deux points par rapport à l'appel de fonction non qualifié :

- la fonction doit être exportée du module ;
- son appel qualifié (avec le nom du module) déclenche le rechargement du code du module.

Les appels de fonction dynamiques

Le langage Erlang accepte les appels de fonction dynamiques. Il est possible de déterminer l'appel de la fonction lors de l'exécution du programme et non de manière permanente lors de la compilation.

Pour l'essentiel, on met en œuvre deux syntaxes pour ces appels de fonction. La première est à privilégier :

1. L'appel de fonction : la syntaxe standard de l'appel de fonction est reprise, en utilisant des variables en lieu et place des noms de module et de fonction :

```
Module:Fonction(Parametre).
```

2. L'utilisation de l'instruction Erlang apply/3. Cette fonction reçoit le module en premier paramètre.

Cette approche est commode pour la réalisation de systèmes à base de modules additionnels (plugins). Admettons qu'un fichier de configuration ou une boîte de dialogue permette à un utilisateur de déterminer quel filtre il souhaite utiliser pour sauvegarder les données du programme. Tout module de filtre peut être utilisé dès lors qu'il répond à un certain formalisme ou interface de programmation (API, pour *Application Programming Interface* en anglais). Le code montre le fragment de code chargé d'effectuer l'appel au module de filtre dans le corps de l'application principale :

```
filtre_export(Donnees) ->
    %% Lecture du fichier de config
    {Module, Fonction} = read_config(filtre_export),
    Module:Fonction(Donnees).
```

La vérification des appels de fonction par le compilateur

Le compilateur Erlang ne vérifie pas l'existence de fonctions appelées à l'extérieur du module en cours de définition. Le code suivant génère une erreur de compilation :

```
-module(fonction1).
-export([start/0]).

start() ->
    nexiste_pas(test).
```

La fonction `nexiste_pas/1`, appelée dans le module courant, n'existe pas :

```
1> c(fonction1).
./fonction1.erl:6: function nexiste_pas/1 undefined
error
```

En revanche, le module `fonction2` est accepté par le compilateur :

```
-module(fonction2).
-export([start/0]).

start() ->
    fonction1:nexiste_pas(test).
```

La compilation aboutit :

```
1> c(fonction2).
{ok,fonction2}
```

Cette différence de comportement est logique dans le contexte de la conception d'un langage dynamique. L'appel à une fonction peut être résolu dans le fonctionnement même du programme, alors même que nous ne disposons pas du code nécessaire lors de sa compilation, par exemple parce qu'il n'est disponible que sur une autre machine, qui nous le transmettra au moment de l'exécution du programme, ou qu'il sera généré par le programme lui-même.

Il ne faut pas oublier que la dynamicité du langage permet d'appeler des fonctions dont nous ne connaissons la signature qu'au moment de l'exécution. C'est le cas lorsqu'on veut laisser à l'utilisateur la possibilité de paramétrer son application au moyen d'un système de modules personnalisés (plug-ins). L'appel des fonctions à effectuer est déterminé au moment de l'exécution par la lecture du fichier de configuration de l'utilisateur et l'appel proprement dit du module d'extension. Il faut pour cela disposer de quelque souplesse dans le système de contrôle des appels de fonctions.

Le rejet de la compilation du premier module reste cependant cohérent. Nous avons vu que le module est l'unité principale de regroupement et de chargement de code Erlang. La fonction doit donc exister dans le module courant quoi qu'il arrive. Elle ne peut pas être ajoutée dynamiquement par la suite. Et c'est le compilateur qui effectue la vérification des appels locaux de fonctions lors de la compilation.

> Le compilateur ne vérifie cependant pas les appels effectués par l'intermédiaire des instructions `apply/3` et `spawn/3`. Ces appels de fonction sont traités comme des appels émanant d'un module externe, car l'appel réel de la fonction est effectivement résolu dans le module implémentant `apply` et `spawn`.

Les fonctions anonymes

Les fonctions anonymes constituent un élément important dans la syntaxe du langage Erlang. Elles permettent de définir des fonctions à l'intérieur d'une expression Erlang. Elles sont par exemple utilisables dans le corps d'une fonction ou dans un appel de fonction. Leur syntaxe est la suivante :

```
fun(Param, …) -> expression1, expression2, expression3 end.
```

Les fonctions anonymes peuvent être affectées à des variables :

```
1> Variable = fun(X,Y) -> X + Y end.
#Fun<erl_eval.11.1870983>
```

L'appel à une fonction anonyme se fait en utilisant le nom de la variable qui contient la fonction anonyme :

```
2> Variable(1,2).
3
```

Elles peuvent ensuite être utilisées comme toute variable : passage en paramètre de fonctions, utilisation comme retour de fonction, utilisation comme élément d'un tuple ou d'une liste, stockage dans la base de données Mnesia, etc.

Les paquetages

Les *packages,* ou paquetages, recouvrent une nouveauté introduite dans la version R9-B d'Erlang/ OTP. Ils constituent des espaces de noms pour les modules. Tout comme les modules sont un moyen d'éviter la collision entre des fonctions développées dans des applications différentes, les packages permettent d'éviter que deux applications puissent comporter des noms de modules identiques. Ils sont similaires au concept de package en Java et en Python.

Statut des packages dans la distribution d'Erlang/OTP

Leur utilisation n'est pas encore officialisée dans la version d'Erlang R9B. Il s'agit de permettre aux développeurs de tester cette fonctionnalité afin de la valider officiellement pour les prochaines versions de l'environnement de développement.

Le concept de package est hiérarchique. Un package peut contenir des sous-packages. Un module doit appartenir à un package et peut se trouver à n'importe quel niveau de la hiérarchie.

On déclare le package d'un module dans dans son en-tête, au moyen de l'instruction —module/1. Son positionnement dans la hiérarchie de package est exprimé par un chemin complet, chaque package étant séparé par des points :

```
-module(pack1.pack2.module).
```

Les modules pour lesquels aucun nom de package n'est précisé appartiennent au package racine, dont le nom est représenté par une chaîne vide et dont l'utilisation est toujours implicite.

Tout comme le module doit être contenu dans un fichier source du même nom, la hiérarchie de package se traduit par une organisation du code source sous forme de hiérarchie de répertoires. Cette hiérarchie est nécessaire pour permettre à la machine virtuelle de retrouver les fichiers de pseudo-code contenant les modules.

Appel de fonctions dans le système de package

Pour appeler une fonction d'un module d'un autre package, on doit préciser le nom du module par le chemin du package. Par exemple :

```
pack1.pack2b.module:fonction().
```

On procède de la façon usuelle pour l'appel d'une fonction présente dans un module du même package. Le package courant est implicite dans l'appel.

Figure 3-1

L'organisation des répertoires du code Erlang correspond à la hiérarchie des packages.

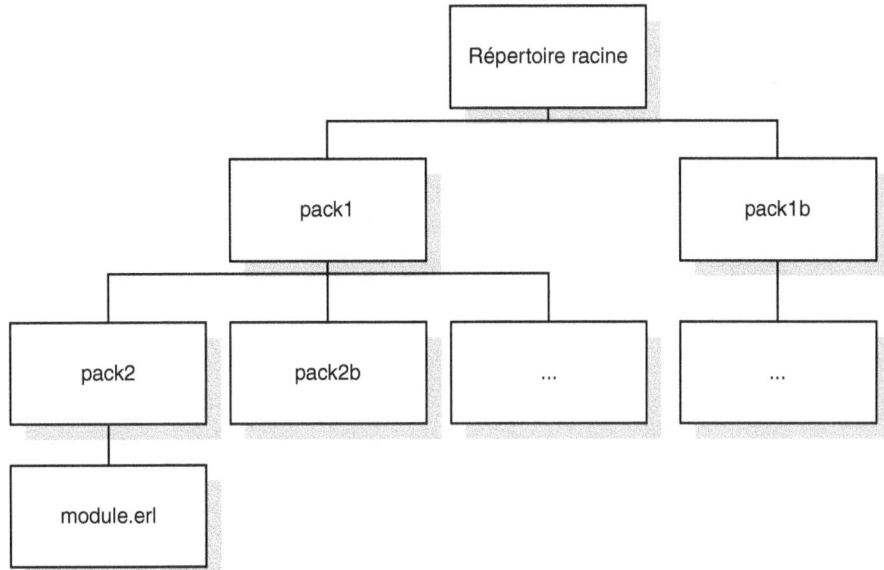

On doit cependant opérer différemment pour l'appel des fonctions appartenant au package racine. Si aucun package n'est précisé, l'appel fait référence au package courant. Il faut donc spécifier que le module appartient au package racine et non au package courant en faisant précéder le nom du module du caractère « . ». Par exemple, on utilise .io:format/2.

Pour éviter d'utiliser pour chaque appel de fonction son chemin de package complet, il est possible de définir des instructions d'import dans l'en-tête du module :

```
-import(pack1.pack2.module).
```

Cette fonctionnalité réhabilite en fait l'usage de l'import de module. Elle peut notamment s'appliquer aux modules de l'environnement standard Erlang, pour pouvoir continuer à écrire les appels avec la syntaxe courante.

L'exemple suivant présente le code du fichier module.erl :

```
-module(pack1.pack2.module).
-export([start/0]).

start() ->
    .io:format("Le système de packages fonctionne~n", []).
```

La fonction start/0 est lancée par la commande :

```
Erlang (BEAM) emulator version 5.2 [source] [hipe]

Eshell V5.2  (abort with ^G)
1> pack1.pack2.module:start().
Le système de packages fonctionne
ok
```

Chemin d'accès

La machine virtuelle Erlang recherche les modules dans tous ses chemins d'accès, en y ajoutant la hiérarchie de package. Le répertoire courant étant toujours situé dans le chemin d'accès Erlang, le module `pack1.pack2.module` est par exemple recherché dans le répertoire `./pack1/pack2`.

Nous venons de voir comment organiser un programme Erlang en unités fonctionnelles cohérentes, à l'aide des modules et des fonctions. Les packages sont encore un système expérimental et cette méthodologie n'est pas encore approuvée pour le développement d'applications à placer en production.

Nous allons maintenant nous intéresser à la définition de la logique applicative elle-même au sein de vos développements Erlang.

Définition de la logique applicative : approche fonctionnelle de la programmation séquentielle

Cette section se propose d'explorer les figures logiques les plus couramment employées dans le développement d'applications Erlang.

Traitements à base de listes et de tuples

La manipulation de listes, d'éléments simples ou de listes de tuples, constitue l'essence du développement séquentiel en Erlang. Elle doit être bien maîtrisée pour pouvoir produire un code Erlang conforme à l'esprit du langage.

Concaténation de listes

La concaténation de listes est une opération qui consiste à regrouper deux listes pour n'en faire qu'une seule.

La fonction `lists:append/2` permet de fusionner deux listes. Le raccourci syntaxique ++ permet d'effectuer la concaténation de deux listes. L'utilisation de l'opérateur ++ est strictement équivalente à celle de la fonction `lists:append/2`.

Son emploi dans le cadre des traitements récursifs permet par exemple de traiter chacun des éléments d'une liste pour constituer une nouvelle liste transformée. Le résultat est accumulé dans un paramètre de la fonction qui contient le résultat en cours d'élaboration. En général, on crée une fonction sans ce paramètre, qui appelle la fonction réalisant réellement le travail pour masquer les détails d'implémentation à l'utilisateur.

La fonction `rot13/1` permet de transformer une chaîne de caractères en une nouvelle chaîne composée de caractères ayant subi une transformation de type ROT13. Cette transformation consiste à décaler chaque caractère d'un mot de 13 caractères dans l'alphabet, afin d'en rendre la lecture plus difficile. Le « A » devient ainsi le « N », le « B » devient le « O », le « N » devient le « A », etc.

> Rappelons qu'une chaîne de caractères est une liste en Erlang.

Une version très simplifiée de la fonction de type ROT13 pourrait être :

```
rot13(String) ->
    rot13(String, []).

%% Traitement terminé lorsque tous les éléments ont été traités
rot13([], Result) ->
    Result;
%% Cette fonction ne fonctionne que pour les mots en majuscules.
%% (Les caractères ASCII majuscules sont compris entre 65 et 90.
rot13([Char|Chars], Result) ->
    NewChar = case Char + 13 of
                Translation when Translation > 90 ->
                    Translation - 26;
                Translation -> Translation
             end,
    rot13(Chars, Result ++ [NewChar]).
```

Il est conseillé de toujours utiliser les fonctions de concaténation de listes avec deux listes. Il est tentant d'ajouter un caractère isolé à une liste, mais le résultat n'est pas celui escompté. Il faut, comme dans le précédent exemple de code, placer l'élément dans une liste ([NewChar]). C'est une source d'erreur courante chez les débutants pratiquant la concaténation de listes.

> Cette fonction est développée pour le traitement des mots en caractères majuscules. D'autres cas doivent être pris pour le traitement des minuscules et pour n'appliquer le ROT13 que sur les caractères alphabétiques.

Accumulation de valeurs en tête de liste

L'accumulation de liste reprend le principe de la concaténation de listes, mais utilise une autre caractéristique du langage. Le motif suivant, utilisé sur des variables non liées, permet de séparer le premier élément du reste de la liste :

```
[Head|Tail]
```

Cette syntaxe peut à l'inverse être utilisée pour créer une nouvelle liste, par ajout d'un élément en tête de liste.

> En réalité, on peut ajouter plusieurs éléments en tête de liste en appliquant la syntaxe suivante [Elt1, Elt2, Elt3|Queue]. Par exemple, [1,2,3|[4,5,6]] donne [1,2,3,4,5,6]. Le cas le plus courant consiste cependant en l'ajout d'un seul élément.

La stratégie est donc inverse par rapport au traitement de liste par concaténation itérative. La liste est lue dans l'ordre. Le résultat produit est inversé. Pour remettre la liste dans l'ordre de traitement, il faut donc utiliser la fonction lists:reverse/1.

Notre fonction `rot13/1` est modifiée pour se conformer à cette approche :

```
%% Traitement terminé lorsque tous les éléments ont été traités
rot13([], Result) ->
    lists:reverse(Result);
%% Cette fonction ne fonctionne que pour les mots en majuscules.
%% (Les caractères ASCII majuscules sont compris entre 65 et 90.
rot13([Char|Chars], Result) ->
    NewChar = case Char + 13 of
                  Translation when Translation > 90 ->
                      Translation - 26;
                  Translation -> Translation
              end,
    rot13(Chars, [NewChar|Result]).
```

Pourquoi utiliser cette procédure plutôt que celle de la concaténation ? Cette technique de développement est en effet surprenante car elle contraint à inverser la liste avant de renvoyer le résultat.

Cette approche est en fait plus efficace que le traitement par concaténation itérative. La concaténation de liste est un traitement relativement coûteux. L'accumulation en tête de liste est un traitement optimisé correspondant à la manière dont la machine virtuelle gère en interne ses structures de listes. Le temps gagné peut dépasser 60 % sur une fonction itérative.

Au final, il est plus économe de réaliser l'accumulation en tête de liste, et d'inverser le résultat généré, que de procéder par concaténation. Voilà pourquoi vous observerez très fréquemment cette figure dans les développements existants.

L'aplatissement de listes

Aplatir une liste consiste à ramener à un seul niveau la profondeur d'une structure de liste. On effectue cette opération à l'aide de la fonction `lists:flatten/1`.

Il est par exemple nécessaire d'appliquer ce traitement lorsque notre fonction accumule des résultats qui ne sont pas de simples éléments mais qui peuvent également contenir des listes.

On le met ainsi en œuvre lorsqu'une liste de chaînes de caractères doit constituer en réalité une seule et même chaîne de caractères. Dans l'exemple suivant, le résultat de la commande `string:token/1` permet de séparer une chaîne de caractères en fragments, à l'aide d'un caractère délimiteur. L'aplatissement constitue une chaîne à partir de cette liste de chaînes de caractères :

```
1> Result = string:tokens("/usr/local/lib/erlang/", "/").
["usr","local","lib","erlang"]
2> lists:flatten(Result).
"usrlocalliberlang"
```

Performances

Les listes qui sont utilisées par la suite comme des flux, afin d'être écrites dans un fichier ou envoyées sur le réseau, ne doivent pas être préalablement aplaties. En évitant cette étape inutile, on peut accélérer sensiblement les programmes qui manipulent un grand nombre de listes.

Conversion entre tuples et listes

La conversion de tuples en listes peut parfois être utile pour appliquer un traitement à l'ensemble des valeurs d'un tuple par un parcours séquentiel. Plus généralement, la conversion de tuple vers liste permet d'appliquer des traitements de listes, plus nombreux et plus puissants, à des tuples.

Les fonctions symétriques utilisées sont `tuple_to_list/1` et `list_to_tuple/1`.

C'est cependant un traitement peu courant et, s'il doit être réalisé trop souvent, cela peut vouloir dire que des structures de listes pourraient éventuellement être utilisées à la place de certains tuples.

Emballage et déballage de tuples

Tout comme on peut extraire des éléments d'une liste par correspondance de motifs, on peut également ment extraire des éléments d'un tuple. Le moyen est cependant différent. Les tuples ne sont pas traités par récursion car chaque position du tuple a un sens précis. Leur rôle n'est pas interchangeable comme dans l'exemple précédent de la liste.

Emballage et déballage de tuples

Cette technique permet de vérifier la nature d'un tuple. Une erreur est provoquée si le premier élément du tuple contenu dans la variable `Individu` n'est pas l'atome `individu`. De même, une erreur est provoquée si le tuple présent dans la variable `Individu` ne contient pas exactement quatre éléments.

Cette technique présente également cet avantage qu'elle permet de « déballer » les informations contenues dans le tuple. Si l'on suppose que les variables `Nom`, `Prénom` et `Profession` ne soient pas liées, alors c'est qu'elles contiennent les informations élémentaires de l'individu.

Il est possible de réaliser l'opération inverse et de créer un nouveau tuple à partir de variables liées contenant les valeurs nécessaires à la construction du tuple :

`Individu = {individu, Nom, Prenom, Profession}.`

La variable `Individu` est alors liée au tuple défini à droite de l'expression.

Les générateurs de listes (List comprehensions)

Les générateurs de listes constituent une dérogation à la syntaxe du langage Erlang offrant un moyen de générer une liste qui a des caractéristiques remarquables à l'aide d'un morceau de code compact et expressif.

Génération d'une liste à partir d'un code Erlang classique

Il est évidemment possible de générer une liste par l'écriture d'une fonction Erlang. La fonction `gen_liste1:nombre_pair/1` crée une liste d'entiers pairs allant de 2 à n :

```erlang
-module(gen_liste1).

-export([nombre_pair/1]).

%% La fonction nombre_pair/1 renvoie une liste de nombres pairs allant
%% de 2 à Limite (passée en paramètre).
nombre_pair(Limite) ->
    nombre_pair(Limite, 2, []).
```

```
%% Lorsque le compteur atteint la limite, on renvoie le résultat
%% Si la limite donnée est inférieure au compteur initial, la fonction
%% renvoie liste vide grâce au test dans le garde
nombre_pair(Limite, Compteur, Resultat) when Compteur > Limite ->
    lists:reverse(Resultat);
%% On ajoute le compteur au résultat et on poursuit la génération de
%% la liste
nombre_pair(Limite, Compteur, Resultat) ->
    nombre_pair(Limite, Compteur + 2, [Compteur | Resultat]).
```

L'appel à cette fonction gen_liste1:nombre_pair/1 permet par exemple de recevoir en retour la liste des nombres pairs de 2 à 16 :

```
1> gen_liste1:nombre_pair(16).
[2,4,6,8,10,12,14,16]
```

Les générateurs de listes (*list comprehensions*)

Ils offrent une syntaxe plus courte et plus directe pour créer des listes. Voici la syntaxe d'un générateur de listes :

```
[ Expression || Qualifiant1, Qualifiant2, …]
```

L'Expression est une expression Erlang quelconque, qui utilise les variables introduites par les qualifiants pour constituer les éléments de la liste générée et les met en scène dans une expression Erlang. L'expression constitue la forme de chaque élément de la liste.

Les Qualifiants peuvent être de deux natures :

• Générateurs : ils permettent de générer un ensemble de valeurs pour une variable donnée. Leur syntaxe est la suivante :

```
Variable <- ListeOuFonction
```

La partie droite du générateur est soit une liste, soit une fonction créant une liste. Il est par exemple courant d'utiliser la fonction lists:seq/2 pour générer une liste d'éléments entiers compris entre des bornes inférieure et supérieure.

• Filtres : ils permettent de déterminer les éléments qui seront conservés à partir des informations produites par un générateur de listes. La variable concernée ne pourra prendre que les valeurs autorisées dans la génération de la liste. Un filtre peut être soit une expression booléenne, soit une fonction renvoyant true (vrai) ou false (faux). Une telle fonction est appelée un prédicat.

Un exemple de filtre pourrait permettre de ne garder pour une variable que les nombres n'appartenant pas à la suite de Fibonaci par exemple.

Voici un exemple de générateur de listes contenant une seule variable. Il génère une liste de multiples de 3 :

```
1> [ X || X <- lists:seq(1,15), case X rem 3 of 0 -> true; Other -> false end].
[3,6,9,12,15]
```

L'exemple suivant génère une liste de tuples explorant les combinaisons entre les mots « Er » et « Lang » et des nombres impairs :

```
2> [{X,Y} || X <- ["Er", "Lang"], Y <- lists:seq(1,6,2)].
[{"Er",1},{"Er",3},{"Er",5},{"Lang",1},{"Lang",3},{"Lang",5}]
```

Nous n'avons fait qu'effleurer les possibilités des listes de « compréhensions ». Nous rencontrerons d'autres exemples dans ce chapitre qui illustrent leurs fonctionnalités.

Les structures de contrôle

La plupart des structures de contrôle traditionnelles n'existent pas en Erlang, car les idiomes du langage sont différents. Il est cependant possible de les développer selon les besoins du développeur.

Les boucles

Les boucles en Erlang sont constituées à base de fonctions récursives. Les instructions de boucles utilisées dans les langages classiques n'existent pas en Erlang, car elles ne répondent pas à un besoin direct. Comme le mode de développement Erlang s'appuie sur la récursion, cela permet de modéliser naturellement tous les types de boucles imaginables selon les besoins du développeur.

Les instructions for, while, do…while n'existent pas en Erlang car elles n'y sont d'aucune utilité. La boucle est un motif classique en Erlang, implémenté par appel récursif de fonction.

Nous pouvons cependant proposer des implémentations des instructions de boucles utilisées de façon classique dans les langages traditionnels. L'objectif est double : montrer combien il est trivial de réaliser ces implémentations de boucles et présenter l'approche la plus adaptée au développement Erlang.

For

La boucle for est un des grands classiques dans tous les langages de développement. Elle permet d'incrémenter une variable servant de compteur et d'effectuer les traitements spécifiés dans le corps de la boucle pour chaque incrément. La boucle s'arrête lorsque le compteur atteint une certaine valeur fixée à l'avance.

Voici par exemple une classe qui utilise une boucle de type for en Java :

```java
public class BoucleFor
{
    public static void main(String[] args)
    {
  // Pour chaque valeur du compteur i de 1 à 9,
  // afficher la valeur du compteur i
  for (int i = 1; i < 10; i = i + 1) {
      System.out.println("Valeur du compteur = " + i);
  }
    }
}
```

La boucle en Java affiche la valeur de notre compteur à chaque itération dans la boucle.

Implémentation d'une boucle de type for en Erlang

Il n'existe pas d'instruction `for` en Erlang. En revanche, il est trivial d'en implémenter un équivalent par récursion. En général, en Erlang, on développe par récursion le type de boucle adapté à son besoin courant. Le module `bouclefor` implémente une boucle chargée d'afficher la valeur du compteur, jusqu'à la valeur finale, passée en paramètres :

```
%% Début du module bouclefor1
-module(bouclefor1).
-export([boucle/2]).
```

La fonction `boucle/2` prend en paramètres la valeur initiale du compteur et la valeur entraînant la sortie de la boucle. Elle comporte deux clauses. La première clause permet de détecter la sortie de la boucle. Lorsque la valeur finale est égale à la valeur en cours, on sort de la boucle :

```
boucle(Valeur, Valeur) ->
    ok;
```

La seconde clause traite du cas général. Lorsqu'on n'a pas encore atteint la valeur finale, on rappelle la fonction avec une valeur incrémentée. La valeur finale reste identique :

```
boucle(Valeur, ValeurFinale) ->
    io:format("Valeur du compteur = ~p~n", [Valeur]),
    boucle(Valeur + 1, ValeurFinale).
%% Fin du module bouclefor1
```

L'exécution de la fonction `boucle/2` produit un résultat équivalent à notre programme Java :

```
1> bouclefor1:boucle(1, 10).
Valeur du compteur = 1
Valeur du compteur = 2
Valeur du compteur = 3
Valeur du compteur = 4
Valeur du compteur = 5
Valeur du compteur = 6
Valeur du compteur = 7
Valeur du compteur = 8
Valeur du compteur = 9
ok
```

Vers une boucle for plus générique en Erlang

Un développeur Erlang définit en général ses boucles selon le contexte du programme qu'il est en train de réaliser.

Il est cependant possible d'implémenter une boucle de type `for` de manière générique en Erlang. Pour ce faire, on s'appuie sur l'utilisation de deux notions avancées : les fonctions anonymes et les générateurs de listes.

On recourt à la fonction anonyme pour définir le traitement à effectuer à chaque itération. Pour faire le lien avec les langages comme Java ou Python, la fonction anonyme de traitement correspond au corps de la boucle.

On utilise le générateur de listes pour définir le mode d'itération. Tous les modes d'itération possibles avec l'instruction for dans d'autres langages peuvent être mis en œuvre par un générateur de listes.

Le module bouclefor2 présente notre implémentation plus générique de la boucle de type for :

```
%% Début du module bouclefor2
-module(bouclefor2).
-export([for/2]).
```

La fonction for prend les paramètres suivants :

1. Liste de valeurs constitutives de l'itération.

2. TraitementFun : traitement à effectuer à chaque itération: Il s'agit d'une fonction anonyme qui prend un paramètre, la valeur courante de l'itération.

La fonction se définit en deux clauses. La première traite le cas où l'itération est terminée, c'est-à-dire lorsque le premier paramètre correspond à une liste vide. La fonction renvoie alors simplement l'atome ok. Il s'agit du cas de sortie de notre appel récursif, ou sortie de boucle :

```
for([], TraitementFun) ->
    ok;
```

La seconde clause exécute le traitement pour la valeur courante, à savoir l'élément en tête de liste. Le traitement est déterminé par la fonction anonyme passée en deuxième paramètre. Après le traitement, la fonction se rappelle elle-même en utilisant le reste de la liste, à savoir les éléments non encore traités :

```
for([Iter|Reste], TraitementFun) ->
    TraitementFun(Iter),
    for(Reste, TraitementFun).
%% Fin du module bouclefor2
```

La mise en œuvre la plus simple consiste à simplement passer en premier paramètre la liste des valeurs sur laquelle la fonction va itérer. Pour une boucle parcourant les valeurs de 1 à 9 et affichant les valeurs à chaque itération, voici une première possibilité :

```
1> bouclefor2:for([1,2,3,4,5,6,7,8,9], fun(Valeur) -> io:format("Valeur du compteur
➡= ~p~n", [Valeur]) end).
Valeur du compteur = 1
Valeur du compteur = 2
Valeur du compteur = 3
Valeur du compteur = 4
Valeur du compteur = 5
Valeur du compteur = 6
Valeur du compteur = 7
Valeur du compteur = 8
Valeur du compteur = 9
ok
```

Dans le cas d'une longue liste, il peut être fastidieux d'entrer chacune des valeurs à parcourir à la main. Une instruction for présente justement cet intérêt de permettre de parcourir un ensemble de valeurs bornées. Pour le même résultat, nous pouvons utiliser la fonction lists:seq/2 au moyen de laquelle on peut générer une liste d'éléments allant d'une valeur minimale, passée en paramètre 1, à une valeur maximale, passée en paramètre 2 :

```
bouclefor2:for(lists:seq(1,9), fun(Valeur) -> io:format("Valeur du compteur
➥= ~p~n", [Valeur]) end).
```

En renversant simplement l'ordre de la liste passée en premier paramètre, il est possible d'effectuer une itération en décrémentant la valeur initiale, c'est-à-dire en allant de 9 à 1 :

```
3> bouclefor2:for(lists:reverse(lists:seq(1,9)), fun(Valeur) -> io:format("Valeur du
➥compteur = ~p~n", [Valeur]) end).
Valeur du compteur = 9
Valeur du compteur = 8
Valeur du compteur = 7
Valeur du compteur = 6
Valeur du compteur = 5
Valeur du compteur = 4
Valeur du compteur = 3
Valeur du compteur = 2
Valeur du compteur = 1
ok
```

Il est possible grâce à la fonction `lists:seq/3` de définir l'incrément de parcours de notre boucle. Par exemple, pour une boucle utilisant un nombre croissant de 3 par 3 :

```
4> bouclefor2:for(lists:seq(1,20,3), fun(Valeur) -> io:format("Valeur du compteur
➥= ~p~n", [Valeur]) end).
Valeur du compteur = 1
Valeur du compteur = 4
Valeur du compteur = 7
Valeur du compteur = 10
Valeur du compteur = 13
Valeur du compteur = 16
Valeur du compteur = 19
ok
```

Il est également possible d'utiliser n'importe quelle autre fonction de génération de listes. La syntaxe des générateurs de listes (*list comprehensions*) peut également être directement utilisée. Vous pouvez combiner les générateurs de listes avec vos propres modules pour générer des boucles personnalisées. Il est ainsi possible de ne parcourir que des nombres pairs en utilisant une fonction de filtre personnalisée. Le module `nombres` contient les fonctions permettant de ne sélectionner que des nombres pairs ou impairs :

```
%% Début du module nombres
%% Calcul et prédicat portant sur des nombres entiers
-module(nombres).
-export([est_pair/1, est_impair/1]).

%% ----
%% Fonction testant si un nombre est pair:
est_pair(Nombre) when integer(Nombre) ->
    %% Le reste de la division par deux est-il nul ?
    case Nombre rem 2 of
      0 ->
         true;
```

```
    Other ->
        false
    end;
%% Si le Nombre n'est pas un entier, alors erreur.
est_pair(Nombre) ->
    {error, le_parametre_n_est_pas_un_entier}.


%% ----
%% Fonction testant si un nombre est impair:
est_impair(Nombre) when integer(Nombre) ->
    %% Le résultat est l'inverse du test est_pair:
    %% Un entier est soit pair, soit impair.
    not est_pair(Nombre);
%% Si le Nombre n'est pas un entier, alors erreur.
est_impair(Nombre) ->
    {error, le_parametre_n_est_pas_un_entier}.
%% Fin du module nombres
```

En utilisant ces fonctions de prédicat en conjonction avec notre fonction for, vous pouvez créer une boucle qui ne traite que les nombres pairs :

```
5> bouclefor2:for([X || X <- lists:seq(1,16), nombres:est_pair(X)], fun(Valeur)
➡-> io:format("Valeur du compteur = ~p~n", [Valeur]) end).
Valeur du compteur = 2
Valeur du compteur = 4
Valeur du compteur = 6
Valeur du compteur = 8
Valeur du compteur = 10
Valeur du compteur = 12
Valeur du compteur = 14
Valeur du compteur = 16
ok
```

Un seul appel de notre fonction for peut par exemple remplacer une imbrication de deux boucles for en langage Java. Le programme Java suivant présente deux boucles for imbriquées. Ce type de boucle est par exemple utilisé pour parcourir un tableau à deux dimensions, chaque valeur représentant les coordonnées d'une case :

```
public class BoucleFor2
{
    public static void main(String[] args)
    {
        // Imbrication de boucles for:
        // Utilisation typique: Parcours d'un tableau à deux dimensions:
        // La variable i correspond à la ligne, la variable j à la colonne.
        for (int i = 1; i < 6; i = i + 1) {
            for (int j = 1; j < 4; j = j + 1) {
                System.out.println("Ligne [" + i + "] - Colonne [" + j + "]");
            }
        }
    }
}
```

Ces deux boucles permettent de parcourir un tableau ligne par ligne :

```
[mremond@mremond ch7]$ javac BoucleFor2.java
[mremond@mremond ch7]$ java BoucleFor2
Ligne [1] - Colonne [1]
Ligne [1] - Colonne [2]
Ligne [1] - Colonne [3]
Ligne [2] - Colonne [1]
Ligne [2] - Colonne [2]
[…]
Ligne [5] - Colonne [3]
```

L'exemple suivant montre qu'il est possible d'utiliser un tuple pour passer deux valeurs groupées à la fonction de traitement. Un générateur de listes permet de générer la liste des tuples correspondant à toutes les coordonnées de notre tableau de cinq lignes et trois colonnes :

```
5> bouclefor2:for([{I,J} || I <- lists:seq(1,5), J <- lists:seq(1,3)],
5>                fun({Ligne,Colonne}) -> io:format("Ligne [~p] - Colonne [~p]~n",
                  ⟹[Ligne,Colonne]) end).
Ligne [1] - Colonne [1]
Ligne [1] - Colonne [2]
Ligne [1] - Colonne [3]
Ligne [2] - Colonne [1]
Ligne [2] - Colonne [2]
[…]
Ligne [5] - Colonne [3]
ok
```

Il est finalement possible d'imaginer de nombreux exemples complémentaires, et, en particulier, des boucles plus complexes dans lesquelles on utilise comme valeurs d'itération des nombres flottants, des caractères, des listes, des tuples, ou des ensembles mixtes de toutes ces valeurs. Chacun peut compléter ces exemples de traitements possibles.

En conclusion, il est pertinent de souligner que l'implémentation d'une fonction for peut être développée en cinq lignes de code Erlang. Il s'agit d'une bonne illustration de la puissance et de l'expressivité du langage. La puissance de la syntaxe du générateur de listes permet de rendre la fonction for notablement plus puissante que l'instruction for dans les langages classiques.

Cependant, cette fonction sera probablement rarement utilisée telle quelle dans vos programmes Erlang. En revanche, sa logique de définition devrait vous aider à mieux assimiler l'essence du développement en Erlang.

While et Do ... While

Boucle de type do…while en Erlang

Dans les langages traditionnels, les boucles While, Do…While, sont utilisées pour créer des boucles dont la sortie de l'itération dépend, non pas d'un compteur, mais du résultat des traitements opérés au sein de la boucle, ou de ceux opérés dans le test conditionnel.

La boucle while effectue un test et, si celui-ci est vrai, exécute les instructions de traitement qui lui sont associées, puis revient à l'exécution de la boucle while en reprenant la séquence du test conditionnel, et éventuellement exécute à nouveau le traitement. Ce dernier peut éventuellement modifier des variables utilisées dans le test conditionnel de la boucle while, et il peut donc jouer un rôle actif dans la détermination des conditions de sortie de la boucle.

La boucle do...while est très similaire. La principale différence réside dans le fait que le traitement y est effectué avant le test conditionnel. La boucle do...while garantit au moins une exécution de la partie traitement de la boucle, tandis que la partie traitement de la boucle while peut ne jamais être exécutée, si le résultat du test initial est faux.

Ce genre de boucle est par exemple utilisé pour lire l'ensemble d'un flux jusqu'à la fin de ce dernier. Dans l'exemple Java suivant, le programme reçoit les valeurs saisies sur la ligne de commande par l'utilisateur. Lorsque la valeur saisie par l'utilisateur est une ligne vide, alors le programme sort de la boucle :

```java
// Début BoucleWhile.java
import java.io.BufferedReader;
import java.io.InputStreamReader;

public class BoucleWhile
{
    public static void main(String[] args) throws java.io.IOException
    {
        String texte;
        BufferedReader inStream = new BufferedReader(new InputStreamReader(System.in));

        System.out.println("Saisissez un texte et terminez par une ligne vide.");

        // Lecture sur l'entrée standard d'informations saisies par
        // l'utilisateur: Affiche tous les caractères saisis jusqu'à
        // la pression sur la touche 'Entree'
        while ((texte = inStream.readLine()).equals("\n")) {
            System.out.println("Vous avez saisi: " + texte);
        }
    }
}
// Fin BoucleWhile.java
```

Le programme Java fait écho à toutes les saisies de l'utilisateur. Si ce dernier saisit une ligne vide, il sort de la boucle en question.

En Erlang, une telle boucle est là encore modélisée par un appel récursif de fonction. Le module présente l'exemple équivalent en Erlang. Les saisies de l'utilisateur sont acceptées tant qu'une ligne vide n'est pas saisie par l'utilisateur :

```erlang
%% Début du module do1
-module(do1).

-export([start/0]).

%% Fonction de lancement du programme
start() ->
    io:format("Saisissez un texte et terminez par une ligne vide.~n",[]),
    while(lecture()).
```

```
%% Fonction décrivant le traitement conditionnel et renvoyant le
%% résultat
lecture() ->
    %% Erlang gère l'affichage d'une invite sur la ligne de saisie:
    Line = io:get_line('> '),
    io:format("Vous avez saisi: ~s", [Line]),
    Line.

%% Le test de sortie est porté par la fonction récursive.
%% C'est une condition de sortie de notre appel récursif de fonctions.
while(Line) when Line == "\n" ->
    ok;
%% Si la ligne saisie n'est pas une ligne vide, on exécute à nouveau
%% le traitement
while(Line) ->
    while(lecture()).
%% Fin du module do1
```

> **Note**
>
> La répétition de la ligne de code while(lecture())témoigne d'une mauvaise factorisation de notre code. L'approche adoptée par l'exemple générique élimine ce problème.

L'exécution du programme Erlang est conforme à celle présentée dans l'exemple Java :

```
1> do1:start().
Saisissez un texte et terminez par une ligne vide.
> test
Vous avez saisi: test
> Phrase complète.
Vous avez saisi: Phrase complète.
>
Vous avez saisi:
ok
2>
```

Une implémentation générique de la boucle do…while

Là encore, il est possible de réaliser une fonction Do…While générique, correspondant à l'équivalent traditionnel en Java.

Notre implémentation générique de la boucle doit permettre d'effectuer tout type de test et de traitement. Nous ne pouvons donc pas reprendre l'approche précédemment adoptée. Le test effectué dans le « garde » fonctionne très bien dès lors qu'aucune dynamicité n'est requise. Un garde ne peut en effet pas être paramétré à l'exécution du programme. Le test ne peut être déterminé qu'au moment de la compilation du module contenant le garde, or notre test doit être passé en paramètre de la fonction.

Ce sont là encore les fonctions anonymes qui viennent à notre secours. Notre fonction dowhile/2 doit ainsi accepter deux paramètres :

- TraitementFun : ce premier paramètre est une fonction anonyme décrivant le traitement à opérer dans le cœur de notre boucle. Cette fonction anonyme n'a besoin d'aucun paramètre particulier. Elle renvoie un résultat qui peut être utilisé par la fonction de test conditionnel pour déterminer si les conditions de sortie de boucle ont été atteintes.

- ConditionFun : il s'agit du second paramètre de la fonction dowhile/2. Cette dernière est une fonction anonyme de prédicat, c'est-à-dire renvoyant true (vrai) ou false (faux). Si cette fonction renvoie la valeur vrai, la boucle poursuivra son exécution dans une nouvelle itération. Si elle renvoie faux, le programme mettra fin à l'exécution de la boucle.

Voici le module do2 implémentant notre fonction dowhile/2. La fonction start/0 illustre la manière d'utiliser la fonction dowhile/2 :

```
%% Début du module do2
-module(do2).

-export([start/0, dowhile/2]).

%% Fonction de lancement du programme
start() ->
    io:format("Saisissez un texte et terminez par une ligne vide.~n",[]),

    %% Définition des paramètres définissant le déroulement de notre boucle:
    TraitementFun = fun() -> Line = io:get_line('> '),
            io:format("Vous avez saisi: ~s", [Line]),
            Line end,
    ConditionFun = fun(Line) -> not (Line == "\n") end,
    %% Entrée dans notre boucle proprement dite
    dowhile(TraitementFun, ConditionFun).
```

Pour l'essentiel, la fonction de traitement doit récupérer la ligne saisie par l'utilisateur et l'afficher. Le retour de la fonction de traitement est constitué par la ligne elle-même. Cette ligne doit être reçue en paramètre de la fonction de test afin de déterminer si les conditions de sortie ont été atteintes.

En termes d'implémentation, l'essentiel de la boucle se situe dans la fonction dowhile/3, qui reçoit en plus en premier paramètre la valeur du test conditionnel de l'itération précédente :

```
dowhile(TraitementFun, ConditionFun) ->
    dowhile(true, TraitementFun, ConditionFun).
```

Enfin, la fonction dowhile/3 est décomposée en deux clauses :

- La première clause renvoie simplement l'atome ok lorsque les conditions de sortie sont réalisées, c'est-à-dire lorsque la précédente exécution de notre fonction anonyme de test conditionnel renvoie la valeur false :

```
dowhile(false, TraitementFun, ConditionFun) ->
    ok;
```

- La seconde clause de la fonction dowhile/3 exécute la fonction anonyme de traitement et passe le résultat à la fonction anonyme de test conditionnel. Le résultat du test conditionnel est utilisé dans l'appel récursif à la fonction dowhile/3 :

```
dowhile(true, TraitementFun, ConditionFun) ->
    Result = TraitementFun(),
    TestResult = ConditionFun(Result),
    dowhile(TestResult, TraitementFun, ConditionFun).
%% Fin du module do2
```

L'exécution de la fonction `do2:start/0` permet de valider que le fonctionnement de notre boucle générique est conforme à nos attentes :

```
1> do2:start().
Saisissez un texte et terminez par une ligne vide.
> test
Vous avez saisi: test
> Phrase complète...
Vous avez saisi: Phrase complète...
>
Vous avez saisi:
ok
2>
```

Boucles et effet de bord

Les instructions de boucle utilisées dans les langages traditionnels produisent des effets de bord : elles affichent des valeurs à l'écran ou modifient des valeurs partagées. Un bon développement Erlang évite cependant autant que possible les effets de bord pour faciliter les développements concurrents.

Pour cette raison, ces types de boucles ne sont que très rarement utilisés. Ces boucles sont remplacées, autant que faire se peut, par des fonctions récursives, accumulant un résultat au cours de l'itération et renvoyant le résultat lorsque les conditions de sortie de boucle sont réunies.

Note sur les effets de bord

Les effets de bord ne peuvent pas toujours être évités. Ils sont même parfois souhaitables lorsqu'ils constituent l'objet même du programme. C'est par exemple le cas d'un programme qui affiche le résultat d'un traitement à l'écran.

Le développeur a pour rôle de produire autant que possible des fonctions sans effets de bord, afin d'améliorer la réutilisation de son code, tout en limitant les effets de bord à quelques fonctions bien identifiées.

Les traitements conditionnels

Correspondance de motifs

La correspondance de motifs est à la base des embranchements logiques que l'on retrouve dans un code Erlang. Toutes les exécutions de traitement effectuées sous certaines conditions dépendent directement du mécanisme de correspondance de motifs.

L'appel de fonction

C'est un des moyens les plus utilisés pour conditionner des traitements. Nous avons vu que tout appel de fonction déclenche une opération de correspondance de motifs pour déterminer la clause à exécuter. Il s'agit de façon typique d'un traitement conditionnel.

```
cas(1) -> io:format("Nous sommes dans le cas 1~n", []);
cas(2) -> io:format("Cas 2 !~n", []);
cas(Autre) -> io:format("C'est un cas non déterminé~n", []).
```

Les traitements de la fonction `cas/1` sont différents et dépendent du paramètre d'appel.

Case

L'instruction case permet de réaliser un test conditionnel dans le cœur d'une fonction. En y recourant, on peut tester le résultat d'une expression, par exemple la valeur de retour d'une fonction. Différents motifs peuvent alors être comparés pour sélectionner la clause du case à exécuter. La première clause qui correspond à la valeur de retour est exécutée ; les autres sont ignorées.

Voici la syntaxe de l'instruction case :

```
case Valeur of
    Motif1 -> Traitement1;
    Motif2 -> Traitement2;
    Motif3 -> Traitement3
end.
```

L'instruction case accepte autant de clauses que cela est nécessaire. Vous noterez qu'un motif composé d'une unique variable non liée correspond nécessairement avec toutes les valeurs. On l'utilise souvent en tant que dernière clause pour proposer un traitement par défaut si aucun des tests précédents ne correspond.

Un exemple courant consiste à tester si une fonction s'est bien déroulée. Elle renvoie souvent soit ok, soit {error, Description} :

```
fonction1() ->
    case fonction2() of
        ok -> io:format("Le traitement s'est bien déroulé~n", []) ;
        {error, Description} -> io:format("Une erreur s'est produite :~p~n", [Description])
    end.
```

If

Le traitement conditionnel sous forme de if est l'un des plus utilisés dans les langages traditionnels. Il existe en Erlang, mais ne correspond pas sur le plan sémantique au test if dans le langage classique.

La condition d'exécution d'une clause est exprimée par un prédicat. Il s'agit d'une expression qui doit renvoyer true ou false. Dès qu'une expression renvoie le booléen true, la clause est alors exécutée. Les clauses suivantes sont ignorées. La syntaxe de l'instruction if est la suivante :

```
if
    Expression1 -> Traitement1;
    Expression2 -> Traitement2;
    Expression3 -> Traitement3
end.
```

Le nombre de clauses n'est pas limité. Pour ajouter un cas de traitement par défaut, on peut placer une dernière clause dans laquelle l'expression est simplement l'atome true.

Le test conditionnel if n'est quasiment jamais utilisé en Erlang :

- Parce que le test de type case est plus puissant : il peut mélanger test à base de correspondance de motifs et gardes. Lorsque l'on doit effectuer un test dans le corps d'une fonction, c'est toujours l'instruction case qui est privilégiée.

- Parce que les tests simples peuvent être résolus dans le processus de sélection des clauses, que ce soit par correspondance de motifs ou par le biais d'un garde.

Au final, le if tel que défini en Erlang ne correspond pas au if que l'on utilise dans les langages traditionnels, parce que ce type de test ne correspond pas à l'approche du développement en Erlang.

Les « gardes »

Définition

Les gardes constituent une autre manière de choisir une clause pour son exécution. Dans le cadre des fonctions, nous avons vu que la signature et la correspondance de motifs (*pattern matching*) constituent des critères de sélection de clauses. Les gardes permettent d'ajouter des critères de sélection.

La syntaxe d'un garde est la suivante :

```
fonction(Param1, Param2) when Garde -> Traitement1;
fonction(Param1, Param2) -> Traitement2.
```

Le nombre de clauses de la fonction n'est pas limité. Il faut noter que les gardes s'utilisent avec la même syntaxe pour les clauses d'une instruction case.

Le module suivant, chaine.erl, illustre les gardes dans la définition des fonctions mettant en œuvre un opérateur de comparaison.

```
-module(chaine).

-export([majuscule/1, minuscule/1]).

%% Fonctions de conversion en majuscules:
majuscule(Chaine) ->
    majuscule(Chaine, []).

majuscule([], Resultat) ->
    lists:reverse(Resultat);
majuscule([Caractere|Caracteres], Resultat)
  when Caractere >= $a, Caractere =< $z ->
    majuscule(Caracteres, [Caractere - 32|Resultat]);
majuscule([Caractere|Caracteres], Resultat) ->
    majuscule(Caracteres, [Caractere|Resultat]).

%% Fonctions de conversion en minuscules:
minuscule(Chaine) ->
    minuscule(Chaine, []).

minuscule([], Resultat) ->
    lists:reverse(Resultat);
minuscule([Caractere|Caracteres], Resultat)
  when Caractere >= $A, Caractere =< $Z ->
    minuscule(Caracteres, [Caractere + 32|Resultat]);
minuscule([Caractere|Caracteres], Resultat) ->
    minuscule(Caracteres, [Caractere|Resultat]).
```

Les opérations autorisées dans les expressions de gardes

L'expression de garde ne peut utiliser que :

- des opérations de comparaison : ==, =/=, >, <, >= ,=< ;
- les fonctions intégrées permettant de tester le type d'une variable : atom/1, constant/1, float/1, integer/1, list/1, number/1, pid/1, port/1, reference/1, tuple/1 et binary/1 ;
- certaines autres fonctions intégrées dont la liste est limitée : element/2, float/1, hd/1, length/1, round/1, self/0, size/1, trunc/1, tl/1, abs/1, node/1, node/0, nodes/0.

Elle ne peut pas utiliser de fonctions définies par l'utilisateur.

Les opérations logiques dans les gardes

Plusieurs gardes peuvent être utilisés pour filtrer l'accès à une clause. La relation entre les différents gardes est la suivante :

- Et logique : les gardes peuvent être séparés par des virgules, comme les expressions dans le corps d'une fonction. Toutes les expressions des gardes doivent être vraies pour que les traitements filtrés par les gardes puissent être exécutés. Par exemple :

```
-module(garde_et).
-export([test_signe/2]).

Test_signe(0, 0) ->
    io:format("Les nombres sont nuls~n", []);
test_signe(Valeur1, Valeur2) when Valeur1 > 0,
                                   Valeur2 > 0 ->
    io:format("Les nombres sont positifs~n", []);
test_signe(Valeur1, Valeur2) when Valeur1 < 0,
                                   Valeur2 < 0 ->
    io:format("Les nombres sont négatifs~n", []);
test_signe(Valeur1, Valeur2) ->
    io:format("Les nombres sont de signes opposés~n", []).
```

Les deux tests de signe du garde doivent être vrais pour que la clause soit choisie :

```
1> garde_et:test_signe(-1,-1).
Les nombres sont positifs
ok
2> garde_et:test_signe(1,-1).
Les nombres sont négatifs
ok
3> garde_et:test_signe(1,-1).
Les nombres sont de signes opposés
ok
```

- Ou logique : les gardes peuvent également être séparés par des points-virgules. Dans ce cas, il suffit qu'un des gardes soit vrai pour que les traitements filtrés par les gardes soient exécutés.

```
-module(garde_ou).
-export([test_signe/2]).
```

```
%% Clause 1
test_signe(Valeur1, Valeur2) when Valeur1 > 0;
                                   Valeur2 > 0 ->
    io:format("Un des deux nombres est positif~n", []);
%% Clause 2
test_signe(Valeur1, Valeur2) when Valeur1 < 0;
                                  Valeur2 < 0 ->
    io:format("Un deux nombres est négatif et l'autre n'est pas strictement positif~n",
[]);
%% Clause 3
test_signe(Valeur1, sValeur2) when Valeur1 == 0;
                                   Valeur2 == 0 ->
    io:format("Les deux nombres sont nuls~n", []).
```

Si l'un des nombres est positif la clause 1 est sélectionnée :

```
1> garde_ou:test_signe(1,1).
Un des deux nombres est positif
ok
```

Dans le cas de l'utilisation de la condition ou pour relier les gardes, l'ordre des clauses est particuliè-rement important. Dans notre exemple, pour que la clause 2 soit exécutée, il faut en fait que la clause 1 soit rejetée. Cela implique que l'un des nombres ne soit pas positif :

```
2> garde_ou:test_signe(1,-1).
Un des deux nombres est positif
ok
3> garde_ou:test_signe(-1, 0).
Un deux nombres est négatif et l'autre n'est pas strictement positif
ok
```

De même, la clause 3 ne peut être exécutée que si les deux précédentes sont rejetées. Cela signifie qu'aucun des nombres n'est ni strictement positif ni strictement négatif. Les deux nombres doivent donc nécessairement être nuls, même si la condition d'entrée dans la clause se contente d'un seul nombre nul pour l'exécuter :

```
4> garde_ou:test_signe(0, 1).
Un des deux nombres est positif
ok
5> garde_ou:test_signe(0, -1).
Un deux nombres est négatif et l'autre n'est pas positif
ok
6> garde_ou:test_signe(0,0).
Les deux nombres sont nuls
ok
```

Les opérateurs de comparaison

Ils sont très souvent utilisés pour déterminer si un traitement conditionnel doit être exécuté. Ils s'écrivent comme ceci en Erlang :

Égalité	==,
Différence	=/=
Supérieur	>
Inférieur	<
Supérieur ou égale	>=
Inférieur ou égale	=<

Conclusion

Vous savez maintenant construire et structurer un programme Erlang et les différences avec les langages traditionnels vous apparaissent clairement. Vous êtes désormais prêt à aborder la programmation concurrente, qui est la raison d'être du langage.

4

La programmation concurrente

Le processus de programmation concurrente consiste à réaliser un programme par assemblage de traitements exécutés parallèlement, c'est-à-dire simultanément, sur un même nœud Erlang ou sur des nœuds différents.

Cet instrument rend possible les traitements concurrents. C'est une instance qui héberge des traitements exécutés de façon séquentielle, les uns après les autres. Comme nous avons pu le voir dans les chapitres précédents, un programme séquentiel s'exécute au sein d'un seul processus Erlang.

Plusieurs processus peuvent cependant coexister dans une machine virtuelle Erlang. Dans chaque processus, les traitements sont exécutés séquentiellement. En revanche, l'exécution des traitements de tous les processus dans leur ensemble est parallèle.

Une exécution des traitements dite « parallèle »

L'exécution des processus est dite parallèle et non pas simultanée. En effet, chaque fonction ou instruction Erlang est, du point de vue de la machine virtuelle, découpée en micro-opérations dont le traitement est indivisible pour la machine virtuelle et dont le temps d'exécution est extrêmement court. La machine virtuelle n'exécute à tout instant qu'une seule de ces micro-instructions à la fois.

En revanche, la machine virtuelle va exécuter des micro-instructions pour chacun des processus du système à tour de rôle. Les traitements définis dans chacun des processus sont ainsi exécutés parallèlement. Le traitement de chacun d'eux se déroule donc progressivement.

La « réduction » est l'unité de mesure de la quantité d'effort exigée par un traitement.

Les caractéristiques en temps réel logiciel d'Erlang sont en rapport avec la manière dont le travail de chacun des processus est organisé. Aucun processus ne bloque l'exécution des autres pendant une période de temps longue, pas même les processus système propres à l'environnement, comme la récupération de la mémoire. L'environnement s'assure que chaque processus puisse progresser régulièrement et dispose ainsi d'un temps de réaction qu'il est possible de garantir.

Erlang propose une gestion des processus qui lui est propre. Elle est indépendante de la gestion des threads par le système. Cette caractéristique permet de proposer :

- Un système de processus légers. Cette approche oriente vers une conception faisant un large usage des processus.
- Un système multi-plate-forme. Erlang fonctionne de la même manière sur Unix ou sur Windows par exemple, grâce à une gestion interne des processus.

Les processus

Du point de vue physique, un processus n'a d'existence que par les traitements, c'est-à-dire les fonctions, qu'il exécute. Voilà pourquoi processus et fonctions sont extrêmement liés. Un programme séquentiel, nous l'avons vu, commence par un appel de fonction. C'est en réalité le cas de tous les processus. Tout processus commence par un appel de fonction et se termine après l'exécution de cette dernière. Lorsque les traitements à exécuter sont terminés, le processus se termine également et disparaît du système.

Création d'un processus

La fonction intégrée au langage Erlang spawn/3 permet de créer un processus et de démarrer son exécution. Les arguments de la fonction spawn/3 correspondent en pratique à la définition d'un appel de fonction :

- module,
- fonction,
- liste des paramètres de la fonction appelée.

L'appel de la fonction spawn/3 a donc pour effet d'exécuter les traitements de la fonction passée en paramètres dans un nouveau processus. Elle n'attend cependant pas que le traitement de la fonction soit terminé pour renvoyer une valeur. Dans le cas contraire, nous aurions toujours une exécution séquentielle. La fonction spawn/3 renvoie l'identifiant du processus qu'elle vient de créer. La valeur retournée par la fonction appelée par spawn/3 est ignorée par le système.

La fonction appelée au sein de l'instruction spawn/3 doit toujours être exportée de son module, même si son appel *via* la fonction spawn/3 est réalisé au sein du même module. L'appel de la fonction à exécuter est en effet bien réalisé au sein de la fonction standard spawn/3, dont la définition se trouve dans les modules standards Erlang.

> Si la fonction appelée par spawn/3 n'existe pas, aucun retour d'erreur n'est par défaut effectué. Faites donc bien attention à ce point. L'utilisation de spawn/3 avec une fonction non exportée ou qui n'existe pas est une des sources d'erreurs fréquentes chez les débutants en Erlang.

L'appel de fonction suivant permet ainsi de créer un processus avec la fonction io:format/2 comme support à sa création :

```
2> spawn(io,format,["Bien le bonjour d'un nouveau processus~nJ'ai été créé par le processus
➥~p~n", [self()]]).
Bien le bonjour d'un nouveau processus
J'ai été créé par le processus <0.23.0>
<0.40.0>
```

Nous voyons à l'écran le message qui est affiché par le nouveau processus. Le retour de la fonction spawn/3 renvoie l'identifiant de processus : <0.40.0>. La fonction self() permet au processus appelant d'envoyer son identifiant (ici : <0.23.0>). Il s'agit de l'identifiant du processus qui gère la ligne de commande Erlang.

La figure 4-1 illustre l'état des processus dans le système avant et après la création du nouveau processus.

Figure 4-1

La création d'un nouveau processus à partir de la fonction spawn/3.

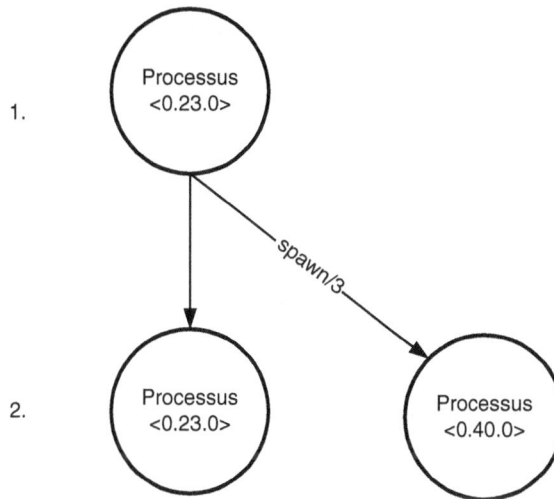

Exécution d'un processus

L'exécution d'un processus consiste à exécuter la fonction qui a servi de support à sa création. Cette exécution peut être quasi instantanée, comme dans l'exemple précédent, ou bien avoir une durée plus ou moins importante en fonction de la nature et du nombre des traitements à opérer par la fonction qui sert de support à son exécution.

Dans l'exemple suivant, nous allons créer un processus ayant la particularité de n'exécuter qu'un seul traitement, dont la durée d'exécution peut être précisément déterminée à l'avance. La fonction timer:sleep/1 permet de suspendre pendant un certain temps l'exécution d'un processus. Son appel bloque pendant n millisecondes l'exécution du processus dans lequel elle s'exécute. La commande suivante depuis la ligne de commande Erlang attend 60 secondes avant de renvoyer ok. L'exécution du processus courant est suspendue :

```
1> timer:sleep(60000).
ok
```

Si nous exécutons cette commande dans un nouveau processus, le processus courant ne sera pas suspendu. Nous pouvons, par exemple, saisir une nouvelle ligne de commande immédiatement, sans attendre le délai de 60 secondes :

```
2> spawn(timer, sleep, [60000]).
<0.31.0>
3> help().
...
```

Les « exports internes »

La théorie veut que seules les fonctions pertinentes dans l'interface de programmation externe d'un module soient exportées. Il existe une exception à cette règle. Comme nous l'avons vu, les appels de fonctions passant par l'instruction `apply/3` ou `spawn/3` ne peuvent faire appel qu'à des fonctions exportées.

Cet élément dans la conception du langage pourrait être amélioré en introduisant des directives venant s'ajouter à celle de `-export/1` : l'ajout de directives `-apply/1` et `-spawn/1` pourrait empêcher les appels de fonctions sur des fonctions dont l'usage est manifestement interne.

Il s'agit cependant d'un désagrément mineur. Dans la plupart des cas, il vous faut veiller à ce qu'un appel de fonction conduise effectivement à l'exécution d'une fonction.

Un outil permet de vérifier et de signaler la plupart des cas d'erreur : l'outil de référence croisé XREF. Son rôle consiste à dresser une cartographie de l'application en répertoriant toutes les dépendances existant entre les modules. On peut en y recourant vérifier les appels de fonction, et notamment l'existence de la fonction, y compris lorsque ces appels sont réalisés par l'intermédiaire des instructions `spawn/3` ou `apply/3`. Cependant, cet outil comprend une limite. Pour des raisons évidentes, il ne peut pas vérifier les appels qui sont composés à l'aide de variables et qui sont donc vraisemblablement purement dynamiques.

Nous verrons également dans le chapitre 5 sur la gestion des erreurs qu'il est possible de contourner cette difficulté à l'aide de processus liés par la fonction `spawn_link/3`.

Processus avorté

La création du processus survient avant l'exécution de la fonction passée en paramètres de la fonction `spawn/3`. Le renvoi de l'identifiant de processus ne signifie évidemment pas que le processus s'est bien déroulé, car la fonction `spawn/3` rend immédiatement la main pour que le processus courant et le nouveau processus s'exécute en parallèle.

Le renvoi de l'identifiant ne signifie pas non plus que la fonction passée en paramètres existe. Si la fonction n'existe pas, le processus est créé malgré tout et son exécution s'arrête immédiatement. Dans le cas suivant, la fonction `nimportequelle:fonction/0` n'existe pas.

```
5> spawn(nimportequelle, fonction, []).
<0.47.0>
```

C'est une source d'erreur potentielle pour le programmeur :

• si les paramètres de la fonction `spawn/3` comportent une faute de frappe,

• si les paramètres de la fonction `spawn/3` font appel à une fonction qui existe mais qui n'a pas été exportée.

Dans tous les cas, le processus est créé mais le code réalisé ne réagit pas comme escompté, puisque la fonction appelée n'est en réalité pas exécutée.

Fin d'un processus

Un processus se termine :

• lorsqu'il termine l'évaluation de la fonction qui a servi de support à sa création,

• lorsque la fonction standard Erlang `exit(Raison)` est évaluée,

• lorsqu'une erreur d'exécution se produit au cours de l'exécution du processus,

• lorsqu'il reçoit un signal lui demandant de mettre fin à son exécution.

Le cycle de vie d'un processus

Nous allons illustrer le cycle de vie d'un processus. La fonction start1/0 du module processus1 crée un processus dont le cycle de vie est le suivant :

- Il est créé par la fonction start1/0. La fonction créant le processus s'appelle processus/1 et accepte un paramètre, qui correspond comme nous allons le voir à la durée de vie de ce processus en secondes. Ce paramètre est un nombre aléatoire allant de 90 à 180 généré au sein de la fonction start1/0.

- Le processus est lancé avec la fonction processus/1. Son exécution consiste dans l'affichage d'un message nous informant de sa création, de son identifiant de processus et de sa durée de vie. Il appelle ensuite une fonction synchrone le conduisant à attendre durant n secondes, correspondant à sa durée de vie passée en paramètre.

- Son exécution se termine après l'exécution de la dernière instruction : il affiche un message nous informant qu'il est sur le point de se terminer. Ce message est la dernière instruction de la fonction qui implémente ce processus. Le processus disparaît donc du système après son exécution.

La figure 4-2 illustre le cycle de vie d'un processus. Les éléments propres à notre exemple concernent l'implémentation des traitements opérés par le processus lui-même. Le cycle de vie lui-même correspond à celui de tout processus.

Figure 4-2

Le cycle de vie d'un processus.

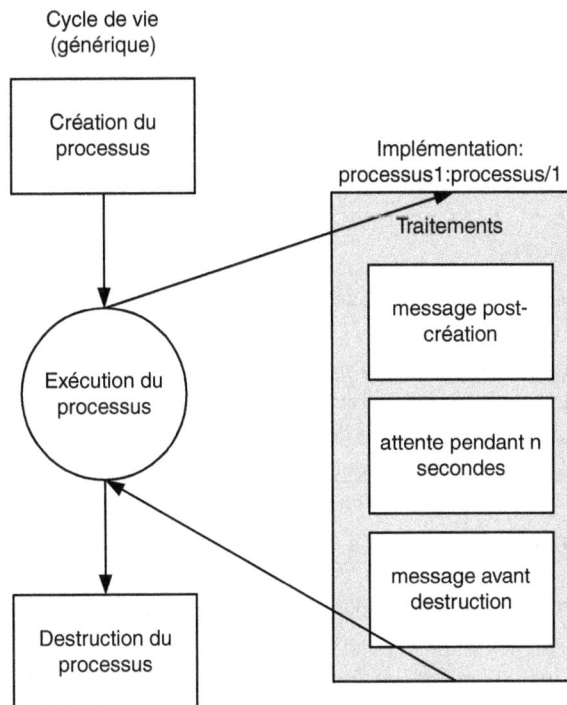

La fonction `processus1:start1/0` est implémentée comme suit :

```
-module(processus1).
-export([start1/0]).

%% Crée un nouveau processus avec une durée de vie comprise entre
%% 90 et 180 secondes
start1() ->
    %% Initialisation du générateur de nombre aléatoire
    {N1,N2,N3} = now(),
    random:seed(N1,N2,N3),

    %% Génération de la durée du vie du processus
    DureeDeVie = random:uniform(90) + 90,

    %% Création du nouveau processus
    spawn(?MODULE, processus, [DureeDeVie]).

%% Fonction servant de support à l'exécution de notre nouveau processus
processus(DureeDeVie) ->
    io:format("+ Nouveau processus: ~p (durée de vie = ~w secondes)~n", [self(),
    DureeDeVie]),
    %% timer:sleep accepte une valeur en milliseconde
    timer:sleep(DureeDeVie * 1000),
    io:format("- Le processus ~p se termine~n", [self()]).
```

L'exécution de la fonction `processus1:start1/0` permet de créer un processus, avec une durée de vie prédéterminée :

```
1> processus1:start1().
+ Nouveau processus: <0.34.0> (durée de vie = 133 secondes)
<0.34.0>
- Le processus <0.34.0> se termine
```

Processus légers

Erlang est un environnement créé en vue de l'élaboration de systèmes extrêmement concurrents. Cela signifie qu'il est conçu :

- Pour permettre la création d'un grand nombre de processus simultanés sur un seul système. Il faut pour cela que le système soit conçu de façon qu'un nombre important de processus simultanés puissent s'exécuter sans que la quasi-totalité de la puissance du système ne soit accaparée par leur gestion. Il faut également que chaque processus soit très peu consommateur en mémoire pour pouvoir en créer un très grand nombre dans un espace restreint.

- Pour permettre la conception d'applications conçues autour de la notion de processus sans que la création, l'exécution et la destruction du processus ne soient trop coûteuses en termes de ressources machine (puissance CPU et mémoire).

L'environnement Erlang répond effectivement à ces deux contraintes. Chaque nouveau processus occupe très peu de mémoire : à peine plus de 200 octets. Ce chiffre est un minimum et il grossit en fonction des traitements opérés au sein du processus (affectation de variable, pile d'appels de fonctions, etc.). Cela signifie cependant que la création de milliers de processus simultanés est une opération possible, y compris dans un espace mémoire restreint.

Par défaut, plus de 32 768 processus peuvent être exécutés par un nœud Erlang. Ce paramètre peut être changé lors de la compilation de l'environnement Erlang/OTP Par ailleurs, la création d'un nouveau processus ne consomme que très peu de ressources CPU complémentaires.

Pour illustrer notre propos, nous allons réaliser un programme créant un nombre de processus déterminés. Le module `processus2` est une évolution du module `processus1` pour permettre la création de nombreux processus simultanés :

```erlang
-module(processus2).
-export([init/0, init/1, start/1, start1/0]).
-export([processus/1]).

%% Crée un nombre de processus déterminé à partir de la fonction
%% processus/1
init() ->
    init(10000).

init(NombreProcessus) ->
    %% Initialisation du générateur de nombre aléatoire
    {N1,N2,N3} = now(),
    random:seed(N1,N2,N3),
    start(NombreProcessus),
    io:format("Nombre de processus sur ce nœud: ~w~n", [length(processes())]).

start(0) ->
    ok;
start(NombreProcessus) ->
    start1(),
    start(NombreProcessus - 1).

%% Crée un nouveau processus avec une durée de vie comprise entre
%% 90 et 180 secondes
start1() ->
    %% Initialisation du générateur de nombre aléatoire
    {N1,N2,N3} = now(),
    random:seed(N1,N2,N3),

    %% Génération de la durée du vie du processus
    DureeDeVie = random:uniform(90) + 90,

    %% Création du nouveau processus
    spawn(?MODULE, processus, [DureeDeVie]).

%% Fonction servant de support à l'exécution de notre nouveau processus
processus(DureeDeVie) ->
    %% timer:sleep accepte une valeur en milliseconde
    timer:sleep(DureeDeVie * 1000).
```

L'exécution de la fonction `processus2:init(10000)` crée 10 000 processus sur le nœud Erlang courant :

```erlang
1> processus2:init(10000).
Nombre de processus sur ce nœud: 10023
ok
```

Le nombre total de processus inclut les processus lancés au démarrage de l'environnement Erlang. L'occupation mémoire de la machine virtuelle Erlang est d'environ 20 Mo lors de l'exécution des 10 000 processus.

Communication entre processus : le passage de messages

Pour organiser les processus au sein d'une application, il faut leur offrir les moyens de communiquer entre eux, de coordonner et de synchroniser leur traitement. On ne dispose que d'un unique moyen de communication entre processus en Erlang : le passage de message, une opération asynchrone consistant à envoyer une expression à un processus. L'envoi peut être opéré depuis le même processus, ou surtout depuis un autre processus.

L'envoi d'un message

Principe et syntaxe

Avant de procéder à l'envoi d'un message à un processus, on doit connaître l'identifiant du processus destinataire. Pour envoyer un message à un processus, on recourt à la syntaxe suivante :

```
Pid ! Message.
```

Le message peut être n'importe quel type d'expression Erlang, à base de types de données simples ou composés. Le message et l'identifiant de processus peuvent être générés par un appel de fonction. Dans ce cas, c'est le retour de l'appel de fonction qui est utilisé comme message ou identifiant.

Les messages envoyés au processus sont stockés dans la file d'attente de messages dont dispose chaque processus.

Figure 4-3

Le processus 1 envoi des messages (atomes) aux processus 2 et 3.

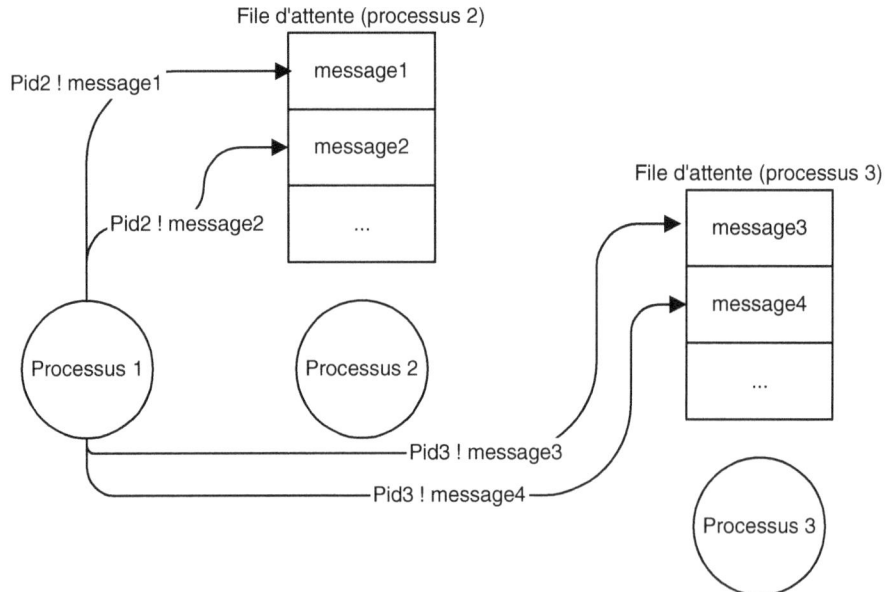

L'identifiant de processus permet de localiser des processus tournant sur différents nœuds d'un système Erlang. Un message peut être envoyé vers un processus local ou vers un processus distant situé sur un autre nœud sur une autre machine.

L'envoi d'un message à un processus terminé

L'envoi d'un message à un processus qui s'est terminé, tout comme l'envoi d'un message à un processus qui n'existe pas, ne provoque aucune erreur d'exécution. Ce choix a été fait pour préserver le caractère purement asynchrone de la communication entre les processus Erlang.

Pour s'assurer de la réception d'un message par le destinataire, il faut mettre en place un protocole de communication synchrone au-dessus du mécanisme asynchrone de passage de messages. Ce mécanisme consiste pour le client à attendre une réponse du processus destinataire. Il s'agit d'une des techniques de développement client-serveur Erlang.

La réception d'un message

Principe et syntaxe

Pour exploiter les messages envoyés à un processus, ce dernier doit les recevoir. Il s'agit d'une opération réalisée au bon vouloir du processus destinataire. Il peut décider de ne jamais recevoir les messages ou de recevoir uniquement certains types de message.

La syntaxe de réception d'un message ressemble à la syntaxe des instructions Erlang `if` et `case` :

```
receive
    MessageType1 -> Traitement1;
    MessageType2 -> Traitement2;
    …
    MessageType3 -> Traitement3
end.
```

L'opération de réception d'un message consiste à retirer un message de la file d'attente de messages du processus.

Tout comme les instructions `case` et les définitions de fonctions, les clauses de l'instruction `receive` peuvent comporter des gardes.

Sélection des messages

Le traitement associé à un message est exécuté lorsqu'un message du type correspondant est reçu. La sélection de la clause à exécuter est réalisée par correspondance de motifs. Il est donc possible de sélectionner précisément les messages à partir des éléments entrant dans sa composition, tout en utilisant des variables non liées pour récupérer des paramètres variables.

La réception des messages s'appuie sur un fonctionnement particulier de correspondance des messages :

• **L'instruction `receive` permet de sélectionner un message**. Cela ne consiste pas à prendre le premier message de la file d'attente. On procède à la sélection du message en réalisant une opération de correspondance de motifs sur la première clause de l'instruction `receive`, en passant en revue l'ensemble des messages de la file d'attente du processus. Si aucune correspondance ne peut être effectuée, alors l'environnement Erlang tente de faire correspondre la clause suivante de l'instruction `receive` avec l'ensemble des messages en attente, et ainsi de suite.

- **L'opération de réception n'est effectuée que si une correspondance peut être réalisée**. Dans le cas contraire, l'instruction `receive` attend l'arrivée de nouveaux messages correspondant à ses motifs de sélection. Cette approche permet de simplifier le code de traitement des messages. Un message reçu correspond au traitement en cours dans le processus. Les messages devant être traités ultérieurement sont donc naturellement mis en attente. L'instruction `receive` reçoit toujours un et un seul message à la fois.

> La limitation du délai d'attente sur l'instruction `receive` peut également entrer dans ce cas de figure. Ce n'est donc pas totalement une exception à cette règle.

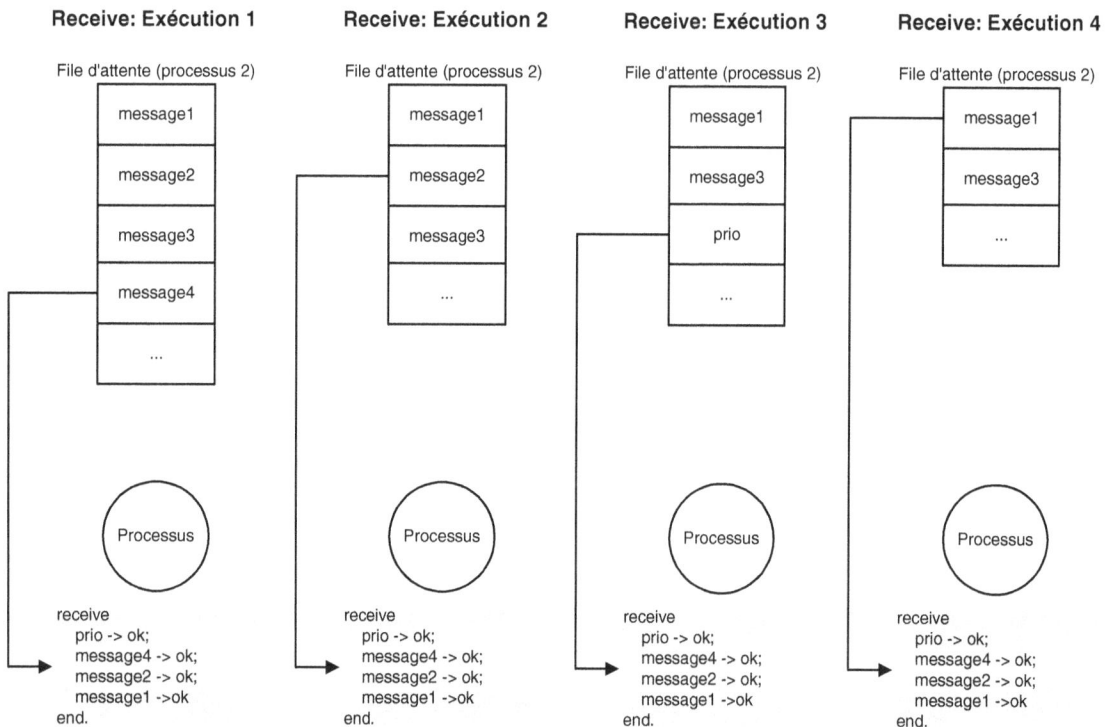

Figure 4-4

Le processus utilise plusieurs fois une instruction `receive` *pour recevoir des messages.*

> **Sur la file d'attente de messages**
>
> La file d'attente de messages est un espace de stockage qui croît à chaque nouveau message envoyé et qui diminue lorsque des messages sont reçus par le processus. Un processus n'a cependant aucune obligation d'exploiter les messages qui lui sont envoyés. La file de messages peut donc croître de manière continue. C'est également le cas lorsque le processus qui reçoit les messages les traite plus lentement que ne les génèrent les processus émetteurs.

> Une mauvaise gestion des communications entre processus peut donc être une source de fuite de mémoire. Un contrôle rigoureux des envois de messages dans vos programmes est un critère important quant à la robustesse de l'application.

Limiter l'attente du processus en réception

Il est possible de prévoir un délai d'attente pour éviter que l'instruction receive ne soit placée indéfiniment en attente d'un message qui peut ne jamais arriver.

La syntaxe suivante est alors utilisée :

```
receive
    MessageType1 -> Traitement1;
    MessageType2 -> Traitement2;
    ...
    MessageType3 -> Traitement3
    after Millisecondes -> Traitement4
end.
```

La valeur Millisecondes est un entier exprimant la durée d'attente de l'instruction receive en milliseconde.

Après l'écoulement du délai d'attente, l'instruction receive reçoit un message par défaut signalant la fin du délai d'attente et exécute la clause par défaut correspondante. La clause after doit toujours être utilisée en fin d'instruction receive.

Traitements prioritaires et qualité de service

La figure 4-4, présentée plus haut, illustre la force du modèle de réception des messages Erlang. Ce modèle permet en effet de recevoir en premier lieu des messages dits prioritaires. Lors de l'exécution 3, un message prioritaire est arrivé, représenté par l'atome prio. Notre instruction receive recherche en premier lieu cette valeur. Bien que le message prio soit arrivé en dernier, il est immédiatement traité.

Ce traitement prioritaire des messages est particulièrement utile pour développer des applications implémentant des niveaux de services prioritaires et de qualité de service.

Le mécanisme nécessite d'être bien pris en compte dans les développements Erlang. Le développeur doit toujours se rappeler que les messages ne sont pas reçus séquentiellement, mais toujours dans l'ordre de déclaration des clauses de l'instruction receive.

Les processus nommés

Le fait de nommer des processus particuliers permet de les retrouver aisément dans le système. L'existence de processus nommés est importante pour la mise en œuvre d'un mécanisme de type client-serveur.

Pour nommer un processus, on utilise la fonction standard register/2 :

register(Nom, Pid) : le nom est un atome ; le Pid est un identifiant de processus.

Une fois qu'un nom est enregistré, il peut être utilisé directement dans l'instruction d'envoi de message :

```
Nom ! Message.
```

On peut également récupérer l'identifiant d'un processus à partir de son nom grâce à l'instruction whereis/1. Cela permet notamment de vérifier si le processus nommé que l'on souhaite enregistrer n'existe pas déjà dans le système.

L'instruction registered/0 permet d'accéder, depuis la ligne de commande Erlang, à la liste de tous les processus nommés sur le système.

Un processus qui se termine disparaît automatiquement de la liste des processus nommés. L'appel de la fonction unregister/1 pour supprimer le nom d'un processus est donc souvent facultatif.

Conclusion

Ce chapitre vous a présenté les informations les plus essentielles relatives à la programmation concurrente. Il peut être surprenant de constater qu'à l'issue de ce chapitre le lecteur doit être capable de réaliser un programme Erlang qui effectue des traitements parallèles. La raison en est que la sémantique du langage Erlang est prévue pour simplifier le développement concurrent.

Erlang incite à la conception d'applications effectuant des traitements concurrents :

• Il propose un modèle de processus légers qui pénalise peu le programme lors de l'exécution d'un code dans un nouveau processus.

• La simplicité de création des processus en fait un outil de modélisation en Erlang. Une application peut se structurer et s'architecturer autour de ses processus concurrents.

• Erlang s'appuie sur un langage fonctionnel qui incite au développement de fonctions limitant l'effet de bord et rendant la concurrence des traitements plus aisée à gérer.

Ces caractéristiques font qu'il devient ensuite extrêmement simple de transformer une application Erlang en une application distribuée.

5

Gestion des erreurs

Les erreurs sont une source de désagréments fréquents dans les programmes réalisés par un développeur. Elles sont inhérentes à l'action même de programmer. Les erreurs dans un programme peuvent cependant être de nature très différente :

- Les erreurs de syntaxe sont traitées lors de la compilation du programme. Elles peuvent l'être éventuellement lors de l'évaluation d'un code généré dynamiquement.

- Les erreurs logiques sont des erreurs dans l'enchaînement même des opérations programmées par le développeur. Le symptôme en est que le programme fonctionne mais ne présente pas le comportement attendu. Ces erreurs peuvent être limitées par un travail préparatoire au développement, une bonne conception de l'application et par le développement des tests permettant de valider par programme le comportement de notre application.

- Les erreurs d'exécution sont des erreurs que rencontre la machine virtuelle lors de l'exécution du programme. Par exemple, une erreur d'exécution survient lorsqu'une opération de correspondance de motif échoue. Ce peut être le cas également si l'on utilise des instructions Erlang avec des arguments incorrects. La conséquence normale d'une erreur d'exécution est l'arrêt de l'exécution du programme par la machine virtuelle qui signale l'erreur à l'utilisateur du programme. Pour éviter ce type de problème, le développeur doit mettre en place une politique de gestion des erreurs permettant de définir les comportements du programme lorsqu'une telle erreur d'exécution survient.

Voici une erreur en Erlang telle qu'elle apparaît depuis la ligne commande :

```
Erlang (BEAM) emulator version 5.1.2 [source] [hipe] [threads:0]

Eshell V5.1.2  (abort with ^G)
1> 1=2.
** exited: {{badmatch,2},[{erl_eval,expr,3}]} **
```

Erlang propose une approche classique de la gestion des erreurs. Le langage dispose de fonctionnalités qui permettent au programmeur de lever des exceptions pour implémenter une gestion des erreurs personnalisée, et aussi d'intercepter et de traiter ces erreurs en remontant dans la chaîne d'appel de fonction.

Ce mécanisme est celui utilisé dans la plupart des langages. Il présente l'inconvénient majeur d'encombrer le programme d'un code destiné à la gestion des cas d'erreur. La logique applicative est ainsi obscurcie par des fragments de programme dont la finalité ne participe pas directement à la réalisation de l'objet du programme.

Pour pallier ce défaut, Erlang a été amené à proposer un mécanisme innovant de gestion des erreurs, fondé sur trois principes :

- La séparation du code applicatif et du code de traitement des erreurs. Ce principe est un des fondements du modèle de développement OTP, établi, plus précisément, sur le développement d'un code réalisant le travail à effectuer (ce sont les « travailleurs » ou *workers*) et d'un code chargé de surveiller l'exécution des traitements (ce sont les « superviseurs » ou *supervisors*).

- Le processus Erlang est au cœur du mécanisme de gestion des erreurs. La création de liaisons entre les processus permet de définir un réseau de dépendances, générant la propagation des erreurs non plus dans un unique sens, en remontant la chaîne d'appels de fonction, mais d'une manière entièrement personnalisable et configurable par le développeur. La propagation d'une erreur peut se faire vers plusieurs processus parallèlement.

- Le code qui implémente la logique applicative ne doit pas s'encombrer du code de gestion d'erreur. Le développeur ne doit plus programmer de façon défensive en contrôlant à l'excès les informations manipulées par le programme et les résultats de traitement, mais simplement laisser le programme « planter » (*Let it crash !*). Ce principe est déroutant mais il est efficace en Erlang grâce au mécanisme de supervision.

Ces trois principes constituent les fondements du développement d'un programme Erlang robuste et tolérant aux pannes.

Ce chapitre présente d'abord les deux manières d'aborder le traitement des erreurs, soit la manière traditionnelle, puis la manière idiomatique, propre au langage Erlang. Nous verrons ensuite comment il convient d'aborder le débogage d'un programme Erlang, puis la manière appropriée de garder la trace des erreurs, avertissements et autres événements signalés par le programme lors de son exécution.

L'interception et le traitement des erreurs d'exécution

L'interception d'une erreur d'exécution : l'instruction *catch*

L'instruction Erlang `catch` permet de surveiller l'exécution d'un fragment de code Erlang et d'intercepter les éventuelles erreurs d'exécution pouvant survenir dans ce fragment de code.

Utilisation de l'instruction catch

Sa syntaxe est simple :

```
catch Expression
```

L'erreur d'exécution qui survient durant l'évaluation de l'expression ne provoque plus d'arrêt du programme. On dit que l'instruction `catch` « intercepte » les erreurs d'exécution dans notre code.

Qu'une erreur d'exécution se produise dans l'expression ou pas, l'exécution du programme se poursuit. L'instruction `catch` renvoie alors :

- la valeur de l'expression si le déroulement s'est bien opéré ;
- un tuple de type {TypeErreur, Info} si l'évaluation de l'expression a généré une erreur d'exécution. Le type d'erreur standard est `'EXIT'`. Le type d'erreur peut être différent pour les erreurs générées directement par l'utilisateur.

Le module `erreur1` permet d'illustrer un des cas possibles. Au moyen de la fonction `ajout/2`, on ajoute deux nombres :

```
-module(erreur1).
-export([ajout/2]).

ajout(Valeur1, Valeur2) ->
    Valeur1 + Valeur2.
```

Si nous lui passons en paramètre de la fonction `erreur1:ajout/2` une valeur qui n'est pas un nombre, une erreur d'exécution se produit :

```
1> erreur1:ajout(1,2).
3
2> erreur1:ajout(1,"texte").

=ERROR REPORT==== 14-Sep-2002::11:32:01 ===
Error in process <0.34.0> with exit value: {badarith,[{erreur1,ajout,2},
{erl_eval,exprs,4},{shell,eval_loop,2}]}
** exited: {badarith,[{erreur1,ajout,2},
                      {erl_eval,exprs,4},
                      {shell,eval_loop,2}]} **
```

Si cette fonction est utilisée en l'état dans une application, elle provoque l'arrêt immédiat de l'application, ce qui n'est ni un comportement élégant ni une bonne pratique du développement.

La définition de notre fonction pourrait utiliser des gardes pour vérifier que les valeurs passées en paramètres sont bien des nombres avant d'exécuter la clause d'addition des valeurs. Chaque valeur peut être soit un entier, soit un réel :

```
-module(erreur3).
-export([ajout/2]).

%% Clause 1: Le développeur tente d'additionner des nombres
ajout(Valeur1, Valeur2) when number(Valeur1),
                             number(Valeur2) ->
    Valeur1 + Valeur2;
%% Clause 2: Le développeur tente d'additionner d'autres types de données
ajout(_Valeur1, _Valeur2) ->
    les_parametres_doivent_etre_des_nombres.

%% Détermine si la valeur passée est un nombre:
```

```
number(Valeur) when integer(Valeur);
                    float(Valeur) ->
    true;
number(_Valeur) ->

    false.
```

Cette modification produit l'effet escompté. L'erreur d'exécution est évitée. Le programme qui utilise cette fonction doit cependant maintenant respecter l'interface de notre fonction : le retour de notre fonction est soit un nombre si l'opération s'est bien passée, soit un atome expliquant l'erreur :

```
1> erreur3:ajout(1,2).
1
2> erreur3:ajout(1, "texte").
les_parametres_doivent_etre_des_nombres
```

La prise en compte de toutes les possibilités de réponse induit à son tour du code supplémentaire dans la fonction appelante pour gérer les différents résultats. Au final, le code nécessaire pour prévenir et générer l'erreur est relativement important, même pour un cas simple comme celui que nous venons de voir.

Le développeur peut donc choisir de refuser d'alourdir le code implémentant l'algorithme et d'utiliser le mécanisme de gestion d'erreur pour distinguer les cas d'exécution correcte et les cas d'erreur d'exécution :

```
%% Exécution correcte :
3> catch erreur1:ajout(1,2).
3
%% Exécution erronée : Le code de retour de l'instruction catch est différent :
4> catch erreur1:ajout(1,"texte").
{'EXIT',{badarith,[{erreur1,ajout,2},
                   {erl_eval,expr,3},
                   {erl_eval,exprs,4},
                   {shell,eval_loop,2}]]}}
```

Dans le cas d'une erreur, l'interpréteur ne renvoie plus un rapport d'erreur, mais simplement un tuple décrivant la nature de l'erreur qui s'est produite. Le programmeur dispose de l'opportunité de traiter l'erreur, de l'ignorer ou de considérer que la gravité de l'erreur nécessite l'arrêt de l'exécution du programme.

Le code du module `erreur1` peut être modifié pour intégrer directement la gestion des erreurs dans le code. Le module `erreur4` présente les modifications effectuées :

```
-module(erreur4).
-export([ajout/2]).

ajout(Valeur1, Valeur2) ->
    case catch Valeur1 + Valeur2 of
        {'EXIT', {badarith, PileDAppel}} ->
            les_parametres_doivent_etre_des_nombres;
        {TypeErreur, Raison} ->
            Raison;
        Result ->
            Result
    end.
```

Le code est bien plus clair que dans le cadre de la prévention des sources de l'erreur à l'aide de gardes. La fonction `erreur4:ajout/2` fonctionne de manière quasi identique à notre fonction `erreur3:ajout/2`.

Toutefois, cette nouvelle fonction est capable de traiter des erreurs qui pourraient avoir d'autres causes que celles que nous avons traitées dans le cadre du module `erreur3`. Son fonctionnement est donc plus complet.

Le déroulement du programme et l'instruction catch

Le déroulement séquentiel d'un programme peut être perturbé par l'utilisation de la fonction `catch`. Lorsqu'une erreur survient, elle est propagée au travers de la pile d'appels de fonctions, jusqu'au point où la propagation est stoppée par une instruction d'interception de type `catch`. Le déroulement du programme reprend alors à partir de ce point. On dit parfois que l'interception des erreurs correspond à un retour de fonction qui n'est plus local à l'appel de la fonction, mais il peut se produire plus haut dans la pile d'appels.

Erlang atténue les conséquences de ces incertitudes dans la séquence de déroulement d'un programme en limitant les effets de bord. Il faut cependant en tenir compte, dans la réalisation de vos programmes, en particulier lorsque vous développez des fonctions provoquant des effets de bord, comme l'écriture dans un fichier, dans une table, etc.

L'exemple suivant illustre la modification qui peut être induite dans l'ordre de déroulement du programme du fait de l'utilisation de l'interception des erreurs.

Le `catch` est utilisé dans ce module pour ignorer les erreurs pouvant survenir sur les fichiers de table temporaire de traitement des salariés. Le `catch` est opéré sur la fonction de traitement de chacun des salariés de la table.

```
%% Début du module catch_piege
-module(catch_piege).
-export([start1/0, start2/0]).
```

Toutefois, la fonction `start2/0` place le système dans une boucle infinie. Ce programme illustre l'impact d'une mauvaise compréhension de l'interception des erreurs. Ce programme est donc un mauvais exemple.

```
start1() ->
    Donnees = [{1, "Salarie 1"},
        {2, "Salarie 2"},
        {3, "Salarie 3"}],
    start(Donnees).

start2() ->
    Donnees = [{1, "Salarie 1"},
        {2, "Salarie 2"},
        {3, salarie3}],
    start(Donnees).

start(Donnees) ->
    %% remplissage de la table:
    Table = creation_table(Donnees),
    process_table(Table, nb_element(Table)).
```

```
%% Crée la table et la peuple avec les données passées en paramètre.
creation_table(Donnees) ->
    Table = ets:new(table, []),
    lists:foreach(fun(Ligne) ->
            ets:insert(Table, Ligne) end,
        Donnees),
    %% Renvoie l'identifiant de table pour
    %% manipulation dans le reste du programme
    Table.
```

La fonction `process_table/2` contient le cœur de la boucle de traitement. Lorsque la table est vide, on sort de la boucle. Si la table n'est pas vide, on effectue le traitement du premier élément. Si le traitement d'un salarié est erroné, on continue malgré tout jusqu'à la fin de la table. Il s'agit d'appliquer le principe de minimisation du traitement du code de gestion d'erreur : si une erreur se produit, on considère que le traitement sur le salarié n'avait pas d'objet, on passe alors au salarié suivant. Si le principe est bon, le raisonnement est erroné car, si une erreur se produit dans la fonction traitement par exemple, le premier salarié ne sera jamais supprimé : le programme part alors dans une boucle infinie.

```
process_table(Table, 0) ->
    ok;
process_table(Table, NbElement) ->
    io:format("Encore ~w elements.~n", [NbElement]),
    catch process_ligne(Table),
    process_table(Table, nb_element(Table)).


nb_element(Table) ->
    ets:info(Table, size).


process_ligne(Table) ->
    Identifiant = ets:first(Table),
    [Salarie] = ets:lookup(Table, Identifiant),
    traitement(Salarie),
    ets:delete(Table, Identifiant).

%% Le traitement se contente ici d'afficher le nom du salarie.
%% Hypothèse est faite que le nom du salarié est une chaine de caractères
traitement(Salarie = {Identifiant, Nom}) ->
    %% Conversion de la chaine en majuscule avant affichage
    io:format("Traitement de: ~s~n", [httpd_util:to_upper(Nom)]).
%% Fin du module catch_piege
```

L'implémentation est erronée car le traitement est différent selon qu'une erreur se produit ou pas. En cas de traitement erroné, le programme se place dans une boucle infinie :

```
1> catch_piege:start1().
Encore 3 elements.
Traitement de: Salarie 3
Encore 2 elements.
Traitement de: Salarie 1
Encore 1 element.
Traitement de: Salarie 2
```

```
ok
8> catch_piege:start2().
Encore 3 elements.
Encore 3 elements.
Encore 3 elements.
Encore 3 elements.
Encore 3 elements.
… Le programme est dans une boucle infinie
```

La figure 5-1 illustre le cheminement de l'exécution de notre programme dès lors qu'une erreur survient dans le traitement des enregistrements.

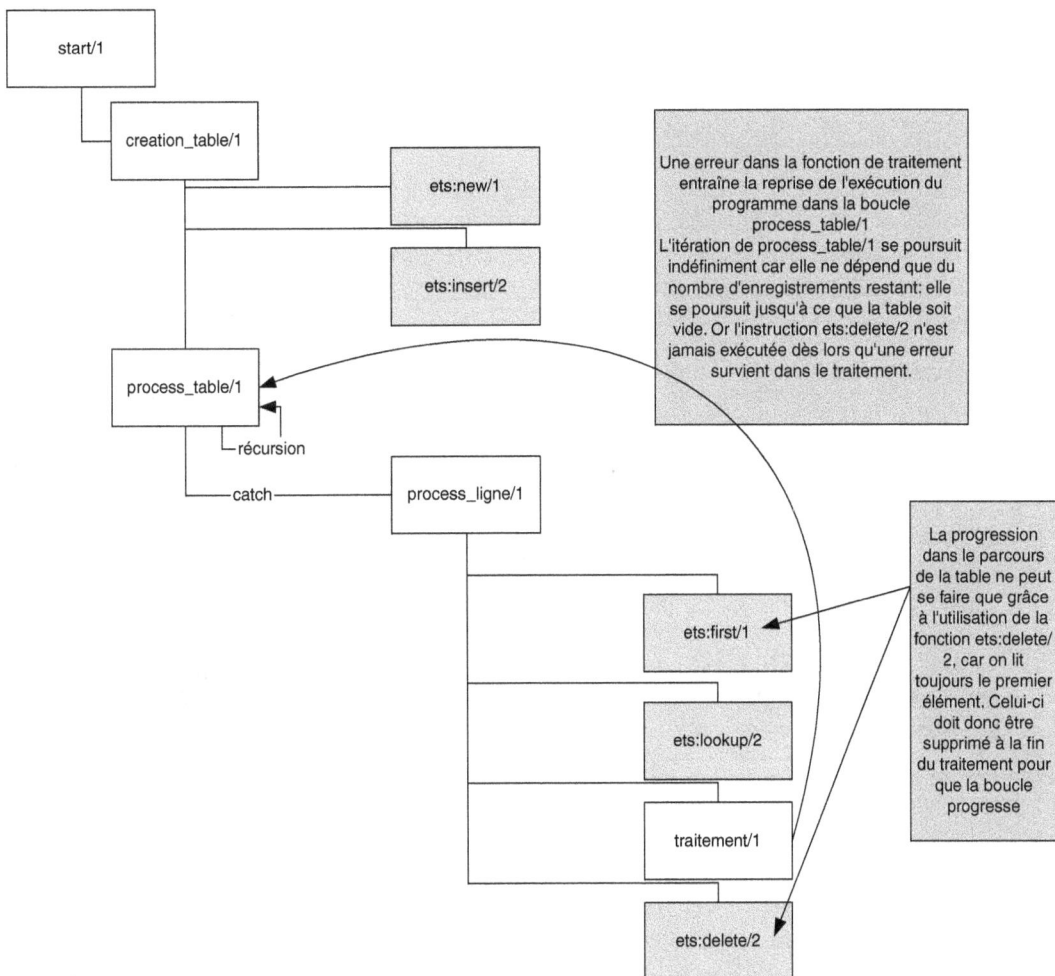

Figure 5-1

Cheminement du programme lorsqu'une erreur se produit dans le traitement

Le programme est volontairement vicié par plusieurs problèmes de conception. L'utilisation de `ets:first/1` pour lire le premier élément de la table, en comptant sur son effacement ultérieur, est extrêmement maladroite. Une bonne conception Erlang récupérerait l'ensemble des clés de la table, dans un premier temps, et parcourrait ensuite l'ensemble des enregistrements à partir de la liste des clés ainsi récupérée. Cela éviterait notamment d'avoir à évaluer le nombre d'enregistrements restant dans la table à chaque itération.

Ce programme peut simplement être corrigé en déplaçant l'opération de suppression de l'enregistrement après le `catch`. On procède à la récupération de l'enregistrement à supprimer par récupération du retour de l'instruction `catch`. Avant d'ajouter une instruction de catch, il faut toujours envisager les instructions qui pourront éventuellement être sautées dans le cas où une erreur se produirait effectivement durant l'évaluation de l'expression.

Un autre enseignement important est qu'il est très dangereux d'utiliser l'instruction `catch` sans traiter le résultat, qui peut être soit une erreur, soit le résultat, lui-même, de la fonction.

Le déclenchement d'une erreur : les instructions throw et exit

L'expression « lever une exception » traduit le déclenchement d'une erreur par le programme. Cette fonctionnalité permet d'implémenter ses propres types d'erreur dans ses programmes, lorsqu'un programme détecte un problème ou une incohérence dans son exécution. Ces types d'erreur déclenchés par le développeur peuvent être interceptés par une instruction `catch`, tout comme les exceptions standards.

L'instruction throw/1

L'instruction `throw/1` permet de lever une exception. Sa syntaxe est la suivante :

```
throw(DescriptionDeLErreur)
```

L'argument de l'instruction throw

L'argument accepté par l'instruction `throw` peut être un quelconque type de données Erlang, simple ou composé. L'erreur peut toujours être interceptée par une instruction `catch`, quel que soit le formalisme utilisé pour la description de l'erreur.

Cependant, dans la plupart des cas, il est préférable d'utiliser le même formalisme que les exceptions standards, à savoir un tuple de la forme `{TypeErreur, Arguments}`. Le programme peut ainsi retraiter les erreurs interceptées par le catch, qu'elles soient standards ou définies par l'utilisateur.

Pour mémoire cependant, il faut bien prendre en compte que l'exécution de l'instruction `throw/1`, si elle n'est interceptée par aucune instruction `catch`, déclenche la fin « anormale » du processus en cours d'exécution. L'instruction `throw/1` doit donc absolument être utilisée en bonne intelligence avec l'instruction `catch`.

Le déclenchement d'une erreur est très utile pour sortir des traitements en cours lorsque le déroulement du programme ne se passe pas comme prévu. Il permet de sortir de tous les traitements en cours pour reprendre le déroulement du programme plus haut dans la pile d'appels de fonction à l'endroit du catch. En suivant cette approche on laisse se poursuivre l'exécution du programme tout en gardant la trace de ce qui s'est mal passé.

Par exemple, lors du traitement d'un fichier, il est possible de lever une exception en laissant le soin à d'autres parties du programme de reprendre la main, si le contenu ou la syntaxe du fichier ne correspond pas aux attentes du programme. On peut ainsi remonter directement de plusieurs niveaux dans la pile d'appels de fonction tout en propageant la cause de l'erreur. Le programme peut alors présenter la cause de l'erreur à l'utilisateur et lui proposer de recommencer après modification du fichier.

Le module throw_ex illustre la levée d'une exception. Il simule un programme de travail utilisateur manipulant des données. Dans notre exemple, ces données sont générées aléatoirement. Le programme exécute ensuite la fonction de sauvegarde des données dialogue_sauvegarde/1. Celle-ci intercepte les erreurs pouvant survenir dans le processus de sauvegarde et réessaie tant que le fichier n'est pas sauvegardé. Chaque tentative de sauvegarde se décompose en deux étapes : en premier lieu, la demande du nom de fichier à l'utilisateur, incluant le chemin sur le disque, et en second lieu la tentative de sauvegarde du fichier :

```erlang
%% Début du module throw_ex
-module(throw_ex).
-export([start/0]).

%% Programme simulant la gestion de données utilisateur
start() ->
    Donnees = genere_donnees(),
    dialogue_sauvegarde(Donnees).

%% Implémente le dialogue avec l'utilisateur pour la gestion des
%% sauvegardes
dialogue_sauvegarde(Donnees) ->
    case catch sauve(Donnees) of
        ok ->
            ok;
        {TypeErreur, {Code, Commentaire}} ->
            io:format("Erreur de sauvegarde ~p ~p (~p)~n-> Recommencez~n~n",
                      [TypeErreur, Commentaire, Code]),
            dialogue_sauvegarde(Donnees)
    end.

%% Fonction de sauvegarde des données manipulées dans le programme
sauve(Donnees) ->
    NomFichier = demande_nom_fichier(),
    ecrit_fichier(NomFichier, Donnees).

%% Génère aléatoirement 1000 caractères imprimables
genere_donnees() ->
    %% Initialise le générateur de nombre aléatoire:
    {N1, N2, N3} = now(),
    random:seed(N1,N2,N3),

    genere_donnees(1000, []).

genere_donnees(0, Acc) ->
    Acc;
genere_donnees(NbCaractere, Acc) ->
    Caractere = random:uniform(90) + 32,
    genere_donnees(NbCaractere - 1, [Caractere | Acc]).
```

```erlang
%% Demande le nom du fichier de sauvegarde à l'utilisateur
demande_nom_fichier() ->
    io:format("** Sauvegarde **~n", []),
    NomFichier = io:get_line('Nom du fichier: '),
    string:strip(NomFichier, right, 10).  % Supprime le retour chariot
                                          % (code ascii 10) à la fin
                                          % du nom de fichier
```

La sauvegarde des données dans le fichier se déroule en trois opérations : ouverture en écriture du fichier, enregistrement et fermeture du fichier. Le traitement peut échouer lors de chacune des trois opérations. Une exception est levée si le traitement de l'une des trois opérations se déroule mal. L'exception soulevée précise dans quelle opération l'erreur s'est produite en ajoutant le code d'erreur Erlang.

```erlang
ecrit_fichier(NomFichier, Donnees) ->
    IO = case file:open(NomFichier, [write]) of % Ouverture du fichier en
                                                % écriture
            {ok, IODevice} -> IODevice;
            {error, Raison1} -> throw({'Fichier', {Raison1, "Impossible d'ouvrir le
            fichier en écriture"}})
        end,

    case file:write(IO, Donnees) of % Ecriture des données
        ok -> ok;
        {error, Raison2} -> throw({'Fichier', {Raison2, "Impossible d'écrire dans
        le fichier"}})
    end,

    case file:close(IO) of % Fermeture du fichier
        ok -> ok;
        {error, Raison3} -> throw({'Fichier', {Raison3, "Impossible de fermer le fichier"}})
    end,
    ok.
%% Fin du module throw_ex
```

Les fonctions symétriques et le traitement des erreurs

Certains couples de fonctions sont symétriques, c'est-à-dire que la première fonction fait une chose et que la seconde la défait. Les fonctions qui affectent des ressources répondent traditionnellement à cette définition. En langage C, par exemple, tout espace de mémoire alloué doit être libéré, sous peine de créer des problèmes de gâchis de mémoire avec des blocs marqués comme occupés mais inutilisés.

En Erlang, la mémoire est gérée automatiquement. Il n'en reste pas moins que certaines ressources doivent être malgré tout gérées. L'ouverture d'un fichier avec la fonction file:open/2 implique sa fermeture avec la fonction file:close/1 lorsque le fichier n'est plus utilisé.

Le traitement des erreurs peut, comme dans notre précédent exemple, bouleverser l'ordre de traitement du programme. Lorsqu'une erreur survient, il est possible que le fichier ne soit alors pas correctement fermé.

Dans le cas présenté par notre exemple précédent, nous recommandons de modifier le tuple composant l'erreur, tel que lancé par la throw, pour inclure l'identifiant du fichier ouvert. Lorsqu'une erreur sur un traitement de fichier survient, la fonction analysant le résultat du catch peut entreprendre de fermer le fichier incriminé.

Les erreurs sont alors correctement gérées par le programme. L'exemple montre comment le programme réagit lorsqu'une erreur se produit. Lors de la première tentative, l'utilisateur tente de sauvegarder le fichier dans un répertoire sur lequel il ne dispose pas des droits en écriture. Le programme prévient l'utilisateur et lui demande un nouveau nom de fichier. Lors de la seconde tentative, l'opération de sauvegarde se déroule correctement :

```
1> throw_ex:start().
** Sauvegarde **
Nom du fichier: /usr/test.txt
Erreur de sauvegarde 'Fichier' "Impossible d'ouvrir le fichier en écriture" (eacces)
-> Recommencez

** Sauvegarde **
Nom du fichier: /tmp/test.txt
ok
```

La propagation de l'erreur pourrait être effectuée en utilisant la valeur de retour de chacune des fonctions. Cela impose cependant d'inclure cette possibilité de propagation d'erreur dans l'interface de toutes les fonctions de la pile d'appels. Si plusieurs types d'erreur doivent être gérés simultanément, la valeur de retour de chacune des fonctions concernées est alourdie de manière inacceptable. Dans ce cas, il est donc à la fois plus élégant, plus lisible et pratique d'utiliser le mécanisme de la levée d'exception.

L'instruction exit/1

L'instruction `exit/1` permet de mettre fin au processus en cours à l'endroit où cette instruction est évaluée. La fin du processus peut être considérée comme normale, dans le cas où un processus serveur reçoit par exemple une demande d'arrêt, ou bien anormale, lorsque le programme se trouve face à un cas d'erreur.

La syntaxe de l'instruction est tout simplement :

```
exit(CodeDErreur)
```

Le code d'erreur peut être tout type de données Erlang, simple ou composé.

Pour sortir normalement du processus, il faut appeler l'instruction `exit` avec en paramètre l'atome 'normal' :

```
exit(normal)
```

Tout autre paramètre est considéré comme une sortie anormale du programme.

Les instructions `throw/1` et `exit/1` sont très similaires, mais elles ont été créées à des fins différentes :

- Les deux instructions permettent de stopper brutalement l'exécution du processus en cours, et remontent dans la pile d'appels de fonction,
- Les deux instructions soulèvent une exception qui peut être interceptée par l'instruction `catch`. L'exécution reprend à partir du catch interceptant l'erreur.
- Les deux instructions interagissent cependant différemment avec l'instruction catch :
  - `catch throw(2)` renvoie la valeur 2.
  - `catch exit(2)` renvoie la valeur {'EXIT',2}.

- Les deux instructions ont des comportements différents lorsqu'elles ne sont pas interceptées :
  - throw(2) en dehors du contexte d'une instruction catch termine brutalement le processus en cours avec comme raison : nocatch.
  - exit(2) en dehors du contexte d'une instruction catch termine brutalement le processus avec comme raison : 2.

throw/1 et exit/1 peuvent servir à propager les mêmes informations d'erreurs. Par exemple :

```
1> catch exit(2).
{'EXIT',2}
2> catch throw ({'EXIT',2}).
{'EXIT',2}
```

Leur comportement diffère cependant lorsque exit/1 utilise le code de sortie 'normal', même si l'information propagée est la même :

```
3> catch exit(normal).
{'EXIT',normal}
4> catch throw ({'EXIT',normal}).
{'EXIT',normal}
5> exit(normal).
** exited: normal **
6> throw ({'EXIT',normal}).

=ERROR REPORT==== 15-Sep-2002::12:27:35 ===
Error in process <0.30.0> with exit value: {{nocatch,{'EXIT',normal}},[{erlang,throw,
➡[{'EXIT',normal}]},{erl_eval,expr,3},{erl_eval,exprs,4},{shell,eval_loop,2}]]}
** exited: {{nocatch,{'EXIT',normal}},
            [{erlang,throw,[{'EXIT',normal}]},
             {erl_eval,expr,3},
             {erl_eval,exprs,4},
             {shell,eval_loop,2}]} **
```

La principale différence dans leur comportement tient à ce que l'instruction throw/1 entraîne effectivement une erreur d'exécution. Les erreurs d'exécution sont prises en compte par le gestionnaire de logs et génèrent donc des entrées dans les rapports d'erreur si elles ne sont pas interceptées. L'instruction exit/1 ne produit pas d'erreur d'exécution mais propage un signal de sortie (erreur de type 'EXIT'). Nous reviendrons sur les signaux dans la suite de ce chapitre.

Bien que la distinction entre les deux instructions soit relativement ténue, leur usage permet de les différencier :

- Il faut utiliser throw/1 pour générer vos propres types d'erreur. Celles-ci pourront ou pas être interceptées par une instruction catch/1 et être retraitées.
- Il faut utiliser exit/1 pour sortir effectivement du processus. Le type de l'erreur propagée est dans ce cas le type standard 'EXIT'. Un catch peut cependant intercepter l'erreur et confirmer ou annuler la sortie du processus.

Correspondance de motifs et valeur de retour des fonctions

Pour conclure, les instructions d'interception de traitement et de gestion des erreurs restent relativement peu utilisées en Erlang. Une autre approche leur est souvent préférée : l'utilisation de la correspondance de motif et des valeurs de retour des fonctions.

Le module `erreur_retour` illustre de façon simple la gestion des erreurs en utilisant la propagation de
l'erreur par le retour de la fonction :

```erlang
%% Début du module erreur_retour
-module(erreur_retour).
-export([start/0]).

%% Programme simulant la gestion de données utilisateur
start() ->
    Donnees = genere_donnees(),
    dialogue_sauvegarde(Donnees).

%% Implémente le dialogue avec l'utilisateur pour la gestion des
%% sauvegardes
dialogue_sauvegarde(Donnees) ->
    NomFichier = demande_nom_fichier(),
    case ecrit_fichier(NomFichier, Donnees) of
        ok ->
            ok;
        {error, {TypeErreur, {Code, Commentaire}}} ->
            io:format("Erreur de sauvegarde ~p ~p (~p)~n-> Recommencez~n~n",
                      [TypeErreur, Commentaire, Code]),
            dialogue_sauvegarde(Donnees)
    end.
```

La fonction `ecrit_fichier/2` renvoie maintenant des informations différentes selon que le traitement
s'est bien déroulé ou pas : `ok` ou `{error, Raison}`.

La gestion des trois étapes (ouverture, écriture et fermeture du fichier) est cette fois gérée par la fonction
`file:write_file/2`.

```erlang
%% Sauvegarde des données dans le fichier
ecrit_fichier(NomFichier, Donnees) ->
    case file:write_file(NomFichier, list_to_binary(Donnees)) of
        ok ->
            ok;
        {error, Raison} ->
            {error, {'Fichier', {Raison, "Impossible de sauvegarder les données"}}}
    end.
```

Les fonctions `genere_donnees/0` et `demande_nom_fichier/0` sont identiques à celles du module `throw_ex`
et ne sont pas répétées ici :

```erlang
genere_donnees() ->
 ...
demande_nom_fichier() ->
 ...
```

La propagation concerne seulement un niveau dans la pile d'appels de fonctions. L'erreur remonte de la fonction ecrit_fichier/2 à la fonction dialogue_sauvegarde/1. C'est cette dernière fonction qui traite l'erreur et boucle sur les traitements de demande de nom/ tentatives d'écriture tant que la sauvegarde du fichier n'est pas opérée.

Le fonctionnement est similaire à l'implémentation opérée à base de catch et throw :

```
1> erreur_retour:start().
** Sauvegarde **
Nom du fichier: /usr/test.txt
Erreur de sauvegarde 'Fichier' "Impossible de sauvegarder les données" (eacces)
-> Recommencez

** Sauvegarde **
Nom du fichier: /tmp/test.txt
ok
```

Cette approche fonctionne bien à condition que peu de fonctions soient impliquées dans la propagation de l'erreur. Si une erreur doit être remontée sur plusieurs fonctions dans la pile d'appels alors mieux vaut utiliser les instructions throw et catch.

Recommandations d'usage

Nous avons vu que l'utilisation du throw et du catch peut bouleverser l'ordre d'exécution d'un programme. C'est la raison pour laquelle il est recommandé de ne pas utiliser les instructions throw et catch, sauf à être certains que le cas que vous implémentez est parfaitement adapté à leur usage. Utilisez néanmoins aussi peu que possible le throw et le catch. Ces instructions sont particulièrement utiles pour les programmes qui traitent de données complexes et non fiables fournies par un utilisateur (ou un autre programme dont la maîtrise vous échappe) à votre programme et qui peuvent causer des erreurs à différents endroits profondément inscrits dans la pile d'appels de fonctions. C'est le cas si vous développez un compilateur ou un programme chargé d'analyser (de « *parser* ») un flux, par exemple un flux XML.

Dans tous les cas, lorsque vous décidez d'utiliser throw et catch, mentionnez-le bien dans les commentaires de vos fonctions qui les mettent en œuvre. N'hésitez pas non plus à décrire l'impact des instructions throw et exit sur le déroulement du programme. Cette méthode oblige à envisager l'impact possible sur le déroulement séquentiel du programme. En effet, l'instruction catch provoque une rupture dans l'ordre d'exécution du programme, qui s'interrompt à l'endroit de l'erreur pour reprendre après l'instruction catch interceptant cette erreur. On dit parfois que l'interception des erreurs correspond à un retour de fonction qui n'est plus local à l'appel de la fonction ; le retour peut ainsi se produire plus haut dans la pile d'appels.

Par ailleurs, ne générez pas, à l'aide de throw, d'erreurs utilisant le type des erreurs internes, standards, de l'environnement Erlang. En d'autres termes, n'utilisez pas d'instruction du type throw({'EXIT', Argument}). Si vous choisissez de soulever vos propres exceptions, gérez vos propres types d'erreur.

Enfin, il est très dangereux d'utiliser l'instruction catch sans traiter l'erreur qui pourrait en être renvoyée, car le déroulement du programme devient alors incertain. Si le résultat est affecté à une variable, il peut ainsi être soit un retour d'erreur, soit le résultat de la fonction appelée.

Séparations du code de traitement d'erreur et de la logique applicative

La grande force des programmes Erlang, c'est que leur organisation repose sur la séparation de la logique applicative et du code de traitement d'erreur. Les développeurs Erlang résument ce principe de conception par le leitmotiv : « Laisser le programme planter ! ».

Laisser le programme « planter » ! (Let it crash !)

Laisser le programme « planter » ne signifie pas qu'en réalité le développeur doit laisser l'exécution de son programme s'interrompre avec un message d'erreur sibyllin. Cela signifie que le traitement des erreurs est géré en dehors du code de traitement de l'application, c'est-à-dire dans un code dédié à la gestion des comportements d'erreur.

L'opération a pour objet de contrôler l'exécution de l'ensemble du code applicatif et de gérer les erreurs survenant n'importe où dans le programme. Il ne s'agit plus, comme dans le cas de l'interception des erreurs, de contrôler l'évaluation de certaines expressions, mais de placer l'ensemble de l'exécution du code sous la responsabilité d'un processus dont la seule charge sera de réagir en cas d'erreur, quels que soient sa nature et l'endroit où elle est survenue.

La séparation du traitement des erreurs par rapport à la logique applicative repose sur une caractéristique fondamentale du langage Erlang permettant d'organiser la propagation des erreurs entre les processus Erlang.

Mécanisme de propagation des erreurs

Le fait de lier des processus entre eux permet de propager les erreurs d'exécution survenant dans l'un des processus vers tous les processus qui lui sont liés. Autrement dit, le mécanisme de propagation des erreurs est un moyen de déclarer que les processus seront mutuellement « notifiés » des erreurs survenant dans l'autre processus.

La figure 5-2 présente deux processus liés. Lorsqu'une erreur d'exécution survient dans l'un des processus, celle-ci est propagée vers l'autre processus.

Figure 5-2

Le mécanisme de propagation d'une erreur vers un processus lié

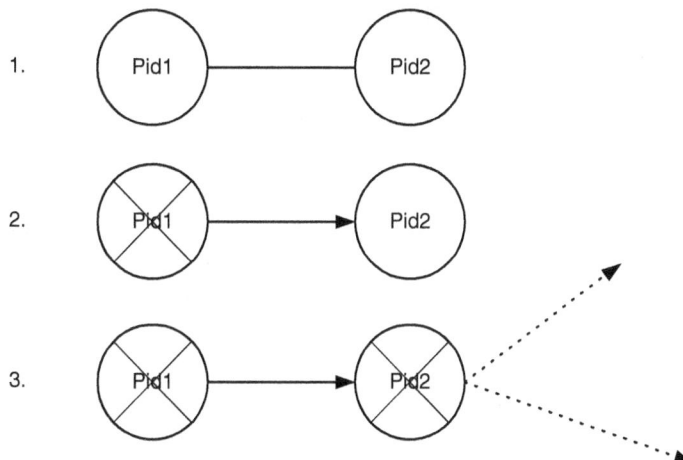

Le terme de propagation est employé car l'erreur qui se propage du processus Pid1 vers le processus Pid2 se propage à son tour, le cas échéant, vers les processus liés à Pid2.

Il existe deux manières de lier des processus entre eux :

- La première consiste à utiliser l'instruction spawn_link/3 en lieu et place de l'instruction spawn/3. Un nouveau processus est créé et une liaison entre les deux processus l'est également.

- La seconde consiste à appeler l'instruction link/1 avec comme paramètre l'identifiant du processus qui doit être lié au processus courant. Un quelconque processus peut être lié à un autre. La liaison entre processus est indépendante de la relation processus créateur/processus engendré.

L'expression suivante :

```
spawn_link(server1, loop, []).
```

est donc sémantiquement équivalente à :

```
Pid = spawn(server1, loop, []),
link(Pid).
```

Il existe cependant une différence :

- La première opération est atomique. Cela signifie que, si l'erreur d'exécution se produit lors de la création du processus, une erreur se propage vers le processus père.

- Dans le second cas, la propagation n'est pas certaine. Cela dépend de l'intervalle de temps entre l'exécution de la fonction spawn/3 et de la fonction link/1.

Les trois exemples suivants illustrent les différents cas qui peuvent se produire lorsqu'une erreur survient dès la création d'un processus. Dans les trois cas, nous appelons la fonction test:test/0 qui n'existe pas. Dans le premier cas, l'erreur d'exécution se propage au processus père (ici la ligne de commande Erlang) :

```
1> spawn_link(test,test,[]).
<0.30.0>
** exited: {undef,[{test,test,[]}]} **
```

Dans le deuxième cas, les fonctions spawn/3 et link/1 sont appelées de façon séquentielle, sur la même ligne de commande. Elles sont exécutées avec un intervalle extrêmement rapproché. L'erreur d'exécution se propage encore correctement.

```
2> Pid = spawn(test,test,[]), link(Pid).
true
** exited: {undef,[{test,test,[]}]} **
```

Dans le dernier cas, la fonction spawn/3 et la fonction link/1 sont appelées dans des commandes saisies les unes après les autres. La console Erlang renvoie une erreur d'exécution de la fonction link/1 car le processus auquel on souhaite lier le processus courant n'existe déjà plus :

```
3> Pid2 = spawn(test,test,[]).
<0.36.0>
4> link(Pid).

=ERROR REPORT==== 18-Sep-2002::19:36:08 ===
Error in process <0.35.0> with exit value:
{noproc,[{erlang,link,[<0.33.0>]},{erl_eval,expr,3},{erl_eval,exprs,4},{shell,eval_loop,2}]}
```

```
** exited: {noproc,[{erlang,link,[<0.33.0>]},
                     {erl_eval,expr,3},
                     {erl_eval,exprs,4},
                     {shell,eval_loop,2}]} **
```

Le sens de propagation des erreurs n'est pas unidirectionnel. Cela signifie qu'entre deux processus liés, la notification se propage du processus dans lequel se produit l'erreur d'exécution vers les processus qui lui sont liés. Le fait qu'un processus soit le père d'un autre lorsqu'on utilise la fonction spawn_link/3 n'a aucun impact sur le sens de propagation des messages (figure 5-3).

Figure 5-3

Une liaison entre processus n'est pas orientée : une erreur peut se propager dans les deux sens

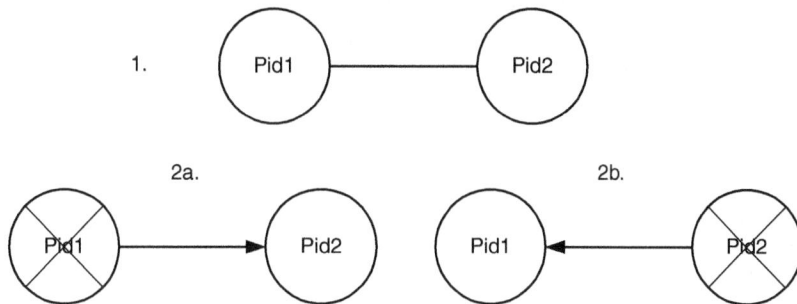

Les processus peuvent être ainsi liés en chaîne pour former le plus souvent un arbre de processus pouvant déboucher sur un graphe. La figure 5-4 illustre un réseau de relations entre processus formant un arbre.

Figure 5-4

Les processus liés peuvent former un réseau de relations complexes (ici un arbre).

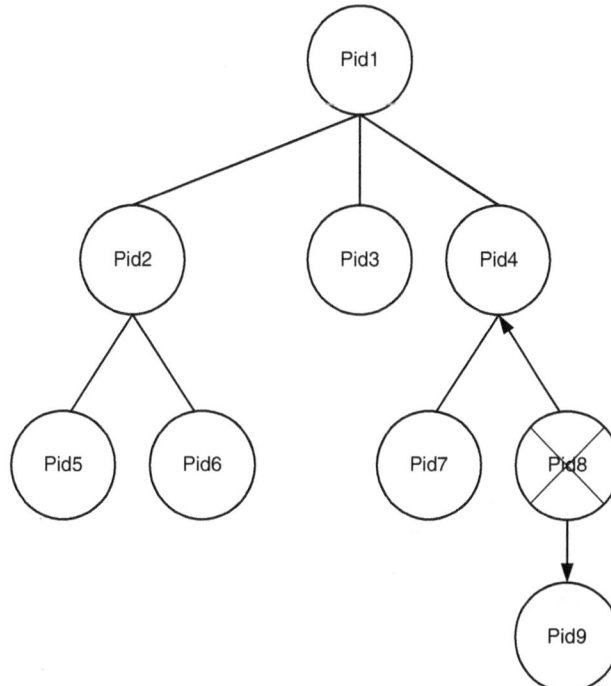

Dans ce type d'organisation arborescente, tous les processus ne sont pas liés entre eux, mais la propagation des erreurs suit un cheminement logique et bien contrôlable par le développeur. Une erreur dans un processus situé en bas de la hiérarchie se propage jusqu'à la racine, tant qu'elle n'est pas interceptée. Une erreur située au milieu de la hiérarchie se propage aussi bien vers le haut, jusqu'à interception, mais également vers le bas. En figure 5-4, le processus Pid8 connaît une erreur d'exécution : l'erreur se propage vers le processus Pid4 comme vers le processus Pid9.

Ce moyen peut permettre d'arrêter un groupe de processus complet en cas d'erreur dans l'un des processus du groupe. Les groupes sont déterminés par l'organisation des branches et au moyen des nœuds devant servir à l'interception des erreurs. La propagation s'arrête sur ces nœuds d'interception. La figure 5-5 présente un scénario de propagation d'une erreur à une partie seulement des processus d'une application.

Figure 5-5

Scénario de propagation des erreurs entre groupes de processus dans l'application.

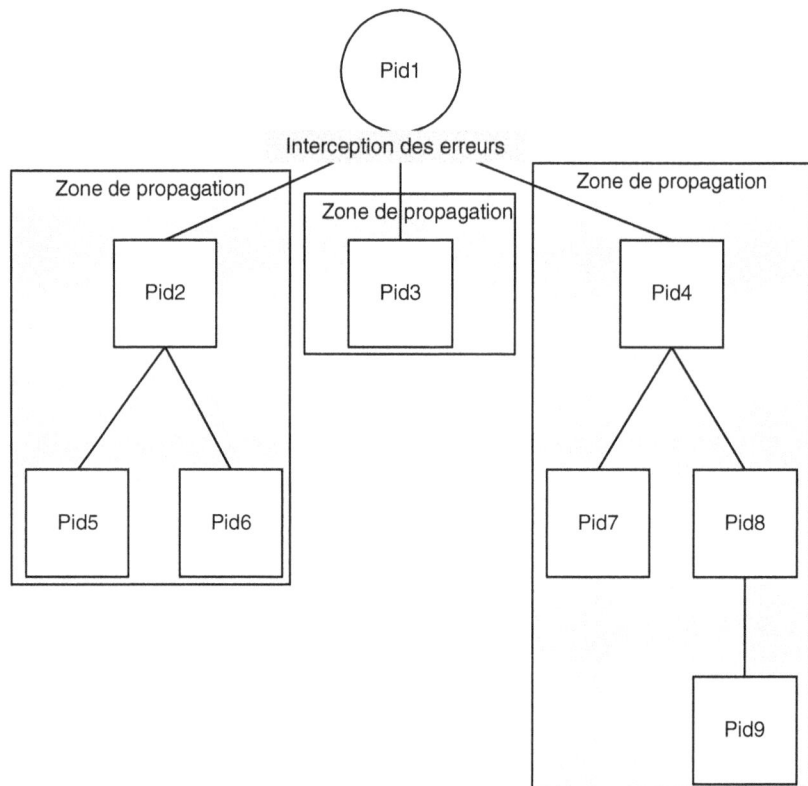

Le processus Pid1 intercepte les erreurs. Il n'est donc pas considéré comme un vecteur de propagation des erreurs. Cette caractéristique de l'organisation de notre application permet à elle seule de déterminer trois zones de propagation des erreurs. Si une erreur d'exécution survient dans l'un des processus d'une des zones alors l'erreur se propage à tous les processus de la zone. En revanche, elle ne se propage pas dans les autres zones, en raison du rôle d'intercepteur joué par le processus Pid1.

Cette organisation permet de regrouper des processus devant travailler en coopération. Les processus nécessaires au fonctionnement d'une fonctionnalité applicative sont ainsi dépendants les uns des autres. Lorsqu'une erreur se produit dans l'un des processus du sous-ensemble fonctionnel de l'application, l'ensemble des processus est arrêté. Nous verrons que cette conception d'une application en processus dépendants est totalement inscrite dans la logique du développement d'application Erlang. Elle permet d'éviter la subsistance dans le système de processus qui n'auraient en réalité plus de raison d'être car incapables de fonctionner sans d'autres processus, qui eux auraient disparu.

Le module propagation illustre les liaisons entre processus, l'organisation de ces liens sous forme d'arbre et la propagation d'une erreur conduisant à l'arrêt de tous les processus de la chaîne.

```
%% Début du module propagation
-module(propagation).
-export([start/1, processus1/1]).

start(NbIteration) ->
    io:format("Processus racine : ~p~n", [self()]),
    processus(NbIteration),
    ok.

%% Cette clause provoque une erreur d'exécution pour mauvaise
%% correspondance de motif: 1 ne peut jamais correspondre à 2.
%% Il s'agit de la clause de sortie d'itération.
processus1(0) ->
    1 = 2;
%% Cette clause est la clause itérative standard.
processus1(NbIteration) ->
    %% Nous pourrions éventuellement afficher le niveau du processus
    %% dans l'arbre. Cela est laissé comme exercice au lecteur.
    io:format("Processus : ~p~n", [self()]),
    timer:sleep(20000),
    processus(NbIteration - 1),
    attend_indefiniment().

%% La fonction chargée de lancer deux processus liés
processus(NbIteration) ->
    spawn_link(?MODULE, processus1, [NbIteration]),
    spawn_link(?MODULE, processus1, [NbIteration]).
```

Pour placer la fonction processus1/1 en attente d'une éventuelle erreur, nous utilisons une astuce consistant à attendre la réception d'un message improbable, constitué d'une référence unique générée pour l'occasion. Dans la pratique, ce message n'arrive jamais. Le processus reste donc sur l'instruction receive, indéfiniment, car aucun dépassement de délai n'est prévu sur notre instruction receive.

```
attend_indefiniment() ->
    Ref = make_ref(),
    receive
       Ref ->
        ok
    end.
%% Fin du module propagation
```

Le programme est lancé à partir de la fonction start/1. Ce processus affiche son identifiant et lance deux autres processus, exécutant la même fonction processus/1. Chacun de ces nouveaux processus affiche son identifiant de processus, attend 20 secondes et lance deux autres processus exécutant également la même fonction processus/1. À chaque étape de la chaîne le paramètre initial est décrémenté. Une hiérarchie de processus est ainsi créée itérativement, jusqu'à ce que la fonction processus/1 soit appelée avec le paramètre 0. Une autre clause est alors exécutée provoquant une erreur dans l'exécution d'une correspondance de motifs. L'erreur se propage dans toute la hiérarchie de processus mettant fin à tous les processus ainsi créés.

L'exécution permet de constater que les processus sont effectivement créés. En lançant la fonction propagation:start(2), trois processus sont d'abord créés. Après 20 secondes, quatre nouveaux processus sont créés dans le système. Six nouveaux processus ont alors été générés dans le système. Après 20 autres secondes, une erreur se produit dans l'exécution des huit nouveaux processus créés.

La console Erlang et la propagation des erreurs

Le message "**exited … **" nous signale que la ligne de commande (plus exactement, le processus baptisé shell_evaluator) a été redémarré. Cela signifie que les erreurs se sont effectivement propagées jusqu'au processus racine : tous nos processus ont disparu et le processus baptisé shell_evaluator a été relancé, et dispose d'un nouvel identifiant de processus. La commande du shell i() permet de le vérifier.

La console Erlang est gérée par un processus qui constitue un vecteur de propagation des erreurs. Une simple erreur de syntaxe peut parfois faire perdre la mise en place d'un environnement complexe. Par exemple, une table ETS peut ainsi être détruite par une erreur en ligne de commande. L'astuce pour éviter cela consiste à créer plusieurs lignes de commande Erlang dans le mode « Job control ». Cette opération est décrite dans le chapitre 7 sur l'environnement de développement Erlang.

Processus superviseurs et processus travailleurs

La liaison de processus constitue le mécanisme central de la séparation du code du programme proprement dit de celui de gestion des erreurs. Les processus dits « superviseurs » se chargent de surveiller l'exécution du traitement de processus « travailleurs ». Le superviseur est informé des erreurs survenant dans le ou les processus travailleurs en se liant à eux. Il se place en quelque sorte à l'écoute des erreurs des différents processus travailleurs auxquels il est lié. Physiquement, les processus superviseurs et les processus travailleurs sont identiques. Ce sont dans les deux cas des processus qui opèrent l'exécution de la fonction servant de support à leur création. Cependant, une spécialisation du traitement des erreurs a lieu. Le code de traitement des erreurs se retrouve concentré dans le ou les processus superviseurs.

La figure 5-6 présente un processus superviseur avec les processus travailleurs auxquels il est lié.

Figure 5-6

La représentation d'un processus « superviseur » et de trois processus « travailleurs ».

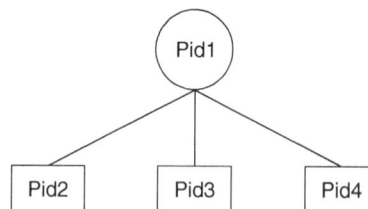

Les processus superviseurs sont représentés par des cercles. Les processus travailleurs le sont au moyen de carrés. Cette convention de représentation est issue de la documentation du langage Erlang. Elle souligne le rôle des processus composant une application Erlang. L'identification des processus travailleurs, puis leur regroupement par processus superviseurs, constituent une étape fondamentale de la conception d'une application Erlang.

La figure 5-6 correspond à un squelette de programme du type :

```
demarre_superviseur() ->
    spawn_link(?MODULE, xmlrpc_connecteur, []),
    spawn_link(?MODULE, soap_connecteur, []),
    spawn_link(?MODULE, moteur_requete, []),
    %% ... Lancer éventuellement d'autres
    superviseurs(). %% Appel de la boucle constituant le processus superviseur
```

Il s'agit du fragment d'un programme capable de traiter des requêtes provenant de deux types de connecteurs (SOAP et XMLRPC). Le superviseur veille à ce que les processus chargés de la transmission des deux types de requêtes et le processus de traitement des requêtes s'exécutent correctement. Ne nous attardons pas cependant sur les traitements eux-mêmes.

Un superviseur n'est pas uniquement lié à des processus travailleurs. Il peut également l'être à un autre superviseur, chargé de contrôler l'exécution du premier, et éventuellement celles d'autres processus travailleurs. Les applications les plus complexes comportent ainsi une organisation hiérarchique de superviseurs et de processus travailleurs. La figure 5-7 représente une application comportant plusieurs superviseurs et plusieurs travailleurs.

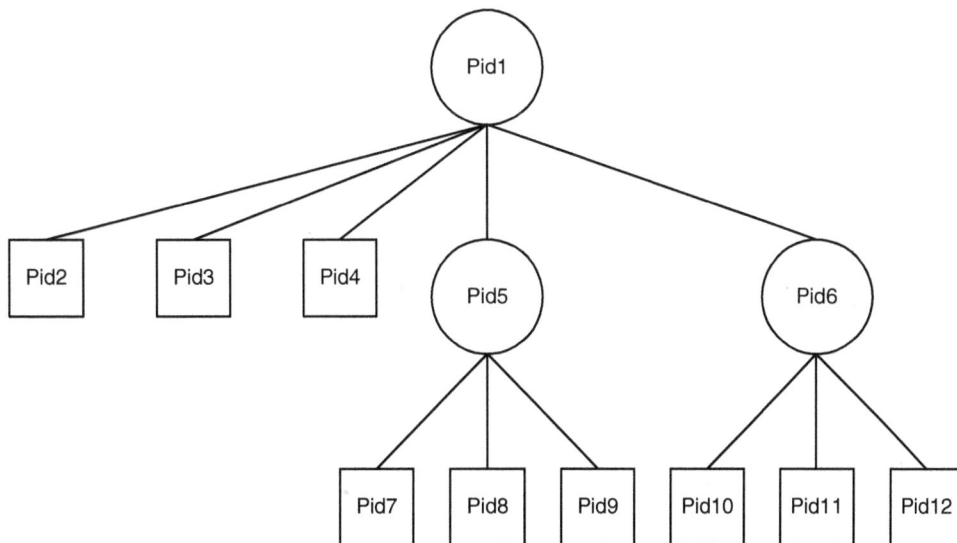

Figure 5-7

Organisation des processus superviseurs et travailleurs dans une application Erlang complexe :
l'« arbre de supervision ».

On parle alors d'« arbre de supervision » pour décrire l'organisation d'une application sous l'angle de la relation superviseurs/supervisés.

Le traitement de la propagation des erreurs

La simple création d'une liaison entre les processus n'est pas suffisante pour constituer à elle seule une relation processus superviseur/ processus travailleur. Il faut dans la plupart des cas développer la logique du superviseur afin qu'il soit capable de réagir aux erreurs des processus liés.

L'arrêt des processus travailleurs

Le comportement par défaut consiste à ne rien faire dans le superviseur lorsqu'une erreur se produit. Une erreur dans un des processus travailleurs conduit alors à mettre fin au superviseur. Il s'agit d'un cas peu sophistiqué qui correspond en fait à une situation dans laquelle le développeur considère que le superviseur doit mettre fin à tous les processus travailleurs dès lors qu'une erreur survient dans l'un d'eux. Le superviseur joue alors le rôle d'une courroie de transmission, de point d'attache regroupant un certain nombre de processus dont l'exécution est considérée comme solidaire par le développeur.

Une illustration du mécanisme est fournie avec le module processus_sup1.

```erlang
-module(processus_sup1).
-export([start/0]).
-export([superviseur/0, erreur_apres/1]).

start() ->
    spawn(?MODULE, superviseur, []).

superviseur() ->
    %% Processus travailleur1
    Pid1 = spawn_link(timer, sleep, [60000]),
    io:format("Lancement du processus 1: ~p~n", [Pid1]),

    %% Processus travailleur2
    Pid2 = spawn_link(timer, sleep, [10000]),
    io:format("Lancement du processus 2: ~p~n", [Pid2]),

    %% Processus travailleur3
    Pid3 = spawn_link(?MODULE,erreur_apres, [30000]),
    io:format("Lancement du processus 3: ~p~n", [Pid3]),

    attend_indefiniment().

%% Génère un erreur après un nombre de millisecondes passées en
%% paramètre
erreur_apres(Duree) ->
    timer:sleep(Duree),
    %% La ligne suivante provoque une erreur d'exécution de type
    %% badmatch
    1 = 2.
```

```
attend_indefiniment() ->
    Ref = make_ref(),
    receive
        Ref ->
             ok
    end.
```

Le processus dit superviseur est lancé à partir de la fonction `superviseur/0`. La fonction `start/0` crée un nouveau processus, non lié à l'évaluateur de la ligne de commande, exécutant le superviseur. Le superviseur crée à son tour trois nouveaux processus :

```
1> processus_sup1:start().
<0.40.0>
Lancement du processus 1: <0.41.0>
Lancement du processus 2: <0.42.0>
Lancement du processus 3: <0.44.0>
```

Les deux premiers processus ne contiennent que des timers. Le second timer dispose d'un temps très court entraînant la fin du processus `Pid2` après seulement dix secondes. La fin normale du processus `Pid2` n'entraîne cependant pas de mécanisme de propagation d'erreur. Les processus du superviseur et des travailleurs 1 et 3 survivent à la fin du processus travailleur 2.

En revanche, l'erreur d'exécution qui se produit dans le processus travailleur 3 après 30 secondes entraîne la fin immédiate du processus superviseur et du processus travailleur 1.

Contrôle de l'exécution des processus travailleurs : changement de la nature du signal `'EXIT'`

Il n'est pas possible de contrôler l'exécution des processus travailleurs avec l'instruction `catch`. Celle-ci ne permet pas de contrôler que les traitements sont exécutés de manière synchrone à l'appel du `catch`. Or, la fonction `spawn/3` lance un traitement de manière asynchrone. Le processus qui utilise la fonction `spawn/3` n'attend pas le résultat de l'exécution du traitement du nouveau processus pour poursuivre son exécution. L'exemple suivant est totalement inefficace en matière d'interception des erreurs se propageant entre processus.

```
1> catch spawn_link(test,test,[]).
<0.38.0>
** exited: {undef,[{test,test,[]}]} **
```

L'exécution de la fonction `spawn/3` se déroule sans problème : le `catch` renvoie donc l'identifiant du nouveau processus créé. C'est seulement après que l'erreur d'exécution se propage jusqu'à la ligne de commande.

Il faut donc mettre en œuvre un nouveau concept Erlang : le changement de nature du signal de fin de processus `'EXIT'`, qui permet de propager une erreur. Seule cette approche permet de rendre le superviseur capable de prendre des décisions lorsqu'une erreur se produit dans un processus travailleur : le superviseur peut être bien plus utile qu'une simple courroie de transmission des erreurs.

Le signal de fin de processus de type `'EXIT'` se propageant d'un processus à l'autre peut être transformé en un message interprocessus Erlang. La façon dont le signal d'erreur est traité peut être configurée processus par processus à l'aide d'un indicateur de processus nommé `trap_exit`. La fonction `process_flag/2` permet de changer la valeur des indicateurs de processus. Par défaut, pour tout nouveau processus, l'indicateur `trap_exit` est positionné sur faux (`false`). Cela signifie que le signal de fin de processus n'est pas converti : si un processus lié provoque une erreur d'exécution, alors le processus courant se termine. En revanche, si l'on positionne l'indicateur `trap_exit` sur `true` à l'aide de la fonction

```
process_flag(trap_exit, true).
```

le signal d'erreur est converti en un message Erlang envoyé au processus courant sous la forme :

```
{'EXIT', Pid, Cause}
```

La cause de la fin de processus peut ainsi être analysée par le processus superviseur, qui peut décider comment réagir. Ce message est reçu aussi bien lorsqu'un processus lié se termine à cause d'une erreur d'exécution que lorsqu'il se termine normalement. Dans ce dernier cas, la cause de la fin du processus est `normal`.

La figure 5-8 illustre le mécanisme du superviseur auquel on applique le mécanisme de capture des signaux de fin de processus sous forme de message.

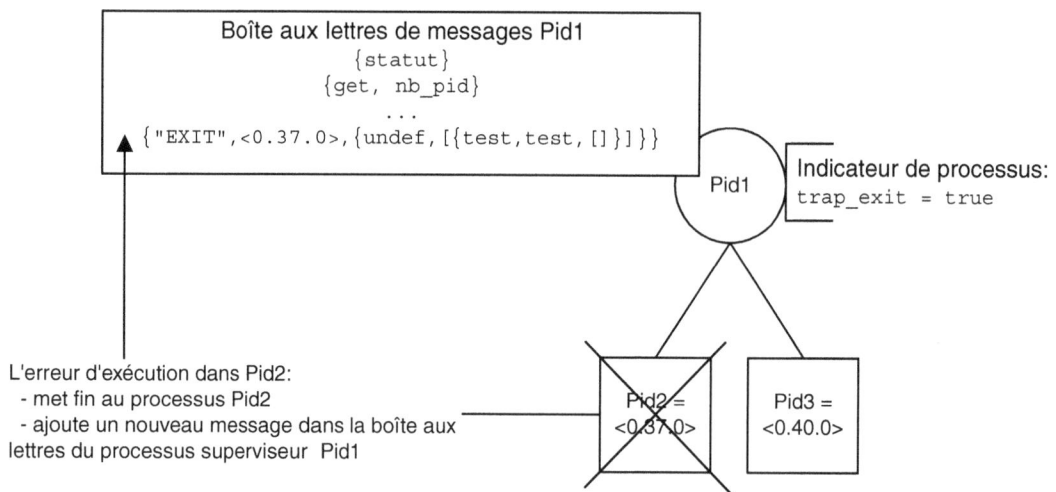

Figure 5-8

Le mécanisme d'interception du signal d'erreur sous forme de message Erlang

Le processus qui reçoit les signaux d'erreur sous forme de message Erlang cesse alors d'être un vecteur automatique des signaux d'erreur. Il peut cependant choisir de la suite à donner et éventuellement se terminer en erreur avec la fonction `exit/1`. Le processus se termine alors et le mécanisme de propagation d'erreur se déroule de manière habituelle : les processus qui reçoivent le signal peuvent le propager ou l'intercepter.

Le code suivant, illustré par le module `serveur_sup`, constitue un exemple de processus serveur Erlang auquel on a associé un superviseur. Le superviseur a pour tâche de redémarrer le processus et de restaurer son état à chaque fois qu'une erreur se produit. La fonction cliente `erreur/0` envoie un message au serveur qui provoque une erreur d'exécution dans le processus.

```erlang
%% Début du module serveur_sup
-module(serveur_sup).
-export([start/0, heure/0, erreur/0, serveur/1, supervisor/0, stop/0]).


-define(nom_serveur, time_server).

%% Lance le serveur
start() ->
    spawn(?MODULE, supervisor, []).

%%  Renvoie l'heure et le nombre de requêtes déjà servies
heure() ->
    %% Envoi la requête au processus serveur
    server_call(?nom_serveur, {time, self()}),

    %% Récupère la réponse du serveur
    receive
        Answer -> Answer
            after 30000 ->
                {timeout}
    end.

%% Le superviseur s'arrête en cas de sortie normale du processus travailleur
stop() ->
    %% Envoi la requête au processus serveur
    server_call(?nom_serveur, {stop}).

%% Cette requête génère une erreur.
erreur() ->
    server_call(?nom_serveur, {erreur}).

%% Gère l'envoi d'un message au serveur nommé
server_call(NomServeur, Message) ->
    %% Recupère l'identifiant de processus du serveur
    PidServer = global:whereis_name(NomServeur),

    %% Envoi la requête au processus serveur, s'il existe
    case PidServer of
        undefined -> error;
        Pid -> Pid ! Message
    end.

%% démarre le superviseur et le processus travailleur supervisé
supervisor() ->
    %% Caractéristique d'un processus superviseur
    process_flag(trap_exit,true),
    %% Lance le serveur en le liant avec le processus superviseur
    Pid = spawn_link(?MODULE, serveur, [0]),
```

```erlang
        global:register_name(?nom_serveur, Pid),
        supervise(Pid).


%% boucle du superviseur
supervise(Pid) ->
    receive
    %% Fin normal
    {'EXIT', Pid, normal} ->
        ok;
    {'EXIT', Pid, Error} ->
        io:format("Erreur dans le serveur. Redémarrage~n [~p]~n",[Error]),
        NewPid = spawn_link(?MODULE, serveur, [0]),
        global:register_name(?nom_serveur, NewPid),
        supervise(NewPid);
    %% Ignore les autres messages
    Other ->
        supervise(Pid)
    end.


%% boucle du serveur
serveur(NombreRequetes) ->
    receive
    {time, Pid} ->
        %% Envoi la réponse au client
        Pid ! {erlang:now(), NombreRequetes},
        %% Boucle serveur
        serveur(NombreRequetes + 1);
    {stop} ->
        %% Arrête le serveur (sortie normale de la boucle)
        ok;
    {erreur} ->
        %% Attention: Génère une erreur d'exécution de type badmatch
        1 = 2;
    %% Il n'y a pas besoin de boucler pour réaliser un serveur tolérant au panne:
    %% La boucle serveur est relancée par le superviseur.
    Autre ->
        %% Ne fait rien lorsqu'un message inconnu est reçu: Boucle
        %% sur le serveur sans incrémenter le nombre de requêtes.
        serveur(NombreRequetes)
    end.
%% Fin du module serveur_sup
```

Malgré les erreurs d'exécution dans le serveur, l'application continue à servir les requêtes des clients. Elle fournit l'heure, telle qu'elle est renvoyée par la fonction erlang:now(), suivie d'un incrément représentant le nombre de requêtes servies :

```
Erlang (BEAM) emulator version 5.1.2 [source] [hipe] [threads:0]

Eshell V5.1.2  (abort with ^G)
1> serveur_sup:start().
<0.30.0>
```

```
2> serveur_sup:heure().
{{1034,612383,654102},0}
3> serveur_sup:heure().
{{1034,612385,420344},1}
```

La fonction `serveur:erreur/0` provoque une erreur dans le serveur. Malgré cela, ce dernier peut continuer à servir des requêtes.

```
4> serveur_sup:erreur().
{erreur}
Erreur dans le serveur. Redémarrage
 [{{badmatch,2},[{serveur_sup,serveur,1}]}]

=ERROR REPORT==== 14-Oct-2002::18:19:56 ===
Error in process <0.31.0> with exit value: {{badmatch,2},[{serveur_sup,serveur,1}]}
5> serveur_sup:heure().
{{1034,612400,702849},0}
```

Selon l'application, il peut être ou pas souhaitable de conserver l'état du serveur. C'est une décision à prendre lors de la conception de l'application, car le redémarrage du processus nécessitera peut-être pour des raisons de cohérence d'utiliser les paramètres initiaux. En revanche, si le serveur propose un état que l'on souhaite conserver, il faut mettre en œuvre un mécanisme pour récupérer le dernier état du serveur. Ce dernier état correspond en réalité au dernier paramètre d'appel de la boucle serveur. Le module `serveur_sup` illustre un cas où l'état du serveur n'est pas récupéré. Le serveur est relancé avec sa valeur de lancement. La valeur stockée dans l'état correspond donc au nombre de requêtes servies depuis le précédent redémarrage.

Nous verrons dans la suite de cet ouvrage comment il convient de gérer les états des processus travailleurs. Il est possible d'utiliser des fonctions de débogage pour les récupérer et relancer les programmes dans l'état précédant l'erreur. Il est également possible d'organiser la persistance des états pertinents des processus d'une application.

Généralisation du concept de superviseur

Le module `monitor` est une amélioration à laquelle nous avons procédé à partir d'un exemple tiré d'une présentation de Lawrie Brown[1] sur les caractéristiques fondamentales du langage Erlang. Il présente une fonction chargée de surveiller l'exécution d'un processus Erlang et de le redémarrer 5 fois de suite lorsqu'il se trouve en erreur.

```
%% monitor - simple application monitor

-module(monitor).
-export([start/3,run/3]).
-define(max,5).

%% spawn of monitor process
start(Module, Function, Args) ->
    spawn(?MODULE,run,[Module, Function, Args]).
```

---

1. *Erlang – An Open Source Language for Robust Distributed Applications*, Lawrie BROWN, présentation lors de la conférence annuelle des utilisateurs australiens d'Unix et des systèmes ouverts (AUUG), 1999.

```
%% start application being monitored with traps being caught
run(Module, Function, Args) ->
    process_flag(trap_exit, true),
    Child = spawn_link(Module,Function,Args),
    monitor(Child, ?max, Module, Function, Args).

%% wait for something to go wrong, log, restart application
monitor(Child, N, Module, Function, Args) ->
    receive
        {'EXIT', Child, normal} when N > 0 ->
            monitor(NewChild,N,Module,Function,Args);
        {'EXIT', Child, Why} when N > 0 ->
            io:format("~p:~p~p died ~p~n", [Module,Function,Args,Why]),
            NewChild = spawn_link(Module,Function,Args),
            monitor(NewChild,N-1,Module,Function,Args);
        {'EXIT', Child, _} ->
            io:format('too many restarts on ~p:~p~p!~n', [Module,Function,Args])
    end.
```

La notion de limite dans le nombre de redémarrage qu'il est possible d'effectuer est importante car, si la cause de l'erreur persiste, le système ne peut arriver à retrouver un état stable. L'arrêt du processus signifie alors qu'une intervention humaine est préférable.

Notes

Il est possible de modifier les indicateurs de processus de quelque processus que ce soit à l'aide de la fonction `erlang:process_flag/3`.

La modification du comportement à l'égard de la propagation des messages d'erreur peut également s'appliquer au processus du shell (`shell_evaluator`).

Le débogage

Il existe deux outils pour le débogage en Erlang. Le premier est le débogueur standard de l'environnement de développement. Le second utilise les fonctionnalités de débogage proposées par l'environnement de développement Erlang Distel.

Utilisation du débogueur standard

La procédure de débogage avec l'outil standard est extrêmement simple. Le débogage d'un module nécessite l'inclusion d'informations de débogage dans le pseudo-code du module. Cette opération est réalisée grâce à l'option de compilation `debug_info`. L'opération s'effectue :

- depuis la ligne de commande avec : `erlc +debug_info processus1`
- depuis la ligne de commande Erlang avec : `c(processus1, [debug_info])`.

L'accès au débogueur graphique est ensuite réalisé grâce à la commande :

```
1> debugger:start()
```

Cette commande donne un accès à l'interface graphique de débogage. L'option de menu *Modules /*
Interpret permet de choisir les modules que l'on souhaite déboguer. Ces modules apparaissent
ensuite dans le menu *Modules*. L'accès en visualisation à ce module permet d'ajouter ou d'enlever
des points d'arrêt par double-clic.

Vous pouvez ensuite lancez l'application que vous souhaitez débogger :

```
2> processus1:start1().
```

L'interface principale vous permet de voir les processus qui sont en attente d'intervention de la
part du développeur (*status* = *break*). Un double-clic sur la ligne concernée permet de prendre le
contrôle du processus de débogage, afin par exemple d'inspecter des variables ou d'avancer pas à
pas dans le programme.

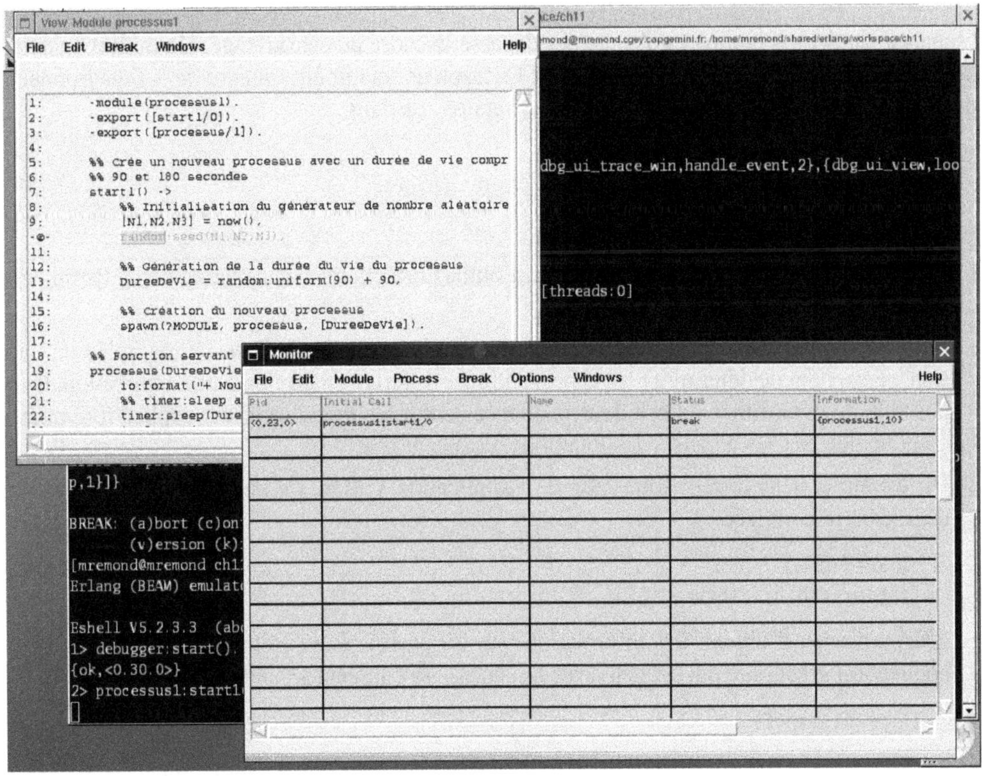

Figure 5-9

L'écran du débogueur graphique Erlang

La fonction erlang:trace/3

Les fonctionnalités de débogage reposent sur la fonction `erlang:trace/3` et ses dérivés. Cette fonction permet
d'accéder directement à certaines fonctionnalités de débogage. Le développeur peut ainsi réaliser ses propres
programmes d'analyse de fonctionnement pour ses applications Erlang.

Le fichier erl_crash.dump

Le fichier `erl_crash.dump` est un fichier généré par la machine virtuelle en cas de plantage bloquant, nécessitant l'arrêt de la machine virtuelle. Avant son arrêt, la machine virtuelle dépose (*dump*) sur le disque dur des informations permettant d'analyser le problème et de retrouver les causes de l'erreur.

Ce fichier est par exemple généré lorsque l'on essaie de démarrer une machine virtuelle avec un nom identique à une autre machine virtuelle lancé sur le même ordinateur. C'est également le cas lorsqu'une erreur se produit lors du processus de démarrage (*boot*) de la machine virtuelle :

```
[mremond@erlang mremond]$ erl -boot fichier_qui_nexiste_pas
{"init terminating in do_boot",{'cannot get bootfile','fichier_qui_nexiste_pas.boot'}}
init terminating in do_boot ()
[mremond@erlang mremond]$ ls -l erl_crash.dump
-rw-r-----   1 mremond  mremond      20333 mar  2 12:38 erl_crash.dump
```

L'analyse du format complet de ce fichier dépasse le cadre de cet ouvrage. Un outil d'analyse de ce fichier est en cours de développement chez Ericsson et devrait être intégré dans l'environnement de développement standard dans une prochaine version d'Erlang.

Style du code et méthodologie de développement

Analyse préventive du code

Erlang offre en standard une grande palette d'outils permettant d'analyser du code. Parmi ces outils on trouve :

- XREF est un outil de génération de références croisées. Il s'agit d'une cartographie de l'application, permettant de déterminer les appels entre les différents modules d'une application. Il est ainsi possible de déterminer l'arbre de dépendances entre les modules d'une application, mais également de détecter les appels à des fonctions n'existant pas.

  Par exemple, dans le répertoire `ebin` de l'application `stdlib`, on ne trouve aucune fonction non définie ou non utilisée :

  ```
  1> xref:d(".").
  [{undefined,[]},{unused,[]}]
  ```

- PMAN permet d'obtenir des informations sur les processus en cours d'exécution. Il s'agit d'une application graphique qui est démarrée à l'aide de la commande suivante :

  ```
  1> pman:start().
  ```

- APPMon permet de visualiser les applications Erlang fonctionnant sur un nœud, l'arbre de supervision, et d'interagir avec les processus. C'est une application graphique qui est lancée par la commande :

  ```
  2> appmon:start().
  ```

  Une version web de cette application existe au sein de l'application `Webtool`

- FPROF permet d'analyser le temps passé pour l'exécution de toutes les fonctions d'un fragment de code donné. Cet outil permet de tracer les problèmes de performance d'une application et aide le développeur à les corriger.

- Cover permet d'étudier l'utilisation du code dans un programme. Il permet de détecter les fragments de code les plus utilisés.

- Par exemple, l'analyse du code du module processus1 indique que 4 lignes de code de processus1:start1/0 ont été exécutées et qu'aucune ne l'a pas été. L'ensemble de la fonction a donc été exécutée :

```
1> cover:start().
{ok,<0.30.0>}
2> cover:compile(processus1).
{ok,processus1}
3> processus1:start1().
…
4> cover:analyse(processus1).
{ok,[{{processus1,start1,0},{4,0}},{{processus1,processus,1},{3,0}}]]}
```

Utilisation des macros pour faciliter la maintenance et le débogage

Le style de développement et en particulier l'application de conventions de programmation facilite le développement et la maintenance ultérieure du code. C'est le cas notamment de l'utilisation des macros.

Les macros permettent de fixer un ensemble de valeurs ou de définir des fonctions utilisées à divers endroits du code. Elles permettent de rendre le code paramétrable. Un changement de la macro avant la compilation permet de modifier des paramètres d'exécution du code. Il peut s'agir de macros permettant de fixer des paramètres particuliers, comme par exemple le nom à enregistrer pour notre processus. La centralisation de cette valeur au sein d'une macro permet de rendre la maintenance du code plus simple en évitant d'avoir à changer une même valeur à plusieurs endroits dans le code. Par exemple :

```
-define(SERVER_NAME, mon_nom_de_serveur).
```

Permet de définir une valeur, qui s'utilise dans le code avec la syntaxe suivante :

```
?SERVER_NAME
```

en lieu et place d'une valeur Erlang.

La macro ?MODULE

La macro ?MODULE est une macro prédéfinie du langage Erlang. Son utilisation permet d'éviter de spécifier « en dur » le nom du module courant.

Le typage du langage et la politique de test

La méthodologie légère eXtreme Programming s'applique très bien au langage Erlang[1].

---

1. Voir à ce propos le rapport sur les effets positifs de l'intégration continue sur l'industrie Suédoise : http://www.sectra.se/spin/dailybuildreport.pdf. Lire également l'*Extreme Programming*, de J.-L. Bénard et al., Eyrolles 2002.

L'absence de typage statique rend le langage particulièrement adapté pour un développement rapide, passant par des cycles d'itération très courts, du maquettage jusqu'au produit final. Cette même caractéristique rend nécessaire, pour de gros projets, l'utilisation d'une méthode de test systématique. La rapidité d'écriture d'un projet Erlang permet de terminer la phase de maquettage rapidement. La qualité du code est assurée par l'écriture de jeux de test exhaustifs.

L'équipe de développement d'Erlang fournit une application de test, baptisé « *test server* ». Elle permet d'automatiser des tâches complexes de test, allant jusqu'à la prise en compte de la distribution du code et des tests. L'outil prépare un rapport de contrôle de l'exécution des tests, et permet ainsi de détecter les modules posant problème et de repérer très tôt dans le processus de développement les potentielles erreurs d'intégration.

Cet outil est disponible sur le site officiel d'Erlang : *http://www.erlang.org/project/test_server/index.html*

Garder la trace des erreurs dans un fichier de log: le module error_logger

Les programmes Erlang sont très souvent des serveurs fonctionnant en tâche de fond. L'utilisation d'un outil permettant de consigner les erreurs dans un fichier est cruciale. L'environnement standard de développement propose un module appelé `error_logger` qui se charge de cette tâche. Toute application (au sens OTP) développée en Erlang est supposée utiliser ce mécanisme pour consigner les erreurs.

La lecture du document suivant sur Internet permet d'aller plus loin dans l'étude des approches de débogage d'une application Erlang : *http://carpanta.dc.fi.udc.es/docs/erlang/dbg.html*

Conclusion

Erlang propose des mécanismes efficaces et originaux pour la gestion des erreurs. Il permet une séparation claire entre le code de gestion des erreurs d'une part, et celui qui implémente la logique applicative d'autre part.

Nous verrons dans la suite de l'ouvrage de quelle façon ce mécanisme de gestion des erreurs est formalisé dans le mécanisme superviseur du framework OTP.

Deuxième partie

Le développement
d'applications Erlang

Erlang/OTP : le framework de développement d'applications

Erlang ne propose pas de système objet, et ce pour différentes raisons, qui ont trait tant à la performance attendue, à sa caractéristique temps réel, qu'à la nécessité de procéder à une organisation concurrente du code. Erlang dispose en outre d'une approche similaire mais plus puissante que l'objet : le processus, lequel constitue l'entité de base d'un développement Erlang. Les mécanismes de réutilisation de code Erlang sont différents de l'approche l'objet qui s'appuie notamment sur l'héritage. En Erlang, la réutilisation se fait par le biais du mécanisme des comportements (*behaviours*). Certains motifs très utiles ont été formalisés dans le modèle de développement baptisé OTP (*Open Telecom Platform*).

Le nom de ce modèle est en fait bien mal choisi car Erlang/OTP constitue un framework complet de développement d'applications robustes et distribuées. Pour accélérer les développements, des comportements standards proposent un code opérationnel, efficace et bien testé pour les éléments récurrents dans les applications Erlang. Le développeur peut donc se contenter des éléments propres à son application, dont le comportement est spécifique, et utiliser le code commun du framework pour les aspects génériques.

Les comportements

Les comportements, nommés *behaviours*, sont des fragments de code qui implémentent les traitements les plus courants en Erlang et supportent de nombreuses fonctionnalités, comme la mise à jour de code, l'intégration dans des arbres de supervision de processus, le packaging au sein d'une application, etc.

Principe de fonctionnement

Pour développer une application Erlang/OTP il faut utiliser le cadre de développement (*framework*). Il suffit d'assembler des fragments de code, chacun d'entre eux s'appuyant sur un comportement particulier.

Par analogie avec le développement objet, on pourrait considérer que les comportements correspondent à des modèles de conception (*design patterns*[1]). Ils constituent une implémentation de certaines parties récurrentes de code correspondant à l'état de l'art.

Les comportements fournis dans le modèle de développement OTP sont classés en deux catégories : les travailleurs et les superviseurs. Les principaux comportements standards proposés sont les suivants :

- `gen_server` : le comportement `gen_server` permet d'implémenter un serveur. Des clients peuvent ainsi accéder à des fonctionnalités centralisées par un serveur. Il s'agit d'un comportement de type « travailleur » permettant de développer rapidement un serveur robuste.

- `gen_fsm` : le comportement `gen_fsm` permet de développer un serveur particulier, dont le fonctionnement est celui d'une machine à états finis.

- `gen_event` : le comportement `gen_event` permet d'implémenter un outil de gestion d'événements et de traitement de ces derniers. Il permet par exemple d'implémenter des outils de suivi d'alarme, de gestion de logs, ou même un bus logiciel chargé de transmettre certains types d'événements à des programmes souhaitant en être notifiés.

- `supervisor` : le comportement `supervisor` permet de créer un processus dédié à la surveillance du bon fonctionnement d'autres processus, qu'ils soient travailleurs ou superviseurs. Il permettent de mettre en place des stratégies de redémarrage de l'application lorsqu'une erreur est remontée au superviseur.

Une application peut être composée d'un grand nombre de comportements différents. On peut se représenter la conception d'une application Erlang/OTP comme un arbre que l'on dessinerait pour organiser une hiérarchie de comportements. Cette hiérarchie peut être conçue pour fonctionner sur des nœuds différents : une application peut donc tourner sur un ensemble de machines.

Le comportement `Application`

Il faut signaler un comportement particulier, qui n'entre dans aucune des catégories citées : il s'agit du comportement `application`. Ce comportement est passif, c'est-à-dire qu'il ne correspond pas à l'implémentation d'un processus. Il propose simplement le packaging de l'ensemble du code d'un programme au sein d'une application. Il permet de décrire la composition de l'application et sa commande de lancement, par exemple.

Un comportement correspond à une ossature de code réutilisable. De façon traditionnelle, un serveur Erlang implémente par exemple une boucle qui constitue le cœur du serveur. Il répond à certains messages reçus par des traitements. Le comportement `gen_server` gère en fait la boucle principale du serveur et toutes les fonctionnalités annexes dont on peut souhaiter doter un serveur. Il gère les réponses

---

1. *Design Patterns – Elements of Reusable Object-Oriented Software*, Erich GAMMA, Richard HELM, Ralph JOHNSON et John VLISSIDES (*The Gang of Four*), Addison Wesley.

aux requêtes des clients aussi bien en mode synchrone qu'asynchrone. Il permet d'implémenter facilement la mise à jour de code. Tous ces services sont pris en charge par le comportement `gen_server`. Il suffit au développeur de décrire la façon dont son serveur doit se comporter, décrire l'interface du serveur (API), et les traitements à effectuer.

Implémentation d'un comportement dans un module

On procède à l'implémentation d'un comportement au sein d'un module Erlang. Un module peut utiliser un ou plusieurs comportements. On déclare l'utilisation d'un comportement dans l'en-tête d'un module, à l'aide de la directive suivante :

```
-behaviour(nom_comportement).
```

Le module qui implémente un comportement doit ensuite implémenter et exporter un certain nombre de fonctions qui seront utilisées par le code du comportement. Ce sont des fonctions *callbacks* dont l'implémentation est le plus souvent obligatoire.

La déclaration `-behaviour/1` indique au compilateur que le module utilise le code de comportement donné. Le compilateur intègre alors le code du comportement. Il vérifie également que les modules nécessaires au fonctionnement du comportement ont bien été implémentés dans le module. Lors de la phase de compilation, il prévient le développeur par un message d'avertissement si certaines fonctions sont manquantes.

L'implémentation dans un module des fonctions « comportementales » doit respecter l'interface du comportement. Les paramètres entrées et les valeurs attendues par le comportement en retour sont bien normés.

L'implémentation d'un module utilisant un comportement présente un dernier aspect : la délégation de certaines fonctionnalités au code du comportement. Le comportement comporte une interface de développement permettant d'encapsuler le fonctionnement du module dans le comportement standard.

Par exemple, le passage de message à un serveur développé grâce au comportement `gen_server` ne s'effectue plus avec les mécanismes habituels du langage Erlang, mais par l'appel de la fonction `gen_server:call`.

Pour maîtriser un comportement, il faut bien comprendre :

- quelles sont les fonctions à implémenter dans le module pour qu'il puisse utiliser le comportement ;
- de quelle manière ces fonctions obligatoires doivent être implémentées, et, notamment, quels paramètres sont acceptés en entrée de la fonction et quel formalisme de retour de cette fonction est utilisé ;
- quelles sont les fonctions du comportement devant être mises en œuvre dans le module qui l'implémente et pour quelles fonctionnalités ?

Mise en œuvre du framework Erlang/OTP

Nous allons nous appuyer sur un cas pratique de développement d'application Erlang/OTP, afin de démontrer les avantages du framework. Notre première application utilise les comportements `gen_server`, `supervisor`, l'ensemble étant organisé au sein d'une `application`.

Nous souhaitons implémenter un serveur qui permette le stockage d'informations en fonction d'une clé d'accès. Plus précisément, nous voulons stocker et accéder à l'information "world!" à partir de la clé d'accès "Hello". Tout autre type d'information pourra également être stocké dans le serveur dès lors que le stockage et l'accès peuvent être gérés par une association de type clé-valeur. Stocker une valeur pour une clé existante revient à remplacer la précédente valeur.

Au stade de la conception de notre application, on se rend compte que l'on a besoin de deux processus : un processus travailleur pour stocker et servir les données, et un processus superviseur pour contrôler l'exécution du processus travailleur.

L'arbre de supervision est représenté en figure 6-1 à l'aide de l'outil Appmon.

Notre serveur développé en Erlang

Avec ce que nous savons déjà du langage Erlang, nous pouvons d'ores et déjà implémenter le serveur, indépendamment du framework Erlang/OTP. Voici le code du serveur tel que nous pourrions l'implémenter, sans utilisation du framework OTP.

```erlang
-module(helloserver).

%% fonctions de gestion du serveur
-export([start/0, stop/0]).

%% fonctions de stockage et récupération des valeurs
-export([store/2, retrieve/1]).

%% La fonction serveur elle-même (boucle).
-export([loop/1]).

%% Le processus du serveur se verra doté d'un nom, enregistré sur
%% le noeud sur lequel tourne le processus.
-define(server, hellosrv).

%% ----------------------------------------
%% Interface du serveur (API)

%% start: Démarrage du serveur.
%% Donne un nom au processus serveur
start() ->
    Etat = [],
    Pid = spawn(?MODULE, loop, [Etat]),
    register(?server, Pid).

%% Stop: arrête le serveur (à partir de son nom)
stop() ->
    ?server ! {stop, self()}.

%% enregistre
```

```erlang
%%   Pid = Identifiant de processus
%%   Cle = chaîne de caractères
%%   Valeur = chaîne de caractères
%% Renvoie: ok
store(Cle, Valeur) ->
    Self = self(),
    ?server ! {store, Self, Cle, Valeur},
    receive
  {helloserver, Self, Cle} ->
      ok
    end.

%% recupere
%%   Pid = Identifiant de processus
%%   Cle = Chaîne de caractères.
%% Renvoie:
%%   {ok, Valeur}
%%     Valeur = Chaîne de caractères
%%   {error, not_found}
retrieve(Cle) ->
    ?server ! {retrieve, self(), Cle},
    Self = self(),
    receive
  {helloserver, Self, Cle, not_found} ->
      {error, not_found};
  {helloserver, Self, Cle, Valeur} ->
       {ok, Valeur}
    end.

%% Implémentation du serveur lui-même
%% La boucle loop "stocke" en paramètre les valeurs à mémoriser
loop(Etat) ->
    receive
  {store, Pid, Cle, Valeur} ->
      NouvelEtat = case lists:keymember(Cle, 1, Etat) of
            %% Crée l'entrée dans la liste
            false -> Etat ++ [{Cle, Valeur}];
            %% Remplace l'entrée existante
            true -> lists:keyreplace(Cle, 1, Etat, {Cle, Valeur})
        end,
      %% Renvoie la réponse:
      Pid ! {helloserver, Pid, Cle},
      %% Et maintient le serveur
      loop(NouvelEtat);
  {retrieve, Pid, Cle} ->
      case lists:keysearch(Cle, 1, Etat) of
            %% La clé n'a pas été trouvée:
            false -> Pid ! {helloserver, Pid, Cle, not_found};
            %% La clé a été trouvée:
            {value, {Cle, Valeur}} -> Pid ! {helloserver, Pid, Cle, Valeur}
        end,
       loop(Etat);
  {stop, Pid} ->
       stopped
    end.
```

Ce serveur s'utilise de la façon suivante. Il faut d'abord démarrer le serveur :

```
1> helloserver:start().
true
```

Il est alors possible de stocker des couples clé-valeur dans notre serveur :

```
2> helloserver:store("Hello", "World!").
ok
```

On peut ensuite récupérer la valeur associée à une clé donnée :

```
3> helloserver:retrieve("Hello").
{ok,"World!"}
```

L'arrêt du serveur entraîne la perte des informations qui y étaient stockées :

```
9> helloserver:stop().
{stop,<0.26.0>}
```

Ce programme n'est qu'une version simplifiée de ce qu'un vrai serveur utilisé en production devrait implémenter : il faudrait ajouter des *timeout* sur les appels de fonction, implémenter la mise à jour du code du serveur, etc. Le comportement `gen_server` prévoit tout cela : il propose un squelette de serveur et nous permet de n'implémenter que la logique applicative de notre serveur.

Le nommage des processus serveur

Il est possible, comme nous venons de le faire, de donner un nom à un serveur, afin de ne pas gérer son identifiant de processus dans les applications clientes.

Cette faculté doit cependant être mise en œuvre avec précaution. Si le fait de nommer un serveur est avantageux lors du développement, en revanche, cela signifie qu'il ne peut exister qu'un seul processus portant ce nom sur le nœud Erlang sur lequel il a été enregistré. Le serveur nommé ne peut donc être lancé qu'une seule fois sur un nœud Erlang.

Le nommage d'un processus Erlang est donc une décision fonctionnelle. Est-ce que cela peut avoir du sens de faire tourner plusieurs instances du même serveur ? Si la réponse est positive, alors vous ne pouvez pas décider de nommer votre serveur. Dans le cas contraire, nommer le serveur peut vous permettre de garantir qu'un seul serveur pourra être lancé sur le nœud concerné.

Par ailleurs, le nommage que nous avons utilisé est local et il ne concerne donc que le nœud Erlang sur lequel tourne le processus. Autrement dit, il est possible de faire tourner un processus nommé localement par nœud Erlang dans un système. On peut également enregistrer de façon globale un nom. Les clients de ce processus pourront communiquer avec le serveur en utilisant son nom, même s'il se trouve sur un autre nœud ou une autre machine. Toutefois, cette décision est dictée directement par l'architecture de notre application.

La version Erlang/OTP de notre serveur

Voici l'implémentation de notre serveur, conformément au framework Erlang/OTP. Pour respecter le framework, plusieurs fonctions doivent être implémentées dans notre module :

• `init/1` : les traitements à effectuer lors du démarrage du serveur, par exemple l'initialisation des données présentes dans le serveur, la lecture d'un fichier de configuration, etc.

- `handle_call/3` : cette fonction contient les traitements à effectuer en fonction des messages reçus par le serveur. Elle contient en général autant de clauses qu'il y a de traitements possibles et de types de messages. Elle s'applique aux appels synchrones au serveur, pour lesquels le client attend une réponse.

- `handle_cast/2` : cette fonction est le pendant de la fonction `handle_call`. Elle s'applique cependant aux requêtes asynchrones faites au serveur, pour lesquelles le client n'attend pas de réponse, ou pas immédiatement.

- `handle_info/2` : cette fonction est relativement technique. Elle s'occupe du traitement des messages non identifiés envoyés au processus, c'est-à-dire autres que les messages envoyés par le biais des fonctions `gen_server:call` et `gen_server:cast`. Elle reçoit aussi un message lorsqu'un *timeout* se produit dans le serveur.

- `terminate/2` : cette fonction permet de décrire les traitements à effectuer lors de l'arrêt du serveur.

- `code_change/3` : cette fonction permet de décrire la conversion des données qu'il faut effectuer lors d'une mise à jour du code du serveur.

L'implémentation de notre serveur, conformément au framework Erlang/OTP, est la suivante :

```
-module(hello_srv).

%% Déclaration d'utilisation du comportement
-behaviour(gen_server).

%% fonctions requises par le comportement gen_server
%% (callbacks).
-export([init/1, handle_call/3, handle_cast/2, handle_info/2, terminate/2, code_change/3]).

%% fonctions de contrôle du serveur
-export([start/0, start_link/0, stop/0]).

%% fonctions de stockage et récupération des valeurs
-export([store/2, retrieve/1]).

%% La boucle du serveur lui-même n'existe plus car son code est
%% présent dans le gen_server.

%% Macro définissant le nom du serveur
%% Définir ce nom à l'aide d'une macro permet d'en changer très
%% facilement.
-define(server, hellosrv).

%% Nous pouvons optionnellement définir un record pour gérer l'état du
%% serveur.

%% ----------------------------------------
%% Interface du serveur (API)
%% Implémentation des fonctions clientes.

%% start: Démarrage du serveur.
```

```
%% Le premier paramètre permet de nommer le serveur sur le noeud local
%% et d'utiliser ce nom pour toutes les communications avec le
%% processus du serveur
start() ->
    gen_server:start({local, ?server}, ?MODULE, [], []).

%% La fonction start_link n'est pas obligatoire. Elle permet
%% simplement par la suite d'intégrer notre serveur dans une
%% application OTP complète.
%% Elle est le pendant de la fonction start.
start_link() ->
    gen_server:start_link({local, ?server}, ?MODULE, [], []).

%% Stop: arrête le serveur
%% On utilise le nom du serveur
stop() ->
    gen_server:call(?server, stop, 10000).

%% Les fonctionnalités du serveur = son API.

%% enregistre
%%   Pid = Identifiant de processus
%%   Cle = chaîne de caractères
%%   Valeur = chaîne de caractères
store(Cle, Valeur) ->
    %% Le passage de la référence de processus du client n'est plus nécessaire.
    %% Tout cela est géré par le comportement gen_server.
    gen_server:call(?server, {store, Cle, Valeur}, 10000).
    %% La récupération de la réponse est également gérée par le gen_server.

%% recupere
%%   Pid = Identifiant de processus
%%   Cle = Chaîne de caractères.
retrieve(Cle) ->
    gen_server:call(?server, {retrieve, Cle}, 10000).

%% Les fonctions nécessaires au comportement gen_server
%% Il s'agit de l'implémentation du serveur lui-même

init(_Args) ->
    %% Le démarrage s'effectue correctement;
    %% L'état initial du serveur est vide.
    {ok, []}.

%% Implémentation des traitements correspondant aux messages reçus par
%% le serveur.
%%   -*- store -*-
handle_call({store, Cle, Valeur}, _From, State) ->
    NewState = case lists:keymember(Cle, 1, State) of
        %% Crée l'entrée dans la liste
        false -> State ++ [{Cle, Valeur}];
```

```
        %% Remplace l'entrée existante

        true -> lists:keyreplace(Cle, 1, State, {Cle, Valeur})

    end,
    %% La réponse doit répondre à un formalisme particulier.
    %% Ici, le traitement s'est bien déroulé et l'état du serveur est
    %% mis à jour.
    {reply, ok, NewState};
%%  -*- retrieve -*-
handle_call({retrieve, Cle}, _From, State) ->
    case lists:keysearch(Cle, 1, State) of
        %% La clé n'a pas été trouvée:
        false -> {reply, {error, not_found}, State};
        %% La clé a été trouvée:
        {value, {Cle, Valeur}} -> {reply, {ok, Valeur}, State}
    end;
%%  -*- stop -*-
handle_call(stop, _From, State) ->
    {stop, normal, ok, State}.

%% Aucun traitement asynchrone n'est prévu: le traitement ne fait rien.
handle_cast(Request, State) ->
    {noreply, State}.
```

De la même manière, nous implémentons handle_info/2 parce que c'est une des fonctions requises par le comportement gen_server. Aucun traitement n'est cependant prévu en cas de demande d'information.

```
handle_info(Request, State) ->
    {noreply, State}.
```

Nous implémentons ensuite la fonction terminate/2. Elle sert à définir les traitements qu'il faut effectuer lors de l'arrêt du serveur.

On peut par exemple en profiter pour sauvegarder l'état du serveur pour débogage ou bien prévenir l'administrateur du système par mail.

```
terminate(Reason, State) ->
    ok.
```

Aucun traitement de mise à jour des données (« état du serveur ») n'est à ce stade prévu. L'état du serveur est repris tel quel. Nous pouvons considérer pour le moment qu'une mise à jour de code ne modifie pas la manière dont le serveur gère ses données en interne : l'état du serveur peut donc être conservé sans conversion.

```
code_change(OldVsn, State, Extra) ->
    State.
```

Notre serveur s'utilise comme suit :

```
1> hello_srv:start().
{ok,<0.34.0>}
```

Il est dès lors possible de stocker des informations dans le serveur :

```
2> hello_srv:store("Hello", "World!").
ok
```

Les valeurs stockées peuvent être ensuite récupérées :

```
3> hello_srv:retrieve("Hello").
{ok,"World!"}
```

Ici encore, l'arrêt du serveur conduit à la perte des données stockées dans le serveur.

```
4> hello_srv:stop().
ok
```

Que se passe-t-il si une des fonctions requises (callbacks) n'est pas implémentée ?

Lorsqu'on compile un comportement pour lequel des fonctions requises sont manquantes, le compilateur prévient le développeur par un message d'avertissement (*warning*). Il est possible de passer outre sous certaines conditions. La fonction de changement de code n'est que rarement utilisée. Même si cela n'est pas recommandé, le fait de ne pas l'implémenter n'empêche pas le serveur de fonctionner presque normalement.

En revanche, l'absence des autres fonctions peut provoquer des erreurs en cours d'exécution de notre serveur. Si nous omettons d'implémenter les traitements (handle_call), le serveur peut démarrer :

```
1> hello_srv:start().
{ok,<0.34.0>}
```

L'exécution d'une fonction cliente entraîne cependant un arrêt du serveur :

```
2> hello_srv:store("Hello", "World!").

=ERROR REPORT==== 15-Aug-2002::18:45:36 ===
** Generic server hellosrv terminating
** Last message in was {store,"Hello","World!"}
** When Server state == []
** Reason for termination ==
** {undef,[{hello_srv,handle_call,
                      [{store,"Hello","World!"},{<0.23.0>,#Ref<0.0.0.231>},[]]},
          {gen_server,handle_msg,6},
          {proc_lib,init_p,5}]}
** exited: {{undef,[{hello_srv,handle_call,
                               [{store,"Hello","World!"},
                                {<0.23.0>,#Ref<0.0.0.231>},
                                []]},
                    {gen_server,handle_msg,6},
                    {proc_lib,init_p,5}]},
           {gen_server,call,[hellosrv,{store,"Hello","World!"},10000]}} **
```

L'erreur relevant du comportement est relativement explicite : la fonction handle_call/3 n'est pas définie (*undef*).

L'implémentation de notre serveur à l'aide du framework Erlang/OTP est plus rapide et plus claire. Elle comporte des fonctionnalités supplémentaires que nous n'avions pas pris la peine de développer dans notre simple serveur Erlang. Ces bénéfices peuvent en soi justifier l'utilisation du framework Erlang/OTP.

L'utilisation du framework Erlang/OTP prend cependant toute sa dimension dès lors que notre serveur est géré par un superviseur et qu'il s'intègre dans une *application Erlang*.

Le superviseur

Le superviseur est un processus qui a pour rôle de gérer les erreurs pouvant survenir dans les processus « travailleurs » et d'essayer de maintenir l'application en fonctionnement malgré ces erreurs.

Le principe du superviseur découle directement de la philosophie de gestion des erreurs du langage Erlang. C'est une application directe de la séparation du code de gestion des erreurs du code applicatif proprement dit.

Les applications complexes peuvent contenir plusieurs superviseurs définissant des stratégies de contrôles et de traitement des anomalies différentes. L'ensemble des processus est alors organisé comme un arbre de supervision.

Notre application est simple. Elle ne comporte donc qu'un seul superviseur.

Comme pour le comportement `gen_server`, le comportement `supervisor` nécessite l'implémentation de fonctions requises pour le bon fonctionnement du module. La logique applicative d'un superviseur est entièrement prise en charge par le comportement supervisor lui-même. Seule la fonction `init/1` est requise. Elle sert à paramétrer le comportement. Nous verrons en détail dans le prochain chapitre quels en sont les différents paramétrages possibles.

Voici le code de notre module `hello_sup` :

```erlang
-module(hello_sup).

-behaviour(supervisor).

%% Les fonctions requises par le comportement supervisor:
-export([init/1]).

%% Les fonctions de contrôle du superviseur
%% Seule la fonction start_link va être implémentée car un superviseur
%% est toujours démarré en informant les processus pères de son arrêt.
-export([start_link/0]).

%% La fonction de paramétrage du comportement supervisor
init(_Args) ->
    %% Le cas échéant, il est possible d'effectuer des traitements au
    %% démarrage du serveur. C'est par exemple utile lorsqu'on
    %% souhaite lire le paramétrage du superviseur dans un fichier de
    %% configuration utilisateur.

    %% Le paramétrage se fait dans le formalisme du retour de la fonction:
    %% {ok, {{RestartStrategy, MaxR, MaxT}, [Child1Spec, Child2Spec, ...]}}

    %% Puisque nous n'avons qu'un seul processus supervisé, nous
```

```
%% pouvons choisir la stratégie de redémarrage la plus simple:
%% Seuls les processus qui sont en erreur sont redémarrés.
RestartStrategy = one_for_one,

%% La gestion des erreurs considérée comme irrémédiable intervient
%% avec deux paramètres: MaxR et MaxT. Cela s'interprète de la
%% manière suivante: si MaxR redémarrages surviennent durant un
%% intervalle de temps de MaxT secondes, alors le superviseur
%% arrête tous ses processus fils avant de s'arrêter
%% lui-même. Cela peut déclencher d'autres actions, si notre
%% superviseur est lui-même surveillé par d'autres processus
%% superviseur
MaxR = 3,
MaxT = 60,

%% Chaque processus supervisé est décrit comme suit:
%% {ChildName, MFA, Restart, Shutdown, Type, Modules}
%% Le nom du fils est donné arbitrairement pour décrire le rôle du
%% processus.

%% Le tuple {Module, Fonction, Argument} sert à décrire la manière
%% dont est lancé un processus donné.

%% Le paramètre restart permet de dire si un processus doit être
%% redémarré ou s'il se termine normalement. Les processus de
%% type permanent sont toujours redémarrés si les conditions de
%% fréquence de redémarrage sont présentes.

%% Le paramètre shutdown permet de définir le temps à attendre
%% pour permettre à un processus de se terminer avant de le
%% rédemarrer. S'il ne s'est pas arrêté normalement une fois le
%% temps écoulé (en milliseconde), il est alors arrêté
%% brutalement.

%% Le type permet de dire au superviseur si le processus décrit
%% est un autre superviseur ou un processus travailleur.

%% Le paramètre Modules regroupe la liste des modules entrant
%% dans la composition du code du processus fils.
%% Cette information est utilisée pour la mise à jour du code.
Child1Spec = {hellosrv, {hello_srv, start_link, []}, permanent, 10000,
worker, [hello_srv]},

%% Finalement la réponse complète est composée dans le retour de la
%% fonction init/1
{ok,{{RestartStrategy, MaxR, MaxT},
[
Child1Spec
]}}.

%% fonctions de démarrage du superviseur
```

```
start_link() ->
    %% Il existe une fonction supervisor:start_link/3 permettant de
    %% donner un nom au superviseur, mais il est rarement utile de
    %% nommer un processus superviseur (ce n'est le cas que si l'on
    %% veut contrôler précisément l'arrêt ou le démarrage de ses
    %% processus fils).
    supervisor:start_link(?MODULE, []).
```

Bien que le module superviseur ne prenne tout son sens que lorsqu'il est intégré dans une application, il est possible de le mettre en œuvre indépendamment du développement d'une application. Nous pouvons ainsi vérifier que le superviseur lance correctement notre serveur :

```
1> {ok, SupRef} = hello_sup:start_link().
{ok,<0.34.0>}
```

Le superviseur s'est lancé correctement. Il doit normalement avoir correctement lancé notre serveur. Vérifions que le serveur est bien lancé en essayant d'y stocker une valeur :

```
2> hello_srv:store("Hello", "World!").
ok
```

L'opération semble avoir bien fonctionné, ce que nous confirme la fonction de requête sur le serveur :

```
3> hello_srv:retrieve("Hello").
{ok,"World!"}
```

Aucune fonction d'arrêt du superviseur n'a cependant été implémentée. Les fonctions d'arrêt et de démarrage sont en général gérées par le comportement application. En revanche, à partir de la référence d'un superviseur, nous pouvons contrôler l'arrêt et le démarrage de ses processus fils. Tout d'abord, la commande suivante permet d'obtenir la liste des processus fils :

```
4> supervisor:which_children(SupRef).
[{hellosrv,<0.35.0>,worker,[hello_srv]}]
```

L'identifiant de processus en deuxième position du tuple nous rappelle que le processus est actuellement en cours d'exécution. Nous pouvons décider de stopper ce fils du superviseur à partir du nom référencé par le superviseur : hellosrv.

```
5> supervisor:terminate_child(SupRef, hellosrv).
ok
```

Le processus fils est alors arrêté :

```
6> supervisor:which_children(SupRef).
[{hellosrv,undefined,worker,[hello_srv]}]
```

Toute tentative d'interaction avec le serveur nous renverrait une erreur.

Le processus contrôlé par le superviseur n'a toutefois pas été effacé. Il peut être redémarré :

```
7> supervisor:restart_child(SupRef, hellosrv).
{ok,<0.39.0>}
8> supervisor:which_children(SupRef).
[{hellosrv,<0.39.0>,worker,[hello_srv]}]
```

Les données sont cependant perdues :

```
9> hello_srv:retrieve("Hello").
{error,not_found}
```

Tester l'efficacité de notre superviseur

Notre superviseur est capable de gérer l'arrêt et le démarrage de son processus fils lorsque nous le lui demandons. Il reste cependant à prouver l'efficacité de notre superviseur en cas de problème survenant sur le serveur. Cela peut être par exemple l'impossibilité d'écrire dans un fichier parce que le disque est plein ou la réception de données erronées que le serveur n'est pas capable de traiter correctement.

Nous allons donc introduire volontairement un bogue dans notre programme. Pour ce faire, plaçons-nous à l'étape de la récupération des valeurs : si la clé pour laquelle nous souhaitons récupérer une valeur n'existe pas, nous provoquons une erreur de clause manquante dans un test de valeur (*case clause*). Nous commentons pour cela une ligne dans notre code, dans la définition de la fonction handle_call/3 du module hello_srv :

```
handle_call({retrieve, Cle}, _From, State) ->
    case lists:keysearch(Cle, 1, State) of
            %% Nous introduisons un bogue ici en commentant la ligne
            %% Lorsque nous cherchons une clé qui n'existe pas, nous obtenons
            %% une erreur de type 'case clause' :
            %false -> {reply, {error, not_found}, State};
            %% La clé a été trouvée:
            {value, {Cle, Valeur}} -> {reply, {ok, Valeur}, State}
    end;
```

Lorsque nous utilisons le serveur tel quel, il bloque désormais si nous demandons une valeur qui n'existe pas :

```
1> hello_srv:start().
{ok,<0.34.0>}
2> hello_srv:retrieve("Hello").

=ERROR REPORT==== 16-Aug-2002::19:15:25 ===
** Generic server hellosrv terminating
** Last message in was {retrieve,"Hello"}
** When Server state == []
** Reason for termination ==
** {{case_clause,false},
    [{hello_srv,handle_call,3},{gen_server,handle_msg,6},{proc_lib,init_p,5}]]}
** exited: {{{case_clause,false},
             [{hello_srv,handle_call,3},
              {gen_server,handle_msg,6},
              {proc_lib,init_p,5}]},
            {gen_server,call,[hellosrv,{retrieve,"Hello"},10000]}} **
```

Si nous essayons ensuite d'ajouter la valeur *a posteriori*, le processus du serveur n'existe plus.

```
3> hello_srv:store("Hello","World!").
** exited: {noproc,{gen_server,call,[hellosrv,{store,"Hello","World!"},10000]}} **
```

Le serveur est par conséquent indisponible.

Nous allons maintenant lancer le serveur par le biais du superviseur. Notre superviseur prend alors sous sa responsabilité le contrôle du déroulement de l'application :

```
Erlang (BEAM) emulator version 5.1.2 [source]

Eshell V5.1.2  (abort with ^G)
1> hello_sup:start_link().
{ok,<0.30.0>}
```

Nous allons ensuite créer une nouvelle console pour éviter que notre console mette fin à tous les serveurs, y compris à notre superviseur lorsque survient une erreur :

```
2>
User switch command
 --> s
 --> j
   1  {}
   2  {shell,start,[]}
   3* {shell,start,[]}
 --> c 3
Eshell V5.1.2  (abort with ^G)
1>
```

> Voir le chapitre 5 consacré à la gestion des erreurs pour plus d'informations sur le phénomène de propagation des signaux.

Dans cette nouvelle console, nous pouvons essayer de récupérer une clé qui n'existe pas dans le système. Le serveur est arrêté par l'erreur de clause manquante que nous avons introduite dans le code du serveur `hello_srv` :

```
1> hello_srv:retrieve("Hello").

=ERROR REPORT==== 17-Aug-2002::17:59:18 ===
** Generic server hellosrv terminating
** Last message in was {retrieve,"Hello"}
** When Server state == []
** Reason for termination ==
** {{case_clause,false},
   [{hello_srv,handle_call,3},{gen_server,handle_msg,6},{proc_lib,init_p,5}]}
** exited: {{{case_clause,false},
            [{hello_srv,handle_call,3},
             {gen_server,handle_msg,6},
             {proc_lib,init_p,5}]},
           {gen_server,call,[hellosrv,{retrieve,"Hello"},10000]}} **
```

Le serveur a cependant été redémarré par notre superviseur. Nous pouvons directement ajouter le couple clé-valeur manquant :

```
2> hello_srv:store("Hello", "World!").
ok
```

La récupération de la valeur fonctionne désormais :

```
3> hello_srv:retrieve("Hello").
{ok,"World!"}
```

La gestion de l'état du serveur

L'état du serveur est cependant perdu d'un redémarrage à l'autre. Aucun mécanisme n'a été implémenté dans notre application pour maintenir l'état du système d'un redémarrage à l'autre. Une application tolérante aux pannes assurerait cependant le maintien de ces valeurs entre les redémarrages de l'application.

Par exemple, il est possible d'utiliser des tables DETS pour gérer la persistance des données, ou bien de confier une copie de l'information en mémoire à un autre processus serveur dont le rôle va uniquement consister à conserver les informations en mémoire.

Le superviseur permet de maintenir le serveur en activité bien qu'une erreur se soit produite dans l'application. Le rôle dévolu aux développeurs et aux administrateurs du système est de surveiller l'historique de fonctionnement de l'application, les logs, afin de corriger les bogues qui peuvent se produire. Erlang propose les mécanismes adéquats pour effectuer la mise à jour du code à chaud sans interrompre le fonctionnement de l'application. Si le bogue est intermittent et survient peu souvent, le mécanisme permet cependant de garantir une haute disponibilité du système.

Le packaging de l'application

Une application est un ensemble hétérogène d'éléments destinés à servir de glu entre les différents modules de l'application et à doter toutes les applications d'un emballage et d'un fonctionnement similaire. À ce titre, l'application :

- propose une façon standard de démarrer et d'arrêter l'application ;
- permet de la même manière de définir des fichiers de configuration pour l'application ;
- autorise de décrire les dépendances entre applications, une application pouvant en effet être un sous-composant d'un système plus vaste ;
- permet de décrire la stratégie de mise en grappe de l'application (*cluster*) : on peut avec le packaging, au sein d'une application, définir par exemple la stratégie de migration du code d'une application en cas de défaillance d'un nœud dans le système. Cette approche permet de définir des clusters de haute disponibilité.

Une application est essentiellement décrite par un fichier de ressources et éventuellement par un module. Erlang permet de définir son lancement et son arrêt, le cas échéant par un fichier de configuration.

Notre application étant extrêmement simple, nous nous contenterons pour le moment d'utiliser le mécanisme de l'application pour le packaging. Nous n'avons pas besoin de fichier de configuration et, à ce stade, nous n'avons pas besoin de définir de stratégie de haute disponibilité.

Le fichier de ressources est baptisé du nom de l'application auquel on ajoute l'extension .app. Il regroupe plusieurs types d'information permettant de la décrire :

- Description et version de l'application : cette information est surtout importante pour l'administrateur du système. Il peut ainsi connaître les applications qui fonctionnent sur un système donné.

- Liste des processus nommés. Cette information permet de détecter les éventuels conflits pouvant survenir dans les noms de processus d'une application à l'autre dans la composition d'un système donné.

- Les modules qui entrent dans la composition de l'application, le cas échéant avec leur version.

- Les applications dont dépend l'application décrite. La dépendance porte en général au moins sur les applications kernel et stdlib, livrées en standard dans l'environnement Erlang.

- Les noms des paramètres utilisés pour la configuration de l'application.

- La façon de démarrer et d'arrêter l'application. Il s'agit en général des fonctions start/2 et stop/ 1 du module Erlang implémentant le comportement application.

- Des informations plus techniques, comme la description des phases de démarrage de l'application, sont également prises en compte.

Le fichier ressources d'une application contient en fait un tuple Erlang.

Voici le fichier ressources helloworld.app de notre application. Il est relativement minimaliste compte tenu de la simplicité de notre système :

```
{application, helloworld,
  [{description, "La première application Erlang/OTP"},
   {vsn,         "1.0"},
   {modules,     [hello_srv, hello_sup, hello_app]},
   {registered,  [hellosrv]},
   {applications, [kernel, stdlib, sasl]},
   {mod,         {hello_app, []}}]}.
```

Avant de pouvoir utiliser l'application, il faut également développer le module qui supporte le comportement application. Les fonctions requises sont les suivantes :

- start/2 : permet de définir les traitements à effectuer lors du lancement de l'application, ainsi que les superviseurs à démarrer.

- stop/1 : permet de définir les traitements à effectuer pour arrêter une application.

D'autres fonctions peuvent être implémentées de façon optionnelle pour traiter des cas particuliers.

Notre module hello_app.erl implémentant le comportement application se présente donc comme suit :

```
-module(hello_app).

-behaviour(application).

%% Les fonctions de contrôle de l'application
-export([start/2, stop/1]).

start(_StartType, _StartArgs) ->
    hello_sup:start_link().

stop(_State) ->
    _State.
```

Dans notre exemple, les fonctions de démarrage et d'arrêt de l'application sont minimalistes. Elles se contentent de démarrer/arrêter le superviseur principal (et, dans notre cas, unique superviseur).

L'application peut ensuite être utilisée comme suit depuis la ligne de commande Erlang :

```
1> application:start(helloworld).
ok
2> hello_srv:store("Hello","World!").
ok
3> hello_srv:retrieve("Hello").
{ok,"World!"}
```

Il est également possible de lancer l'application grâce à un fichier de démarrage de la machine virtuelle (extension .boot). Ce fichier permet de lancer les applications nécessaires au fonctionnement de notre application, et uniquement celles-ci.

```
erl -boot helloworld
```

Cette commande requiert que l'on génère un fichier helloworld.boot dans le répertoire ebin, dont la création est expliquée plus bas dans ce chapitre dans la section consacrée à la distribution de l'application.

Visualiser l'arbre des processus

L'application Erlang Appmon permet de visualiser l'arbre des processus d'une application. Il est possible d'en prendre le contrôle, d'envoyer des messages directement à certains processus. C'est un outil d'administration de l'application très utile, en particulier pour les applications en production.

On lance l'application Appmon au moyen de la commande :

```
1> appmon:start().
```

Appmon permet de visualiser les applications fonctionnant sur un nœud Erlang (dans notre exemple, kernel et helloworld) ainsi que l'arbre de supervision d'une application donnée. Les informations proposées par Appmon sont présentées en figure 6-1.

Figure 6-1

Applications fonctionnant sur un nœud Erlang et arbre de supervision de l'application Helloworld.

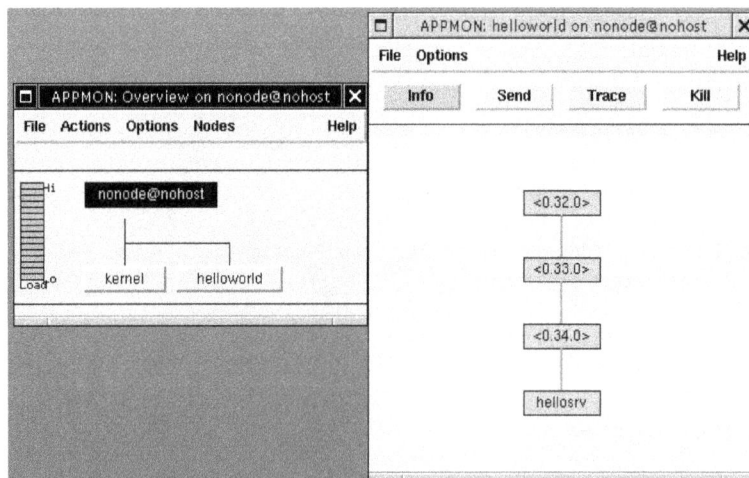

Appmon permet de déclencher diverses opérations d'administration d'un nœud Erlang, comme celles qui consistent à garder la trace ou à envoyer un message à un processus, ou à mettre fin à ce processus.

La distribution de l'application

Erlang propose les outils qui permettent de packager et de distribuer une application. Nous allons mettre en œuvre ces outils pour assurer la diffusion et le déploiement de notre propre application.

La création de l'archive de distribution de l'application

Le fichier de configuration permet de configurer l'ensemble des paramètres du système. Notre application ne peut pas être configurée, mais certaines applications système le sont. Avec le fichier sys.config il est possible de configurer l'ensemble des variables pour notre application. Aucune variable n'est spécifique à notre application. Notre fichier sys.config configure les variables pour d'autres applications Erlang dont dépend la nôtre. Dans notre exemple, il s'agit pour l'essentiel de paramétrer les informations relatives au comportement du système de log.

```
[{kernel, [{error_logger, false},
           {start_ddll, true},
           {start_disk_log, false},
           {start_os, true},
           {start_pg2, true},
           {start_timer, true}]},
 {sasl, [{sasl_error_logger, false},
         {error_logger_mf_maxbytes, 512000},
         {error_logger_mf_maxfiles, 5}]}].
```

La distribution de l'application nécessite que l'on définisse un fichier de publication, baptisé du nom de l'application avant l'extension « .rel ». Le fichier helloworld.rel contient les informations suivantes :

```
{release, {"helloworld","1.0"}, {erts, "5.2"},
 [{helloworld, "1.0"},
   {kernel, "2.8.0"},
   {stdlib, "1.11.0"},
   {sasl, "1.9.4"}]]}.
```

> **Mise à jour du fichier** .rel
>
> Pour qu'il fonctionne sur votre système, il peut être nécessaire de modifier ce fichier afin qu'il repose sur les versions des bibliothèques réellement présentes sur la machine cible. Il doit notamment être mis à jour pour fonctionner sur une version différente d'Erlang/OTP, autre que la version R9B-0 utilisée pour mettre au point l'application.

Les fichiers de notre application sont organisés comme suit :

```
helloworld/
    EMakefile
    src/
        hello_srv.erl
        hello_sup.erl
        hello_app.erl
```

```
ebin/
   helloworld.app
   helloworld.rel
   sys.config
inc/
```

Les fichiers `.beam`, produits de la compilation de notre application, sont stockés dans le répertoire `ebin`.

Il est ensuite possible de créer les fichiers de démarrage de notre application, nommés fichiers de boot, à l'aide des fonctions fournies dans le module `systools`. Ces commandes doivent être lancées à partir du répertoire `ebin` dans l'arborescence de notre application :

```
1> systools:make_script("helloworld").
*WARNING* helloworld: Source code not found: hello_srv.erl
*WARNING* helloworld: Source code not found: hello_sup.erl
*WARNING* helloworld: Source code not found: hello_app.erl
ok
```

Le fichier de boot peut être utilisé pour lancer l'application directement depuis le répertoire `ebin` :

```
erl -boot helloworld
```

La fonction suivante permet de packager notre application dans une archive pour sa distribution :

```
2> systools:make_tar("helloworld").
*WARNING* helloworld: Source code not found: hello_srv.erl
*WARNING* helloworld: Source code not found: hello_sup.erl
*WARNING* helloworld: Source code not found: hello_app.erl
ok
```

Les avertissements (*WARNING*) peuvent être ignorés dès lors que vous ne souhaitez pas inclure les sources dans votre archive binaire. Il est déconseillé de placer les sources d'un système sur une machine de production. Il est en effet tentant de corriger le bogue directement sur la machine de production, en encourant le risque de mal contrôler les versions du système tournant en production.

La commande suivante crée également une archive, mais permet de disposer d'un environnement autonome pour déployer directement notre application en production :

```
2> systools:make_tar("helloworld", [{erts, "/usr/local/lib/erlang"}]).
*WARNING* helloworld: Source code not found: hello_srv.erl
*WARNING* helloworld: Source code not found: hello_sup.erl
*WARNING* helloworld: Source code not found: hello_app.erl
ok
```

À la différence de la commande précédente, cette dernière commande permet d'inclure dans notre archive un système Erlang minimaliste pour faire tourner Erlang directement sur la machine de production, sans qu'il soit nécessaire de disposer d'un environnement Erlang complet sur la machine de destination.

Si vous souhaitez déployer votre application sur une machine fonctionnant sous système d'exploitation Windows, il est de toute façon nécessaire de disposer d'un système Erlang sur la machine de destination.

Modification du script de lancement d'Erlang erl

Nous avons modifié le script de lancement d'Erlang baptisé `erl`, situé dans mon installation dans le répertoire `/usr/local/lib/erlang/erts-x.y.z/bin`.

Notre script `erl` est de la forme :

```
#!/bin/sh
ROOTDIR=/usr/local/lib/erlang
if [ -n "$ERLDIR" ]
then
        ROOTDIR="$ERLDIR"
fi
BINDIR=$ROOTDIR/erts-5.1.2/bin
EMU=beam
PROGNAME=`echo $0 | sed 's/.*\///'`
export EMU
export ROOTDIR
export BINDIR
export PROGNAME
exec $BINDIR/erlexec ${1+"$@"}
```

Il permet de changer le répertoire de l'environnement Erlang simplement en positionnant la variable d'environnement `ERLDIR`.

Notre archive de distribution doit être évidemment générée après la modification de ce script.

Le déploiement de l'application sur la machine de destination

Nous considérons ici que nous avons généré un système complètement autonome, comprenant l'environnement d'exécution Erlang. Nous ne disposons pas de système Erlang sur la machine de destination. Nous pouvons alors utiliser une archive incluant un système Erlang minimaliste `erts` et nous dispenser de l'installation d'un système Erlang, pour peu que la compatibilité binaire avec la machine ayant généré l'archive soit assurée (c'est le cas, par exemple, si le processeur et la distribution de Linux sont les mêmes sur les deux machines).

La première étape consiste en la décompression de l'archive dans le répertoire cible, par exemple, dans le répertoire `/tmp/helloworld` :

```
mkdir /tmp/helloworld
tar zxvf helloworld.tar.gz -o /tmp/helloworld
```

L'application peut ensuite être lancée avec la commande :

```
[mremond@erlang helloworld]$ cd /tmp/helloworld
[mremond@erlang helloworld]$ export ERLDIR=/tmp/helloworld
[mremond@erlang helloworld]$ erts-5.2/bin/erl -name hello@127.0.0.1 -boot releases/1.0/start
Erlang (BEAM) emulator version 5.2 [source] [hipe] [threads:0]

Eshell V5.2  (abort with ^G)
```

```
(hello@127.0.0.1)1>
=PROGRESS REPORT==== 22-Feb-2003::18:10:36 ===
          supervisor: {local,sasl_safe_sup}
             started: [{pid,<0.39.0>},
                       {name,alarm_handler},
                       {mfa,{alarm_handler,start_link,[]}},
                       {restart_type,permanent},
                       {shutdown,2000},
                       {child_type,worker}]
...
=PROGRESS REPORT==== 22-Feb-2003::18:10:36 ===
         application: helloworld
          started_at: 'hello@127.0.0.1'

(hello@127.0.0.1)1> hello_srv:retrieve("Hello").

=ERROR REPORT==== 22-Feb-2003::18:15:11 ===
** Generic server hellosrv terminating
...
(hello@127.0.0.1)2> hello_srv:store("Hello","World!").
ok
(hello@127.0.0.1)3> hello_srv:retrieve("Hello").
{ok,"World!"}
```

Erlang est disponible sur la machine de destination

Lors de la création de l'archive, il n'est pas nécessaire d'inclure le runtime Erlang, si Erlang est disponible sur la machine de destination. Le tuple {erts, "/usr/local/lib/erlang"} peut être supprimé lors de l'appel de fonction systools:make_tar/2.

On peut alors procéder au lancement depuis le répertoire de décompression de l'archive :

```
erl -pa lib/helloworld-1.0/ebin/ -pa lib/kernel-2.8.0/ebin/ -pa lib/stdlib-1.11.0/ebin/
➡-boot releases/1.0/start
```

La mise à jour à chaud de notre application

Préparation de la mise à jour du code

Nous souhaitons maintenant corriger le bogue de notre application sans interruption de service de l'application. Il faut donc mettre à jour le code de l'application à chaud. Le traitement des requêtes ne sera pas interrompu durant la mise à jour, même s'il peut être momentanément ralenti. Pour ce faire, il faut créer une nouvelle version de notre application.

Les fichiers à modifier sont les suivants :

• hello_srv.erl : il suffit de décommenter la ligne introduisant le bogue.

```
handle_call({retrieve, Cle}, _From, State) ->
    case lists:keysearch(Cle, 1, State) of
        false -> {reply, {error, not_found}, State};
        %% La clé a été trouvée:
        {value, {Cle, Valeur}} -> {reply, {ok, Valeur}, State}
    end;
```

Pour donner à notre exemple quelques vertus pédagogiques, il est intéressant de modifier le code de mise à jour de l'état interne du serveur. La modification de l'état consiste à ajouter une chaîne passée en paramètres à l'ensemble des valeurs associées à des clés :

```
%% Gestion de la mise à jour du code
code_change(OldVsn, State, Chaine) ->
     io:format("Changement de code: Référence version:~p, état:~p, Paramètres:~p~n",
[OldVsn, State, Chaine]),
    NewState = lists:map(fun({Cle, Valeur}) ->
                                  {Cle, Valeur ++ Chaine}
                          end,
                          State),
    {ok, NewState}.
```

- `helloworld.app` : le numéro de version doit être augmenté, passant de 1.0 à 1.1 : `{vsn, "1.1"}`.

- `helloworld.rel` : le numéro de version doit également être augmenté de 1.0 à 1.1. La précédente version du fichier doit être conservée en le renommant en `helloworld-1.0.rel`.

- `helloworld.appup` : ce fichier doit être créé pour la mise à jour du code à chaud. Il décrit le mécanisme de mise à jour d'une application, en fonction de la version d'origine. La mise à jour est décrite par un langage à base de tuple Erlang. Les possibilités du langage sont décrites dans le guide utilisateur de l'application SASL. Le fichier contient un élément Erlang de la forme : `{Version, [{DepuisVersion, Description, Script}], [{VersVersion, Description, Script}]}`. La première liste décrit la procédure de mise à jour depuis une version antérieure. La seconde liste décrit la procédure de changement de version permettant de revenir à une version antérieure.

Le fichier `helloworld.appup`, dans le répertoire `ebin`, contient :

```
{"1.1",
  [{"1.0", [{update, hello_srv, {advanced, "**"}, soft_purge, soft_purge, []}]}],
  [{"1.0", [{update, hello_srv, {advanced, "**"}, soft_purge, soft_purge, []}]}]
}.
```

La mise à jour consiste en un rechargement du code du module et en une mise à jour de l'état du serveur.

Packaging de la mise à jour

La première étape consiste à créer le nouveau script de boot :

```
1> systools:make_script("helloworld").
*WARNING* helloworld: Source code not found: hello_srv.erl
*WARNING* helloworld: Source code not found: hello_sup.erl
*WARNING* helloworld: Source code not found: hello_app.erl
ok
```

On procède à la génération du fichier `relup` à partir de la commande suivante. La commande précise les versions cible. Le chemin d'accès doit permettre à la commande de trouver les fichiers `.app` pour toutes les versions de l'application pour lesquelles la migration est gérée :

```
2> systools:make_relup("helloworld", ["helloworld-1.0"], ["helloworld-1.0"], [{path,
➡["../../helloworld-1.0/ebin"]}]).
ok
```

Une fois les fichiers .boot et relup créés, il faut générer l'archive :

```
3> systools:make_tar("helloworld").
*WARNING* helloworld: Source code not found: hello_srv.erl
*WARNING* helloworld: Source code not found: hello_sup.erl
*WARNING* helloworld: Source code not found: hello_app.erl
ok
```

L'archive ne contient pas l'environnement d'exécution car elle est destinée à la mise à jour d'une application existante.

Déploiement de la mise à jour

Pour déployer la mise à jour dans notre environnement précédent, il faut recopier notre archive `helloworld.tar.gz` dans le répertoire `releases` de notre environnement.

Si le fichier RELEASES n'a jamais été créé, il faut le générer avec la commande suivante. Le fichier RELEASES est nécessaire à la gestion automatique des versions. Il ne doit être créé qu'une fois. Il est ensuite maintenu par le gestionnaire de version :

```
(hello@127.0.0.1)5> release_handler:create_RELEASES("/tmp/helloworld",
➦"/tmp/helloworld/releases", "/tmp/helloworld/releases/helloworld.rel", []).
ok
```

Il faut ensuite lancer les commandes suivantes sur le nœud qui fait fonctionner l'application, depuis la console, ou bien en ouvrant une nouvelle console sur le nœud distant, à condition d'avoir démarré l'environnement Erlang avec des fonctionnalités réseau. La commande effectue des vérifications avant de décompresser l'archive au bon endroit dans la structure de répertoire de notre environnement :

```
(hello@127.0.0.1)6> release_handler:unpack_release("helloworld").
{ok,"1.1"}
```

Release_handler

Release_handler est une application. Elle a normalement été lancée lors du lancement de notre application. Si ce n'est pas le cas, elle peut être lancée à partir de la commande `release_handle:start_link()`.

Il faut ensuite demander l'installation de la nouvelle version de l'application :

```
(hello@127.0.0.1)7> release_handler:install_release("1.1").
Changement de code: Référence version:250360157697465472447375450735022634600,
➦état:[{"Hello","World!"}], Paramètres:"**"
{ok,"1.0",[]}
```

Le bogue a bien été corrigé et les données ont été préservées et mises à jour par ajout de la chaîne "**", comme cela a été demandé dans le fichier .appup :

```
(hello@127.0.0.1)8> hello_srv:retrieve("Hello").
{ok,"World!**"}
(hello@127.0.0.1)9> hello_srv:retrieve("Bug?").
{error,not_found}
```

Conclusion

Erlang fournit un cadre de développement complet et précis, guidant le développeur dans la réalisation d'une application robuste et tolérante aux pannes. Ce cadre de développement est particulièrement utile pour la réalisation de grands projets car il offre un modèle standard de développement.

Plus généralement les comportements constituent un puissant mode de réutilisation du code en Erlang. Les développements les plus avancés peuvent s'appuyer sur leur propre bibliothèque de comportements.

7

L'environnement de développement

L'environnement de développement Erlang se compose de plusieurs éléments :

- **La machine virtuelle**. Elle permet de faire fonctionner les programmes Erlang après une étape de traduction du code source vers un code machine. Ce code machine peut être de deux sortes :

  - Pseudo-code : la machine virtuelle fait alors le pont entre le pseudo-code et le code tel qu'il est exécuté par la machine physique. C'est pour cette raison que l'on parle de machine virtuelle.

  - Code natif : il est directement exécutable par la machine sur laquelle fonctionne le programme. La machine virtuelle ne sert plus de couche d'abstraction pour l'exécution mais simplement d'environnement fournissant des services pour l'exécution des programmes : accès aux fonctionnalités réseau d'Erlang, appel de fonctions existantes compilées en pseudo-code, etc. Dans ce second cas, l'expression machine virtuelle n'est donc plus à prendre au sens strict.

- **La ligne de commande**. Elle est souvent confondue avec la machine virtuelle puisque, en standard, la machine virtuelle lance une ligne de commande lors de son démarrage. Mais la machine virtuelle peut aussi fonctionner indépendamment de la ligne de commande. La ligne de commande est une facilité offerte à l'utilisateur d'une machine virtuelle Erlang pour exécuter de façon interactive des commandes.

- **L'environnement de développement**. Il regroupe tous les outils permettant aux développeurs de faciliter la création d'applications Erlang, c'est-à-dire essentiellement l'éditeur de code et le débogueur. L'environnement de développement d'Erlang est principalement bâti autour de l'éditeur de texte Emacs.

- **Les applications fournies en standard avec l'environnement Erlang**. Erlang/OTP fournit un ensemble très conséquent d'applications en standard qui peuvent être directement utilisées. Nous ferons un bref tour d'horizon des applications standards du langage.

Les principaux éléments

La machine virtuelle

Pour garantir l'indépendance de la plate-forme, Erlang repose sur une machine virtuelle, mais également sur une énorme bibliothèque de fonctions, offrant parfois des services relevant d'un système d'exploitation. Le développeur dispose ainsi d'un environnement complet et cohérent qui l'affranchit de l'utilisation de méthodes propres à un système d'exploitation.

La première machine virtuelle Erlang était dénommée `jam` (*Joe's Abstract Machine*). Elle a été remplacée par la machine virtuelle `beam`, qui est fournie aujourd'hui avec l'environnement de développement.

La machine virtuelle est une machine abstraite qui exécute du pseudo-code, c'est-à-dire un langage machine dédié à cette machine virtuelle et qui est différent du langage machine utilisé par l'ordinateur sur lequel elle fonctionne.

Pseudo-code et code machine

Le pseudo-code peut être exécuté sur un processeur réel créé pour comprendre directement le langage de pseudo-code Erlang. Une maquette de ce processeur a été réalisée par Ericsson. Un tel processeur dédié a pour fin de permettre une exécution plus rapide des programmes Erlang.

En fait, le pseudo-code porte bien mal son nom. Il constitue réellement du code machine. C'est le fait de l'exécuter dans une machine abstraite qui lui donne son statut de pseudo-code. Il peut cependant être exécuté de façon native à l'identique pour peu que le processeur à même de le comprendre existe.

La machine virtuelle joue le rôle de couche d'abstraction et permet d'exécuter le même fichier binaire pseudo-code sur différentes plates-formes matérielles, sans qu'aucun nouveau processus de compilation ne soit nécessaire.

Les fichiers de pseudo-code sont extrêmement compacts et peuvent sans problème être échangés sur un réseau. C'est un point important pour assurer par la suite la distribution de code d'une machine à une autre car, lors du développement de systèmes distribués, le code peut être amené à voyager sur le réseau.

La machine virtuelle fournit également l'environnement d'exécution pour les fonctionnalités réseau permettant de gérer l'insertion d'un nœud Erlang, représenté physiquement par une machine virtuelle en cours d'exécution dans une grappe de nœuds Erlang.

Plus généralement, la machine virtuelle offre un environnement complet d'exécution des programmes et propose un ensemble de services aux développeurs (entre autres, la gestion de la mémoire et l'intégration avec des programmes Erlang compilés nativement).

Comme la machine virtuelle constitue le cœur de l'environnement d'exécution des programmes développés en Erlang, elle joue un rôle central dans l'exécution des programmes. C'est la raison pour laquelle il faut, dans tous les cas, charger la machine virtuelle en mémoire pour exécuter un programme compilé nativement ou en pseudo-code.

La machine virtuelle est donc au cœur de l'environnement de développement Erlang.

Machines virtuelles, démon réseau et processus système

Le processus système beam correspond à la machine virtuelle Erlang. Un processus beam par nœud fonctionne sur la machine.

Lorsque les fonctionnalités réseau sont activées, un processus système epmd est créé pour gérer les communications entre les nœuds. Il en existe un seul par machine physique quel que soit le nombre de nœuds Erlang fonctionnant sur la machine.

Options les plus utiles de la commande erl

La commande erl est essentielle dans l'utilisation de l'environnement de développement Erlang. Cette commande comporte deux types d'options :

- les options de contrôle du lancement et du comportement de la machine virtuelle ;

- les options de déclenchement de certaines fonctionnalités permettant d'assurer le caractère multi-plate-forme de l'environnement.

Les options -sname et -name de mise en œuvre des fonctions réseaux

Ces deux options permettent de déclencher l'activation des fonctionnalités réseau de la machine virtuelle Erlang. L'option -sname permet de donner un nom court à la machine virtuelle Erlang (nom du nœud uniquement). Elle peut être utilisée si tous les nœuds sont situés sur le même réseau. On se sert en revanche de l'option -name lorsque des nœuds sont situés sur des réseaux différents. Le nom du nœud et celui de la machine doivent être séparés par le caractère « @ ». L'utilisation du nom long permet la mise en œuvre du routage TCP/IP afin que les nœuds puissent entrer en contact. Le nom d'un nœud Erlang doit être unique sur une machine physique donnée.

Sans ces options, les fonctionnalités réseau ne sont pas démarrées. L'invite de commande du shell Erlang permet de savoir si le réseau est lancé. Le nom du nœud apparaît devant la numérotation des commandes du shell si les fonctionnalités réseau sont activées.

La communication entre les nœuds Erlang est en général mise en œuvre entre des machines appartenant à un même réseau, essentiellement pour des raisons de sécurité. C'est pour cela que l'on recourt en général au nom court.

L'option -s d'appel de fonctions après le démarrage de la machine virtuelle

L'option -s permet d'appeler directement une fonction après l'initialisation de la machine virtuelle Erlang. Elle s'utilise avec un, deux ou trois paramètres ou plus :

- avec un paramètre, elle lance la fonction param1:start(),

- avec deux paramètres, elle lance la fonction param1:param2(),

- avec trois paramètres ou plus, elle lance la fonction param1:param2([param3, param4, …]). Les paramètres de la fonction sont nécessairement de type atome.

Cette option est très utilisée dès lors que l'on souhaite utiliser des programmes Erlang depuis la ligne de commande. Dans ce cas, on l'utilise souvent dans des scripts de démarrage d'application ; et ce conjointement avec les options permettant de désactiver le mode interactif.

Les options –noinput et -detached : désactivation du mode interactif

Ces deux options permettent de lancer un nœud Erlang fonctionnant sous forme de démon Unix. Il n'est plus lié à la console (-detached) et le mode shell interactif est désactivé (-noinput).

Par exemple, pour lancer une application, la commande suivante peut être utilisée :

```
erl -noinput -detached -s appmodule &
```

L'option -noshell : utilisation d'Erlang comme un filtre Unix

Cette option permet d'utiliser Erlang dans le contexte d'un *pipe* (filtre) Unix. Le programme lancé avec cette option peut lire des informations depuis l'entrée standard et les traiter pour envoyer un résultat sur la sortie standard.

L'option -man : aide recherchée

Cette option permet d'afficher les pages de manuel Erlang. Si ces dernières sont bien installées, elles fonctionnent aussi bien sur Unix et Linux que sur Windows.

Elle s'utilise en faisant suivre l'option -man du mot-clé correspondant à l'aide recherchée. Il peut s'agir du nom d'un module Erlang ou bien du nom d'une commande système Erlang. Par exemple, la commande suivante permet d'obtenir l'aide en ligne du module file :

```
$ erl -man file
```

Le contenu de ces pages de manuel est identique à celui de la documentation Erlang fournie dans une archive HTML ou présente sur le site *Erlang.org.*

Pour activer cette option, vous devez avoir installé les pages de manuel comme cela est décrit dans le chapitre 1 traitant de l'installation de l'environnement.

Elle est très utile car on s'assure ainsi de n'obtenir que les pages de manuel concernant Erlang. La commande man file renvoie en effet par défaut des informations sur la commande file que l'on peut trouver sur les systèmes Unix.

Les fichiers source

Le développement en Erlang implique la production de fichiers source. Ces fichiers source portent l'extension .erl. Chaque fichier source contient le code correspondant à un module. Le module Erlang est l'unité de regroupement du code source.

Ces fichiers source correspondent à la description du fonctionnement du programme en langage compréhensible par l'homme. Il doit être transformé pour être exécutable par la machine.

Le source pourra être compilé sans modification sur toutes les plates-formes supportant l'environnement de développement Erlang. Le code compilé pourra lui-même être exécuté sur ces même plates-formes. Cette particularité permet de distribuer aussi bien du code source que du code binaire. Quelle que soit la forme sous laquelle un programme est distribué, il pourra être exécuté dans l'environnement Erlang cible.

La compilation

Le choix du compilateur

En matière de compilation du code source Erlang, on dispose de plusieurs possibilités :

- la compilation vers du pseudo-code,
- la compilation vers un autre langage de développement, qui sera ensuite compilé, vraisemblablement pour produire du code natif pour le processeur,
- la compilation native directe.

Erlang offre en standard 1 à 2 modes de compilation selon votre plate-forme de développement.

Le tableau ci-après présente les compilateurs dont vous pouvez disposer selon votre plate-forme.

Tableau 7-1. Les compilateurs disponibles selon les plates-formes concernées.

Plate-forme	Compilateurs
Microsoft Windows	Compilateur pseudo-code (BEAM)
Linux x86 et Solaris	Compilateur pseudo-code (BEAM)
	Compilateur natif (HiPE)
	Compilateur natif *via* code intermédiaire Scheme (ETOS[a] et Gambit[b])
Autres systèmes (MacOS X, autres Unix, etc.).	Compilateur pseudo-code (BEAM)
	Compilateur natif *via* Scheme (ETOS), selon le système.

a. Voici le site Web du projet ETOS : *http://www.iro.umontreal.ca/~etos/*
b. Voici le site Web du projet Gambit : *http://www.iro.umontreal.ca/~gambit*

Le choix du compilateur sera au moins partiellement déterminé par la plate-forme sur laquelle vous travaillez.

Le choix le plus simple et le plus standard à opérer est la compilation en pseudo-code interprétable par la machine virtuelle Erlang. C'est l'option que l'on doit prendre en phase de développement ou lorsqu'on est débutant.

Lorsqu'on souhaite bénéficier de la compilation native pour certaines parties de son code qui accaparent beaucoup de ressources, on peut se tourner vers la compilation native. C'est toutefois une option qui est réservée aux utilisateurs avancés de l'environnement de développement car elle peut induire des modifications du comportement de gestion des erreurs. En effet, un programme compilé de façon native avec HiPE génère moins d'informations de débogage. Cela peut poser certains problèmes dans la gestion des superviseurs.

Il est recommandé de n'utiliser HiPE que pour les parties du code qui mettent en œuvre d'importants calculs. Pour les autres parties du code, notamment le code très orienté réseaux, les gains de performance de la compilation native ne sont pas suffisamment significatifs pour justifier la compilation native du code. Mieux vaut alors conserver la souplesse de la compilation en pseudo-code.

La compilation en pseudo-code

Plusieurs commandes permettent de parvenir à la compilation d'un fichier source Erlang en pseudo-code.

La compilation en pseudo-code depuis la console Erlang

L'approche la plus courante consiste à utiliser la console Erlang pour entrer les commandes de compilation.

La fonction `c()` est une fonction intégrée de la console et permet compiler un fichier source qui se situe dans le répertoire courant. La fonction `c()` accepte en paramètre un atome correspondant au nom du module à compiler. Si la compilation réussit, le compilateur génère un fichier contenant le pseudo-code qui porte le nom du module avec l'extension `.beam`. Le fichier beam est placé par défaut dans le répertoire courant.

Par exemple, pour compiler notre module `hello`, contenu dans le fichier source `hello.erl`, il faut utiliser la commande suivante à partir de la console Erlang :

```
1> c(hello).
{ok,hello}
```

Le compilateur crée un fichier `hello.beam` dans le répertoire courant :

```
mremond:~/erlang-fr.org $ ls -l hello.*
-rw-r--r--  1 mremond  users          384 Mar 11 00:03 hello.beam
-rw-r--r--  1 mremond  users           79 Mar 10 14:03 hello.erl
```

Remarque

Le fichier qui contient le pseudo-code est relativement petit. Il ne fait que 384 octets. Cette faible taille du code exécutable Erlang rend l'environnement particulièrement adapté au développement d'applications qui utilisent du code mobile, en particulier les applications à base de clients légers et les systèmes à agents.

La compilation en pseudo-code depuis la ligne de commande du système

Il est également possible de compiler un module Erlang depuis la ligne de commande du système d'exploitation grâce au programme `erlc`, suivi du nom du fichier contenant le module à compiler :

```
mremond:~/erlang-fr.org $ erlc hello.erl
mremond:~/erlang-fr.org $
```

Le compilateur crée également un fichier `hello.beam` dans le répertoire courant :

```
mremond:~/erlang-fr.org $ ls -l hello.*
-rw-r--r--  1 mremond  users          520 Mar 11 00:16 hello.beam
-rw-r--r--  1 mremond  users           79 Mar 10 14:03 hello.erl
```

Remarque

La taille des fichiers beam contenant le pseudo-code diffère selon la méthode de compilation. Les deux méthodes utilisent en fait des options de compilation par défaut différentes.

La compilation en code natif avec HiPE

Sur les plates-formes qui le supportent, il est possible de compiler du code mettant en œuvre des calculs intensifs pour l'accélérer. L'une des deux approches de compilation du pseudo-code peut également être utilisée.

La compilation native depuis la console Erlang

La compilation depuis la console Erlang avec l'option « native » déclenche l'incorporation du code natif dans le fichier beam, en plus du pseudo-code. Il n'y a pas substitution mais ajout du code natif dans le fichier beam. Cette particularité s'explique par la volonté de maintenir l'interopérabilité : les fichiers beam restent utilisables sur toute plate-forme disposant d'une machine virtuelle. Les bénéfices de la compilation native ne seront cependant utilisés que sur la plate-forme pour laquelle a été généré le code natif.

La fonction c/2, également intégrée à la console, est utilisée :

```
mremond:~/erlang-fr.org $ erl
Erlang (BEAM) emulator version 5.1 [source] [hipe] [threads:0]

Eshell V5.1  (abort with ^G)
1> c(hello,[native]).
{ok,hello}
```

> **Compilation en pseudo-code**
>
> La compilation du code natif prend plus de temps que celle en pseudo-code. Il s'agit d'un argument qui plaide pour l'utilisation de la compilation uniquement en pseudo-code durant la phase de mise au point d'un programme. Le gain de performance peut en revanche être important au moment du déploiement de l'application et justifier la compilation native.

Le fichier beam généré est sensiblement plus gros que dans le cas d'une compilation en pseudo-code uniquement.

La compilation native depuis la ligne de commande du système

L'option « native » peut également être spécifiée au programme de compilation depuis la ligne de commande système erlc, précédée du caractère « + » :

```
$ erlc +native hello.erl
```

Quelques astuces

La commande erl -make est intéressante pour compiler tous les fichiers source d'un répertoire donné. Si les fichiers include sont placés ailleurs, il faut faire erl -make -I../inc, par exemple.

Le cycle de développement

Les développeurs expérimentés ne seront pas surpris par la façon dont le développement se déroule en langage Erlang. Le cycle classique est respecté : édition du code source, compilation, exécution.

> **Comparaison des cycles de développement**
>
> Bien que classique, le cycle de développement en Erlang se distingue du cycle de développement de langages comme le C/ C++ : la phase de compilation en Erlang est entendue au sens strict. Il n'y a aucune opération de liaison (*link*).
>
> Le cycle de développement est également différent de celui de langage de script purement dynamique comme Python : la phase de compilation en Python est implicite et le développeur passe de l'édition du code source à l'exécution.
>
> Enfin, le cycle de développement d'Erlang est proche du modèle de développement du langage Java.

Figure 7-1

Le cycle de développement.

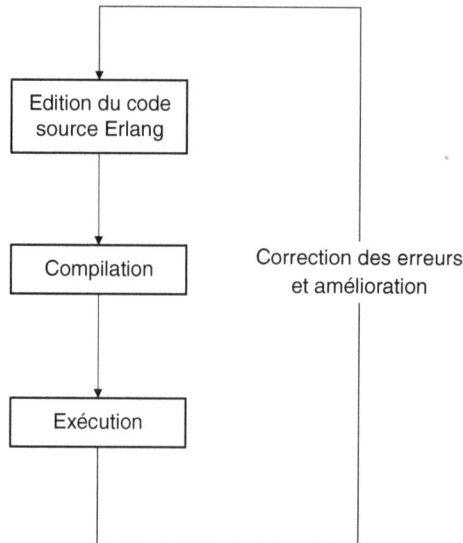

Plus précisément, le cycle de développement en Erlang se déroule comme suit :

- L'édition d'un programme s'effectue dans un éditeur de texte. L'outil le plus adapté pour l'édition de programme Erlang est Emacs. L'environnement de développement Erlang/OTP est livré avec un mode d'édition adapté au développement Erlang.

- La compilation est réalisée soit depuis l'éditeur de texte, soit depuis le shell Erlang, soit encore depuis la ligne de commande du système.

- Le test des programmes réalisés se fait dans une machine virtuelle Erlang, par l'entremise du shell Erlang.

Le shell Erlang

Comme Erlang s'appuie sur un environnement dynamique, on peut tester de façon rapide et interactive les développements effectués. Le shell Erlang devient dans ce cadre un outil fondamental qu'il convient de bien maîtriser.

Le shell Erlang se présente comme la plupart des autres shells, sous Unix ou sous Microsoft Windows. Il permet ainsi :

- d'éditer la ligne de commande,

- de gérer l'historique des commandes précédemment saisies.

Toutefois, le shell Erlang présente cette différence essentielle qu'il constitue une ouverture sur l'interpréteur Erlang. À ce titre, il permet :

- de compiler et charger des programmes Erlang,

- d'exécuter des programmes Erlang, des fonctions individuelles, ou d'évaluer des expressions Erlang,

- de surveiller et contrôler l'exécution des programmes.

Lancement

On lance le shell Erlang au moyen de la commande erl. Une version graphique est disponible sous Microsoft Windows, lancée par la commande `werl` ou *via* le menu `Démarrer`.

Les fonctionnalités du shell sont dans tous les cas identiques, même si leur apparence diffère légèrement, tout comme les touches d'édition de ligne.

La saisie de commandes

Le shell est un outil essentiellement dédié à la saisie de commandes. Toutes les fonctions Erlang reconnues sont acceptées. Une commande se termine par un point. Le résultat de la commande est renvoyé après la validation de la commande (touche Entrée).

> **Astuce**
>
> Le résultat de la commande est tronqué dans le shell s'il est trop long. La fonction `io:format/2` permet d'afficher l'ensemble du résultat lorsqu'elle est utilisée avec l'option ~p, qui ne limite pas la longueur du résultat affiché.
>
> Cela peut prendre du temps à l'affichage, mais cette astuce peut être utile, notamment lors du débogage d'un programme.

En revanche, il ne permet pas de saisir les macros ou instructions que l'on trouve en en-tête de modules. Ces instructions commencent par le caractère « - » et sont réservées à la définition des modules. Elles ne peuvent donc pas être utilisées dans le shell Erlang.

De même, les déclarations de fonctions nommées ne sont pas admises dans le shell. Il n'est ainsi pas possible de test une fonction que l'on saisirait entièrement dans le shell.

> Il existe toutefois un moyen de détourner cette limitation et d'écrire des fonctions depuis le shell. Les fonctions anonymes sont en effet admises. Il est possible d'affecter une fonction anonyme à une variable et d'utiliser cette variable comme une fonction. Pour plus d'information sur ce point, référez-vous au chapitre 3 décrivant le mécanisme des fonctions anonymes.

La saisie des commandes peut être effectuée sur plusieurs lignes. Si l'on presse la touche Entrée alors que la saisie de la commande n'est pas terminée (pas de point final), l'éditeur permet de poursuivre la saisie sur la ligne suivante. Le numéro de la commande en cours reste identique pour signifier que nous pouvons continuer la saisie.

L'édition de commandes et la navigation dans l'historique

L'édition de commande et la navigation dans l'historique des commandes comportent des différences mineures selon les plates-formes.

Le tableau 7-2 liste ci-après les combinaisons de touches pour le `shell erl`. Ces combinaisons de touches s'inspirent directement des combinaisons de touches utilisées dans l'éditeur de texte Emacs.

> **Attention**
>
> Les touches habituelles de déplacement du curseur ne fonctionnent par dans la console Erlang sous Linux et les Unix standards.

Tableau 7-2. Les combinaisons de touches du shell standard erl.

Séquence de touches	Fonction
TAB	Permet de compléter le nom du module en cours de saisie ou le nom de la fonction en cours de saisie. La complétion fonctionne sur les modules qui ont déjà été chargés en mémoire.
C + b	Déplace le curseur en arrière d'un caractère
C + f	Déplace le curseur avant d'un caractère
M + b	Déplace le curseur en arrière d'un mot
M + f	Déplace le curseur en avant d'un mot
C + a	Déplace le curseur en début de ligne
C + e	Déplace le curseur en fin de ligne
C + d	Suppression d'un caractère
M + d	Suppression d'un mot
C + y	Insertion du texte préalablement supprimé
C + k	Efface la fin de la ligne
C + g	Entre en mode interruption (*break*) du shell
C + l	Réaffiche la ligne (à utiliser lorsque la console a été « brouillée » par d'autres processus système)
C + n	Rappelle la ligne suivante de l'historique
C + p	Rappelle la ligne précédente de l'historique
C + t	Permute deux caractères
M + t	Permute deux mots

Combinaison des touches

Les utilisateurs connaissant Emacs ne seront pas dépaysés. Pour les autres, voici comment lire les combinaisons de touches.

La notation C + a signifie presser simultanément la touche `control` et la lettre a. M + f signifie presser la touche ESC suivie de la lettre f.

La touche Esc est aussi appelée touche Meta dans l'environnement Unix.

La console `werl` offre quelques facilités supplémentaires de navigation sur la ligne de commande et dans l'historique des commandes déjà saisies. Les touches de déplacement du curseur sont ainsi fonctionnelles et permettent de déplacer le curseur sur la ligne en cours d'édition, et de monter et descendre dans l'historique.

Gestion des processus et fonctionnement de la machine virtuelle

La console permet également de gérer les processus et de surveiller le fonctionnement de la machine virtuelle, grâce :

• aux fonctionnalités du mode de contrôle de l'exécution des travaux,

• à un ensemble de fonctions dédiées à la gestion des processus.

Ces possibilités sont détaillées au chapitre 15 consacré à l'administration d'une machine virtuelle Erlang.

Fonctionnalités réseau

La ligne de commande Erlang peut utiliser les fonctionnalités réseau pour fonctionner sur d'autres nœuds. Sans traiter des fonctionnalités réseau de l'environnement, il est tout de même important de savoir qu'il est possible, à partir d'un shell Erlang, d'ouvrir une session distante sur une autre machine virtuelle Erlang. Cette fonctionnalité est utile car elle permet d'ouvrir une session sur une machine virtuelle fonctionnant en tâche de fond (Démon) et ayant été lancée sans aucun shell Erlang. Il faut pour cela passer en mode « Break ».

La ligne de commande peut en effet fonctionner dans deux modes différents :

- le mode normal : dans lequel les commandes peuvent être éditées, et les expressions évaluées ;

- Job control mode (JCL) : dans lequel les travaux (jobs) peuvent être démarrés, stoppés, détachés ou connectés. La ligne de commande ne peut interagir qu'avec le travail courant.

Les travaux sont en fait des environnements d'interaction complets avec la machine virtuelle Erlang. La ligne de commande se présente comme un programme unique. En revanche, il est possible de lancer de nouveaux travaux, qui disposent de leur propre historique de commande et qui contrôlent les processus qu'ils ont lancés.

Repère Unix

L'équivalent système des travaux serait les sessions. Créer un nouveau travail dans l'environnement Erlang équivaut à l'ouverture d'une nouvelle session sur Unix.

Quand le shell démarre, il lance un unique processus « évaluateur ». Ce processus et tous les processus locaux qu'il crée (essaime) sont appelés des travaux (jobs). Seul le job courant qui est dit connecté (*connected*), peut effectuer des opérations utilisant les entrées/sorties standards. Tous les autres processus sont dits détachés et seront bloqués s'ils tentent d'utiliser les entrées/sorties standards. Les jobs n'utilisant pas ces entrées/sorties standards se poursuivront normalement.

Lorsque l'utilisateur entre Control G, le job courant est détaché, et le shell entre en mode JCL. L'invite change alors et ressemble à ceci :

```
-->
```

En saisissant « ? », un message d'aide apparaît :

```
--> ?
c [nn]    - connect to the current job
i [nn]    - interrupt job
k [nn]    - kill job
j         - list all jobs
s         - start new job
r [node] - start a remote shell
q         - quit erlang
? | h     - help
```

Les commandes en mode JCL ont le comportement suivant :

Commande	Fonction
C	Connexion au travail courant. La ligne de commande standard est reprise. Les opérations utilisant les entrées/sorties standards seront intercalées avec les entrées de l'utilisateur sur la ligne de commande.
c [*nn*]	Comme précédemment mais pour le travail numéro *nn*.
K	Tue le travail courant. Tous les processus créés par ce travail seront tués, à la condition qu'ils n'aient pas évalué la primitive `group_leader/2`, et qu'ils soient situés sur la machine locale. Les processus créés sur des nœuds distants ne seront pas tués.
k [nn]	Comme précédemment mais pour travail numéro nn.
J	Liste tous les travaux connus. Le job courant est préfixé par « * ».
S	Démarre un nouveau travail. Un nouveau numéro [nn] lui sera affecté, qui sera utilisé comme référence pour interagir avec ce nouveau travail.
r [node]	Démarre un travail sur un nœud distant. Cette fonctionnalité est utilisée pour permettre à une ligne de commande sur un nœud de contrôler d'autres applications tournant sur un réseau de nœuds.
Q	Quitte la ligne de commande d'Erlang.
? ou h	Obtenir l'aide mémoire des commandes du mode JCL de contrôle des travaux.

Commandes utilisateurs de la ligne de commande

Des commandes utilisateurs sont définies en standard pour simplifier le travail sur la ligne de commande Erlang. Voici quelques-unes des commandes utilisateurs définies en standard :

- La commande `f()` permet d'oublier (*forget*) toutes les variables qui ont déjà été affectées. `f(X)` permet d'oublier la variable X uniquement.

- La commande `e(N)` permet de réexécuter le traitement saisi sur la ligne numéro N.

- `v(N)` permet de réutiliser le retour de la commande numéro N dans une autre expression.

La liste complète de ces commandes peut être obtenue en actionnant la commande `help()`.

L'éditeur de code : le mode Erlang pour (X)Emacs

Les développeurs ont à leur disposition de nombreux éditeurs de texte. Des fichiers de configuration Erlang sont notamment disponibles pour Vim et Nedit. Toutefois, aucun éditeur n'offre des fonctionnalités aussi avancées qu'Emacs/XEmacs pour le développement Erlang.

Il est ainsi possible de bénéficier d'une assistance lors de la saisie du code, de squelettes permettant de développer plus rapidement, de commande de compilation et d'accès à un shell Erlang sans quitter (X)Emacs.

Installation sous Windows

La procédure la plus simple pour installer XEmacs sous Microsoft Windows est celle qui consiste à télécharger l'outil d'installation réseau (Netinstaller).

Vous pouvez le récupérer à l'adresse suivante :

http://www.xemacs.org/Download/win32/

Il suffit simplement de lancer le programme setup.exe pour démarrer l'installation.

Sous Linux, (X)Emacs est en général fourni en standard avec la distribution. Il suffit d'en demander l'installation par les procédures habituelles de votre distribution Linux.

Configuration

Pour transformer (X)Emacs en un environnement de développement intégré pour Erlang, il suffit d'ajouter quelques lignes dans le fichier de configuration Emacs.

Sur les systèmes de type Unix, il faut ajouter les lignes suivantes dans le fichier .emacs :

```
;; Chargement des outils Erlang dans Emacs :
(setq load-path (cons "/usr/local/lib/erlang/misc/emacs"
                      load-path))
(setq erlang-root-dir "/usr/local/lib/erlang/")
(setq exec-path (cons "/usr/local/lib/erlang/bin" exec-path))
(require 'erlang-start)

;; Activation de la colorisation syntaxique :
(global-font-lock-mode t)
```

Sur Microsoft Windows, les noms des chemins sont différents, et il faut en tenir compte.

Utilisation de l'environnement de développement (X)Emacs/Erlang

L'environnement de développement offre un certain nombre de fonctionnalités qui facilitent les développements Erlang et qui rendent plus confortable le travail du développeur.

Le menu Erlang

Au niveau de l'interface d'Emacs, un menu Erlang est ajouté lorsque vous éditez un fichier utilisant une extension .erl ou .hrl.

Le menu permet d'accéder à certaines fonctionnalités de l'environnement qui ne sont pas directement accessibles par l'intermédiaire d'une séquence de touches. Il permet également d'avoir un aperçu des fonctionnalités offertes au développeur. La figure 7-2 présente le menu Erlang.

Note

Les fonctionnalités de l'environnement de développement sont telles qu'un débutant dans le langage peut rapidement assimiler la syntaxe d'Erlang.

C'est la raison pour laquelle il est recommandé de débuter dans le langage en utilisant immédiatement l'environnement de développement (X)Emacs/Erlang. Son rôle est de vous guider dans l'écriture de vos premiers programmes.

Figure 7-2

Le menu Erlang dans XEmacs.

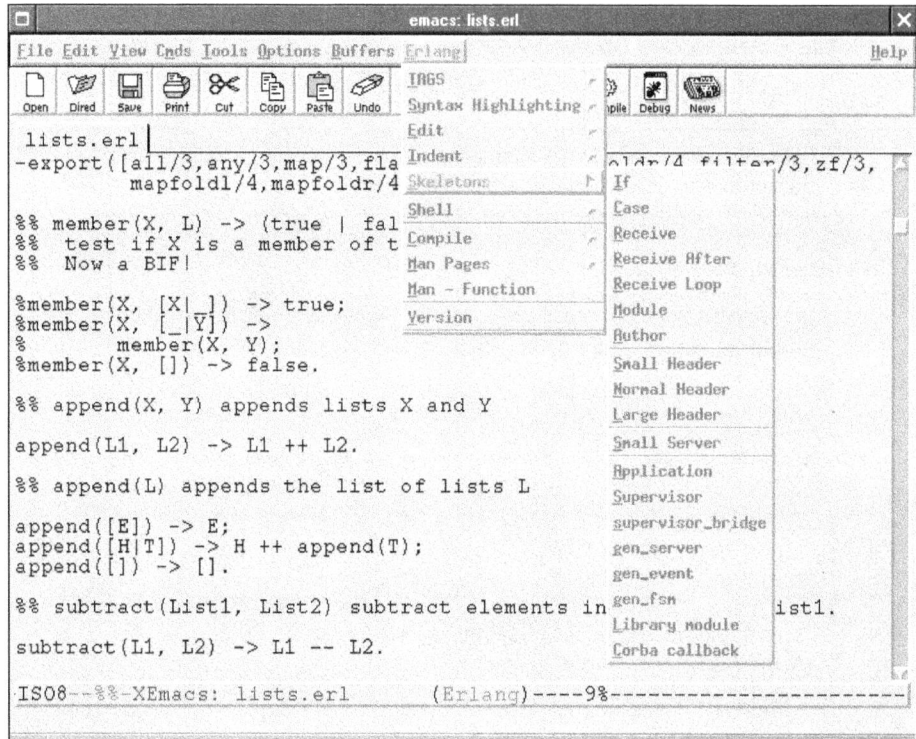

La syntaxe en couleurs

La coloration du code source est une des fonctionnalités les plus visibles. Cette fonctionnalité présente dans des couleurs différentes les divers éléments syntaxiques d'un code source Erlang. Par exemple, les commentaires sont par défaut présentés en rouge dans Emacs et en bleu dans XEmacs (figure 7-3).

Cette fonctionnalité facilite le travail du développeur en lui permettant d'identifier rapidement les différents mots-clés du langage. Elle fournit également un retour visuel permettant de distinguer d'éventuelles erreurs de syntaxe au cours de la saisie. Par exemple, si la chaîne de caractères n'a pas été correctement refermée (un seul « " » ouvrant), alors la suite du programme apparaît en jaune, soulignant ainsi l'erreur commise.

L'indentation automatique

L'indentation est une opération qui consiste à organiser l'alignement des différentes lignes de codes dans un source pour en faciliter la lecture et rendre ainsi plus évidente la structure logique du programme.

La syntaxe particulière d'Erlang implique une indentation différente des autres langages. Ainsi l'environnement de développement Erlang vous assiste-t-il dans l'indentation du code et vous propose-t-il une norme d'indentation que vous pourrez appliquer dans vos développements.

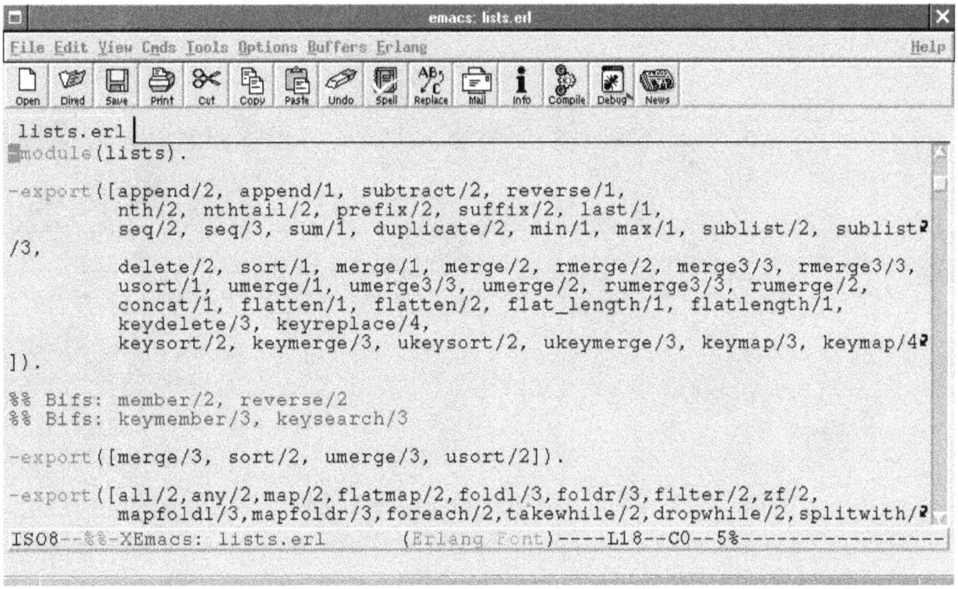

```
                              emacs: lists.erl                              ×

File Edit View Cmds Tools Options Buffers Erlang                         Help

 Open Dired Save Print  Cut  Copy Paste Undo Spell Replace Mail Info Compile Debug News

 lists.erl
 module(lists).

-export([append/2, append/1, subtract/2, reverse/1,
        nth/2, nthtail/2, prefix/2, suffix/2, last/1,
        seq/2, seq/3, sum/1, duplicate/2, min/1, max/1, sublist/2, sublist
/3,
        delete/2, sort/1, merge/1, merge/2, rmerge/2, merge3/3, rmerge3/3,
        usort/1, umerge/1, umerge3/3, umerge/2, rumerge3/3, rumerge/2,
        concat/1, flatten/1, flatten/2, flat_length/1, flatlength/1,
        keydelete/3, keyreplace/4,
        keysort/2, keymerge/3, ukeysort/2, ukeymerge/3, keymap/3, keymap/4
]).

%% Bifs: member/2, reverse/2
%% Bifs: keymember/3, keysearch/3

-export([merge/3, sort/2, umerge/3, usort/2]).

-export([all/2,any/2,map/2,flatmap/2,foldl/3,foldr/3,filter/2,zf/2,
        mapfoldl/3,mapfoldr/3,foreach/2,takewhile/2,dropwhile/2,splitwith/
ISO8--%%-XEmacs: lists.erl        (Erlang Font)----L18--C0--5%-----------
```

Figure 7-3

La colorisation syntaxique d'un fichier source Erlang.

Corps des fonctions

Après la saisie de la ligne de déclaration d'une fonction, l'éditeur vous positionne automatiquement pour l'édition du corps de la fonction, à la ligne suivante avec une tabulation. La figure 7-4 illustre l'indentation automatique au moment de la déclaration de fonction.

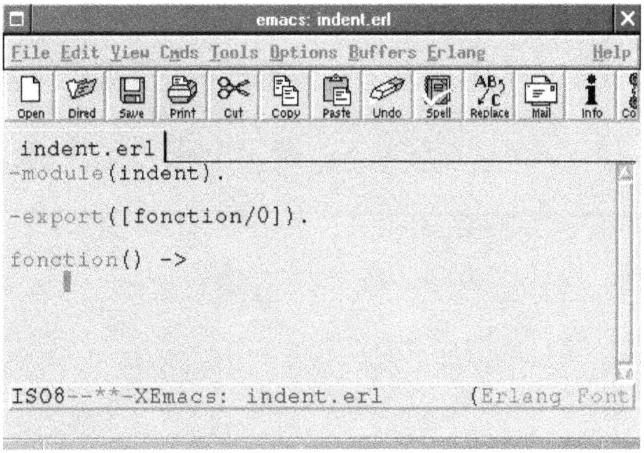

Figure 7-4

Retour à la ligne et indentation automatique du corps de la fonction, après la saisie de la déclaration.

```
                         emacs: indent.erl                         ×

File Edit View Cmds Tools Options Buffers Erlang              Help

 Open Dired Save Print  Cut  Copy Paste Undo Spell Replace Mail Info Co

 indent.erl
-module(indent).

-export([fonction/0]).

fonction() ->


ISO8--**-XEmacs: indent.erl              (Erlang Font
```

De même, la saisie de la virgule marquant la fin d'une instruction vous renvoie automatiquement à la ligne pour la saisie de l'instruction suivante.

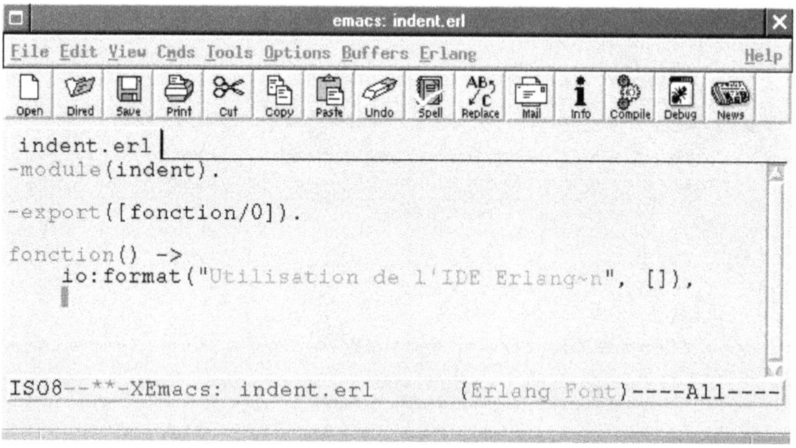

Figure 7-5

Retour à la ligne et indentation automatique des instructions d'une fonction.

Assistance à la déclaration des fonctions à clause multiples

Une fonction peut comporter un nombre variable de clauses, dont l'exécution est déterminée lors de l'appel de la fonction.

Toutes les clauses d'une fonction se terminent par un point-virgule en lieu et place du point habituel, à l'exception de la dernière clause qui se termine par un point.

L'assistance à la déclaration des fonctions à clauses multiples vous propose de saisir la clause suivante de la fonction, afin d'éviter d'oublier d'écrire la dernière clause. Lorsque vous saisissez le caractère de fin de clause (point-virgule), l'éditeur vous propose de déclarer la nouvelle clause et vous positionne sur la déclaration des paramètres de la fonction. La figure 7-6 illustre précisément ce cas.

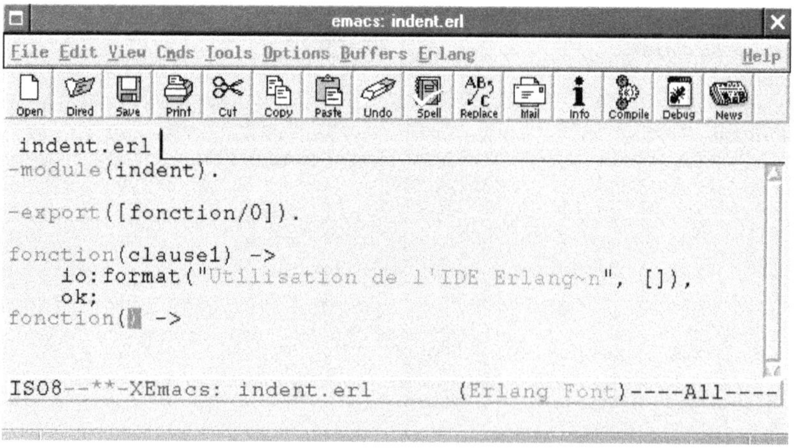

Figure 7-6

Assistance à la saisie des clauses multiples. Le caractère de fin de clause permet de passer directement à la déclaration de la clause suivante.

Les commandes de contrôle d'indentation

L'environnement de développement propose plusieurs commandes permettant de déclencher des opérations d'indentation du code. Le tableau 7-3 présente ci-après les commandes d'indentation les plus utilisées.

Tableau 7-3. Les commandes d'indentation le plus utilisées.

Séquences de touches	Résultat
TAB ou C + i	Permet d'appliquer la tabulation automatique sur la ligne courante.
C + c C + q	Indente la fonction sur laquelle le curseur est positionné.
M + q	Réindente un ensemble de lignes de commentaire, afin que chaque ligne ne dépasse pas 80 caractères.
M + x erlang-indent-current-buffer	Cette commande permet de réajuster l'ndentation de l'ensemble du module en cours d'édition.

Touches Emacs

Les séquences de touches d'Emacs sont notoirement déroutantes pour les débutants. Voici quelques tuyaux pour bien démarrer.

C + x décrit l'appui simultané sur la touche Contrôle (Ctrl) et la touche « x ».

M + z désigne l'appui simultané de la touche « méta » et de la touche « z ». Attention, selon votre machine et la configuration de votre clavier, la touche « méta » désigne soit la touche Alt soit la touche d'échappement Esc ou Echap.

x désigne simplement une pression sur la touche « x ».

Des séquences de touches plus ou moins complexes peuvent ainsi être composées à partir de combinaisons élémentaires.

C + x y décrit une séquence de touches commençant par un appui simultané sur la touche Ctrl et « x » puis la frappe de la touche « y », après relâchement des autres touches.

C + x C + y en revanche décrit une séquence de touches où la pression sur la touche Ctrl est maintenue durant la pression sur la touche « x » puis sur la touche « y ».

Et ainsi de suite…

La combinaison M + x constitue une combinaison spéciale qui permet de saisir une commande complète. Elle est utilisée pour mettre en œuvre des fonctions qui ne sont pas directement accessibles par une combinaison de touches.

Ce mode de fonctionnement peut sembler déroutant, mais il est finalement très puissant et permet d'éditer son code avec aisance. Accrochez-vous donc !

La complétion élémentaire

Il est possible de compléter un nom de fonction ou une utilisation de variable en saisissant uniquement le début du mot souhaité.

Pour cela, après avoir saisi le début du mot recherché, effectuez la séquence de touches M + /. Le mot le plus proche vous sera alors proposé. Répétez la séquence de touches M + / pour disposer d'autres propositions à partir des mêmes premiers caractères.

Les squelettes de code source

Certains fragments de code source fréquemment utilisés peuvent être insérés dans votre fichier source en cours d'édition pour accélérer la saisie du code.

Ces squelettes permettent non seulement de gagner du temps, mais aussi d'assurer une certaine homogénéité dans la présentation des sources et des commentaires d'un développeur à un autre.

Ils concernent aussi bien des petits fragments de code à utiliser lors du développement d'un module (if, case, etc.) que des exemples de modules complets proposant un point de départ dans les développements qui utilisent des comportements particuliers à Erlang/OTP (gen_server, gen_fsm, etc.).

Ces squelettes sont accessibles *via* le menu Erlang, mais il est possible d'associer des combinaisons de touches à l'insertion de ces modèles.

La navigation dans le code source

L'environnement de développement Emacs/Erlang propose des facilités de navigation dans un fichier source.

Il est ainsi possible de passer rapidement d'une fonction à une autre ou d'une clause à une autre à partir des combinaisons de touches présentées ci-après dans le tableau 7-4.

Tableau 7-4. Les fonctionnalités de navigation dans le code d'un fichier source.

Séquences de touches	Résultat
M + C + a	Le curseur se positionne sur le début de la fonction en cours ou de la fonction précédente.
M + C + e	Le curseur se positionne à la fin de la fonction en cours ou de la fonction suivante.
C + c M + a	Le curseur se positionne au début de la clause en cours ou de la clause précédente.
C + c M + e	Le curseur se positionne à la fin de la clause en cours ou de la clause suivante.

L'aide en ligne

Il est possible d'accéder à l'intégralité de la documentation d'Erlang/OTP par l'intermédiaire du menu Erlang de l'environnement de développement (Man).

Il n'est pas prévu d'accès par défaut à la documentation au moyen d'une séquence de touches. Emacs est cependant un environnement de travail qui peut être personnalisé et il est possible de modifier son comportement pour pouvoir accéder directement à l'aide en ligne des fonctions standards.

Pour cela, ajoutez la ligne suivante dans votre fichier de configuration Emacs pour pouvoir accéder à la documentation en ligne par l'intermédiaire d'une séquence de touches :

```
(defun erlang-man ()
  "Ouvre le manuel Erlang à la page correspondant à la fonction sous le curseur"
  (interactive)
  (erlang-man-function (current-word))
)
(global-set-key "\C-c\h" 'erlang-man)
```

Lorsque votre curseur est positionné sur un module ou sur l'appel d'une fonction standard, il possible d'accéder directement à sa documentation en saisissant la séquence de touches C + c h.

Par exemple, saisissez dans Emacs `io:` et faites `C + c h`. L'aide du module `io` est alors chargée. Faites la même expérience en saisissant cette fois `io:format`. Vous vous retrouverez directement sur l'aide de cette fonction.

Édition du code

Certaines fonctionnalités permettent de simplifier le travail itératif du développeur. C'est notamment le cas des combinaisons de sélection de la fonction courante ou de la clause courante. Ces fonctions sont particulièrement utiles lorsqu'elles sont utilisées avec les fonctions permettant de commenter ou de dé-commenter un morceau de code.

Les séquences de touches sont présentées en détail sur le site d'accompagnement de cet ouvrage à l'adresse www.editions-eyrolles.com.

Compilation

Il est possible de demander la compilation du module en cours d'édition grâce à la combinaison de touche `C + c C + k`.

La compilation du module entraîne également l'ouverture d'un shell Erlang interactif qui permet de tester rapidement les modifications réalisées.

L'accès au shell

Le shell Erlang est également directement accessible depuis l'environnement de développement (X)Emacs/Erlang. Il permet de tester des commandes avant de les insérer dans son code ou de tester les développements réalisés.

Le débogueur

Le débogueur est accessible *via* :

- une API Erlang permettant d'accéder à toutes les fonctions de débogage depuis un programme ;
- une interface graphique Erlang. L'interface graphique se lance à l'aide de la fonction `debugger:start/0` ;
- depuis Emacs, à l'aide du mode Erlang étendu Distel.

Pour plus d'information sur le débogage des programmes Erlang vous pouvez vous reporter au chapitre 5 sur la gestion des erreurs.

Configuration et personnalisation de l'environnement

Le système standard Erlang/OTP peut être reconfiguré en vue de modifier les comportements par défaut au démarrage.

Le fichier .erlang

Au démarrage d'Erlang/OTP, le système cherche un fichier `.erlang` dans le répertoire depuis lequel Erlang est lancé. S'il n'existe pas, il est recherché dans le répertoire personnel de l'utilisateur.

Si un fichier `.erlang` est trouvé, il doit contenir des expressions Erlang valides. Ces expressions sont évaluées comme si elles étaient saisies sur la ligne de commande Erlang.

Un fichier `.erlang` type contient un ensemble de chemins de recherche, par exemple :

```
io:format("executing user profile in HOME/.erlang\n",[]).
code:add_path("/home/calvin/test/ebin").
code:add_path("/home/hobbes/bigappl-1.2/ebin").
io:format(".erlang rc finished\n",[]).
```

user_default et shell_default

Les fonctions dans le shell qui ne sont pas préfixées par un nom de module sont considérées comme des objets fonctions (*Fun*), des fonctions de base (*built-in*), ou appartenant au module `user_default` ou `shell_default`.

Pour inclure des commandes shell privées, définissez-les dans un module `user_default` et ajoutez l'argument suivant sur la première ligne du fichier `.erlang`.

```
code:load_abs("..../user_default").
```

Les extensions au mode Erlang pour Emacs : Distel

Distel est une bibliothèque pour l'éditeur Emacs, développée par Luke Gorrie. Le module comporte deux aspects :

- des extensions à l'environnement de développement standard Erlang,

- une bibliothèque permettant de faire communiquer des nœuds Erlang avec des nœuds développés en Emacs Lisp.

Ce développement est disponible en dehors de la distribution standard Erlang, sur le site *http://www.bluetail.com/~luke/distel/*.

Son utilisation améliore l'environnement de développement standard sur bien des points et notamment :

- La gestion de la navigation entre les modules de code. Il est possible d'accéder directement à la définition d'une fonction dans son code source.

- Avec l'intégration d'un débogueur à l'environnement de développement. Ce dernier évite d'avoir à mettre en œuvre un outil externe. Il permet de définir les points d'arrêt et de parcourir le code pas à pas directement depuis Emacs.

- De vraies sessions interactives : contrairement au shell Erlang où il n'est pas possible de définir de fonctions, la session interactive de Distel permet de tester la création de fonctions avant de les insérer dans son code. L'outil de session interactive de Distel est plus souple.

- En fournissant une liste des processus sur un nœud Erlang.

- Un accès direct au profiler Erlang. Cet outil qui permet de vérifier les performances et les goulets d'étranglement dans un programme est fourni en standard en Erlang. Distel propose une intégration avec cet outil en permettant de lancer une trace d'une fonction et d'examiner son résultat.

Eclipse : la perspective Erlang

Eclipse est un développement en cours qui a pour but de proposer une extension complète pour le développement Erlang dans l'environnement de développement intégré.

C'est un outil de développement développé en Java par IBM, et diffusé en tant que logiciel libre. Il est conçu pour être modulaire et extensible, à l'instar d'Emacs, tout en proposant une interface graphique plus proche des environnements de développement intégrés.

L'extension Erlang est opérationnelle, bien qu'encore en cours de développement. Les fonctionnalités, et notamment le débogueur, ne sont pas encore toutes implémentées. C'est cependant un projet à surveiller de près, en particulier par ceux qui sont allergiques à Emacs.

Ce module n'étant pas encore stabilisé aujourd'hui, nous ne nous étendrons cependant pas davantage sur ces capacités.

Conclusion

L'environnement de développement Erlang est très complet. Il comprend une machine virtuelle, une ligne de commande, un outil d'édition du code productif, et aussi des outils périphériques extrêmement performants comme le débogueur, le profileur et les outils de tests de couverture.

À ce titre, Erlang marque sa place en tant que langage de développement professionnel. Ce n'est pas un langage universitaire destiné à prouver des concepts souvent peu utilisables pour des travaux en production. Certes, Erlang introduit des concepts novateurs mais surtout c'est un langage dès aujourd'hui totalement opérationnel.

8

Les bases de données

Les développeurs du langage Erlang ont eu la bonne idée d'intégrer une base de données à l'environnement de développement. Cette caractéristique en fait un système complet et autonome qui facilite le développement mais aussi le déploiement des applications. En appuyant leurs programmes sur la base de données Erlang, les développeurs sont assurés de bénéficier d'un environnement homogène pour le déploiement. C'est pourquoi l'utilisation de Mnesia est souvent préférée à l'utilisation du module Erlang ODBC. Ce dernier est surtout utilisé pour la mise en œuvre de bases de données relationnelles classiques, gérant de très gros volumes.

Ce chapitre traite du développement à partir de la base de données Mnesia, mais aborde également la question de la réplication et de la répartition d'une base de données sur plusieurs machines, ainsi que certains aspects de l'administration d'une base de données, comme la sauvegarde et la restauration.

La base de données Mnesia

La base de données Mnesia propose des caractéristiques de temps réel logiciel, de robustesse et de distribution qui en font un outil original et fondamental de l'environnement de développement.

Mnesia n'est pas une base de données relationnelle au sens strict de l'expression. Les données sont stockées dans la base sous la forme de tables comme dans la plupart des systèmes de gestion de base de données (SGBD) existants. Elle présente cette particularité de ne comprendre en standard aucune contrainte sur les données.

La logique de l'absence de contrainte est poussée jusqu'au bout puisque aucun contrôle de type de données n'est effectué. Les colonnes de chacune des tables peuvent stocker n'importe quel type de données.

Les contraintes dans les bases de données relationnelles

Les contraintes d'intégrité sont des règles permettant de garantir le maintien de la cohérence de données liées entre elles dans la base. Par exemple, il est possible d'interdire une opération de suppression d'un client tant qu'un compte lui appartenant existe dans la base. Les contraintes dans les bases de données relationnelles permettent donc de maintenir l'intégrité référentielle entre les tables. Ces contraintes permettent également de supprimer des enregistrements d'une autre table en « cascade ». Par exemple, lorsqu'on supprime une facture, il est possible d'en supprimer également le détail, c'est-à-dire chacune des lignes de la facture, en général contenues dans une autre table.

Cette lacune peut être interprétée comme une importante limite de la base de données Mnesia. Elle peut toutefois être perçue au contraire comme un atout pour trois raisons :

- Le respect des contraintes temps réel de la base de données suppose un contrôle fin de son fonctionnement. L'existence de traitements automatiques susceptibles d'être déclenchés par des contraintes (comme les suppressions en cascade) peut être problématique au regard des temps de réponse souhaités. Dans le domaine des télécommunications, pour lequel cette base de données a été conçue, la contrainte de temps réel « mou » est cruciale.

- Les performances sont optimisées pour la plupart des cas d'utilisation dans les télécommunications. Les types de données ne sont pas gérés, ce qui permet de réduire les contrôles standards au minimum Les cas les plus complexes peuvent cependant être traités par ajout de développements supplémentaires.

- Par exemple, un développement supplémentaire nommé RDBMS permet d'ajouter les contraintes de type et les contraintes relationnelles à la base Mnesia. Ce développement s'appuie sur l'API ouverte de la base de données pour l'étendre. Cette possibilité d'extension grâce à une API ouverte est un élément à part entière dans la conception de la base de données et en fait un outil exceptionnel.

- Mnesia est une base de données hybride. Bien que reposant sur un mode de fonctionnement sous forme de table, la possibilité d'introduire n'importe quel type de données dans une colonne rend cette base très proche des systèmes de base de données objet. Une colonne n'est pas typée. Chaque enregistrement peut contenir des données différentes si bien que toute expression pouvant être affectée à une variable peut être placée dans une colonne : types simples, mais aussi tout type complexe, et même des fonctions anonymes. Nous verrons ce que cela implique au niveau de la conception des programmes reposant sur Mnesia. Cette caractéristique fait de Mnesia une base extrêmement puissante.

La philosophie de Mnesia consiste donc à offrir une base de données robuste, distribuée, transactionnelle et tolérante aux pannes. Ces services élémentaires en font un outil extrêmement précieux. Son interface de programmation permet ensuite de l'étendre. Elle constitue donc une brique élémentaire, un module malléable, que les développeurs peuvent s'approprier afin de l'intégrer dans leurs développements.

Les bases techniques de Mnesia : ETS et DETS

Mnesia s'appuie sur les modules de gestion de tables ETS et DETS. ETS permet de gérer des tables de valeurs en mémoire vive. Avec DETS, on peut gérer des tables de valeurs persistantes, stockées sur le disque dur. Mnesia s'appuie sur ces modules en ajoutant une API étendue et en gérant la distribution. Ces trois applications comportent cependant des éléments communs dans leurs interfaces de programmation.

L'étude de son code est une excellente introduction aux systèmes de base de données distribuées. La création d'une base de données distribuées est illustrée dans le premier ouvrage paru sur Erlang. Le code proposé sert par la suite de base à la création de Mnesia. L'étude de l'implémentation de cette base excède cependant le cadre fixé à cet ouvrage. Les lecteurs intéressés par la théorie des bases de données, et en particulier par celle des bases de données distribuées, pourront se reporter à l'ouvrage *Concurrent Programming in Erlang*[1].

Le principal intérêt de Mnesia, c'est que la base est conçue pour s'intégrer parfaitement avec le langage Erlang. Depuis sa conception hybride, jusqu'à son langage de requête, tout a été conçu pour permettre une utilisation extrêmement aisée et cohérente de la base de données. Cela en fait un outil particulièrement commode et agréable à utiliser pour le développeur.

Une des caractéristiques les plus étonnantes de Mnesia est sa capacité à travailler uniquement en mémoire vive. Cette caractéristique dote la base de données de performances de pointe. Sa robustesse permet d'envisager la sauvegarde des informations sur disque au moment de l'arrêt du système (à condition toutefois de disposer de l'infrastructure adéquate : cluster de machines, onduleur, etc.).

Mnesia connaît toutefois des limites en particulier dans le volume des informations qu'il est possible de stocker sans dégrader les performances. Au-delà de quelques giga-octets de données, il faut alors recourir à une base de données traditionnelle. Nous verrons plus avant dans ce chapitre qu'Erlang s'interface très bien avec toute base de données disposant d'un pilote ODBC (Open DataBase Connectivity).

L'importance d'une base de données distribuées pour les programmes agents

Mnesia est une base de données distribuées. Elle peut offrir une solution efficace de lecture de données distribuées sur un nœud local lors des déplacements d'un agent sur un réseau de nœud Erlang. L'agent n'a plus à se préoccuper de la localisation de la base de données. Il peut simplement se contenter de lire les informations dans une table, quel que soit le nœud où il se trouve et quels que soient les nœuds sur lesquels la base de données fonctionne.

Un exemple simple

Pour se familiariser avec l'utilisation de la base de données Mnesia, mieux vaut commencer par créer un exemple simple, ce qui permet de comprendre les concepts en jeu. La suite de ce chapitre vous aidera ensuite à maîtriser peu à peu Mnesia.

Nous allons développer ici un programme de gestion des informations concernant les utilisateurs d'un site Web. Les informations que nous souhaitons stocker sont les suivantes :

- pseudonyme : le pseudonyme constitue en fait l'identifiant unique de chaque membre de la communauté virtuelle. Le pseudonyme constitue donc la clé d'accès aux informations utilisateurs contenues dans la base de données ;

- nom ;

- prénom ;

---

1. *Concurrent Programming in Erlang*, Joe ARMSTRONG, Robert VIRDING, Claes WIKSTRÖM, Mike WILLIAMS, 2e édition, Prentice Hall, 1996.

- adresse de courrier électronique ;

- pays.

> **Note sur le choix des identifiants**
>
> Ce n'est souvent pas une bonne idée d'utiliser une valeur significative de l'application comme clé d'accès aux données. En effet, si les règles de gestion changent, le programme peut devenir très difficile à modifier, en particulier si les changements concernent l'élément que vous avez utilisé dans votre clé.
>
> Dans notre exemple, si l'on considère que les pseudonymes ne sont plus nécessairement uniques, ou bien qu'un individu doit pouvoir changer de pseudonyme s'il le souhaite, les implications sur l'intégrité des données et le fonctionnement des programmes peuvent être importantes. Voilà pourquoi il est plutôt recommandé d'utiliser un élément informatique purement arbitraire comme identifiant, par exemple un compteur.
>
> Dans bien des développements de gestion de communauté, l'identifiant du membre est le pseudonyme retenu. Dans le cadre de notre exemple simple, le préjudice n'est pas important et nous allons faire la même hypothèse. Sur un projet réel, cependant, l'identifiant des membres de notre communauté virtuelle se réduirait simplement à un numéro d'ordre.

La description de l'enregistrement correspondant à notre description est la suivante :

```
-record(membre, {pseudo,
                 nom,
                 prenom,
                 mail,
                 pays  = "France"}).
```

Au cas où le pays n'est pas renseigné, nous considérons que la valeur par défaut à utiliser est la France. Les autres valeurs n'ont pas de valeur par défaut.

Enregistrez ces informations dans le fichier database.hrl.

La première étape consiste à créer le schéma de la base de données et à construire la table destinée à stocker les informations des membres de la communauté.

La création du schéma de la base de données permet de disposer de l'enveloppe de base destinée à stocker les données. On y procède de manière très simple :

```
[mikl]/home/mikl/erlang/ch13 % erl -sname database
Erlang (BEAM) emulator version 5.1 [source] [hipe]

Eshell V5.1  (abort with ^G)
(database@louxor)1> mnesia:create_schema([node()]).
```

La commande mnesia:create_schema/1 permet de créer la base de données elle-même sur le nœud courant. Si vous sortez maintenant de l'interpréteur Erlang, vous pouvez constater qu'un nouveau répertoire a été créé :

```
[mikl]/home/mikl/erlang/ch13 % ls -1
total 1
drwxrwsr-x   2 mikl    mikl          80 avr 20 17:00 Mnesia.database@louxor
```

Ce répertoire est baptisé par défaut Mnesia, suivi d'un point et du nom du nœud auquel appartient la base de données (*database@louxor*). Ce répertoire ne contient pour le moment qu'un seul fichier baptisé FALLBACK.BUP :

```
[mikl]/home/mikl/erlang/ch13 % cd Mnesia.database@louxor
[mikl]/home/mikl/erlang/ch13/Mnesia.database@louxor % ls -l
total 4
-rw-rw-r--   1 mikl     mikl            506 avr 20 17:00 FALLBACK.BUP
```

Ce fichier contient des informations nécessaires au fonctionnement de Mnesia.

On démarre la base de données au moyen de la fonction Erlang mnesia:start/0 et on l'arrête avec la fonction Erlang mnesia:stop/0 :

```
[mikl]/home/mikl/erlang/ch13 % erl -sname database
Erlang (BEAM) emulator version 5.1 [source] [hipe]

Eshell V5.1  (abort with ^G)
(database@louxor)1> mnesia:start().
ok
(database@louxor)2> mnesia:stop().

=INFO REPORT==== 20-Apr-2002::17:35:57 ===
    application: mnesia
    exited: stopped
    type: temporary
stopped
(database@louxor)5> init:stop().
ok
```

Il faut toujours arrêter « proprement » la base avant de sortir de l'environnement Erlang, afin qu'elle se place dans un état cohérent. Dans le cas contraire, un traitement de vérification de l'intégrité des données sera effectué au prochain démarrage.

Le fait de lancer pour la première fois la base crée réellement son schéma de données. Le répertoire de la base de données contient maintenant deux fichiers.

```
[mikl]/home/mikl/erlang/ch13 % cd Mnesia.database@louxor
[mikl]/home/mikl/erlang/ch13/Mnesia.database@louxor % ls -l
total 12
-rw-rw-r--   1 mikl     mikl             91 avr 20 17:35 LATEST.LOG
-rw-rw-r--   1 mikl     mikl           6202 avr 20 17:35 schema.DAT
```

Le fichier schema.DAT contient le schéma des données lui-même, c'est-à-dire la description des tables mais également des informations sur la topologie de distributions de la base sur différents nœuds et les caractéristiques des tables. Le fichier LATEST.LOG contient le journal temporaire de la base de données Mnesia. Il renferme les opérations qui n'ont pas encore été appliquées aux tables de la base de données.

Il nous faut maintenant créer le schéma de base de données. Le moyen le plus élégant pour créer une table consiste à s'appuyer sur une structure de données de type record. Ces structures de données ne sont manipulables qu'à l'intérieur d'un module. Nous allons donc créer le module database qui aura pour tâche de créer notre table membre. Le programme suivant permet de créer notre première table dans la base Mnesia :

```erlang
-module(database).

-export([create/0, insert/0]).

-include("database.hrl").

create() ->
    mnesia:start(),
    {atomic,ok} = mnesia:create_table(membre,
                        [{attributes, record_info(fields, membre)},
                         {disc_copies, [node()]}]),
    io:format("-*-*- La création de la table \"membre\" s'est bien déroulée. -*-*-~n", []),
    mnesia:stop().

insert() ->
    ok.
```

La création de la structure de la base de données génére des fichiers qui sont nécessaires à la base données pour fonctionner. C'est pour cela que la création de la base elle-même peut se faire avant le démarrage de la base Mnesia. En revanche, la création de tables fait appel aux processus de la base de données Mnesia. C'est pourquoi, pour créer des tables, il faut au préalable démarrer la base de données. La fonction de création de table, mnesia:create_table/2, crée une table nommée membre. Elle utilise pour la définition de ses attributs la description de la structure membre que nous avons décrite dans database.hrl. Mnesia est une base de données qui est à même de conserver ses informations entièrement en mémoire vive, par définition éphémère. C'est l'option par défaut. Nous précisons ici que nous souhaitons qu'une copie de notre table soit conservée sur disque. Cela nous permet de récupérer nos informations lors du redémarrage de la base de données. Une autre solution consisterait à gérer le backup vers le disque à l'arrêt du système, mais nous souhaitons nous épargner cette peine pour notre premier exemple.

La création de la table membre se déroule comme suit :

```
[mremond@louxor ex1]$ erl -sname database -pa ebin
Erlang (BEAM) emulator version 5.1.1 [source] [hipe] [threads:0]

Eshell V5.1.1  (abort with ^G)
(database@louxor)2> database:create().
-*-*- La création de la table "membre" s'est bien déroulée. -*-*-

=INFO REPORT==== 25-Apr-2002::17:13:44 ===
    application: mnesia
    exited: stopped
    type: temporary
stopped
(database@louxor)3> init:stop().
ok
[mremond@mremond ex1]$ cd Mnesia.database\@louxor/
```

```
[mremond@mremond Mnesia.database@louxor]$ ls -l
total 16
-rw-rw-r--    1 mremond    mremond        841 avr 25 17:13 LATEST.LOG
-rw-rw-r--    1 mremond    mremond         92 avr 25 17:13 membre.DCD
-rw-rw-r--    1 mremond    mremond       6723 avr 25 17:13 schema.DAT
```

Note

Une table peut être créée en dehors d'un programme, à partir du shell Erlang. Ce n'est toutefois pas recommandé car la réalisation d'un programme de création des tables garantit que le traitement soit reproductible à l'identique.

Un nouveau fichier a été créé dans le répertoire de la base de données. Le nom de ce fichier porte le nom de la table avec l'extension .DCD: membre.DCD.

Obtenir des informations sur l'état de la base de données

Des informations sur l'état de la base de données sont accessibles *via* la fonction mnesia:info/0.

Ces informations sont très limitées lorsque la base est arrêtée. Le résultat fournit alors essentiellement des informations sur le répertoire de stockage des informations et précise que la base de données est arrêtée.

```
Erlang (BEAM) emulator version 5.1.1 [source] [hipe] [threads:0]


Eshell V5.1.1  (abort with ^G)
(database@louxor)1> mnesia:info().
===> System info in version {mnesia_not_loaded,
                             database@louxor,
                             {1019,749070,993202}}, debug level = none <===
opt_disc. Directory "/home/mremond/erlang/ch13/ex1/Mnesia.database@louxor" is used.
use fallback at restart = false
running db nodes   = []
stopped db nodes   = [database@louxor]
ok
```

En revanche, lorsque la base de données est démarrée, les informations qui y ont trait sont bien plus fournies.

```
Erlang (BEAM) emulator version 5.1.1 [source] [hipe] [threads:0]


Eshell V5.1.1  (abort with ^G)
(database@louxor)1> mnesia:start().
ok
(database@louxor)2> mnesia:info().
---> Processes holding locks <---
---> Processes waiting for locks <---
---> Participant transactions <---
---> Coordinator transactions <---
---> Uncertain transactions <---
---> Active tables <---
```

```
membre          : with 0        records occupying 276      words of mem
schema          : with 2        records occupying 502      words of mem
===> System info in version "4.0.2", debug level = none <===
opt_disc. Directory "/home/mremond/erlang/ch13/ex1/Mnesia.database@louxor" is used.
use fallback at restart = false
running db nodes   = [database@louxor]
stopped db nodes   = []
master node tables = []
remote             = []
ram_copies         = []
disc_copies        = [membre,schema]
disc_only_copies   = []
[{database@mremond,disc_copies}] = [schema,membre]
2 transactions committed, 0 aborted, 0 restarted, 0 logged to disc
0 held locks, 0 in queue; 0 local transactions, 0 remote
0 transactions waits for other nodes: []
ok
```

Le résultat permet ainsi d'obtenir des informations sur les tables existant dans la base de données, mais également sur la topologie des données : nœuds de base de données distants, distinction entre tables en mémoire et table sur disque, statistiques d'utilisation de la base, etc.

L'étape suivante consiste à écrire une fonction Erlang permettant d'insérer des données dans la table membre. Le rôle de la fonction insert/0 du module database est d'insérer les données initiales dans la base de données Mnesia.

La fonction suivante remplace la précédente version de la fonction insert dans l'exemple précédent :

```
insert() ->
    insert("mikl", "Remond", "Mickael", "mickael.remond@erlang-fr.org", "France"),
    insert("francesco", "Cesarini", "Francesco", "francesco@erlang-consulting.com",
    "Royaume-Uni"),
    insert("thierry", "Mallard", "Thierry", "thierry.mallard@erlang-fr.org", "France").
```

La fonction insert/0 se charge de créer le jeu de données. Il faut également écrire la fonction permettant de faire le travail, c'est-à-dire consistant à réellement insérer les données dans la base Mnesia. La fonction insert/5 se charge de ce travail :

```
%% Insere un membre
insert(Pseudo, Nom, Prenom, Mail, Pays) ->
    Membre = #membre{pseudo = Pseudo,
                     nom    = Nom,
                     prenom = Prenom,
                     mail   = Mail,
                     pays= Pays},
    Fun = fun() ->
                  mnesia:write(Membre)
          end,
    {atomic, ok} = mnesia:transaction(Fun),
    ok.
```

Cette fonction met en œuvre les fonctionnalités transactionnelles de la base Mnesia. Voici comment se déroule l'insertion.

- Construction de la structure de données à insérer dans la base. Cette structure de données est de type enregistrement (*record*). La structure utilisée est la même que celle que nous avons utilisée pour la création de la table, à savoir membre. Son utilisation implique que nous souhaitons insérer des données dans la table membre. Comme on le voit dans le code, aucune autre indication n'est fournie sur la table à manipuler.

- Création d'une fonction anonyme qui réalise les tâches sur la base de données. Ces tâches seront effectuées au sein d'une même transaction. Cela signifie que si la fonction n'est pas exécutée complètement en raison d'une erreur lors de son exécution, aucune des opérations réalisées dans cette transaction ne sera prise en compte. Le système revient dans un état antérieur à la transaction en question. Si la fonction arrive au terme de son exécution, les traitements sont alors validés.

  En termes de base de données traditionnelle, les conséquences de la transaction sont nommées *commit* et *rollback*. Le commit est en fait une validation des traitements effectués durant une transaction réussie. Le rollback correspond à un retour à l'état antérieur à la transaction sans qu'aucune opération de la transaction ne soit validée.

Nous allons maintenant lancer le programme afin de pouvoir insérer les données dans la base. L'insertion des données doit se dérouler après avoir démarré la base de données.

```
[mremond@mremond ex1]$ erl -sname database -pa ebin
Erlang (BEAM) emulator version 5.1.1 [source] [hipe] [threads:0]

Eshell V5.1.1  (abort with ^G)
(database@mremond)1> mnesia:start().
ok
(database@mremond)2> database:insert().
ok
```

La fonction mnesia:info/0 fournit des informations permettant de vérifier que le traitement s'est correctement déroulé.

```
(database@mremond)3> mnesia:info().
---> Processes holding locks <---
---> Processes waiting for locks <---
---> Participant transactions <---
---> Coordinator transactions <---
---> Uncertain transactions <---
---> Active tables <---
membre        : with 3       records occupying 668      words of mem
schema        : with 2       records occupying 502      words of mem
===> System info in version "4.0.2", debug level = none <===
opt_disc. Directory "/home/mremond/dok/code/ch13/ex1/Mnesia.database@mremond" is used.
use fallback at restart = false
running db nodes   = [database@mremond]
stopped db nodes   = []
master node tables = []
remote             = []
ram_copies         = []
```

```
disc_copies       = [membre,schema]
disc_only_copies  = []
[{database@mremond,disc_copies}] = [schema,membre]
5 transactions committed, 0 aborted, 0 restarted, 3 logged to disc
0 held locks, 0 in queue; 0 local transactions, 0 remote
0 transactions waits for other nodes: []
ok
```

Parmi les tables actives, la table membre contient trois enregistrements après l'exécution de la fonction d'insertion.

L'environnement de développement Erlang est livré avec un programme qui permet d'intervenir graphiquement sur les tables d'une base de données Mnesia. Nous allons visualiser le contenu de la table membre, supprimer un enregistrement, effectuer des modifications et ajouter des membres à partir du programme TV, *Table Visualizer*.

> Pour utiliser le programme TV, il faut disposer du support des interfaces utilisateurs développées à l'aide de TK, regroupées dans la distribution Erlang sous le nom de GS (*Graphics System*).
>
> Si ce programme ne fonctionne pas, vous pouvez vous reporter au chapitre 1 sur l'installation d'Erlang/OTP afin de comprendre comment on ajoute le support de l'interface graphique sur votre système.

Le programme est lancé à partir de la fonction tv:start/0 :

```
[mremond@louxor ex1]$ erl -sname database -pa ebin
Erlang (BEAM) emulator version 5.1 [source] [hipe]

Eshell V5.1  (abort with ^G)
(database@louxor)1> mnesia:start().
ok
(database@louxor)2> tv:start().
<0.87.0>
```

La figure 8-1 montre l'écran d'accueil du programme TV.

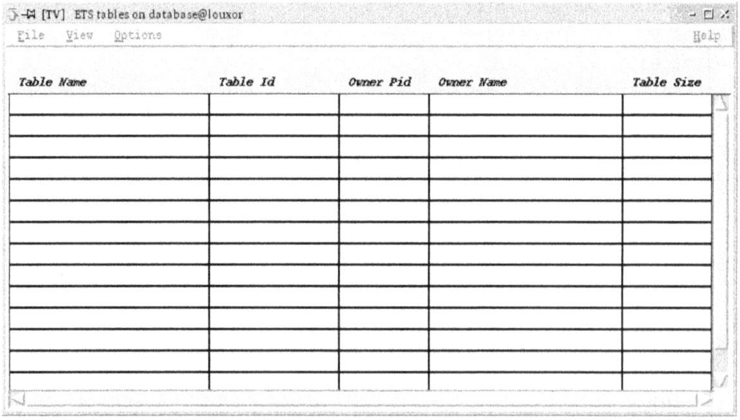

Figure 8-1

L'écran de lancement du programme TV.

On sélectionne ensuite la vue des tables Mnesia. On y procède au moyen de la commande `Mnesia tables` du menu *View*. Vous obtenez ainsi la liste des tables présentes dans la base de données Mnesia.

Dans notre cas, il s'agit seulement de la table `membre`, comme cela est illustré en figure 8-2.

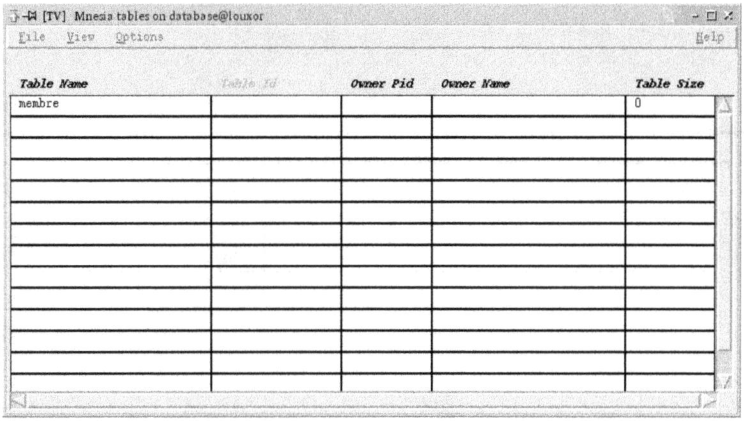

Figure 8-2

La liste des tables présentes dans la base de données.

Cet écran correspond en fait à l'écran de gestion des tables. Il est ainsi possible d'obtenir des informations sur une table en utilisant la commande `Table Info` du menu *File*. La figure 8-3 montre l'écran d'information de la table `membre`.

Figure 8-3

L'écran d'information sur la table membre.

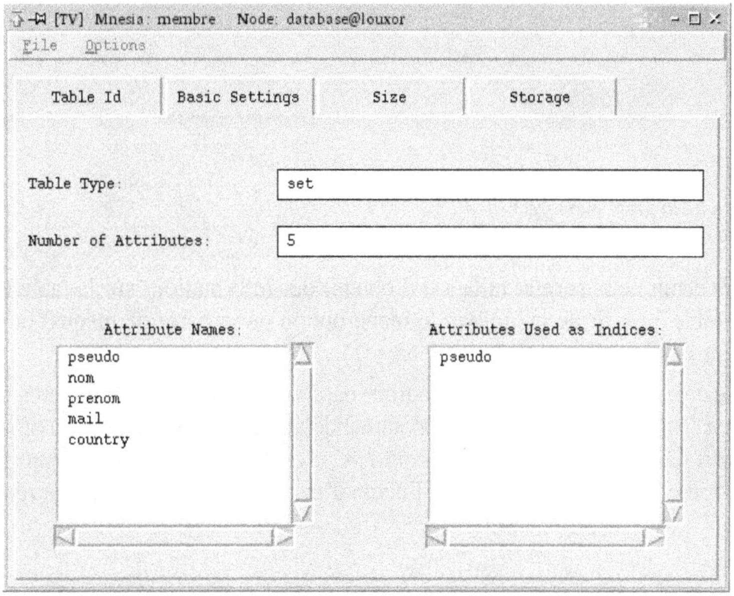

En effectuant un double clic sur le nom de la table, on obtient un écran permettant de visualiser le contenu de la table en question. La figure 8-4 représente le contenu de notre table membre telle qu'elle a été créée par notre programme database.

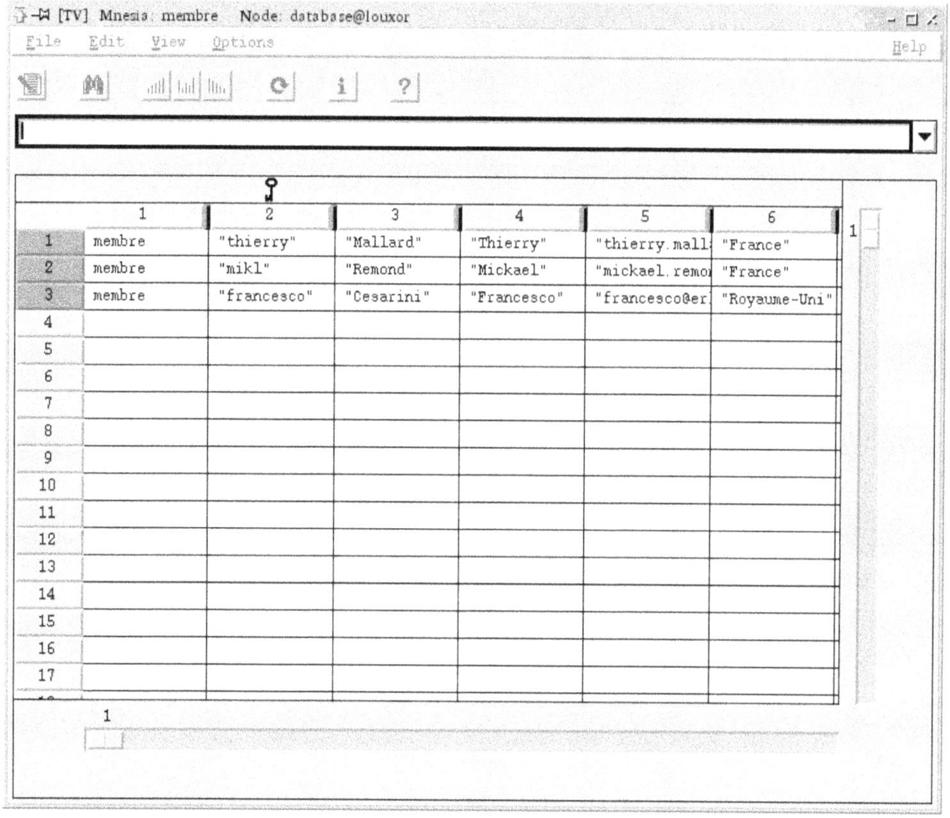

Figure 8-4

Le contenu de la table membre.

Cet écran nous permet lui aussi d'obtenir des informations sur la table (*File* -> Table Info), de trier la table à partir de la clé (*via* le menu option ou la barre de menus) ou bien de faire une recherche dans la table (*Option* -> Search Object).

Il est également possible de modifier ou d'insérer des enregistrements par le biais de la commande Edit Object du menu *Edit*. La commande ajoute un enregistrement si aucune ligne n'est préalablement sélectionnée ; dans le cas contraire, c'est la modification de l'enregistrement sélectionné qui est proposée. La figure 8-5 montre l'écran d'insertion d'une nouvelle entrée dans la table.

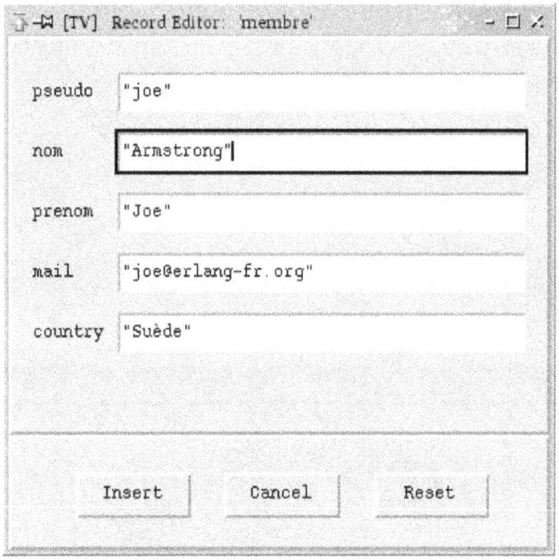

Figure 8-5

Création d'une nouvelle entrée dans la table membre.

Après ce rapide tour d'horizon du développement de programmes reposant sur la base de données Mnesia, nous allons maintenant détailler son fonctionnement.

Valeur nulle et atome undefined

Traditionnellement, un champ non renseigné dans un enregistrement d'une base de données est réputé avoir une valeur nulle (*null*). Il s'agit d'une valeur spéciale, qui est différente d'une valeur renseignée avec une chaîne vide par exemple.

L'atome undefined joue ce rôle en Erlang avec la base de données Mnesia. Lorsqu'on crée un enregistrement, avec certains champs nom renseignés, et que ces champs n'ont pas de valeur par défaut dans la définition de l'enregistrement (*record*), alors la valeur undefined est utilisée dans l'enregistrement concerné.

Importance et signification de la clé dans une table

Les différents types de table

La clé d'une table désigne le champ qui est le plus couramment utilisé pour accéder à un enregistrement donné. À ce titre, un index est toujours créé sur la clé pour accéder de manière ordonnée aux enregistrements de la table.

La valeur du champ représentant la clé peut être unique sur l'ensemble de la table. Cela signifie que l'on ne peut pas trouver plus d'un enregistrement dans la table ayant une valeur identique dans le champ de la clé. C'est le cas le plus courant lorsqu'on crée une base de données. Le champ de clé est alors nommé identifiant : il identifie de manière unique l'enregistrement. Si l'on considère une table stockant la description de l'ensemble des salariés d'une entreprise, l'identifiant va vraisemblablement être constitué du numéro de matricule du salarié. Ce numéro permet d'accéder directement aux informations concernant un salarié donné. Le nom est une valeur ambiguë car des salariés homonymes peuvent appartenir à la même société. Le nom ne permet pas alors d'identifier sans ambiguïté un individu.

La figure 8-6 représente une table de gestion des salariés d'une société, baptisée salaries. Le numéro de matricule correspond à la clé dans la table.

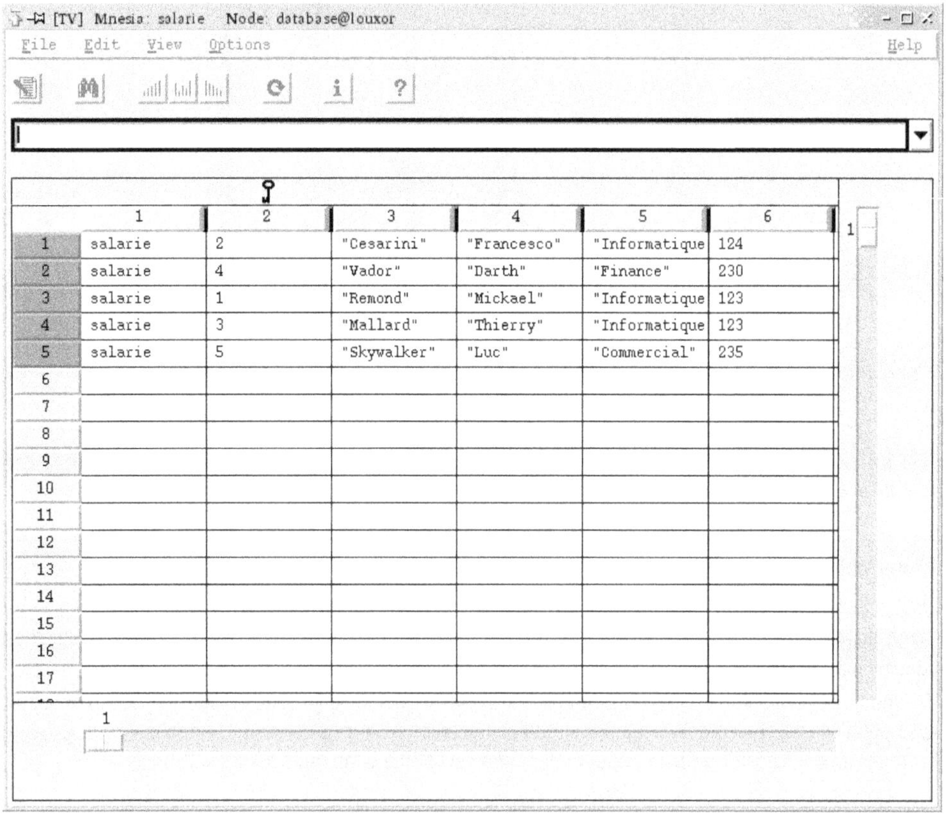

Figure 8-6

La table des salariés : la clé sert à identifier de manière non ambiguë un salarié.

Toutefois, il est parfois utile de gérer des informations en vrac pouvant impliquer plusieurs enregistrements pour une même valeur de clé. Si la clé est obligatoire car elle permet de guider le parcours ordonné de la table, elle ne peut cependant pas servir à identifier un enregistrement unique, car plusieurs enregistrements peuvent avoir la même valeur de clé. C'est le cas lorsqu'on souhaite créer une table pour stocker des événements survenant dans le système. La clé va alors être la date et l'heure mais, comme plusieurs événements peuvent être générés simultanément, une même valeur de clé peut pointer sur zéro, un ou plusieurs enregistrements.

La figure 8-7 présente une table qui est destinée à gérer les bouteilles entreposées dans une cave. La clé est le type de vin. On peut cependant avoir plusieurs enregistrements possédant la même clé, lorsqu'on dispose par exemple d'un même type de vin avec des années de production différentes et/ou provenant de producteurs différents. Dans cet exemple, il n'est pas important d'identifier une bouteille avec précision. C'est simplement le contenu de la cave, et le choix d'un vin par son type, qui nous intéressent.

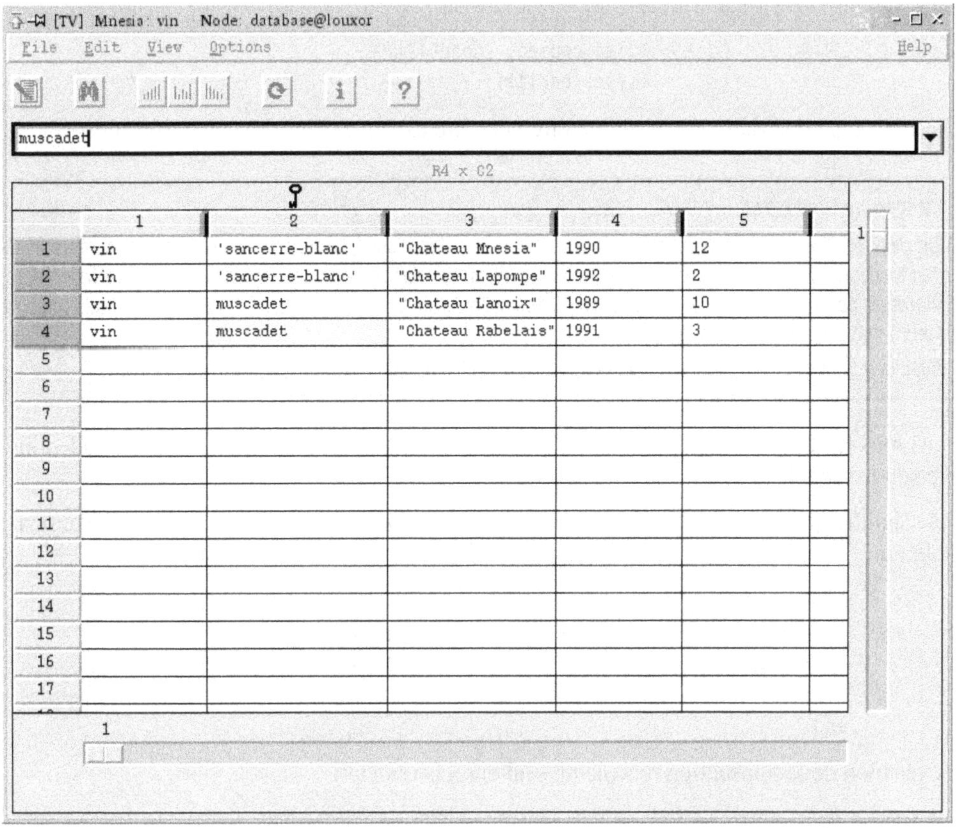

Figure 8-7

La table de gestion des vins présents dans une cave.

Lorsqu'on crée une table, il faut lui attribuer un type, qui correspond à la façon dont le développeur de la base de données souhaite gérer la clé dans cette table. Lorsque la clé est un identifiant unique, on utilise le type set ; lorsque la table contient des enregistrements pouvant proposer une clé identique, on utilise alors le type bag. Le type est déclaré comme un des tuples de la fonction mnesia:create_table/2. Si rien n'est précisé, la table est créée avec le type par défaut set.

Par exemple, on procède à la création de la table `salarie` avec la commande suivante :

```
mnesia:create_table(salarie, [{attributes, record_info(fields, salarie)},
                              {disc_copies, [node()]},
                              {type, set}]).
```

Dans ce cas, l'attribut `type` est optionnel.

Pour créer la table `vin`, on utilise la commande suivante :

```
mnesia:create_table(vin, [{attributes, [vin, producteur, annee, nombre_bouteille]}
                          {disc_copies, [node()]},
                          {type, bag}]).
```

L'attribut `type` doit dans ce cas obligatoirement être exprimé, car le type par défaut est `set`.

Le type `ordered_set`

On dispose d'un autre type de table, `ordered_set`, qui fonctionne comme le type `set` mais qui permet d'utiliser des fonctions de parcours séquentiel de la table. Quel que soit l'ordre dans lequel ont été insérés des enregistrements, le parcours par ordre croissant ou décroissant de la table renvoie alors les enregistrements toujours dans l'ordre de parcours croissant ou décroissant de la clé.

Avec une table de type `set`, le parcours de la table se fait dans un ordre non déterminé à l'avance.

Dans tous les cas, une table Mnesia ne peut pas contenir plusieurs enregistrements identiques quel que soit le type de la table.

Cela signifie que la transaction suivante ne conduit qu'à la création d'un seul enregistrement dans la table `vin`.

```
F = fun() ->
        mnesia:write({vin, 'entre-deux-mers', "Château Mnesia", 1990, 12}),
            mnesia:write({vin, 'entre-deux-mers', "Château Mnesia", 1990,12}),
            mnesia:read({vin, 'entre-deux-mers'})
        end.
```

L'exécution de la transaction renvoie un seul enregistrement :

```
(database@louxor)5> mnesia:transaction(F).
{atomic,[{vin,'entre-deux-mers',"Château Mnesia",1990,12}]}
```

Cela signifie que, lors de la conception des programmes qui gèrent notre base de données, il nous faut savoir qu'il n'est pas possible de considérer l'écriture d'un enregistrement identique à celui existant comme un ajout à notre cave. La conception de notre table de gestion des vins est donc erronée. L'ajout de nouvelles bouteilles identiques n'est possible que si cela ne conduit pas à ajouter un nombre identique de bouteilles pour le même type de vin, pour la même année et le même producteur.

Le problème peut être corrigé de deux manières :

- En ajoutant un numéro de lot servant d'identifiant unique et remplaçant le type de vin dans la clé actuelle. Cet ajout alourdit cependant légèrement le traitement, car il contraint à gérer les numéros de lot.

- En ajoutant un champ sans aucune signification introduisant un élément différenciateur pour les enregistrements. Dans notre exemple de vin, il est ainsi pertinent et nécessaire d'ajouter un champ supplémentaire qui contient la date de création du lot et qui est automatiquement rempli par la transaction d'insertion avec le résultat de la fonction `erlang:now/0`.

Conséquence du type de table sur le comportement des fonctions de Mnesia

Le type de la table est un élément fondamental dans la conception des programmes. Le comportement des fonctions d'insertion et de lecture d'enregistrements est différent selon que l'on considère une table de type `set` ou une table de type `bag`.

Par exemple, les fonctions `mnesia:write` ajoutent ou remplacent un enregistrement selon le type de table sur lequel elle s'applique et selon l'état de la table.

Si un appel à une fonction de type `mnesia:write` est réalisé sur un enregistrement pour lequel la clé n'existe pas dans la table, alors la fonction ajoute un enregistrement.

Si l'appel à `mnesia:write` porte sur un enregistrement dont la clé existe déjà dans la table, il faut faire une distinction selon que la table est de type `set` ou `bag`.

Ainsi dans le cas où la table est de type `set` ou `ordered_set`, la fonction remplace l'enregistrement ayant la même clé que celui sur lequel porte la fonction `mnesia:write`.

Dans le cas où la table est de type `bag` alors l'enregistrement est ajouté, sauf s'il est strictement identique à un enregistrement déjà présent dans la base.

Le schéma de base de données

Une des caractéristiques les plus importantes et étonnantes de Mnesia réside dans sa gestion des schémas, au travers de deux fonctionnalités :

- Le support de différents modes de persistance des tables dans la base. Cela permet de contrôler finement les performances de la base de données.

- La distribution de la base de données Erlang sur un ensemble de nœuds. Il est ainsi possible d'assurer la montée en charge de la base car l'ajout de nœuds permet d'accroître l'espace de stockage en RAM. Cette caractéristique dote le système de quelque robustesse en assurant le cas échéant la réplication des données et la possibilité de maintenir le service si un nœud est défaillant.

C'est grâce à cette gestion fine des schémas que Mnesia est une base susceptible de s'adapter aux besoins de l'utilisateur. L'arbitrage entre performance et robustesse peut être finement contrôlé, table par table.

Les différents modes de persistance des schémas de données

Pour une table de données, l'utilisateur de la base a le choix entre trois modes de persistance.

Le stockage en mémoire vive uniquement

Ce mode de fonctionnement est très rapide mais comporte deux inconvénients :

- Le volume du stockage est limité par la capacité de la machine en termes de mémoire vive.

- Le développeur doit assurer la sauvegarde sur un autre support physique afin d'éviter de perdre des données en cas d'arrêt brutal de la machine.

En pratique, le principe du stockage d'une table peut être appliqué lorsqu'il s'agit de données temporaires pour le programme en cours d'exécution, c'est-à-dire lorsque les données ne sont plus utiles après l'arrêt de l'application.

Dans le cas de données qui doivent être maintenues entre plusieurs exécutions de l'application, il faut alors envisager un dispositif complet de conservation des données :

- L'arrêt du programme entraîne la sauvegarde des données sur disque.

- Un dispositif permettant au système de s'arrêter proprement en cas de panne de courant doit être mis en place.

- La réplication des données peut être prise en charge sur plusieurs nœuds Erlang, résidant sur des machines différentes. Dans ce cas, les performances restent élevées si le système effectue pour l'essentiel des opérations de lecture.

- La sauvegarde des informations sur un support physique persistant doit être effectuée à intervalles réguliers.

Le stockage sur disque uniquement

Ce stockage permet de s'assurer de la persistance des données en toute circonstance. Il est à utiliser lorsqu'on souhaite être certain de conserver les données dans la table d'une exécution de l'application à une autre sans devoir mettre en place les dispositifs qu'implique une persistance de table en mémoire vive seulement.

Ce mode de persistance s'impose également lorsque le volume de données qui doit être stocké dans la table dépasse la capacité de la mémoire vive du système sur lequel la table réside.

Son principal inconvénient est d'être cependant plus lent que les autres modes de stockage, le disque dur étant un périphérique de stockage beaucoup moins rapide que la mémoire vive. Les données qui y sont stockées résistent cependant aux arrêts du système.

Le stockage en mémoire vive et sur disque

Ce mode de stockage permet de bénéficier de très bonnes performances en lecture, tout en s'assurant de la persistance automatique des données de la table sur disque.

Tout comme le stockage en mémoire vive uniquement, il est limité par la disponibilité en mémoire vive de la machine sur lequel le nœud Erlang de la base de données est exécuté.

Insertions

On procède à l'insertion de données à partir des fonctions `mnesia:write`. Nous avons déjà traité ce point en début de chapitre, à la section « Un exemple simple ».

En mêlant les fonctions de base de données et les caractéristiques fonctionnelles du langage Erlang, il est possible de réaliser un code d'insertion compact. La fonction suivante est une réécriture de la fonction `insert/5` de gestion de membres de communauté. Elle accepte une liste de structure Erlang de type membres et les crée tous de manière transactionnelle :

```
%% Insere une liste de membres de manière transactionnelle
insert(ListeMembres) ->
    Fun = fun() ->
                lists:foreach(fun(Membre) ->
                                    mnesia:write(Membre)
                              end,
                              ListeMembres)
          end,
      mnesia:transaction(Fun).
```

Sélections d'enregistrements et requêtes

Un système de base de données présente cet intérêt majeur que l'on peut aisément y retrouver un ensemble d'enregistrements répondant à des critères donnés. Et ce, en effectuant des requêtes, ou en sélectionnant des enregistrements, sur la base de données.

Plusieurs approches possibles sont détaillées ci-après.

Lecture d'enregistrements par la clé : mnesia:read

La fonction mnesia:read permet de lire des enregistrements à partir de leur clé. Un ou plusieurs enregistrements pourront être lus, selon que l'on a affaire à une table de type set ou bag.

Le code suivant illustre la lecture d'un enregistrement de la table à partir de la clé, c'est-à-dire le pseudonyme de l'utilisateur.

```
%% Cherche les informations concernant un membre identifié par son pseudonyme
cherche_membre(Pseudo) ->
    Fun = fun() ->
                mnesia:read(membre, Pseudo)
          end,
    {atomic, Result} = mnesia:transaction(Fun),
    Result.
```

Sélection d'enregistrements à partir de leur contenu : mnesia:match_object

La fonction mnesia:match_object permet de sélectionner des enregistrements à partir de leur contenu. Cette fonction s'appuie sur l'utilisation d'un motif de sélection des enregistrements. Le motif est simplement un enregistrement dans lequel les champs ont été remplis avec les valeurs des champs constituant les critères de requête. La valeur spéciale '_' est utilisée pour signifier que la valeur du champ donné n'est pas importante et ne constitue pas un critère de requête. Les enregistrements sont renvoyés en résultat de la fonction mnesia:match_object dès lors que les critères correspondent aux champs de l'enregistrement.

L'exemple suivant permet de récupérer, sous forme de structure de données Erlang, la liste des enregistrements de la table `membre` habitant dans un pays passé en paramètres :

```
cherche_membres_pays(Pays) ->
    Fun = fun() ->
                  mnesia:match_object(#membre{pseudo='_',
                                              nom='_',
                                              prenom='_',
                                              mail='_',
                                              pays=Pays})
          end,
    {atomic, Result} = mnesia:transaction(Fun),
    Result.
```

Définir un ensemble de champs dans le motif

Afin de réduire le code à saisir, il est possible de fixer en une affectation la valeur de l'ensemble des champs non explicitement définis. Il suffit pour cela d'utiliser le caractère _ (tiret de soulignement) en lieu et place du nom du champ. La valeur affectée à ce champ l'est à tous les champs de la structure non définis explicitement. Les valeurs par défaut présentées dans la définition de l'enregistrement sont ignorées. Pour plus d'informations, vous pouvez vous reporter à la section sur les structures (*records*) du chapitre 2 sur les types composés et les structures de données.

Dans l'exemple suivant, extrait du projet `Metafrog`, tous les enregistrements de la table `module` sont récupérés :

```
list_modules() ->
    Transaction = fun() ->
                      mnesia:match_object(#module{_ = '_'})
                  end,
    {atomic, Result} = mnesia:transaction(Transaction),
    Result.
```

Cette caractéristique est surtout utilisée pour exprimer que les champs non précisés ne sont pas des critères de la requête. On affecte alors à ce champ spécial _ l'alias '_'. Les enregistrements suivants sont par exemple équivalents en tant que motifs de recherche :

```
#membre{pseudo='_', nom='_', prenom='_', mail='_', pays='France'}
#membre{pays='France', _='_'}
```

Des requêtes complexes : `mnesia:select`

Avec les fonctions `mnesia:select`, on peut composer des requêtes complexes, car il est notamment possible de spécifier des contraintes dynamiques, et non plus seulement statiques, sur la valeur des champs déterminant la requête.

La requête est précisée au moyen de trois paramètres :

• Le motif (*MatchHead*) : il s'agit d'une version de l'enregistrement précisant les critères de sélection et les valeurs entrant dans la définition des conditions. Les valeurs réutilisables dans les conditions et dans le résultat s'expriment en affectant au champ un numéro, sous la forme '$n', où n représente un numéro d'ordre.

- Les conditions (*Guards*) : les conditions permettent d'introduire des calculs ou des critères de valeurs entre les champs afin de déterminer si un enregistrement fait ou non partie du résultat de la requête. Il est courant d'utiliser les conditions pour tester la relation entre deux champs d'un enregistrement. On peut par exemple utiliser un garde pour ne sélectionner que les enregistrements dont le champ '$1' est supérieur au champ '$2'.

- Le résultat : ce peut être un ou plusieurs champs de l'enregistrement, ou bien l'ensemble de l'enregistrement. Le résultat est exprimé par une liste d'éléments, reprenant les variables par leur numéro d'ordre défini dans le motif. La variable spéciale '$$' signifie que l'ensemble de l'enregistrement doit être renvoyé en résultat.

L'exemple suivant présente une requête dans une table. Les critères statiques de sélection sont constitués par la valeur des variables CVSROOT, Module et Filename. Les critères dynamiques (Guards) spécifient que les valeurs des champs '$1' et '$2' doivent être égales.

```
file_state(NomFichier, CVSROOT, Module) ->
    Transaction = fun() ->
                        MatchHead = #revision{head='$1',
                                              revision= '$2',
                                              state='$3',
                                              cvsroot = CVSROOT,
                                              module = Module,
                                              name = NomFichier,
                                              _ = '_'},
                        Guards = [{'=:=', '$1', '$2'}],
                        Result = '$3',
                        mnesia:select(?REVISION_TABLE, [ {MatchHead, Guards, [Result]} ])
                end,
        {atomic, [State]} = mnesia:transaction(Transaction),
        State.
```

L'expression des conditions dynamiques est définie par les spécifications de correspondance de motifs. Cette spécification peut être utilisée pour définir des conditions utilisables dans différents contextes. Elles prennent en compte les opérations booléennes, mais également des tests sur la longueur d'une liste, la valeur d'un élément et diverses opérations sur les listes. Ces spécifications sont détaillées dans la documentation officielle d'Erlang relative à l'environnement d'exécution Erlang (ERTS).

Mnemosyne

Erlang propose historiquement un langage de requête pour Mnesia basé sur la syntaxe des *lists comprehension*. Ce langage de requête est bien intégré au langage Erlang lui-même. L'exemple ci-après illustre une requête dans le langage Mnemosyne. La requête permet de récupérer une liste contenant le nom de tous les membres gérés dans la base :

```
Requete =
            query
                [ M.nom || M <- table(membre) ]
            end,
L = mnesia:transaction(
        fun() ->
            mnemosyne:eval(Requete)
        end)
```

Mnemosyne doit être démarré

Une des erreurs les plus fréquentes dans l'utilisation de Mnemosyne est que l'on peut oublier de démarrer l'application associée, à l'aide de la commande :

```
application:start(mnemosyne).
```

Le démarrage de la base de données Mnesia n'est pas suffisant. Certains types de requêtes Mnemosyne fonctionnent sans qu'il soit nécessaire de démarrer l'application. En cas de doute sur le comportement de vos requêtes ou d'erreurs apparemment incompréhensibles, vérifiez bien que Mnemosyne a été démarré.

L'usage de ce langage de requête n'est toutefois pas très répandu, car il est souvent mal compris, mais aussi parce que, dans la plupart des cas, la recherche de performances brutes incite les développeurs à se limiter uniquement aux fonctionnalités offertes par la seule Mnesia. Mnemosyne est également devenu moins intéressant depuis l'introduction de la fonction mnesia:select. Son usage reste donc aujourd'hui confidentiel.

Suppression d'enregistrements

La suppression d'un ou plusieurs enregistrements repose essentiellement sur la fonction mnesia:delete_object/1. Elle permet de supprimer un ou plusieurs objets sur la base de la valeur de certains champs. La valeur spéciale '_' permet de sélectionner l'enregistrement, et ce, quelle que soit la valeur du champ.

L'exemple suivant illustre une transaction incluant suppression d'enregistrement et insertion dans la base de données. Il est tiré du code de l'outil de suivi de projet Metafrog :

```
revision(RevisionRecord) ->
    Filename = RevisionRecord#revision.name,
    CVSROOT = RevisionRecord#revision.cvsroot,
    Module = RevisionRecord#revision.module,
    Revision = RevisionRecord#revision.revision,

    Transaction = fun() ->
                    mnesia:delete_object(#revision{name = Filename,
                                                   cvsroot = CVSROOT,
                                                   module= Module,
                                                   revision=Revision, _ ='_'}),
                       mnesia:write(RevisionRecord)
                  end,
    {atomic, Result} = mnesia:transaction(Transaction),
    Result.
```

Comment s'affranchir de la gestion des transactions : les fonctions « sales » (*dirty*)

Pour des raisons particulières, dont notamment l'amélioration des performances, il est possible d'utiliser les fonctions de la base de données hors un contexte transactionnel. Ces fonctions portent un nom préfixé par *dirty* (sale). Par exemple, la fonction dirty_read produit un résultat équivalent à la fonction read. Cependant, comme leur nom le laisse à penser, l'utilisation de ces fonctions est déconseillée. Il ne faut les utiliser que dans des cas très particuliers quand on est certains qu'aucun accès concurrent n'est possible.

Déclencheurs et contrôles d'intégrité avec Mnesia

Ulf Wiger a réalisé une extension à la base de données Mnesia permettant de doter le système de fonctionnalités de contrôle d'intégrité.

Cette extension est disponible en téléchargement sur le site Erlang.org : *http://www.erlang.org/contrib/ rdbms-1.3.tgz*. Avec cet outil, on peut ajouter à Mnesia des fonctionnalités traditionnellement associées aux bases de données relationnelles, par exemple :

- L'obligation de définir certains champs de l'enregistrement. Une valeur non nulle devra leur être attribuée.
- La définition du type de données pouvant être stocké dans un champ.
- La possibilité de borner certains champs.
- La possibilité d'associer des actions à certaines opérations de base de données telles que l'écriture, la lecture ou la suppression. Cette approche de déclencheur permet par exemple d'implanter des fonctionnalités de contrôle d'intégrité de la base avant d'autoriser la suppression, ou de réaliser des suppressions en cascade d'enregistrements dépendant les uns des autres. Il est ainsi possible de supprimer automatiquement les lignes d'une facture, lorsqu'on supprime cette dernière. De cette façon, on ne génère pas des enregistrements orphelins.
- La gestion de l'intégrité référentielle. Il est possible de limiter la valeur d'un champ à une liste de valeurs définies par un champ dans une autre table. Si une table définissant une personne contient par exemple dans la définition de l'adresse le code postal d'une ville, il est possible d'imposer que ce code postal existe dans la table associant code postal et nom de ville.

Utilisation des fonctionnalités de distribution de Mnesia

Il est possible de créer un schéma de base de données Mnesia qui tire partie des facultés de distribution d'Erlang. On peut aborder la distribution d'une base de données Mnesia de plusieurs manières :

- la répartition des tables de la base sur des nœuds différents ;
- la réplication d'une ou plusieurs tables sur plusieurs nœuds Mnesia différents ;
- la fragmentation d'une table sur plusieurs nœuds. Le stockage d'une même table peut ainsi être réparti sur un ensemble de nœuds, chacun stockant des enregistrements différents.

Nous allons mettre en œuvre un exemple pour montrer la puissance de la base de données Mnesia. Pour ce faire, nous allons répartir une base de données en mémoire sur deux machines. La défaillance d'une machine permet à la base de continuer à fonctionner, en lecture comme en écriture. Lorsque la base défaillante revient en ligne la base de données se synchronise pour revenir dans un état cohérent. Si l'on place la seconde base hors ligne, alors il est possible de vérifier que la base a bien été correctement synchronisée.

Sur la première machine, lançons la ligne de commande Erlang, avec un répertoire pour stocker le schéma.

```
mkdir db1
erl -sname db1 -mnesia dir '"./db1"'
```

Les informations relatives au schéma de la base de données sont stockées dans un sous-répertoire baptisé db1.

Il faut ensuite lancer des commandes similaires sur le second nœud Erlang :

```
mkdir db2
erl -sname db2 -mnesia dir '"./db2"'
```

Sur le premier nœud, il est possible de lancer la création du schéma de base de données. Ce schéma est stocké sur les nœuds Erlang db1 et db2 :

```
(db1@louxor)1> mnesia:create_schema(db1@louxor, db2@louxor).
ok
```

Le démarrage de Mnesia sur les nœuds db1 et db2 permet de finaliser la création du schéma multi-nœuds. Le schéma est écrit sur chacun des nœuds dans le répertoire de stockage des données.

```
(db1@louxor)2> mnesia:start().
ok
.../...
(db2@louxor)3> mnesia:start().
ok
```

La fonction mnesia:info/0 nous présente un schéma de données répliqué sur les deux nœuds :

```
(db1@louxor)6> mnesia:info().
---> Processes holding locks <---
---> Processes waiting for locks <---
---> Participant transactions <---
---> Coordinator transactions <---
---> Uncertain transactions <---
---> Active tables <---
schema         : with 1        records occupying 390      words of mem
===> System info in version "4.1", debug level = none <===
opt_disc. Directory "/home/mremond/share/Data/erlang/workspace/ch_database/distribution
➡/db1" is used.
use fallback at restart = false
running db nodes   = [db2@louxor,db1@louxor]
stopped db nodes   = []
master node tables = []
remote             = []
ram_copies         = []
disc_copies        = [schema]
disc_only_copies   = []
[{db1@louxor,disc_copies},{db2@louxor,disc_copies}] = [schema]
2 transactions committed, 3 aborted, 0 restarted, 0 logged to disc
0 held locks, 0 in queue; 0 local transactions, 0 remote
0 transactions waits for other nodes: []
ok
```

Répartition des tables sur des nœuds différents

Créons maintenant une table sur disque sur le nœud 1 :

```
(db1@louxor)7> mnesia:create_table(personne, [{disc_copies, [db1@louxor]},{attributes,
[nom,prenom,societe]}]).
{atomic,ok}
```

Depuis le même nœud, il est possible de créer une table sur le nœud 2 :

```
(db1@louxor)9> mnesia:create_table(societe, [{disc_copies, [db2@louxor]},{attributes,
[id,raison_sociale]}]).
{atomic,ok}
```

Il peut également être indifféremment procédé aux insertions et requêtes depuis n'importe quel nœud de la base de données, de façon habituelle. Il faut cependant affiner le positionnement des tables au regard des tâches de chacun des nœuds et de leur affinité avec certaines tables, afin d'optimiser les transferts réseaux. Aucune contrainte ne pèse cependant sur le développeur.

Réplication d'une table sur plusieurs nœuds

Nous allons maintenant créer une table en mémoire, répliquée sur chacun des deux nœuds de notre base de données :

```
(db1@louxor)11> mnesia:create_table(ville, [{ram_copies, [db1@louxor,
db2@louxor]},{attributes, [code_postal,nom]}]).
{atomic,ok}
```

Il est possible d'insérer les informations dans la table ville de la même manière qu'auparavant, au sein d'une transaction :

```
(db1@louxor)29>mnesia:transaction(fun()->mnesia:write({ville,54000,"Nancy"})end).
{atomic,ok}
(db1@louxor)30>mnesia:transaction(fun()->mnesia:write({ville,75000,"Paris"})end).
{atomic,ok}
```

Des requêtes sur la table montrent que les deux villes ont bien été créées :

```
(db1@louxor)31>mnesia:transaction(fun()->mnesia:match_object({ville,'_','_'})end).
{atomic,[{ville,54000,"Nancy"},{ville,75000,"Paris"}]}
```

Si l'on stoppe la base sur le premier nœud et qu'on met fin à l'interpréteur Erlang, les requêtes sur la table répliquée continuent à fonctionner depuis le second nœud, y compris les insertions :

```
(db1@louxor)32> mnesia:stop().

=INFO REPORT==== 21-Nov-2002::23:29:31 ===
    application: mnesia
    exited: stopped
    type: temporary
stopped
(db1@louxor)33> init:stop().
ok
.../...
```

```
(db2@louxor)4> mnesia:transaction(fun() -> mnesia:match_object({ville, '_', '_'}) end).
{atomic,[{ville,54000,"Nancy"},{ville,75000,"Paris"}]}
(db2@louxor)8>mnesia:transaction(fun()->mnesia:write({ville,13000,"Marseille"})end).
{atomic,ok}
(db2@louxor)9> mnesia:transaction(fun() -> mnesia:match_object({ville, '_', '_'}) end).
{atomic,[{ville,13000,"Marseille"},
         {ville,54000,"Nancy"},
         {ville,75000,"Paris"}]}
```

Si l'on relance la base sur le nœud 1 et que l'on stoppe ensuite le nœud 2, une simple requête sur la table `ville` nous permet de constater que la réplication fonctionne parfaitement :

```
$ erl -sname db1 -mnesia dir '"./db1"'
Erlang (BEAM) emulator version 5.2 [source] [hipe]

Eshell V5.2  (abort with ^G)
(db1@louxor)1> mnesia:start().
ok
…/…
(db2@louxor)2> init:stop().
ok
…/…
(db1@louxor)2> mnesia:transaction(fun() -> mnesia:match_object({ville, '_', '_', '_'}) end).
{atomic,[{ville,1,54000,"Nancy"},
         {ville,2,75000,"Paris"},
         {ville,3,13000,"Marseille"}]}
```

Fragmentation d'une table sur plusieurs nœuds

La fragmentation d'une table sur plusieurs nœuds est souvent utilisée pour permettre que des tables importantes soient stockées en mémoire vive. Dès lors que cette table occupe un espace mémoire supérieur à l'espace disponible sur une machine, il faut la répartir sur plusieurs nœuds Erlang. Une table fragmentée peut être répliquée ou indexée. Elle se comporte comme une table standard Mnesia.

Le principe de la fragmentation est simple. La base de données équilibre la taille des fragments selon le nombre de fragments que l'on souhaite gérer. La base veille aussi à ce que le nombre d'enregistrements présents dans chaque fragment soit équilibré. Pour la lecture directe d'un enregistrement, la base de données maintient une correspondance entre les valeurs de clés et les fragments qui les contiennent.

Le nombre de fragment est déterminé lors la création de la table au moyen de l'option `{n_framents, N}`. Les nœuds sur lesquels la table doit être répartie sont définis *via* l'option `{node_pool, ListeDe-Noeuds}`. Ces valeurs peuvent être modifiées à l'aide de la fonction `mnesia:change_table_frag/2`, permettant entre autres choses d'agir sur ces deux paramètres.

La mise en œuvre de la fragmentation est un mécanisme relativement simple. Il faut d'abord créer une table avec des paramètres de fragmentation. On n'accède plus à la table avec la fonction `mnesia:transaction/1` habituelle, mais avec la fonction `mnesia:activity/4`. Si l'on n'utilise pas cette dernière fonction, la fragmentation n'est pas correctement opérée.

L'exemple suivant illustre la fragmentation de tables. Nous créons d'abord un schéma sur plusieurs nœuds :

```
(noeud1@mremond)1> mnesia:create_schema([node()] ++ nodes()).
ok
(noeud1@mremond)2> mnesia:start().
ok
(noeud1@mremond)3> mnesia:create_table(societe, [{frag_properties, [{n_fragments, 2},
➡{node_pool, [node()] ++ nodes()}]}, {attributes, [id,raison_sociale]}]).
{atomic,ok}
```

La base de données doit également être démarrée sur les autres nœuds du schéma. Ensuite, il est possible d'insérer des enregistrements. Le deuxième paramètre correspond à la fonction à traiter sous le contrôle de la fonction d'activité, dont le comportement est déterminé par les paramètres 1 et 4. L'ensemble des options possibles est accessible dans la documentation officielle Erlang. Le troisième paramètre correspond à la liste des paramètres de la fonction anonyme ; il est vide ici.

```
(noeud1@mremond)4> mnesia:activity(sync_dirty, fun() -> mnesia:write({societe,1,
➡"Erlang-fr"}), ok end, [], mnesia_frag).              ok
```

Dans le contexte d'activité, il est également possible d'obtenir des informations sur l'état de la fragmentation, et en particulier sur la répartition des enregistrements entre les fragments.

```
(noeud1@mremond)6> mnesia:activity(sync_dirty, fun(Tab, Item) -> mnesia:table_info(Tab,Item)
➡end, [societe, frag_size], mnesia_frag).
[{societe,0},{societe_frag2,1}]
```

La base de données contrôle la répartition des enregistrements lors de l'ajout de nouveaux enregistrements. La commande suivante insère 1000 enregistrements :

```
(noeud1@mremond)9> mnesia:activity(sync_dirty, fun() -> [mnesia:write({societe,K,"Raison
➡sociale"}) || K <- lists:seq(1,1000)], ok end, [], mnesia_frag).
ok
```

Les enregistrements sont automatiquement répartis sur les deux fragments de la table :

```
(noeud1@mremond)10> mnesia:activity(sync_dirty, fun(Tab, Item) ->
➡mnesia:table_info(Tab,Item) end, [societe, frag_size], mnesia_frag).
➡[{societe,499},{societe_frag2,501}]
```

Sauvegarde et restauration

On sauvegarde la base de données Mnesia au moyen d'une fonction dite de backup, par exemple dans le fichier save1.bak :

```
(db1@louxor)5> mnesia:backup('save1.bak').
ok
```

Pour la restauration de la base de données, on utilise une fonction mnesia:restore/2. Selon que l'on veuille simplement écraser le contenu des tables existantes :

```
mnesia:restore('save1.bak', []).
```

ou bien demander la recréation des tables lorsque le schéma a été effacé, par exemple ; dans ce cas, toutefois, il faut préalablement créer le schéma de données distribuées :

```
mnesia:create_schema(db1@louxor, db2@louxor).
mnesia:restore('save1.bak', [{default_op, recreate_tables}]).
```

Les tables qui sont seulement inscrites en mémoire doivent être d'abord écrites sur le disque au moyen de la fonction transactionnelle[1] Mnesia dump_tables/1. La liste des tables passées en paramètres est écrite sur le disque. Au prochain redémarrage de la base de données, les tables seront initialisées avec les valeurs contenues dans le fichier de dump.

```
(db1@louxor)14> mnesia:dump_tables([ville]).
{atomic,ok}
```

Une fois que le dump des tables en RAM est effectué, ces dernières peuvent être sauvegardées avec la fonction mnesia:backup/1.

Le backup est lié à un schéma de données particulier. Pour changer une base de données d'environnement, il faut modifier le schéma qui est enregistré dans le fichier backup, à l'aide de la fonction mnesia:traverse_backup/6. C'est notamment cette fonction qui doit être utilisée lorsque l'on souhaite modifier un fichier de sauvegarde pour pouvoir le charger sur un autre nœud Erlang.

Conclusion

Les possibilités offertes par la base de données Mnesia sont quasi infinies. Elle dispose de caractéristiques de réplication et de tolérance aux pannes hors du commun. En tant que base de données en mémoire, elle est extrêmement performante. Les fonctions de réplication lui permettent de dépasser le seuil de la capacité mémoire d'une seule machine tout en permettant d'assurer la redondance des tables et donc de préserver leur contenu en dépit du crash système affectant une ou plusieurs machines.

---

1. La fonction est déjà transactionnelle, c'est-à-dire qu'elle n'a pas besoin d'être insérée dans une transaction.

9

Le développement
d'interfaces graphiques

Le langage Erlang a bâti son succès sur les applications serveurs, mais il a aussi fait une percée remarquée dans le domaine des applications graphiques utilisateurs. Le modeleur tridimensionnel Wings3D connaît un succès grandissant, notamment dans le milieu des graphistes 3D. Entièrement développé en Erlang, cet outil bénéficie d'une reconnaissance qui s'explique de plusieurs façons :

- Erlang est conçu pour être un langage ouvert sur l'extérieur. Il peut être aisément interfacé avec des bibliothèques existantes écrites en langage C, afin de pouvoir déléguer les traitements requérant des performances brutes, comme le rendu 3D, à une bibliothèque spécialisée très performante. Wings3D utilise cette stratégie et accède à des fonctionnalités OpenGL *via* une interface Erlang vers la bibliothèque SDL (*http://www.libsdl.org/*).

- Le modèle de développement sous forme de processus est particulièrement bien adapté au développement d'applications graphiques. Ces dernières exigent en effet, pour le confort de l'utilisateur, que des processus parallèles gèrent différents éléments de l'interface graphique pour proposer une interface utilisateur qui ne se « fige » pas lorsque des traitements longs sont opérés par l'application.

- Le passage de messages est bien adapté à la propagation et au traitement des événements survenant dans l'interface utilisateur : action sur les boutons de l'interface, manipulations des menus, etc.

- Le caractère dynamique du langage a permis de rendre l'outil Wings3D très aisément extensible en Erlang. Des développeurs peuvent donc compléter l'application en développant des plug-ins qui étendent les fonctionnalités de l'application standard en Erlang.

Ces quatre éléments concourent pour faire d'Erlang un langage crédible en matière de développement d'interfaces utilisateur multi-plates-formes.

Erlang et les outils de développement d'interface utilisateur

Plusieurs méthodes peuvent être employées pour développer une interface graphique en Erlang :

- L'application GS (*Graphics System*) est une passerelle en Erlang vers la bibliothèque TK, développée à l'origine comme une extension du langage TCL. Cette application est incluse dans la distribution standard d'Erlang. Elle est donc disponible sur toutes les plates-formes supportées par Erlang. C'est pour cette raison que les exemples d'interface utilisateurs de ce chapitre s'appuie sur cette bibliothèque.

- L'application ErlGTK, qui offre un accès à la bibliothèque graphique GTK, a été popularisée par le logiciel de dessin TheGimp et par l'environnement de bureau Gnome sur les systèmes Unix. Cette bibliothèque est multi-plate-forme mais sa mise en œuvre sur les systèmes non-Unix est complexe. Le développement d'application reposant sur ErlGTK n'est, pour cette raison, pas traité dans cet ouvrage. Pour de plus amples informations, le lecteur est invité à se reporter au site du projet : *http://erlgtk.sourceforge.net/*

- L'application SDL (*Simple DirectMedia Layer*) n'est pas fournie en standard avec la distribution Erlang. Il s'agit d'une bibliothèque graphique de plus bas niveau, ne s'intéressant pas au développement d'applications pour système fenêtré mais plutôt au développement d'applications graphiques destinées à fonctionner en mode plein écran. Elle offre ainsi des fonctions de dessins 2D et 3D avancées et performantes, ainsi que des fonctionnalités de traitement du son. Utilisée pour le modeleur Wings3D, elle est également adaptée au développement d'interfaces pour les jeux vidéo, usage pour lequel la bibliothèque a été conçue à l'origine. Son utilisation sera illustrée au moyen d'un cas pratique sur le développement d'un jeu en Erlang. Pour plus d'informations sur le sujet, le lecteur peut se rendre sur le site : *http://esdl.sourceforge.net/*

Ce chapitre traite uniquement du développement d'interface TK à l'aide de l'application GS.

Le développement d'interfaces graphiques en TK

Une application « Helloworld » graphique

Le développement d'une application graphique requiert au minimum :

- le démarrage du système graphique Erlang/TK, nommé GS,
- la création d'une fenêtre,
- l'affichage d'informations dans la fenêtre créée.

Le module helloworld_tk illustre ces trois étapes :

```
%% Début du module helloworld_tk
-module(helloworld_tk).

-export([start/0]).

start() ->
    %% Lancement du système d'interface graphique
    Gs = gs:start(),

    %% Création d'une fenêtre de 200 pixels de large et 100 pixels de haut.
```

```
        %% Cette fenêtre est l'objet principal de notre application graphique.
        Win = gs:create(window,Gs,[{width,200},{height,100}]),

        %% Création d'un objet de type label dans la fenêtre Win permettant
        %% d'afficher du texte
        Label = gs:create(label, Win, [{label, {text, "Hello world!"}}]),

        %% La fenêtre reste invisible tant que la propriété de la fenêtre
        %% baptisée map n'est pas positionnée sur vrai.
        %% Affiche la fenêtre:
        gs:config(Win, {map,true}),

        %% La création d'une boucle est indispensable car l'application ne
        %% fonctionne que tant que le processus qui contrôle l'application
        %% reste vivant.
        loop().
%% Boucle traitant les événements de l'application
%% Lorsqu'un événement est reçu en provenance de l'interface graphique,
%% on sort de la boucle.
loop() ->
    receive
        Evenement ->
            io:format("Un événement a été reçu: ~p~n", [Evenement]),
    end.
%% Fin du module helloworld_tk
```

Le lancement de la fonction `helloworld_tk:start/0` permet de démarrer notre application :

```
Erlang (BEAM) emulator version 2002.10.08 [source] [hipe] [threads:0]

Eshell V2002.10.08  (abort with ^G)
1> helloworld_tk:start().
```

La figure 9-1 présente la fenêtre qui est gérée par notre application.

Figure 9-1

L'application helloworld_tk.

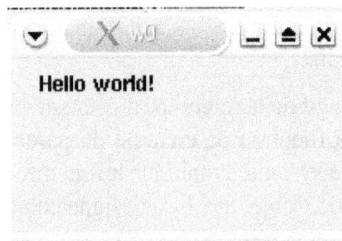

Un clic de la souris sur la croix de fermeture de l'application a pour effet de générer un événement de type `destroy` et de terminer le programme :

```
1> helloworld_tk:start().
Un événement a été reçu: {gs,{3,<0.30.0>},destroy,[],[]}
ok
```

> **Destruction de la fenêtre**
>
> Lorsque l'utilisateur clique sur la croix de fermeture de la fenêtre, un message de type `destroy` est envoyé au processus qui contrôle l'application. L'objet correspondant à la fenêtre est détruit. Il ne peut plus être affiché. Si l'on souhaite l'afficher à nouveau, il doit être recréé à partir de la fonction `gs:create/3`.

Principes de fonctionnement de l'application GS

Les objets d'une interface graphique sont organisés de manière arborescente. Le premier objet constitue la fenêtre principale. Il forme la racine de l'organisation arborescente de nos objets graphiques. Il a pour père l'identifiant du système GS lui-même.

Les autres objets ont pour père un autre objet graphique. Chaque nouvel objet graphique s'emboîte donc en quelque sorte dans un autre. Cette relation d'objet parent/objet enfant détermine la manière dont les objets sont finalement affichés à l'écran. Dans la plupart des cas, l'objet parent sert de conteneur à ses objets fils.

Sur cette base, quelques fonctions suffisent pour contrôler l'environnement graphique :

- `gs:start/0` : cette fonction démarre le serveur graphique. Son appel est indispensable pour commencer à utiliser les fonctions graphiques. Elle renvoie un identifiant qui sert de référence pour l'objet racine de notre interface utilisateur. Si le serveur est déjà démarré, elle retourne le même identifiant. Elle peut donc être utilisée pour récupérer l'identifiant d'un système graphique déjà lancé.

- `gs:stop/0` : cette fonction arrête le serveur graphique et détruit toutes les fenêtres qui ont précédemment été créées. Cette fonction ne doit pas être utilisée en fin de votre propre programme, car si d'autres applications graphiques sont également lancées sur le même nœud Erlang, elles seront également détruites. Un seul serveur supporte toutes les applications graphiques d'un nœud Erlang. Cette fonction n'est utile que depuis la ligne de commande Erlang, pour forcer l'arrêt de toutes les applications graphiques du système.

- `gs:create/3` : cette fonction crée un objet à partir des trois paramètres suivants :

  - `ObjType` : le type d'objet. Il s'agit d'un atome, par exemple, `windows` pour une fenêtre ou `button` pour un bouton.

  - `Parent` : il s'agit de la référence du père de l'objet que l'on souhaite créer. Cette référence est le résultat de la fonction de création du parent par `gs:create/3`. Par exception, l'objet racine a pour parent le système graphique lui-même, résultat de la fonction `gs:start/0`. Le nouvel objet est donc fils de l'objet que l'on désigne comme parent.

  - `Options` : il s'agit des options de l'objet. Ces options sont passées sous la forme d'une liste de tuples ou d'un tuple lorsqu'on ne fixe qu'une seule option. Les options permettent de donner des propriétés à chacun des objets, comme leur hauteur, leur largeur, leur titre, etc. Les options de l'objet dépendent du type d'objet. Elles sont le plus souvent optionnelles, car chaque objet propose des valeurs par défaut. L'ordre dans lequel sont exprimées les options est sans importance. Chaque type d'objet propose des valeurs par défaut. De même, les options peuvent être fixées plus tard dans le déroulement du programme au moyen de la fonction `gs:config/2`.

La fonction renvoie soit la référence de l'objet créé, soit une erreur sous la forme d'un tuple de type : {error, Reason}.

- gs:create/4 : cette fonction permet la création d'un objet en lui affectant un nom, de type atome. Les paramètres de la fonction s'utilisent dans l'ordre suivant : Objtype, Name, Parent, Options. Le nom peut ensuite être utilisé comme référence de l'objet, dans toutes les fonctions acceptant une référence d'objet. Le comportement de la fonction est, pour le reste, identique à la fonction gs:create/3.

- gs:destroy/1 : cette fonction permet de détruire un objet et tous ses fils.

- gs:config/2 : cette fonction permet de modifier les options d'un objet. Le premier paramètre est la référence de l'objet, tandis que le second représente les options, passées sous la forme d'une liste de tuples ou d'un tuple lorsqu'une seule option est fixée. Le formalisme appliqué est identique à celui que mettent en œuvre les options des fonctions gs:create. La fonction renvoie ok ou {error, Reason} en cas de problème (par exemple, si l'objet n'existe plus).

- gs:read/2 : cette fonction permet de lire les propriétés de l'objet, afin de récupérer des valeurs, des chaînes de caractères, résultat du travail de l'utilisateur avec l'interface graphique. La fonction renvoie ok ou {error, Reason} en cas de problème.

Des fonctions de raccourcis sont fournies pour faciliter le travail du développeur. Ces raccourcis ne font que mettre en œuvre les fonctionnalités proposées par les huit fonctions élémentaires. Parmi les raccourcis les plus marquants, on trouve gs:Objecttype(Parent) et gs:Objecttype(Name, Parent, Option). L'atome déterminant le type de l'objet peut être utilisé directement comme nom de la fonction pour simplifier le code.

On peut ainsi créer un bouton avec la fonction suivante :

```
gs:button(Win).
```

La fonction gs:create_tree(Parent,Tree) permet de créer une hiérarchie d'objets en un seul appel de fonction. L'arbre est représenté par une liste de tuples objet de la forme {ObjType, Options, Fils}. La valeur de fils est une liste de tuples objet. La structure permet alors de définir directement un arbre d'objet graphique. Si un objet ne comporte pas de fils, un tuple de longueur 2 peut être passé à la place, en omettant complètement la liste des fils.

L'exemple suivant crée dynamiquement, de manière interactive, une interface graphique comportant un bouton 'Ok' et un bouton 'Annuler' :

```
Erlang (BEAM) emulator version 2002.10.08 [source] [hipe] [threads:0]

Eshell V2002.10.08  (abort with ^G)
1> Gs = gs:start().
{1,<0.30.0>}
2> Win = gs:window(Gs,{map,true}).
{3,<0.30.0>}
3> gs:button(Win, {label,{text, "Ok"}}).
{5,<0.30.0>}
4> gs:button(Win, [{y,40},{label,{text, "Annuler"}}]).
{7,<0.30.0>}
```

L'exemple suivant met en place la même interface à l'aide de la fonction gs:create_tree/2. La figure 9-2 présente l'interface qui en résulte.

```
5> Tree = [{window, [{map,true}],
5>          [{button, [{label,{text, "Ok"}}]},
5>           {button, [{y,40},{label,{text, "Annuler"}}]}
5>          ]
5>         }].
[{window,[{map,true}],
        [{button,[{label,{text,"Ok"}}]},
         {button,[{y,40},{label,{text,"Annuler"}}]}]}]
6> gs:create_tree(gs:start(), Tree).
ok
```

Figure 9-2

La fenêtre et les deux boutons résultant de l'appel de la fonction gs:create_tree/2.

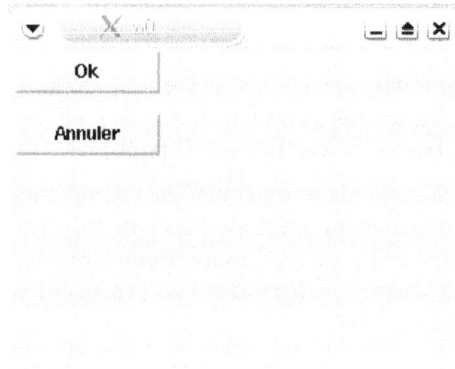

Ces fonctions sont dotées des bases nécessaires pour créer des interfaces graphiques en Erlang. La création d'interfaces graphiques complètes requiert cependant que l'on maîtrise les types d'objets TK supportés par GS et leurs différentes options. Les objets, comme les options, sont directement issus de l'API des fonctions graphiques de TCL/TK. Dans la suite de ce chapitre, on va présenter les principaux éléments graphiques.

Le traitement des événements

Un processus qui crée un objet est propriétaire de cet objet. Les événements générés par un objet, comme un clic sur un bouton, sont transmis sous forme de message inter-processus Erlang au processus qui est propriétaire de l'objet.

Destruction du processus graphique propriétaire d'objets graphiques

Le processus propriétaire de l'objet graphique est lié aux objets graphiques dont il est le propriétaire. Si le processus propriétaire se termine, tous les objets graphiques dont il est également propriétaire sont détruits.

Le message d'événement commence toujours par l'atome gs. Il se présente sous la forme d'un tuple du type :

```
{gs, Id_Name, TypeEvenement, Donnees, Arguments}
```

- `Id_Name` correspond à la référence ou au nom de l'objet.

- `TypeEvenement` dépend de l'objet ; il correspond à la nature de l'événement. Ce peut être un clic, la saisie d'un caractère, etc.

- `Donnees` représente les informations stockées dans l'option Data, qui existe pour tous les objets.

- `Arguments` est une liste contenant des informations complémentaires sur l'événement. Le contenu exact de la liste est fonction du type de l'événement. Ce peut être par exemple la position du clic survenant sur un objet dédié au dessin, la nouvelle taille de la fenêtre si l'événement est un redimensionnement, etc.

Une application graphique Erlang simple est en général implémentée en deux parties. La première partie effectue la mise en place de l'interface graphique ; la seconde définit une boucle de traitement des événements de l'application.

Le module `eval_graphique` implémente une application permettant de saisir une expression Erlang. Le résultat de l'expression est affiché dans un cadre de texte. L'application traite pour cela l'événement de clic sur le bouton d'exécution. Les deux parties du programme sont bien apparentes. D'abord la mise en place de l'interface :

```erlang
%% Début du module eval_graphique
-module(eval_graphique).

-export([start/0, init/0]).

start() ->
    spawn(?MODULE, init, []),
    ok.

%% Mise en place de l'interface graphique
init() ->
    %% Lancement du système d'interface graphique
    Gs = gs:start(),

    %% Création d'une fenêtre de 500 pixels de large et 400 pixels de haut.
    Win = gs:create(window, Gs, [{title,"Evaluation Erlang"},
                                 {width,500},{height,400}]),

    gs:create(label,Win,[{label,{text,"Expression Erlang"}},
                         {width,150}]),

    %% L'option keypress = true permet de demander de recevoir
    %%   un événement sur pression de la touche entrée
    gs:create(entry,expression,Win,[{x,10},{y,30},{width,130},
                                    {keypress,true}]),

    gs:create(button,eval,Win,[{width,45},{y,60},{x,10},
                              {label,{text,"Eval"}}]),

    %% Zone d'affichage du résultat
    gs:create(editor, result, Win, [{x,10}, {y, 90}, {width, 400}, {height, 300},
                                    {wrap, word}, {vscroll,right}]),

    gs:config(Win, {map,true}),

    loop([]).
```

Puis la boucle de traitement des événements de l'application. On note que la boucle maintient l'état des variables créées. Il est ainsi possible de réutiliser des variables d'une expression à l'autre.

```erlang
loop(Variables) ->
    receive
        %% L'utilisateur a cliqué sur le bouton 'eval'
        %% l'expression, on l'évalue et on exécute le
        %% traitement et on affiche le résultat:
        {gs,eval,click,_Data,_Args} ->
            %% On récupère l'expression:
            Expr = gs:read(expression, text),
            %% On évalue l'expression
            {Result, NewVariables} = eval(Expr, Variables),
            %% On affiche le résultat (après avoir effacé la zone)
            %% Il faut d'abord autoriser l'écriture et l'interdire à
            %% la fin de l'opération, car la zone d'affichage est en
            %% lecture seule
            gs:config(result,{enable, true}),
            gs:config(result, clear),
            gs:config(result, {insert, {insert, Result}}),
            gs:config(result, {enable, false}),
            %% Reste dans l'application
            loop(NewVariables);
        %% On ignore les autres événements.
        Evenement ->
            loop(Variables)
    end.
```

Pour finir, la fonction eval/2 implémente l'évaluation des expressions saisies dans le champ de saisie. Les fonctions standards d'Erlang mises en œuvre peuvent être utilisées pour doter vos programmes d'un langage d'extension. Les programmes peuvent ainsi être contrôlés directement en Erlang par l'utilisateur :

```erlang
%% Evalue l'expression et on intercepte les erreurs pour pouvoir
%% les afficher.
eval(String, Bindings) ->
    case catch eval_expr(String, Bindings) of
        {'EXIT', Erreur} -> Chaine = lists:flatten(io_lib:format("~p", [Erreur])),
                            {Chaine, Bindings};
        {ok, Res, NewBindings} -> {Res, NewBindings}
    end.
eval_expr(String, Bindings) ->
    {ok, Tokens, Endline} = erl_scan:string(String),
    {ok, AbstractForm} = erl_parse:parse_exprs(Tokens),
    {value, Result, NewBindings} = erl_eval:exprs(AbstractForm, Bindings),
    {ok, Result, NewBindings}.
%% Fin du module eval_graphique
```

La figure 9-3 présente notre application `eval_graphique` en action.

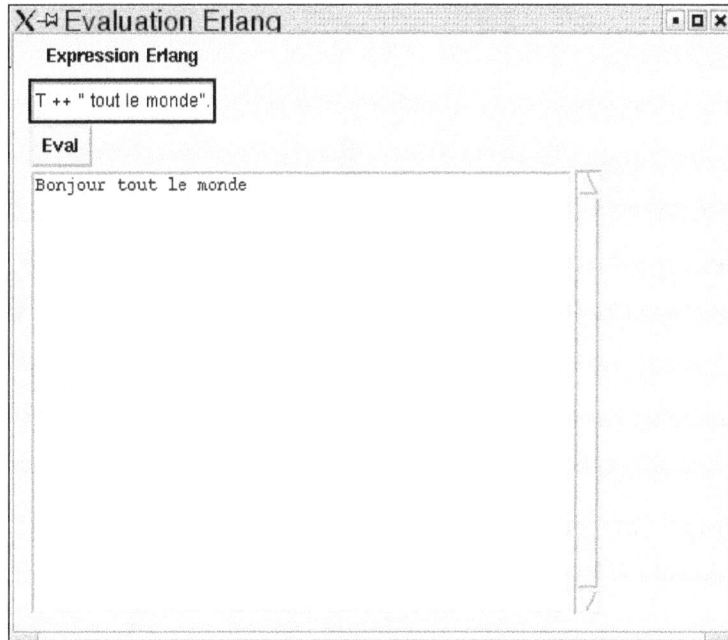

La boucle de traitement des événements s'appuie sur la correspondance de motif pour associer messages et traitements. Voici quelques stratégies qu'il est possible de mettre en œuvre dans une boucle de traitement de messages :

- **Sélection des événements par l'identifiant de l'objet :** elle consiste à déterminer les traitements à effectuer en fonction de l'objet qui a généré l'événement. Cette approche est en particulier utile pour déterminer si une action a eu lieu sur un bouton.

- **Sélection des événements par nom d'objet :** il s'agit d'une variante du cas précédent. Le fait de donner un nom à un objet graphique permet d'en faciliter la gestion, et cela simplifie en particulier le développement de la boucle de traitement des événements. Les identifiants d'objets n'ont pas à être passés en paramètre de la boucle de traitement d'événement. Toutefois, si vous comptez beaucoup d'objets, il est impératif de définir une convention de nommage. Vous pouvez par exemple donner un nom à chacune de vos fenêtres (vos écrans), et ensuite utiliser une abréviation pour nommer les objets contenus dans chacune des fenêtres. Vous pouvez préfixer les noms des objets en fonction de leur type : par exemple, `btn` pour bouton, `wdw` pour fenêtre (*Window*), etc.

- **Sélection des événements à l'aide du champ de données :** il est possible d'affecter des données libres à un objet lors de sa création ou durant l'exécution du programme. Ces données sont reprises dans l'événement tel qu'il est propagé. Elles servent en général à créer des événements personnalisés qui peuvent être regroupés selon différents critères : type de l'objet, nom de groupe, etc. Ces informations peuvent être combinées entre elles, puisqu'il est possible de placer dans le champ de données tout type de données Erlang, et en particulier des tuples.

- **Sélection des événements par type d'événement** : il s'agit de déterminer les traitements à opérer en fonction du type d'événement associé. Il faut garder à l'esprit que les objets n'émettent pas tous les mêmes types d'événement : un type d'événement concerne donc implicitement seulement certains objets.

Les options des objets graphiques

Les objets graphiques peuvent comporter plusieurs options :

- Certaines options sont génériques et communes à tous les objets. C'est le cas par exemple des options de positionnement des objets dans une fenêtre, sur l'écran, ou bien relativement à son conteneur. L'option 'x' permet d'ajuster le positionnement horizontal d'un objet. L'option 'y' permet d'ajuster le positionnement vertical. L'origine des axes est située en haut à gauche de la fenêtre.

  De même, l'option 'width' permet de déterminer la largeur d'un composant, et l'option 'height' de déterminer sa hauteur.

  Toutes les tailles de l'interface graphique sont mesurées en pixel, c'est-à-dire en nombre de points sur l'écran.

- D'autres options sont dépendantes du type d'objet, par exemple le titre, qui concerne seulement l'objet 'fenêtre'.

Quelques éléments graphiques fondamentaux

Parmi les éléments graphiques fondamentaux, on distingue, entre autres :

- les fenêtres : window,
- les boutons : button,
- les zones de saisie : entry,
- les zones de texte : label,
- les boutons radio : radiobutton,
- les boîtes de liste : listbox,
- les containers : frame,
- les zones de dessin : canvas,

Les options et les événements de chaque composant sont relativement complexes et nombreux. Ce chapitre présente des exemples d'utilisation de chacun des composants.

Les fenêtres

La fenêtre constitue l'objet de base d'une interface graphique. C'est un container pour d'autres objets. Toutes les applications graphiques ont au moins une fenêtre de premier niveau.

Les fenêtres peuvent être organisées de façon hiérarchique. Une fenêtre peut avoir comme fille une autre fenêtre. Cela permet de créer des applications complexes comportant plusieurs fenêtres.

L'exemple suivant présente une fenêtre vide :

```
1> Gs = gs:start().
{1,<0.31.0>}
2> Win = gs:create(window, Gs, [{map,true}, {title, "Une fenetre vide"}]).
{3,<0.31.0>}
```

Figure 9-4

Fenêtre vide.

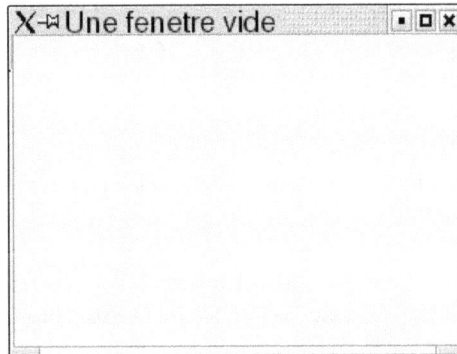

Les boutons

Les boutons peuvent servir à créer des boîtes de dialogues, mais également des barres d'outils. Il est possible de les remplir avec du texte ou avec des images.

Il existe trois sortes de boutons :

- Les boutons normaux (button), qui acceptent et véhiculent essentiellement les informations de clics.

- Les boutons radio (radiobutton) : ce sont des boutons permettant à l'utilisateur d'exprimer des choix. Ces boutons sont utilisés par groupe pour proposer des choix mutuellement exclusifs à l'utilisateur. Un seul bouton peut être coché dans le groupe.

- Les boutons à cocher (checkbutton) : ce sont également des boutons permettant d'exprimer des choix. Lorsqu'ils sont rassemblés au sein d'un groupe, la sélection d'un bouton entraîne la sélection de tous les boutons du groupe.

L'exemple suivant présente les différents types de boutons :

```
1> gs:window(win, gs:start(),[{map,true}, {title, "Quand Erlang donne des boutons ;-)"},
➥{width, 500}, {height, 400}]).
{3,<0.30.0>}
2> gs:button(btn1, win, [{label, {text, "Validation"}}, {y, 0}, {x,0}]).
{5,<0.30.0>}
3> {7,<0.30.0>}
3> gs:radiobutton(rb1, win, [{label, {text, "Bouton Radio 1 - Groupe A"}}, {y, 0}, {x, 120},
➥{width, 240}]).
{7,<0.30.0>}
4> gs:radiobutton(rb2, win, [{label, {text, "Bouton Radio 2 - Groupe A"}}, {y, 30}, {x,120},
➥{width,240}]).
```

```
 {9,<0.30.0>}
5> gs:radiobutton(rb3, win, [{label, {text, "Bouton Radio 3 - Groupe B"}}, {y, 90}, {x,120},
➥{width,240},{group, b}]).
 {11,<0.30.0>}
6> gs:radiobutton(rb4, win, [{label, {text, "Bouton Radio 4 - Groupe B"}}, {y, 120}, {x,120},
➥{width,240},{group, b}]).
 {13,<0.30.0>}
7> gs:checkbutton(cb1, win, [{label, {text, "Bouton à cocher 1"}}, {y, 180}, {x,120}, {width,
➥240}]).
 {15,<0.30.0>}
8> gs:checkbutton(cb2, win, [{label, {text, "Bouton à cocher 2"}}, {y, 210}, {x,120}, {width,
➥240}]).
 {17,<0.30.0>}
```

L'interface graphique qui en résulte est présentée en figure 9-5.

Figure 9-5

Boutons, boutons radio et boutons à cocher.

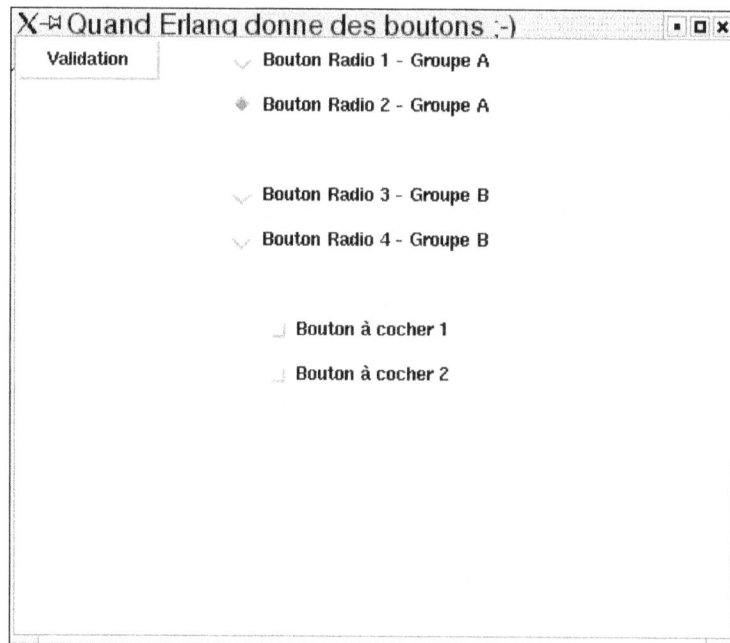

Groupe de boutons par défaut

Pour les boutons radio ou les boutons à cocher, si aucun groupe n'est précisé, les boutons appartiennent par défaut au même groupe.

Les zones de saisie

Les zones de saisie sont destinées à de courtes valeurs. Pour saisir du texte plus long, il faut utiliser l'objet graphique éditeur, qui permet notamment de gérer le défilement vers le haut et le bas du texte.

Le programme peut écrire dans la zone de saisie par le biais de la propriété 'text', en utilisant la fonction gs:config/2. Il peut également lire les saisies de l'utilisateur à partir de la fonction gs:read/2, en s'appuyant toujours sur la propriété 'text'. Notre exemple d'évaluateur graphique Erlang est muni de ce mécanisme de lecture et d'écriture.

L'exemple suivant présente une fenêtre qui comprend deux zones de saisie :

```
1> gs:window(win, gs:start(), [{map,true}, {title, "Zone de saisie ..."}]).
➡ {3,<0.30.0>}
2> gs:label(lbl1, win, [{label, {text, "Nom"}}]).
{5,<0.30.0>}
3> gs:entry(ent1, win, [{text, "Votre nom"}, {x, 90}]).
{7,<0.30.0>}
4> gs:label(lbl2, win, [{label, {text, "Prénom"}}, {y, 30}]).
{9,<0.30.0>}
5> gs:entry(ent2, win, [{text, "Votre prénom"}, {y,30}, {x, 90}]).
{11,<0.30.0>}
6> gs:button(btn1, win, [{label, {text, "OK"}}, {y, 60}, {x, 30}]).
{13,<0.30.0>}
```

La figure 9-6 présente un formulaire de saisie.

Figure 9-6

*Un formulaire avec
des zones de saisie.*

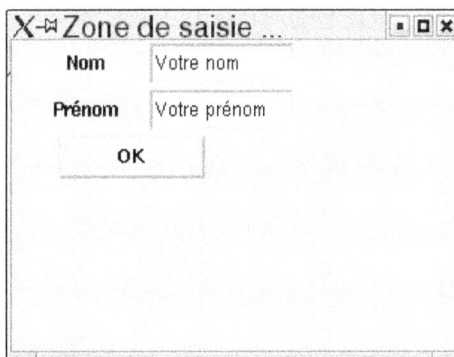

Les menus

Les menus sont en réalité composés de quatre types d'objet :

* L'entrée de menu : il s'agit d'un objet avec lequel on va associer des actions. Elles peuvent être de plusieurs types :
  - normal : c'est un élément vertical présent dans un menu ;
  - separator : un séparateur d'entrée de menu, utilisé pour séparer des groupes de fonctionnalités ;
  - check : une entrée de menu à cocher ; elle est utilisée pour activer ou désactiver des fonctionnalités de notre application, et fonctionne comme les boutons à cocher ;
  - radio : une entrée de menu fonctionnant comme les boutons radio ; seule une entrée de menu radio du même groupe peut être activée ;
  - cascade : une entrée de menu cascade qui permet de définir des sous-menus.

- La barre de menus : elle est placée en haut de l'écran. Elle contient des boutons de menu affichés horizontalement les uns à côté des autres.

- Le menu : il contient des entrées de menu affichées verticalement les unes en dessous des autres.

- Le bouton de menu : c'est un menu présenté sous la forme d'un bouton. Lorsqu'on clique sur le bouton, il présente un menu. Les boutons de menu peuvent être utilisés dans une barre de menus, ou bien directement dans la composition de l'écran.

On procède à la mise en place d'un menu dans une application en organisant une hiérarchie d'objet de la manière suivante :

- Une fenêtre peut avoir pour fils une barre de menus ou un bouton de menu.

- Une barre de menus peut avoir pour fils des boutons de menu.

- Un bouton de menu a pour fils des menus.

- Un menu a pour fils des entrées de menu.

- Cas particulier : une entrée de menu de type cascade a pour fils des menus.

```
1> gs:window(win, gs:start(), [{map,true}, {title, "Les menus"},{width, 500}, {height, 200}]).
{3,<0.30.0>}
2> gs:menubar(bar1, win, []).
{5,<0.30.0>}
3> gs:menubutton(mbt1, bar1, [{label, {text, "Fichier"}},{underline,0}]).
{7,<0.30.0>}
4> gs:menubutton(mbt2, bar1, [{label, {text, "Options"}},{underline,0}]).
{9,<0.30.0>}
5> gs:menu(mnu_file, mbt1, []).
{11,<0.30.0>}
6> gs:menu(mnu_options, mbt2, []).
{13,<0.30.0>}
7> gs:menuitem(mni_open, mnu_file, [{label,{text, "Ouvrir"}},{underline, 0}]).
{15,<0.30.0>}
8> gs:menuitem(mni_sep1, mnu_file, [{itemtype, separator}]).
{17,<0.30.0>}
9> gs:menuitem(mni_quit, mnu_file, [{label,{text, "Quitter"}},{underline, 0}]).
{19,<0.30.0>}
10> gs:menuitem(mni_opt1, mnu_options, [{itemtype,check},{label,{text, "Gras"}},
⇒{underline, 0}]).
{21,<0.30.0>}
11> gs:menuitem(mni_sep2, mnu_options, [{itemtype,separator}]).
{23,<0.30.0>}
12> gs:menuitem(mni_opt2, mnu_options, [{itemtype,radio},{label,{text, "Mode page"}},
⇒{underline, 5}]).
{25,<0.30.0>}
13> gs:menuitem(mni_opt3, mnu_options, [{itemtype,radio},{label,{text, "Mode plan"}},
⇒{underline, 6}]).
{27,<0.30.0>}
14> gs:menuitem(mni_sep3, mnu_options, [{itemtype,separator}]).          {29,<0.30.0>}
15> gs:menuitem(mni_opt4, mnu_options, [{itemtype,cascade},{label,{text, "Ajouter"}},
⇒{underline, 0}]).
{31,<0.30.0>}
```

```
16> gs:menu(mnu_add,mni_opt4, []).
{33,<0.30.0>}
17> gs:menuitem(mni_add1, mnu_add, [{label,{text, "Image"}},{underline, 0}]).
{35,<0.30.0>}
```

La figure 9-7 présente un menu complexe, composé de plusieurs types d'éléments de menu.

Figure 9-7

*Les menus
d'une application.*

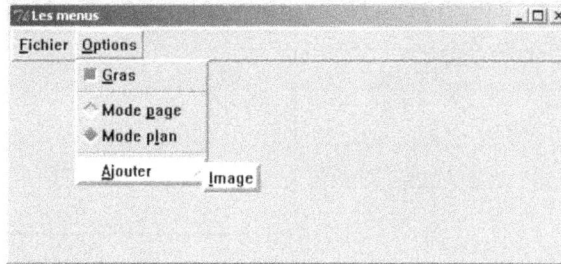

Bouton de menu dans l'interface graphique

Un bouton de menu peut être placé directement dans une fenêtre ou dans un container. Cette caractéristique permet de placer sur l'interface des boutons à même de déclencher plusieurs types de traitements différents. Ils peuvent être utilisés par exemple dans une barre d'outils pour faciliter l'accès aux fonctionnalités le plus fréquemment mises en œuvre par l'utilisateur (raccourcis).

Les containers

Les containers (*frame*) servent à gérer des composants comme un ensemble. Le regroupement des composants est particulièrement utile, pour masquer, afficher ou déplacer simultanément un ensemble de composants.

On procède à l'ajout de composants à un container simplement en désignant le container comme parent du composant et non plus en utilisant directement la fenêtre.

Le container peut permettre de regrouper visuellement plusieurs composants, lorsqu'on le rend visible à l'aide de l'option 'bw', qui détermine la largeur de la bordure. Cette particularité sert par exemple à la création de barres d'outils.

L'exemple suivant présente un container rassemblant deux boutons :

```
1> gs:window(win, gs:start(), [{map,true}, {title, "Les containers"}]).
{3,<0.30.0>}
2> gs:frame(frm1, win, [{bw,1},{width, 300}, {height,60}]).
{5,<0.30.0>}
3> gs:button(btn1, frm1, [{label, {text, "Ok"}}, {y, 0}, {x,0}]).
{7,<0.30.0>}
4> gs:button(btn2, frm1, [{label, {text, "Annuler"}}, {y, 0}, {x,120}]).
{9,<0.30.0>}
```

La commande suivante permet de déplacer le container dans la fenêtre :

```
5> gs:config(frm1,[{y,50}]).
```

La figure 9-8 présente une fenêtre et un container regroupant deux boutons.

Figure 9-8

Un container regroupant deux boutons.

Les zones de dessin

Les zones de dessin (*canvas*) sont des espaces de l'interface sur lesquels le développeur peut afficher des formes géométriques. Le développeur doit d'abord créer une zone de dessin sur la fenêtre. Il peut ensuite ajouter de nouveaux objets graphiques dans cette zone de dessin. Parmi les objets graphiques qu'il est possible d'utiliser, on trouve par exemple un arc de cercle (arc), une image (image), une ligne (line) ou du texte (text). Vous trouverez l'ensemble des objets graphiques disponibles dans la documentation d'Erlang.

L'exemple suivant présente une fenêtre comportant une zone de dessin et un « éclair » :

```
1> gs:window(win, gs:start(), [{map,true}, {title, "Les zones de dessins"}]).
{3,<0.30.0>}
2> gs:canvas(cnv1, win, [{width,300}, {height,200}]).
{5,<0.30.0>}
3> gs:create(line,cnv1,[{coords,[{25,25},{50,50},{50,40},{85,75}]},{arrow,last},{width,2}]).
{7,<0.30.0>}
```

Figure 9-9

Une figure géométrique sur une zone de dessin.

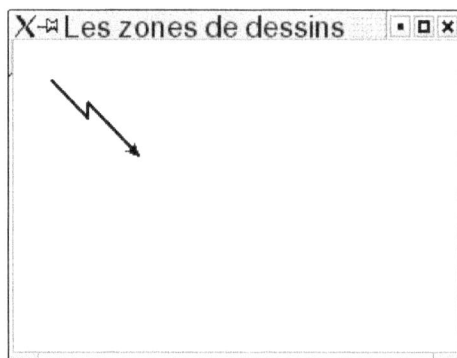

> **Astuce**
>
> La fonction `gs:tree/2` est particulièrement adaptée à l'initialisation d'une zone de dessin complexe, comportant de nombreuses figures géométriques.

La création d'écran de saisie

La création d'écran de saisie requiert souvent que soient mises en œuvre des zones de saisie, des boutons, des boutons radio, des boutons à cocher et des labels pour expliquer à l'utilisateur la manière dont le formulaire doit être rempli.

De façon typique, lorsque l'utilisateur a terminé sa saisie, il va presser le bouton de confirmation. La récupération des valeurs se fait alors en lisant la valeur de chaque objet graphique de l'écran, afin de reconstituer la saisie de l'utilisateur. Par exemple, l'instruction `gs:read(label, text)` permet de récupérer le contenu d'une zone de saisie. L'instruction `gs:read(radio1, select)` permet quant à elle de lire la valeur d'un bouton radio ou d'un bouton à cocher.

L'organisation automatique de l'interface : le packer

Les interfaces graphiques que nous avons réalisées jusqu'ici ont cet inconvénient qu'elles ne sont pas réagencées lorsqu'on change la taille de la fenêtre. On peut y remédier au moyen du *packer*, outil avec lequel on peut orchestrer les modifications de l'interface lors du changement de dimension des fenêtres. Cet outil se révèle souvent indispensable quand il s'agit de créer des interfaces utilisateur de qualité.

Le rôle du *packer* consiste à gérer la géométrie à l'intérieur de la fenêtre, laquelle est définie par le développeur de l'application en utilisant les conteneurs pour découper l'interface utilisateur en lignes et en colonnes. À chaque zone du container peut être affectée une dimension fixe, ou une proportion du container. Grâce à cette définition, le *packer* contrôle la taille et la position des objets qu'il contient, c'est-à-dire dont il est le père.

L'utilisation du *packer*

Définition de l'interface

Le container définit ses lignes et ses colonnes en recourant aux options `{packer_y, LignesDefinitions}` et `{packer_x, ColonnesDefinitions}`. Les définitions sont des listes de tuples Erlang, chacun d'eux décrivant une ligne ou une colonne. Chaque définition de ligne ou de colonne peut spécifier qu'elle est :

- De taille fixe : dans ce cas, la définition est de la forme `{fixed, Taille}`.

- De taille variable : la définition de la ligne ou de la colonne est alors `{stretch, Poids}`. Le point permet de déterminer la part de l'écran qui sera occupée par cette zone. La proportion du container réellement occupée par la colonne ou la ligne dépend du poids des autres colonnes ou lignes. Par exemple, si une interface est découpée en deux colonnes de poids 1 et 2, l'occupation de la première colonne est de 1 sur le poids total. Elle occupe donc un tiers du container. L'autre colonne occupe deux tiers du container.

- De taille variable avec une taille minimale, et éventuellement une taille maximale : la définition de la ligne ou de la colonne est alors `{strech, Poids, TailleMini}` ou `{stretch, Poids, TailleMini, TailleMaxi}`.

Lorsque le comportement du *packer* a été défini, on peut ensuite positionner les composants dans l'interface. Il n'est plus nécessaire de préciser la taille et la position des objets puisqu'elles sont déterminées par le *packer*. Il faut maintenant préciser de nouvelles options pour chaque composant qui les relie à une case dans le découpage du container préalablement effectué. Un composant est alors associé à une ligne et une colonne avec deux formes possibles, au choix :

- {pack_x, Colonne} et {pack_y, Ligne},
- {pack_xy,{Colonne, Ligne}} est une forme abrégée.

Colonne et Ligne sont des nombres entiers. La case de coordonnée 1, 1 désigne la partie en haut à gauche de l'interface.

Le redimensionnement automatique

La taille du container n'est cependant pas ajustée automatiquement, sauf s'il est lui-même placé dans un autre container. Il faut cependant toujours gérer le redimensionnement du container de premier niveau en considérant la taille de la fenêtre. On effectue cette tâche au sein de la boucle d'événement, en récupérant les événements de type configure émis par la fenêtre lors d'un redimensionnement.

En pratique, il faut :

- Spécifier à la fenêtre de renvoyer les événements de type configure, grâce à l'option {configure, true}.

- Récupérer les événements ainsi générés pour redimensionner le container en même temps que la fenêtre. Il doit, à tout instant, être de la même taille que la fenêtre. Les événements de type 'configure' sont de la forme : {gs, Id_Name, configure, Donnees, [Largeur, Hauteur, PositionHorizontale, PositionVertical|_]}.

Il faut donc ajouter le code suivant dans votre boucle de traitement des événements pour obtenir un container qui est toujours de même taille que sa fenêtre :

```
loop() ->
    receive
        {gs,_Id,destroy,_Data,_Arg} -> sortie;
        {gs,_Id,configure,__Donnees,[Largeur, Hauteur|_]} ->
            %% packer = nom de l'objet frame (container) jouant le role de packer
            gs:config(packer,[{width,Largeur},{height,Hauteur}]),
            loop();
        Other ->
            loop()
    end.
```

Un exemple

L'exemple suivant reprend le code développé pour réaliser notre évaluateur Erlang en le dotant de capacité de redimensionnement de l'interface.

Pour aller plus loin

Une partie des fonctionnalités de la bibliothèque graphique TK est reprise en Erlang. L'étude des fonctionnalités de la bibliothèque TK[1] permet de mieux comprendre le fonctionnement de l'application GS d'Erlang. La correspondance entre le code peut être retrouvée assez facilement. Par exemple, le code TCL/TK suivant :

```
frame .barreoutil -borderwidth 1 -relief raised
```

correspond au code Erlang/GS :

```
gs:frame(barreoutil, win, [{bw,1}]).
```

L'option TCL/TK `-relief` n'a cependant pas d'équivalence en Erlang/GS.

Une documentation synthétique du système graphique GS est proposée sur le site d'accompagnement de ce livre. Il constitue une référence complète des objets, options et événements à la disposition de l'utilisateur pour la création d'applications graphiques sophistiquées. L'ensemble des fonctionnalités offertes est en effet trop vaste pour pouvoir être couvert dans ce livre.

Astuce

L'intégralité de l'environnement Erlang est en Open Source. Il est donc possible d'étudier en détail le code fourni dans l'environnement de développement. N'hésitez pas à jeter un œil sur les exemples (situés dans le répertoire `lib/gs/examples`) et le code des jeux fournis avec l'environnement de développement Erlang (situés dans le répertoire `lib/gs/contrib`).

Pour finir, signalons certaines fonctions qui ne manquent d'intérêt pour interagir dynamiquement avec une interface graphique développée en Erlang. La fonction `gs:read/2` permet de lire des options relatives à la structure de l'interface graphique. Grâce aux options `children`, `id`, `type` et `parent`, il est possible de parcourir la hiérarchie des objets graphiques, par exemple pour représenter la structure arborescente des objets de notre interface graphique. Un bon exercice pour le lecteur consiste, à partir de la référence de la fenêtre, à générer cette représentation arborescente de l'ensemble de l'interface graphique.

Conclusion

Erlang permet en standard de créer des interfaces utilisateurs sophistiquées et multi-plates-formes, qui peuvent être directement déployées sur tout système Erlang. Leur mise en œuvre est extrêmement simple et rapide.

Bien qu'extrêmement fonctionnelle, l'application GS produit néanmoins des interfaces graphiques qui ne sont pas toujours très jolies. Les développeurs qui souhaitent développer des interfaces utilisateurs plus élégantes ou très personnalisées peuvent toutefois s'appuyer sur les bibliothèques GTK ou SDL, dont une implémentation Erlang existe.

---

1. Pour de plus amples informations sur TK, nous recommandons la lecture de l'ouvrage *Effective Tcl/Tk programming*, de Mark HARRISON et Michael MCLENNAN, chez Addison-Wesley, 1998.

10

Erlang et le développement Web

Les outils de développement pour le Web mobilisent beaucoup la communauté Erlang ces derniers temps. Longtemps défavorisé dans ce domaine, Erlang dispose maintenant de tous les outils nécessaires pour réaliser des applications Web de haute performance. Le serveur Web Yaws, notamment, est capable de rivaliser avec son cousin Open Source Apache.

Le serveur HTTP Inets

L'environnement de développement Erlang/OTP est fourni avec l'ensemble des outils nécessaires à la réalisation d'applications Web. L'application Inets fournit plusieurs outils :

- un serveur HTTP,
- un client HTTP,
- un client FTP.

Le serveur HTTP Inets ressemble sur bien des points aux serveurs Web Apache. Son fichier de configuration en est très proche, et il peut lui aussi être étendu au moyen d'un système de modules.

Le serveur HTTP Inets offre deux types de fonctionnalités :

- C'est un serveur Web capable de servir des pages HTML statiques. Depuis la version R9B-0 d'Erlang, il supporte le protocole HTTP/1.1. Il gère également le chiffrement des communications avec le client au travers du protocole sécurisé SSL. Il est fourni en standard avec l'environnement de développement Erlang et peut ainsi être distribué avec vos applications.

- C'est également un serveur d'application complet. Il offre une interface bien standardisée permettant d'exécuter des CGI, mais également des applications développées en Erlang. Ce serveur est également entièrement extensible *via* un système de modules, comparables à ceux utilisés par le serveur Web Apache. Le développement de ces modules reste cependant extrêmement simple.

L'ensemble de ces fonctionnalités contribue à faire d'Erlang un langage très adapté pour le développement d'applications Web. Cette ambition est en parfaite adéquation avec le positionnement fort du langage Erlang sur le serveur.

Configuration et mise en œuvre

Le serveur HTTP doit être pourvu d'au moins trois éléments pour fonctionner :

- un fichier de configuration décrivant les paramètres à utiliser pour lancer le serveur,
- un répertoire servant au stockage de l'arborescence statique du site,
- un fichier de description des types Mime gérés par le serveur.

Une arborescence d'un serveur Web Inets contient donc en général :

- Un répertoire racine commune pour toutes les données du serveur, par exemple `/home/mremond/http`.
- Un sous-répertoire `htdocs`, contenant l'ensemble des fichiers statiques HTML. Il renferme en particulier le fichier d'accueil `index.html`.
- Un sous-répertoire `conf`, contenant le fichier `mime.types` et le fichier de configuration du serveur, souvent nommé `httpd.conf`.
- De façon optionnelle, il peut contenir un répertoire `logs`, destiné à rassembler les fichiers de logs, si l'on souhaite garder la trace du trafic et des éventuelles erreurs sur le serveur.

Le fichier `mime.types`

Le fichier `mime.types` permet d'associer des types de données à des extensions. Il est utilisé pour que le serveur puisse avertir le client du type de données qui vont être transmises, en fonction de l'extension du fichier transmis. Un exemple de ce fichier est fourni dans la distribution Erlang, dans le répertoire `lib/inets-3.0/examples/server_root/conf/`. Personnellement, j'utilise ce fichier tel quel.

On procède à la configuration du serveur Inets à l'aide d'un unique fichier de configuration. Le fichier `httpd.conf` suivant est un fichier de configuration minimaliste, fournissant juste les paramètres suffisants pour que le serveur HTTP puisse fonctionner :

```
Port 8888
SocketType ip_comm
ServerName 127.0.0.1

Modules mod_alias mod_get

ServerAdmin mickael.remond@erlang-fr.org

ServerRoot   ./
DocumentRoot htdocs
DirectoryIndex index.html
```

Ce fichier va permettre de démarrer notre serveur sur le port 8888. Les modules `mod_alias` et le `mod_get` sont indispensables pour que le serveur fonctionne normalement.

La directive DirectoryIndex permet de donner le nom du fichier à charger par défaut lorsqu'on demande l'accès à un répertoire sans préciser de nom de fichier particulier. Par défaut, nous souhaitons charger le fichier index.html du répertoire.

Pour lancer le serveur, il faut se placer dans le répertoire racine de notre serveur Web et lancer la commande suivante :

```
erl -s httpd start conf/httpd.conf
```

Ensuite, connectez-vous sur votre site en ouvrant votre navigateur à l'adresse suivante : *http:// 127.0.0.1:8888/*. Vous êtes connecté sur votre serveur Web Erlang.

Quelques modules d'extensions importants

Les autres fonctionnalités du serveur peuvent être activées en demandant le chargement de nouveaux modules. Voici, par exemple, quelques modules importants qui donnent une idée des possibilités du serveur :

- mod_esi : ce module est l'un des plus importants. ESI signifie *Erlang Scripting Interface*. Il permet de développer des applications complètes Erlang pour le Web. Un module Erlang respectant un certain formalisme peut être utilisé par le module mod_esi pour produire du contenu dynamique.

- mod_cgi : il permet d'appeler un script CGI (*Computer Generated Interface*), écrit dans tout type de langage informatique, depuis le serveur Inets. Il est ainsi possible de servir des scripts Perl, encore très répandus sur le Web, depuis vos applications Web Erlang.

- mod_auth : c'est un module permettant de restreindre l'accès à certaines URL du site à des utilisateurs autorisés. Une authentification, s'appuyant sur un nom d'utilisateur et un mot de passe, est alors requise pour accéder aux zones protégées. Les utilisateurs et mots de passe peuvent être stockés dans un fichier texte, mais également dans un fichier dets ou dans une base de données Mnesia.

- mod_dir : il permet de lister le contenu d'un répertoire et de le présenter sous une forme agréable pour l'utilisateur. Ce module est utile lorsque vous souhaitez proposer un ensemble de fichiers en téléchargement à vos utilisateurs.

- mod_include : ce module sert à inclure certains éléments de contenus dynamiques limités dans des pages HTML statiques. On peut par exemple insérer la date de dernière modification d'un fichier dans le corps d'une page HTML « statique » au moyen de la balise suivante :

```
<!--#flastmod file="index.html"-->
```

- mod_actions : lancement de scripts dépendant du type de fichier requis. L'exécution d'un script est réalisée par une redirection vers une URL déclenchant l'exécution d'un script CGI ou d'un module Erlang. Une option permet d'associer des traitements à des types de requête HTTP, comme GET ou POST. Le module mod_actions représente une des possibilités disponibles pour associer des requêtes et des traitements particuliers du serveur d'application.

- mod_alias : c'est un module classique permettant d'attribuer plusieurs noms logiques à un même fichier ou à un même répertoire. Ce module permet également d'effectuer des redirections d'une

URL vers une autre. Il est particulièrement utile lorsque la structure de votre site change et que vous souhaitez assurer, au moins temporairement, une certaine compatibilité.

Bien entendu, l'utilisation de ces modules peut être paramétrée pour n'être active que sur une partie seulement de l'arborescence du site.

D'autres modules sont disponibles, par exemple pour gérer le fonctionnement des logs, mais nous vous laissons le soin de consulter la documentation Erlang de référence pour les découvrir.

Qu'est-ce que l'application Webtool

L'application Webtool permet de faciliter le déploiement et l'administration d'application Web Erlang. Fournie en standard avec Erlang/OTP, elle s'appuie sur le serveur Web Inets pour fournir une interface de gestion à l'ensemble des applications Web déployées sur un nœud Erlang. Elle offre une interface de programmation (API) pour démarrer, arrêter et contrôler des applications Web Erlang.

On procède à l'activation des modules dans le fichier de configuration de l'application Inets –souvent `httpd.conf` - à l'aide de la directive `Modules`, suivie de la liste des modules à utiliser. Par exemple :

```
Modules mod_aliaś mod_auth mod_esi mod_actions mod_cgi mod_responsecontrol mod_trace
➥mod_range mod_head mod_include mod_dir mod_get mod_log mod_disk_log
```

Faites bien attention à l'ordre dans lequel vous spécifiez les modules, car cela a une grande importance. Il s'agit de l'ordre d'exécution des modules pour chaque requête. Certains modules modifient la requête en cours de traitement, ce qui peut influer sur le comportement des modules situés en aval de la chaîne de traitement. C'est le cas en particulier des modules d'authentification. D'autres modules envoient directement le résultat au serveur en court-circuitant le reste de la chaîne de traitement.

Le développement de modules Web Erlang

Dans le cas du serveur Web Inets, le développement d'un module Erlang requiert que l'on exporte une fonction acceptant les trois arguments suivants :

Identifiant de session : il est utilisé par la fonction `mod_esi:deliver/2` qui constitue le résultat. Il est le premier paramètre. Le second est une chaîne représentant la réponse ou une partie de la réponse.

Environnement : il s'agit d'un ensemble de valeurs relatives au serveur HTTP et à la requête courante, par exemple l'URL demandée.

Entrée : il s'agit des paramètres de la requête, quel qu'en soit le type (POST ou GET). L'entrée est une chaîne de caractères qu'il faut analyser pour extraire les paramètres.

La fonction renvoie des fragments de code HTML à l'aide de la fonction `mod_esi:deliver/2`. Chaque fragment de code est immédiatement renvoyé au client qui reçoit donc les données au fur et à mesure de leur génération.

Pour être accessibles sur le Web, les fonctions doivent être exportées du module.

Voici un exemple de module utilisable avec le serveur Inets :

```
-module(exemple).

-export([params/3, formulaire/3]).
```

```
%% Haut de la page HTML
haut(Titre) ->
    "<html>
<head>
<title>" ++ Titre ++ "</title>
</head>
<body>
<h1>" ++ Titre ++ "</h1>\n".

%% Bas de la page HTML
bas() ->
    "</body>
</html>\n".

%%
params(SessionID,Env,Input)->
    mod_esi:deliver(SessionID, "Content-Type:text/html\r\n\r\n"),
    mod_esi:deliver(SessionID, haut("Affichage des informations relatives à la requête")),
    mod_esi:deliver(SessionID,
                    io_lib:format("<p>Environnement</p><pre>~n~p~n</pre>~n",
                                  [Env])),
    mod_esi:deliver(SessionID,
                    io_lib:format("<p>Entrée</p><pre>~n~p~n</pre>~n",
                                  [Input])),
    mod_esi:deliver(SessionID, bas()).

formulaire(SessionID, Env, Input) ->
    mod_esi:deliver(SessionID, "Content-Type:text/html\r\n\r\n"),
    mod_esi:deliver(SessionID, haut("Formulaire générant une requête post")),
    mod_esi:deliver(SessionID, " <form method=\"POST\" action=\"params\">
<p>Nom: <input name=\"nom\" type=\"text\" size=\"48\"/></p>
<p>URL: <input name=\"url\" type=\"text\" size=\"60\" value=\"http://\"/></p>
<p>Description: <textarea name=\"desc\" cols=\"60\" rows=\"10\"></textarea></p>
<p><input type=\"submit\"/> <input type=\"reset\"/></p>
</form>"),
    mod_esi:deliver(SessionID, bas()).
```

Le fichier de configuration suivant constitue un serveur minimaliste qui nous permet de faire fonctionner notre module :

```
ServerName erlang.dyndns.org
BindAddress *
Port 8888
ServerAdmin webmaster@erlang.dyndns.org

SocketType ip_comm

Modules mod_alias mod_auth mod_esi mod_actions mod_cgi mod_responsecontrol mod_trace
➥mod_range mod_head mod_include mod_dir mod_get mod_log mod_disk_log

ServerRoot inets/

DocumentRoot inets/htdocs
ErlScriptAlias /inets exemple
```

Pour tester le module, vous pouvez maintenant lancer un serveur HTTP Inets à l'aide de la commande suivante :

```
Eshell V5.2  (abort with ^G)
1> httpd:start("httpd.conf").
{ok,<0.32.0>}
```

Connectez-vous ensuite sur l'URL : *http://localhost:8888/inets/exemple/formulaire.*

Lorsque vous validez le formulaire, le serveur affiche la valeur des paramètres Environnement et Entrée de la fonction.

Le développement de modules d'extension pour Inets

Inets est un serveur Web extensible. Il est possible de changer son comportement en développant de nouveaux modules d'extensions. Cette approche permet d'utiliser les fonctionnalités HTTP de Inets pour d'autres besoins que la mise à disposition d'informations au format HTML.

Il est par exemple possible de supporter le protocole SOAP (*Simple Object Access Protocole*) au moyen d'un module d'extension pour Inets.

Le module d'extension doit implémenter un certain nombre de fonctions standardisées. Un module simple peut se contenter d'implanter une fonction de signature do/1. Les modules plus complexes peuvent implanter d'autres fonctions : load/2, store/2 et remove/1.

Nous ne pouvons détailler la création d'un module d'extension Inets dans le cadre de cet ouvrage, mais vous pouvez consulter le manuel de référence Erlang dans la partie Inets consacrée au module HTTPD.

Les limites d'Inets

Inets est un serveur Erlang très standard et robuste. L'un de ses inconvénients est qu'il repose entièrement sur le développement de modules Erlang. Un cycle de compilation et de déploiement est donc toujours nécessaire. Cet inconvénient est tempéré par le fait qu'il est possible de mettre à jour du code Erlang à chaud et donc une application Web développée pour Inets sans pour autant redémarrer le serveur.

Par ailleurs, les performances de Inets sont correctes pour des applications Web dynamiques et se situent approximativement au niveau de PHP, mais restent en deçà de ce que l'on peut attendre d'un serveur Erlang.

Nous verrons que le serveur d'applications Erlang Yaws permet de pallier cet inconvénient en proposant, en plus de l'utilisation de modules compilés, la possibilité de réaliser des scripts Erlang compilés dynamiquement, tout en offrant un des outils de réalisation de sites Web dynamiques les plus performants du moment.

Développement d'applications Web avec Yaws

Yaws est le serveur d'applications Erlang qui attire aujourd'hui toute l'attention de la communauté. Il a été développé par Claes Wikstrom. Il se distingue d'Inets par :

- Des performances étonnantes, similaires au serveur Web Apache lorsque le serveur est peu sollicité. Il dispose même d'une capacité à monter en charge qui dépasse celle d'Apache. Des tests ont prouvé que Yaws pouvait résister à plus de 80 000 requêtes simultanées. Sur une machine de bureau standard, Yaws est capable de servir 3000 pages dynamiques par seconde.

- Sa possibilité d'intégrer du code HTML et du code Erlang dans un même fichier, à la manière de PHP. Ces fichiers sont de type .yaws.

- Son extensibilité de manière entièrement dynamique. Il est ainsi possible d'ajouter de nouvelles applications sans le redémarrer.

- Sa possibilité d'être embarqué au sein d'une autre application.

Au final, Yaws promet de hautes performances avec le confort de développement d'un langage de haut niveau comme Erlang.

Le serveur Yaws peut être téléchargé sur le site *http://yaws.hyber.org/*.

Développement de scripts Yaws

Un script Yaws se présente comme un fichier HTML standard, sauf que les parties dynamiques sont marquées par des balises <erl></erl>. Chaque élément dynamique d'une page se traduit en fait par un module Erlang minimaliste. Il suffit d'implémenter une fonction out/1 dans chaque partie dynamique pour que le script puisse fonctionner.

La fonction out/1 peut renvoyer au choix :

- Un tuple de type {html, Donnees}, où Donnees est une chaîne de caractères représentant le code HTML à insérer dans la page.

- Un tuple de type {ehtml, Donnees}, où Donnees est cette fois une structure imbriquée Erlang équivalente à une hiérarchie de balises HTML.

Il est également possible d'intervenir sur les en-têtes de la réponse HTTP en renvoyant une liste de tuples incluant les données de la page et les options adéquates.

> Les possibilités du serveur Web sont détaillées sur le site d'accompagnement de cet ouvrage à l'adresse www.editions-eyrolles.com.

Le fichier de configuration yaws_simple.conf de notre premier site dynamique Yaws contient les informations minimales suivantes pour faire fonctionner le serveur :

```
logdir = logs
ebin_dir = ebin
include_dir = include
<server localhost>
        port = 8000
        listen = 127.0.0.1
        docroot = yaws
</server>
```

Le script `index.yaws` présente un premier script élémentaire. Le cœur de la page Web est constitué d'informations générées dynamiquement. Il se situe dans le répertoire `/home/mremond/www`.

```
<html>
 <head>
  <title>Premier script Yaws</title>
 </head>
 <body>
 <h1>Processus tournant sur le nœud Erlang courant</h1>

<erl>
out(Arg) ->
   {html, process_list()}.

process_list() ->
   List = erlang:processes(),
   ["<table border=\"1\"><tr><th>PID</th><th>Fonction initiale</th></tr>"
    ++ process_format(List)
    ++ "</table>"].

process_format(ProcessList) ->
    process_format(ProcessList, []).
process_format([], Result) ->
    Result;
process_format([Pid|Pids], Result) ->
    InitialCall = erlang:process_info(Pid, initial_call),
    Ligne = f("<tr><td>~p</td><td>~p</td></tr>", [Pid, InitialCall]),
    process_format(Pids, [Result, Ligne]).
</erl>

 </body>
</html>
```

La fonction `f/2` est disponible depuis tout module Yaws Erlang. C'est un raccourci vers les fonction-nalités de `io_lib :format/2`. Elle permet de placer des valeurs de variable dans une chaîne de carac-tères. Elle est très utilisée pour mixer code HTML et valeurs dynamiques.

Lorsqu'on se connecte sur la page *http://localhost:8000/*, le serveur présente la liste des processus tournant sur le même nœud que le serveur Yaws.

Le traitement des paramètres de requêtes

Une page pour la requête et une page pour le traitement

Une application Web repose sur un principe très rudimentaire. Le client Web, le plus souvent un navi-gateur, interroge le serveur avec une requête exprimée dans le protocole HTTP. Cette requête se présente sous la forme d'une demande d'URL et d'un ensemble de données associées : informations d'en-tête précisant par exemple les paramètres d'authentification, données envoyées au serveur, etc. La connexion est ensuite coupée entre le client et le serveur. On dit que le protocole HTTP est sans état. Chaque requête d'un utilisateur est pour le serveur totalement dissociée de la précédente.

Ce mode de fonctionnement colle parfaitement au langage Erlang et à ses aspects fonctionnels. Pour chaque requête identique, le résultat renvoyé par le serveur est également identique.

L'utilisateur sert de fil conducteur permettant de transformer une suite de requêtes en une application. Les données renvoyées par le serveur lui servent de base pour une nouvelle requête, pour demander une nouvelle page par exemple.

Les interactions peuvent être plus complexes en faisant appel aux paramètres de requêtes. En général, on procède à la saisie des paramètres à partir d'un formulaire présenté dans une page Web. Les boutons présents sur la page permettent de déclencher des actions en passant une nouvelle requête avec les données du formulaire au serveur.

Erlang permet de gérer les paramètres comme dans la plupart des autres langages de développement pour le Web, qu'ils soient passés dans l'URL (GET) ou dans la requête elle-même (POST).

Le script formulaire.yaws ne comporte aucun élément dynamique et présente simplement le formulaire de saisie des paramètres :

```
<html>
 <head>
  <title>Ajouter un lien à la base</title>
 </head>
 <body>
 <h1>Ajouter un lien à la base</h1>
 <form method="POST" ACTION="ajout_lien.yaws">
  <p>Nom: <input name="nom" type="text" size="48"/></p>
  <p>URL: <input name="url" type="text" size="60" value="http://"/></p>
  <p>Description: <textarea name="desc" cols="60" rows="10"/></p>
  <p><input type="submit"/> <input type="reset"/>
 </form>
 </body>
</html>
```

Le formulaire crée trois champs permettant de renseigner une base de liens favoris. Le formulaire envoie les paramètres au serveur *via* l'appel du script ajout_lien.yaws :

```
<html>
 <head>
  <title>Lien ajouté</title>
 </head>
 <body>
  <h1>Lien ajouté</h1>

<erl>
out(Arg) ->
   Params = yaws_api:parse_post(Arg),
   {value, {nom, Nom}} = lists:keysearch(nom, 1, Params),
   {value, {url, URL}} = lists:keysearch(url, 1, Params),
   {value, {desc, Desc}} = lists:keysearch(desc, 1, Params),
   %% Ajouter les traitements d'ajout dans la base de données
   {html, f("<p><b>Nom:</b> ~s<br/><b>URL:</b> ~s<br/><b>Description:</b><br/> ~s</p>",
   ➥[Nom, URL, br(Desc)])}.
```

```
%% Remplace les retours chariots par des balises de rupture de ligne
%% <br>
br(String) ->
    br(String, []).
br([], Acc) ->
    lists:reverse(Acc);
br([$\n|String], Acc) ->
    br(String, [$<,$b,$r,$>, Acc]);
br([Char|String], Acc) ->
    br(String, [Char, Acc]).
</erl>

  </body>
</html>
```

Les données envoyées par l'utilisateur sont renvoyées dans le paramètre de la fonction out/1 dans le champ clidata de la structure arg. La fonction yaws_api:parse_post/1 permet de récupérer une liste de tuples, regroupant nom du paramètre et valeur. Les paramètres reçus peuvent être manipulés directement en Erlang. À titre d'exercice, le lecteur complétera les traitements d'ajout qui ne figurent pas dans la base de données, en s'appuyant sur le chapitre 8 consacré aux bases de données.

HTML et les retours chariots

Les navigateurs ignorent généralement le rendu des retours chariots, sauf lorsqu'on spécifie que le texte doit être affiché tel quel à l'aide de la balise <pre>. Il est alors affiché dans une police à espacement fixe, identifiant clairement le texte. La fonction br/1 permet de transformer les caractères de retour chariot en balise HTML <br>, soit d'obtenir un rendu du texte conforme à ce qui a été saisi dans le champ description.

Cette fonction illustre bien que l'on peut embarquer autant de fonctions qu'on le souhaite entre les balises Yaws <erl> et </erl>. Il s'agit de code HTML.

Une page pour la requête et le traitement

Lorsque l'application grossit, il est intéressant de pouvoir limiter le nombre de fichiers à maintenir. Pour ce faire, on peut regrouper dans un même script la présentation du formulaire et le traitement du résultat. Il faut ajouter un test permettant de savoir si l'on se trouve dans un cas de réponse au formulaire. Si l'on détecte qu'il s'agit d'une soumission du formulaire, on traite la réponse et on affiche le résultat. Dans le cas contraire, on présente le formulaire de saisie à l'utilisateur.

Le script creation_lien.yaws montre une des manières de regrouper l'affichage du formulaire et le traitement des résultats dans un même fichier Yaws. Nous considérons que le formulaire utilise une requête HTTP POST pour envoyer ses informations au serveur. Si le champ clidata de l'enregistrement arg passé en paramètre de la fonction est égal à l'atome undefined, on peut alors considérer qu'aucune donnée de réponse au formulaire n'a été postée.

```
<!DOCTYPE html PUBLIC "-//W3C//DTD XHTML 1.1//EN" "http://www.w3.org/TR/xhtml11/DTD
⇒/xhtml11.dtd">
<html>
 <head>
  <title>Ajouter un lien à la base</title>
 </head>
```

```erlang
<body>
  <h1>Ajouter un lien à la base</h1>
<erl>
out(Arg) ->
    case Arg#arg.clidata of
    %% Cas où les données de POST ne sont pas présentes:
    %% On affiche le formulaire
    undefined -> form(Arg);
    %% Cas où les données de POST sont présentes:
    %% On contrôle et on affiche le résultat
        Clidata -> process(Arg)
      end.


%% ########################
%% Affichage du formulaire
form(Arg) ->
    {ehtml, [[{form, [{method, "POST"}, {action, "creation_lien.yaws"}]],
        [{p, [], ["Nom: ",
        {input, [{name, "nom"},
            {type, "text"},
            {size, "48"}], []}]},
         {p, [], ["URL: ",
        {input, [{name, "url"},
            {type, "text"},
            {size, "60"},
            {value, "http://"}], []}]},
         {p, [], ["Description: ",
        {textarea, [{name, "desc"},
            {cols, "60"},
            {rows, "10"}], []}]},
         {p, [], [{input,[{type, "submit"}],[]},
        {input,[{type, "reset"}],[]}]}
        ]}]}.


%% ##############################
%% Traitement des données "postées"
process(Arg) ->
    Params = yaws_api:parse_post(Arg),
    {value, {nom, Nom}}  = lists:keysearch(nom, 1, Params),
    {value, {url, URL}}  = lists:keysearch(url, 1, Params),
    {value, {desc, Desc}} = lists:keysearch(desc, 1, Params),

    %% Ajouter les traitements d'ajout dans la base de données
    {ehtml, [{p, [], [{b, [], "Nom:"}, " ",
        Nom,
        {br, [], []},
        {b, [], "URL:"}, " ",
        URL,
        {br, [], []},
        {b, [], "Description:"},
        {br, [], []},
        br(Desc)
        ]}]}.
```

```
%% Remplace les retours chariots par des balises de rupture de ligne
%%   <br></br>
br(String) ->
    br(String, []).
br([], Acc) ->
    Acc;
br([$\n|String], Acc) ->
    br(String, Acc ++ [{br, [], []}]);
br([Char|String], Acc) ->
    br(String, Acc ++ [Char]).
</erl>
 </body>
</html>
```

Le formulaire appelle le même nom que la page courante puisqu'il est capable de différencier demande de formulaire de saisie et soumission des informations saisies dans le formulaire.

Ce script illustre également la génération d'une structure de données Erlang représentant l'arborescence des balises HTML. Notre formulaire n'est pas défini directement en HTML, mais dans une structure Erlang intermédiaire baptisée ehtml. Le serveur Yaws se charge de la conversion de l'arborescence exprimée en Erlang vers du HTML.

Les réponses de la fonction out/1

Le serveur Yaws est un serveur d'applications très complet, capable de servir du contenu sous différentes formes. C'est le paramètre de retour de la fonction out/1, présente dans toutes les parties de code Erlang (`<erl></erl>`) des scripts Yaws, qui permet de les mettre en œuvre.

Voici les possibilités prévues par le serveur d'applications Yaws :

1. Mise en forme du contenu HTML :

   – {html, Liste} : permet de renvoyer une chaîne de caractères contenant du texte, tel qu'il sera représenté dans le document HTML final.

   – {ehtml, StructureErlang} : permet de renvoyer une structure Erlang arborescente correspondant à l'arbre HTML. La structure est représentée par une imbrication de deux sortes de tuples à des éléments, {NomElement, [ListesAttributs], [ChainesEtOuElements]} ou des attributs, {Attribut, Valeur}.

2. Service de types de contenus non-HTML, par exemple un document PDF composé dynamiquement :

   – {content, TypeMime, Contenu} : le type Mime est renvoyé au navigateur pour qu'il puisse interpréter correctement le contenu renvoyé.

   – {streamcontent, TypeMime, PremierFragment} : cette approche permet de renvoyer des fragments de contenu au client au fur et à mesure de sa génération. Le client peut ainsi commencer à afficher le résultat à l'utilisateur. Cette approche se révèle utile pour les pages dynamiques importantes. Elle permet à l'utilisateur d'avoir un premier retour rapide sur l'information générée.

   – {get_more, Continuation, State} : demande de réception de la suite d'un upload de fichier important. La fonction out/1 sera réinvoquée au moment de la réception de la suite des données.

3. Redirection vers d'autres URL :

{redirect, URL} ou {redirect_local, Path} : permet de renvoyer le navigateur vers une autre page. C'est en particulier utile lorsque des pages du site ont été déplacées.

4. Changement des en-têtes HTTP :

Ces fonctionnalités peuvent être utilisées en complément des autres retours de la fonction out/1 de renvoi d'informations.

- {header, Entetes}
- {allheaders, Entetes}

Ces deux directives sont mutuellement exclusives.

– {status, StatusCodeInt} : changement du code retour HTTP.

5. Ne rien renvoyer au client :

ok : cette fonctionnalité est particulièrement utile lorsque le script Yaws comporte plusieurs zones de code Erlang. Certaines de ces zones de code peuvent ne rien renvoyer du tout pour la page en cours de composition, mais simplement effectuer des traitements.

> Des exemples de mise en œuvre des cas particuliers, comme la gestion de l'upload d'un fichier important ou le renvoi au fur et à mesure d'une requête longue, sont présentés sur le site d'accompagnement de cet ouvrage.

6. Déconnecter brutalement le client :

{'EXIT', normal}

> **HTML ou ehtml**
>
> Une réponse préparée directement en HTML permet d'écrire un script plus rapide, car la chaîne peut être directement renvoyée au client sans aucun traitement supplémentaire. Cependant, la lisibilité du code est accrue par l'utilisation de ehtml. La différence de performance entre les deux modèles restant très faible, nous recommandons d'utiliser la structure de tuple Erlang du format ehtml.

Les traitements réalisés dans un script Yaws

Les traitements réalisés dans un script Yaws bénéficie d'un certain nombre d'informations en provenance du serveur d'application. Elles sont organisées dans une structure de données définie dans le fichier yaws_api.hrl. Cette structure de données est incluse par défaut dans tous les scripts Yaws. Le fichier yaws_api.hrl n'a donc pas besoin d'être inclus explicitement.

Les paramètres de la fonction out/1

La fonction out/1 doit être définie dans chaque fragment de code Erlang présent dans un script Yaws. Elle reçoit en paramètre une structure de données baptisée arg.

La structure arg se définit comme suit :

1. clisock : c'est la référence de la connexion menant au client qui a effectué la requête. Sa représentation est de forme #Port<0.47>.

2. `headers` : il s'agit de la description des en-têtes de la requête. C'est une description composée décrite dans une structure baptisée `headers`.

3. `req` : il s'agit de la description de la requête HTTP telle que décrite par la structure `http_request`.

4. `clidata` : ce sont les données envoyées par le client dans une requête HTTP de type POST. Lorsque aucun paramètre n'est envoyé, ce champ contient `undefined`.

5. `querydata` : il s'agit des paramètres de la requête passés sous la forme d'extension de l'URL tels qu'ils sont utilisés dans les requêtes de type GET : `URL....?param=valeur&param2=valeur2…`

6. Lorsque aucun paramètre n'est envoyé, ce champ contient une liste vide.

7. `appmoddata` : utilisé pour passer des données à une application Yaws. Lorsque ce champ n'est pas pertinent, en particulier dans un script, il contient l'atome `undefined`.

8. `docroot` : ce champ contient la racine des documents dans le système de fichier local, par exemple `"/home/mremond/shared/erlang/yaws/www"`.

9. `fullpath` : il s'agit du chemin complet vers le script Yaws demandé, dans le système de fichier local. Il ne contient pas les paramètres de la requête. Il peut par exemple contenir `"/home/mremond/shared/erlang/yaws/www/parametres.yaws"`.

10. `cont` : il s'agit d'un indicateur de continuation dans le traitement de l'upload de fichier. Ce champ permet de savoir si des données complémentaires doivent être récupérées. Lorsqu'il n'est pas pertinent, il contient l'atome `undefined`.

11. `state` : il s'agit d'un état persistant dans le serveur Yaws, permettant de mémoriser des informations entre les requêtes HTTP. L'état est destiné à être manipulé dans les fonctions `out/1`.

12. `pid` : il s'agit de l'identifiant du processus travailleur du serveur Yaws.

13. `opaque` : ce champ permet de passer des paramètres statiques à un script ou une application. Ces paramètres sont définis dans le fichier de configuration `yaws.conf`. Lorsque aucun paramètre n'est fourni, ce champ contient une liste vide. Dans le cas contraire, il contient une liste de tuples de type `{Parametre, Valeur}`.

14. `appmod_prepath` : utilisée pour le développement d'applications. Il s'agit de la partie de l'URL précédant l'appel à l'application, située avant la chaîne de l'application et ses paramètres.

La structure `headers` décrit les en-têtes de la manière suivante :

- `connection` : le champ contient `"keep-alive"` si le client souhaite que la connexion par socket soit maintenue.

- `accept` : ce paramètre permet aux clients HTTP de lister les données comprises. Les types compris sont exprimés sous la forme d'une chaîne contenant une liste de types Mime séparés par des virgules. Voici un exemple de valeur pour ce champ : `"text/xml,application/xml, ,text/html"`.

- `host` : il s'agit du nom d'hôte demandé par le client. Le nom d'hôte peut le cas échéant inclure le numéro de port.

- Certains en-têtes sont destinés à émettre des restrictions particulières sur la requête : `if_modified_since`, `if_match`, `if_none_match`, `if_range`, `if_unmodified_since`. Ces en-têtes permettent de spécifier des contraintes conditionnelles dans la satisfaction de la requête. Par exemple, le serveur peut décider de satisfaire la requête seulement si le fichier qui lui correspond a été modifié depuis une date, précisée par le client (if_modified_since). Il s'agit vraisemblablement de la dernière date de téléchargement du fichier en question par le client.

- **range** : permet de demander la récupération d'une partie seulement du résultat, en général un fichier, en spécifiant la position des premier et dernier caractères que l'on souhaite récupérer.
- **referer** : il s'agit de l'URL de provenance, c'est-à-dire la page sur laquelle se trouvait l'utilisateur avant d'arriver sur la page courante.
- **user_agent** : il s'agit de l'identifiant du client HTTP utilisé par l'utilisateur. Il vous permet par exemple de servir des contenus différents selon le navigateur utilisé.

> Attention, l'identification du navigateur utilisé repose sur une simple déclaration du navigateur et n'est pas totalement fiable.

- **accept_ranges** : ce champ HTTP permet de préciser l'unité de mesure ayant servi à exprimer une requête sur un fragment seulement d'un gros fichier.
- **cookie** : liste des informations de cookie. Le résultat est de la forme d'une chaîne de caractères du type ["cle1=valeur1; cle2=valeur2; …"].
- **keep_alive** : informations relatives à la gestion de la connexion persistante par le protocole HTTP 1.1.
- **content_length** : longueur du corps de message. Elle permet notamment d'évaluer la taille des informations uploadées et éventuellement de mettre fin à la connexion si l'on considère que les données envoyées sont trop importantes.
- **content_type** : il s'agit du type Mime du contenu uploadé.
- **authorization** : contient les informations d'authentification passées par le client (nom d'utilisateur et mot de passe).
- **other** : il s'agit d'une liste de structure de type http_header, permettant de transmettre les en-têtes qui ne sont pas pris en compte en standard dans les champs de la structure headers.

La structure http_request ne comporte que trois champs :

- **method** : il s'agit de la méthode HTTP utilisée par le client pour la requête. 'GET' ou 'POST'.
- **path** : il s'agit du chemin complet de la requête sur le serveur, exprimé sous la forme d'un tuple de type {abs_path,"/index.yaws"}.
- **version** : ce champ contient la version du protocole HTTP utilisée par le client. Elle est exprimée sous forme d'un tuple : {1,0} ou {1,1}.

L'utilisation des fonctions de l'API Yaws

La plupart des traitements peuvent être réalisés directement par le développeur d'une application Yaws en Erlang. Certaines tâches sont cependant répétitives. Les développeurs du serveur Yaws proposent un ensemble de fonctions permettant de simplifier le développement de certains traitements récurrents, comme la gestion des sessions et des cookies.

Pour mémoire, vous pouvez dans tous les cas vous référer aux pages de manuel de l'API de Yaws, en saisissant man yaws_api depuis la ligne de commande Unix.

L'intégration de code HTML

`yaws_api:ssi/2` : permet d'insérer des fragments de code HTML provenant d'un fichier externe. Le code inséré doit être du code HTML et ne peut contenir aucun élément dynamique géré par Yaws.

La gestion des cookies

L'API de Yaws propose des fonctions pour faciliter la gestion des cookies :

`yaws_api:find_cookie_val/2` : cette fonction permet de lire directement les valeurs associées aux entrées de cookie, sans avoir à analyser la liste de valeurs.

`yaws_api:find_cookie_val/2` : elle permet de positionner la valeur d'un cookie sur le poste du client, à condition que celui-ci ait configuré son navigateur de manière à accepter les cookies en provenance du serveur Yaws.

Si une session doit comprendre un volume important de données, mieux vaut stocker les informations sur le serveur plutôt que sur le client. Seul un identifiant de session est stocké dans le cookie afin d'associer un client avec les informations stockées sur le serveur. Une table ETS ou DETS permet de gérer la persistance des données de session de l'utilisateur sur le serveur.

Cette approche basée sur les cookies persistants sur le serveur permet d'éviter un transit d'informations inutile entre le client et le serveur. Elle implique toutefois que le développeur gère lui-même la persistance. Pour simplifier la tâche, Yaws propose un serveur de sessions facilitant la gestion des cookies. Le serveur est mis en œuvre à l'aide des fonctions suivantes :

* `yaws_api:new_cookie_session/1` : permet de créer une session et renvoie la valeur du cookie associé.
* `yaws_api:replace_cookie/2` : permet de remplacer la valeur des informations de sessions associées à un cookie.
* `yaws_api:cookieval_to_opaque/1` : permet de récupérer les informations de session à partir du cookie de l'utilisateur. Les informations sont renvoyées sous la forme d'un tuple Erlang (baptisé ici opaque : le contenu du cookie est libre et dépend du programme).

Le manuel du serveur Yaws fournit des exemples complets et très explicites sur la manière de gérer les cookies avec Yaws. Une traduction française du manuel est disponible sur le site *http://www.erlang-fr.org/*.

Quel style de développement pour les fichiers Yaws ?

Deux stratégies sont possibles pour le développement de fichiers Yaws. La première consiste à coder essentiellement un fichier HTML et à remplir les zones dynamiques avec des zones de code Erlang. L'exemple suivant, extrait des premières versions de l'application de suivi des projets Open Source Metafrog[10], illustre cette approche :

```
<!DOCTYPE html PUBLIC "-//W3C//DTD XHTML 1.1//EN" "http://www.w3.org/TR/xhtml11/DTD
➥/xhtml11.dtd">
<html>
```

---

1. http://www.metafrog.com/ : cette plate-forme est développée par l'auteur de cet ouvrage.

```
  <head>
   <title>CVS commit activity</title>
  </head>
  <body>
   <h1>CVS commit activity</h1>
   <p><a href="index.yaws">Main page</a></p>
<erl>
-include("cvs.hrl").

out(Arg) ->
    %% Get parameters
    Data = yaws_api:parse_query(Arg),
    Id   = common:search(id, Data),

    Headers = ["Date", "Number of commits"],

    %% Print the number of commit for each day of work
    DaysCommits = cvs_query:project_days_commits(Id),
    Lines = lists:map(fun([Day, Commits]) ->
                    {{a, [{href, "daily.yaws?id=" ++ Id ++ "&date=" ++ Day}], Day},
                     integer_to_list(Commits)
                    }
                    end,
                    DaysCommits),

{ehtml, html_table:sort("activity.yaws", Headers, Lines, 1, Arg)}.
</erl>
   <p><a href="index.yaws">Main page</a></p>
</body></html>
```

La seconde stratégie consiste à ne plus utiliser de code HTML, mais uniquement une zone de script Yaws contenant des fonctions. La fonction out/1 est le point d'entrée pour composer la page Web. Elle contient des appels à des fonctions réalisant des fragments de page Web dont elle constitue en fait l'assemblage. Elle peut par exemple assembler la page par l'appel à une fonction qui prépare l'en-tête de la page, une autre qui présente le corps des informations de la page et une dernière qui en prépare le pied. Il s'agit finalement de découper la page en plusieurs éléments fonctionnels. Le code qui est commun à plusieurs pages peut, le cas échéant, être externalisé dans un module Erlang classique.

L'exemple suivant présente sur une page Web la liste des modules chargés en mémoire dans la machine virtuelle du serveur Yaws. Il illustre la seconde stratégie :

```
<erl>
out(Arg) ->
    {html, [entete("Liste des modules Erlang chargés en mémoire"),
    modules(),
    pied_page()]}.

entete(Titre) ->
    "<!DOCTYPE html PUBLIC \"-//W3C//DTD XHTML 1.1//EN\" \"http://www.w3.org/TR/xhtml11/DTD
    ➥/xhtml11.dtd\">
```

```
<html>
 <head>
  <title>" ++ Titre ++ "</title>
 </head>
 <body>
  <h1>" ++ Titre ++ "</h1>".

pied_page() ->
    "</body>
</html>".

modules() ->
    Modules = code:all_loaded(),
    ListeHTML = lists:map(fun({NomModule, Chemin}) ->
  ["<li>", atom_to_list(NomModule), "</li>"]
    end,
    Modules),
    ["<ul>", ListeHTML, "</ul>"].
</erl>
```

Même si la première méthode est très séduisante pour débuter avec Yaws, car très proche de la rédaction traditionnelle de code HTML, elle ne permet pas de produire un code très maniable et bien lisible. Nous recommanderons donc de développer des applications Web en s'appuyant plutôt sur le second modèle de développement. Les applications complexes, comportant un nombre important d'écrans, pourront factoriser le code commun dans des modules Erlang standards. C'est par exemple le cas pour les hauts et bas de page, la barre de navigation, etc.

Yaws et Erlang : un serveur d'application purement dynamique

Cette approche reste compatible avec la mise à jour dynamique des applications Web développées. L'environnement Erlang/OTP permet en effet de mettre à jour du code à chaud, c'est-à-dire de façon dynamique. Les scripts Yaws sont recompilés et rechargés dynamiquement. Les modules Erlang doivent être déchargés explicitement à l'aide des fonctions `code:delete/1`, puis `code:purge/1`. Le paramètre de chacune de ces fonctions est le nom du module à recharger. Lorsque le nouveau code est sollicité, une nouvelle version est chargée.

Astuce

Pour faciliter le développement de scripts Yaws, il est préférable de placer votre éditeur de texte dans un mode d'édition de code Erlang. Si vous utilisez Emacs et le mode Erlang, il vous suffit simplement d'ajouter la ligne suivante dans votre fichier de configuration Emacs :

```
;; Les fichiers Yaws sont édités dans le mode Erlang
(add-to-list 'auto-mode-alist '("\\.yaws\\'" . erlang-mode))
```

Développement d'une application Yaws

Il est possible de développer une application composée de modules Erlang en utilisant le protocole HTTP et non plus seulement une application Web. Le développement d'extensions SOAP, par exemple, requiert que l'on intègre des applications dans le serveur. Une application prend en charge l'ensemble des requêtes arrivant sur une URL donnée.

Le développement d'une application est réalisé en Erlang. Lors du déploiement de l'application sur le serveur Yaws, on lui attribue une URL. Le traitement de toutes les requêtes commençant par une URL donnée est alors délégué à l'application correspondante.

Conclusion

Erlang offre de nombreux modules permettant de packager des applications complètes intégrant serveur Web et base de données. Le développement d'applications Web en Erlang constitue une bonne étape dans l'apprentissage du langage, avant d'aborder des thèmes plus complexes comme le développement d'applications tolérantes aux pannes.

Dans la communauté Erlang, de nouvelles approches du scripting sont expérimentées autour du serveur d'application Yaws. Une des plus prometteuses est constituée par l'extension STL (Simple Template Language), développée par Vladimir Sekissov. Elle permet notamment de réaliser des scripts intégrant mieux HTML et code Erlang, et d'implémenter une approche innovante du traitement des formulaires. C'est un développement à surveiller de très près.

11

Serveurs et clients TCP/IP

Les développements réseaux s'appuient principalement aujourd'hui sur le protocole TCP/IP, désormais dominant sur l'Internet. Les fonctionnalités réseau dans un programme, qu'il soit écrit en Erlang ou dans un autre langage, sont utilisées par le biais d'une *socket*. Une socket est une abstraction logicielle, un composant qui gère l'interface entre le programme et l'implémentation de la couche réseau du système d'exploitation. Le programmeur peut ainsi se concentrer sur la lecture et l'écriture de ces flux vers la socket, cette dernière devant ensuite gérer elle-même le transport de l'information au niveau du système. La socket a pour objet de simplifier la vie du programmeur.

Pour la réalisation de serveur TCP/IP et la manipulation des flux réseau, le module `gen_tcp` joue un rôle central. Ce module sert d'interface pour le programmeur vers le réseau. Il offre une interface permettant d'écrire et de lire sur une socket. Nous allons voir en détail les principales fonctionnalités et options de ce module.

Client TCP/IP

Réalisation d'un premier client TCP/IP

Pour réaliser un client TCP/IP, il n'est nécessaire de maîtriser que peu de fonctionnalités du module `gen_tcp`. Notre premier client utilise seulement trois fonctions :

- `gen_tcp:connect/3` : fonction chargée d'établir la connexion entre le client et le serveur. Elle accepte les trois arguments suivants :
  - *Serveur* : il s'agit de son adresse IP ou du nom DNS sous lequel la machine est connue.
  - *Port* : une machine peut héberger plusieurs services. Ces services fonctionnent sur des ports différents, c'est-à-dire qu'ils peuvent être sélectionnés en précisant le port sur lequel tourne le serveur. Un port ne peut être occupé que par une application à la fois. Ce paramètre doit être précisé, même si un seul service fonctionne sur une machine donnée. Le port est codé comme

un nombre entier pouvant aller de 1 à 65 534. Les ports inférieurs à 1024 ne peuvent être occupés que par des applications disposant des droits de l'administrateur de la machine sur les systèmes Unix. Une codification précise est appliquée aux ports standards pour la plupart des services courants. Par exemple :

Service	Port utilisé
FTP (Transfert de fichiers)	21
SSH (Console sécurisée)	22
HTTP (Web)	80
HTTPS (Web sécurisé)	441
TELNET (Console)	23
SMTP (Transport de courrier électronique)	25

Il est conseillé de respecter les indications données dans cette liste pour ces serveurs courants. C'est toutefois à l'utilisateur de trancher. Il faut donc toujours penser à faire en sorte que le port puisse être paramétré dans vos programmes, car l'utilisateur de votre programme peut souhaiter s'adresser à un serveur qui n'utilise pas la codification de service habituelle. Cela se produit couramment par exemple lorsqu'on souhaite faire tourner plusieurs services identiques sur une même machine.

– *La liste des options de connexion* : plusieurs choix sont possibles dans le paramétrage de la connexion. Il est possible de la configurer en utilisant ce troisième paramètre. Les options choisies sont en général valables pour toute la durée de la connexion.

La fonction renvoie une référence de socket. Cette référence permet d'identifier la connexion avec la machine distante, sachant que plusieurs connexions simultanées sur la même machine et pour les mêmes services sont possibles. Au final, les communications effectuées sur chacun des canaux de connexion sont également bien distinctes.

• `gen_tcp:send/2` : cette fonction permet d'envoyer des informations, sous forme de chaîne de caractères ou de binaires, selon les options retenues lors de la connexion (deuxième paramètre) sur la socket précisée en premier paramètre.

• `gen_tcp:close/1` : fonction qui ferme la connexion désignée par la référence de socket passée en paramètre. Il s'agit du pendant de la fonction `gen_tcp:connect/3`.

Notre premier client est d'une grande simplicité (et d'une utilité limitée). Il va se contenter d'envoyer des informations sur une socket et de fermer la connexion.

Le module `simple_client` implémente notre premier client :

```
%% Début du module simple_client
-module(simple_client).

-export([start/0, start/2]).

-define(defaultserver, localhost).
-define(defaultport, 9999).
```

Le programme fournit deux moyens de démarrer notre client :

- la fonction start/0 lance une connexion sur le serveur et le port par défaut,

- la fonction start/2 lance une connexion sur le serveur et le port passés en paramètres.

Il est toujours recommandé de prévoir un moyen aisé pour changer le serveur et le port utilisés, par l'intermédiaire d'une fonction de démarrage ou par l'intermédiaire d'un fichier de configuration.

En revanche, il est également très pratique, notamment durant la phase de développement, de fournir des valeurs par défaut.

```erlang
%% La fonction start/0 lance une connexion sur le serveur et le port
%% par défaut
start() ->
    start(?defaultserver, ?defaultport).


%% La fonction start/2 lance une connexion sur le serveur et le port
%% passés en paramètres
start(Server, Port) ->
    %% [1] Lance la connexion sur le serveur
    Socket = case gen_tcp:connect(Server, Port, [], infinity) of
                {ok, Sock} -> Sock;
                {error, Raison} -> io:format("Erreur de connexion: [~p]~n",
                                        [Raison]),
                                    exit(Raison)
            end,

    %% [2] Envoi d'un message amical au serveur
    gen_tcp:send(Socket, "Bonjour, nous venons en paix !\n"),

    %% [3] Se déconnecter du serveur
    gen_tcp:close(Socket).
%% Fin du module simple_client
```

Notre fonction cliente est très simple. Elle lance d'abord la connexion au serveur ([1]). Une opération de correspondance de motif permet dans le même temps de récupérer l'identifiant de la socket, si la connexion s'est bien déroulée, ou d'afficher l'erreur si la connexion ne s'est pas bien déroulée. En cas de problème de connexion, la fonction renvoie un tuple de type {error, nature_de_l'erreur}.

Le serveur par défaut qui est utilisé pour la connexion est la machine locale (localhost) sur le port 9999, qui a de fortes chances d'être disponible sur votre machine. Si un service fonctionne déjà sur ce port sur votre machine, vous pouvez cependant en utiliser un autre. Si aucune option n'est spécifiée (liste vide en troisième paramètre), les options de connexion par défaut sont alors utilisées.

La deuxième étape consiste à envoyer un message au serveur sur lequel nous sommes connectés, grâce à la référence de la socket renvoyée par la fonction de connexion ([2]). Pour finir, notre fonction se déconnecte du serveur ([3]).

Différents scénarii d'utilisation du client

Échec de la connexion sur le serveur

Nous allons maintenant tester différents cas d'utilisation. Dans le premier cas, nous allons lancer notre client sur notre poste local. Aucun service ne fonctionne sur le port 9999. L'exécution du programme renvoie alors une erreur : la connexion a été refusée (econnrefused) :

```
1> simple_client:start().
Erreur de connexion: [econnrefused]
** exited: econnrefused **
```

Simulation d'une connexion sur un serveur

Nous ne disposons pas pour le moment de serveur. Les développeurs qui travaillent sur système de type Unix peuvent en simuler un simplement à l'aide de l'outil netcat. Vous pourrez ainsi observer le résultat de votre connexion directement sur la console qui reflète les messages réseaux reçus par netcat.

La commande suivante permet de lancer netcat en mode serveur. De cette façon, ce dernier attend des connexions sur le port 9999 et affiche sur la console les données reçues. Le lancement de netcat permet de simuler la création d'un serveur sur le port 9999 :

```
[mremond@mremond mremond]$ nc -l -p 9999
```

Notre mini-serveur se place en attente. Lançons maintenant notre client, à partir d'une nouvelle console :

```
[mremond@mremond src]$ erl
Erlang (BEAM) emulator version 2002.09.05 [source] [hipe] [threads:0]

Eshell V2002.09.05  (abort with ^G)
1> simple_client:start().
ok
```

L'exécution de notre client se déroule cette fois sans erreur.

Que s'est-il passé du côté du serveur ? Sur la console du serveur, nous pouvons en fait constater que notre message amical a bien été reçu :

```
[mremond@mremond mremond]$ nc -l -p 9999
Bonjour, nous venons en paix !
[mremond@mremond mremond]$
```

La figure 11-1 montre le résultat de l'opération sur chacune de nos deux consoles :

Connexion à un « vrai » serveur

La connexion à un « vrai » serveur, c'est-à-dire à un serveur effectuant de réelles opérations, nécessite que l'on implémente un protocole d'échange entre le client et le serveur. La définition d'un protocole est indispensable pour que le client et le serveur puissent se comprendre.

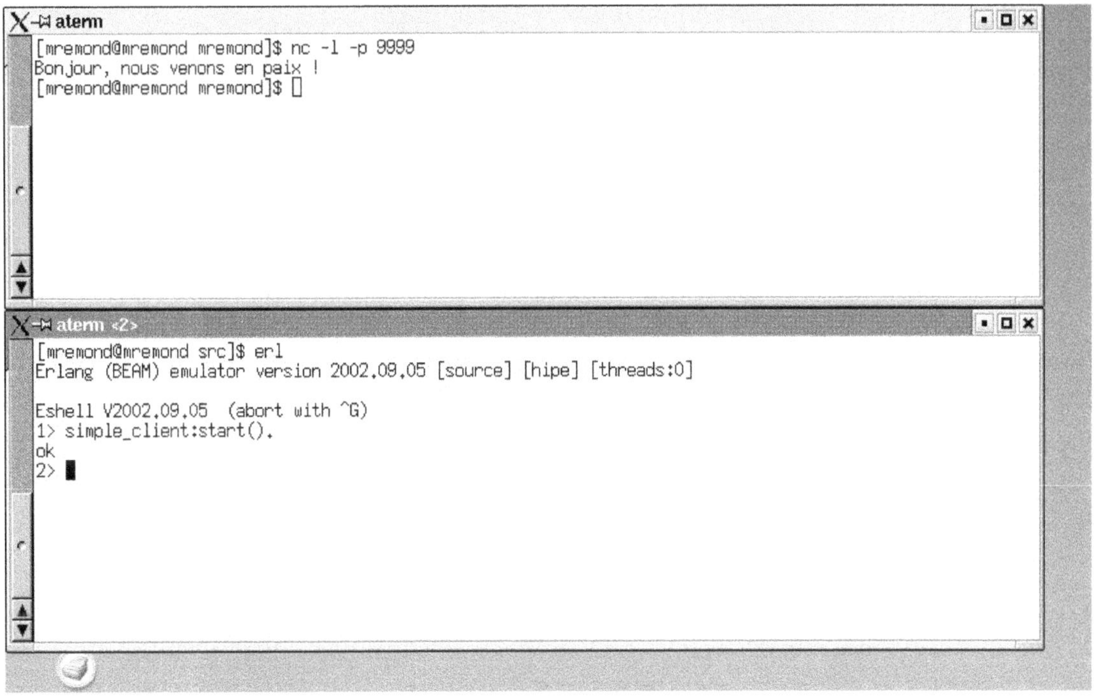

```
X-ⁿ aterm                                                        ▪ □ ✕
[mremond@mremond mremond]$ nc -l -p 9999
Bonjour, nous venons en paix !
[mremond@mremond mremond]$ []
```

```
X-ⁿ aterm «2»                                                   ▪ □ ✕
[mremond@mremond src]$ erl
Erlang (BEAM) emulator version 2002.09.05 [source] [hipe] [threads:0]

Eshell V2002.09.05  (abort with ^G)
1> simple_client:start().
ok
2> ▮
```

Figure 11-1

Session client/serveur sur deux consoles

Notre premier client est implémenté indépendamment de toute définition de protocole de discussion client-serveur. Il n'est donc dans l'absolu relié à aucun serveur.

Dans l'exemple suivant, nous allons définir un protocole simple permettant de créer un serveur et un client capables de communiquer par le biais d'une connexion réseau TCP/IP.

Serveur TCP/IP

Définition du fonctionnement du serveur et du protocole

La réalisation d'un serveur capable d'interagir avec notre client, que nous dénommons simple_client, est relativement triviale. Nous souhaitons pouvoir développer un serveur jouant le rôle de l'outil netcat, tel qu'il a été utilisé précédemment. Il ne s'agit pas d'écrire un remplaçant en bonne et due forme de netcat, mais de créer un serveur éphémère, capable de récupérer les informations en provenance du client et de s'arrêter une fois sa mission accomplie.

Le fonctionnement en est donc extrêmement simple : le serveur reçoit les informations du client et les affichent à l'écran. Lorsque le client se déconnecte, notre programme serveur se termine. La figure 11-2 présente les interactions entre le client et le serveur.

Figure 11-2

Séquence des interactions entre un client et un serveur TCP/IP

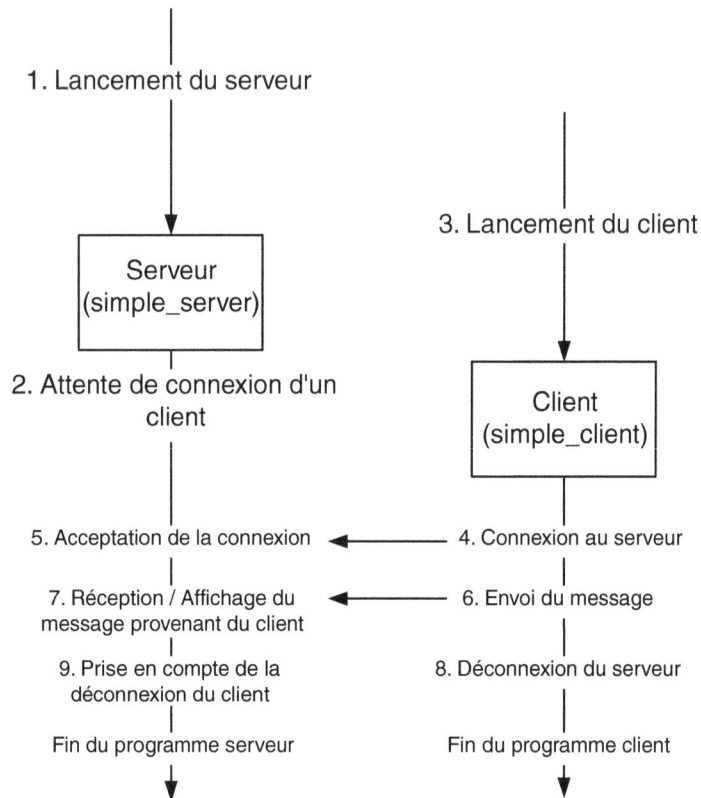

1. Lancement du serveur

3. Lancement du client

Serveur
(simple_server)

2. Attente de connexion d'un client

Client
(simple_client)

5. Acceptation de la connexion ◄──── 4. Connexion au serveur

7. Réception / Affichage du message provenant du client ◄──── 6. Envoi du message

9. Prise en compte de la déconnexion du client

8. Déconnexion du serveur

Fin du programme serveur

Fin du programme client

Implémentation du serveur

Notre implémentation est extrêmement simple et fait appel aux fonctions présentées ci-après dans le tableau 11-1.

Tableau 11-1 : Principales fonctions utilisées dans le développement d'un serveur TCP/IP.

Fonction	Rôle
gen_tcp:listen/2	Fonction permettant de démarrer le serveur. Elle affecte un port à notre serveur et définit les paramètres de connexion généraux. À ce titre, elle constitue le pendant de la fonction gen_tcp:connect/2 pour le serveur. Elle renvoie une socket d'écoute qui est l'identifiant du serveur. Il n'y a qu'un seul exemplaire de la socket d'écoute pour un serveur donné.
gen_tcp:accept/1	Fonction permettant de gérer les demandes de connexion en provenance de clients. Elle renvoie une socket de connexion. Il s'agit d'un identifiant d'une connexion entre le client et le serveur. Il existe autant de sockets de connexion qu'il y a de connexions entre le serveur et ses clients.
gen_tcp:recv/2	Fonction de réception des informations envoyées par un client sur une connexion (socket).
gen_tcp:close/1	Fonction fermant la connexion entre un client et un serveur.

Le code du serveur est décrit dans le module `simple_server` :

```erlang
%% Début du module simple_server
-module(simple_server).
-export([start/0, start/1]).

-define(default_port, 9999).

%% Démarre le serveur sur le port par défaut
start() ->
    start(?default_port).

start(Port) ->
    %% [1] Démarre le serveur et récupère la référence de la socket d'écoute:
    SocketDEcoute = case gen_tcp:listen(Port, [{packet,0}, {active, false}]) of
                        %% L'accès au port demandé est possible
                        {ok, LSock} -> io:format("Serveur démarré sur le port ~p~n", [Port]),
                                       LSock;
                        %% Ou bien une erreur s'est produite:
                        {error, Raison} -> io:format("Erreur dans le démarrage du serveur
    ➡sur le port ~p: [~p]~n",
                                                         [Port, Raison]),
                                           exit(Raison)
                    end,

    %% [2] Se place indéfiniment en attente de connexion:
    {ok, Socket} = gen_tcp:accept(SocketDEcoute),

    %% [3] Reçoit les données et les affiche
    {ok, Data} = do_recv(Socket, []),
    io:format("Le serveur a reçu le message suivant: [~p]~n", [Data]),

    %% [4] Ferme la connexion vers la socket pour libérer les ressources
    %% allouées.
    gen_tcp:close(Socket).
```

Pour l'essentiel, le code du serveur figure dans la fonction `simple_server:start/1`. Cette dernière prend en charge trois opérations :

1. La création du serveur, sur un port passé en premier paramètre. Le deuxième paramètre regroupe les options de connexion. Celles-ci peuvent être dans ce cas considérées comme étant standards.

2. L'acceptation de la connexion du client autorise sa connexion effective. Sans cette opération, le client ne peut pas se connecter au serveur, qui s'y oppose. Cette opération peut sembler redondante avec l'opération de démarrage du serveur. En réalité, elle est très importante, car elle offre la possibilité de réguler les connexions sur le serveur, comme nous le verrons ultérieurement dans ce chapitre. L'appel à cette fonction est bloquant. Le processus s'interrompt sur l'appel de la fonction `gen_tcp:accept/1`, dans l'attente de connexion d'un client.

3. La fermeture de la connexion client doit être opérée dans tous les cas même si, comme dans notre exemple, c'est le client qui met fin à la connexion, afin que les ressources allouées pour gérer la connexion puissent être libérées.

Elle sous-traite à la fonction `simple_server:do_recv/2` la réception effective des données provenant du client ([3]). Cette fonction est en fait une boucle chargée de recevoir les données jusqu'à la déconnexion du client. La boucle ne rend la main à la fonction principale que lorsque le client se déconnecte.

La déconnexion est détectée par le paramètre de retour de la fonction `gen_tcp:recv/2`, qui renvoie `{ok, Données}` tant que des données sont disponibles sur le client. Lorsque le client reste connecté sans envoyer de données, le processus est bloqué sur l'appel à la fonction `gen_tcp:recv/2`. En revanche, lorsqu'un événement survient sur la socket, comme la déconnexion du client, la fonction renvoie un tuple de type `{error, Raison}`.

Dans notre cas, nous attendons l'« événement » de fermeture de connexion par le client (`{error, closed}`), pour retourner les données reçues à la fonction principale :

```
do_recv(Sock, Data) ->
    case gen_tcp:recv(Sock, 0) of
        {ok, NewData} ->
            do_recv(Sock, [Data, NewData]);
        %% Lorsque le client a fermé la connexion, on renvoie les
        %% données reçues.
        {error, closed} ->
            {ok, lists:flatten(Data)}
    end.
%% Fin du module simple_server
```

Mise en œuvre du serveur

Nous allons essayer notre serveur Erlang à l'aide de notre premier client. Il faut tout d'abord démarrer notre serveur :

```
1> simple_server:start().
Serveur démarré sur le port 9999
```

Notre serveur est ici correctement démarré. Deux types d'erreurs très courantes peuvent cependant survenir :

- `eaddrinuse` : l'adresse est déjà utilisée. Cela signifie en fait que le port est déjà occupé par une autre application. Par exemple, si un serveur fonctionne déjà sur le port 9999 :

  ```
  1> simple_server:start().
  Erreur dans le démarrage du serveur sur le port 9999: [eaddrinuse]
  ** exited: eaddrinuse **
  ```

- `eacces` : l'accès au port demandé n'est pas possible. Cette erreur se produit généralement lorsque l'utilisateur du programme ne dispose pas des droits suffisants pour utiliser le port demandé. Sur les Unix, les ports inférieurs à 1024 sont dévolus à l'administrateur de la machine :

  ```
  1> simple_server:start(80).
  Erreur dans le démarrage du serveur sur le port 80: [eacces]
  ** exited: eacces **
  ```

Une fois que notre serveur est correctement démarré, il est en mesure d'accepter des connexions de clients. Sur une autre console, nous pouvons lancer le client simple_client :

```
1> simple_client:start().
ok
```

Notre serveur reçoit correctement les informations qui lui sont passées par le client :

```
1> simple_server:start().
Serveur démarré sur le port 9999
Le serveur a reçu le message suivant: ["Bonjour, nous venons en paix !\n"]
ok
```

La figure 11-3 montre une copie d'écran du traitement se déroulant sur le serveur (en haut de l'écran) et sur le client (en bas de l'écran).

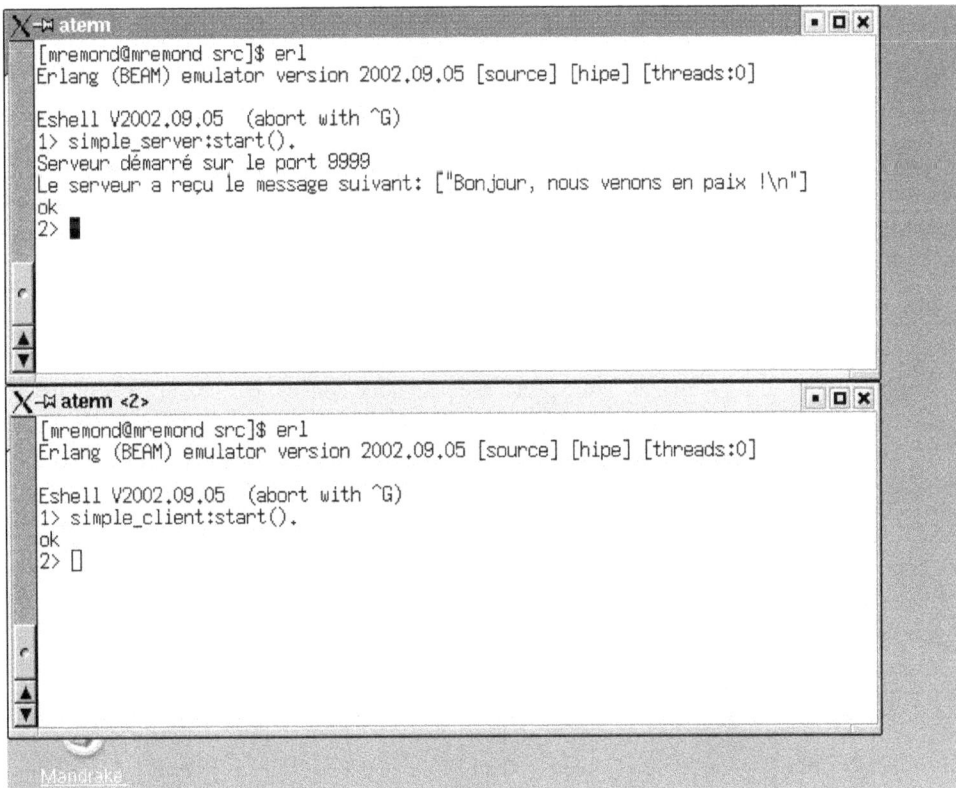

Figure 11-3

Dialogue entre notre client et notre serveur Erlang.

Limitations de notre premier serveur

Ce serveur est extrêmement simple. Il illustre le mécanisme de gestion de la réception d'informations envoyées par un client sur une socket, mais il ne correspond en aucun cas à un serveur réellement utilisable :

- Un serveur doit le plus souvent être capable de gérer simultanément plusieurs clients. Le traitement simultané des informations en provenance de plusieurs clients suppose la création d'un système contenant plusieurs processus Erlang : un pour chaque client connecté.

- Un serveur est en général un processus qui a une longue durée de vie. Il est à même de gérer plusieurs connexions consécutives, jusqu'à son arrêt.

Ces remarques nous conduisent naturellement à envisager la réalisation d'une réelle application client-serveur.

Application client-serveur : l'opération d'écho

Définition du protocole

Avant de créer un client ou un serveur, il faut tout d'abord définir le protocole de communication à implémenter.

Le fonctionnement de l'application client-serveur que nous allons développer doit permettre au client d'envoyer un message au serveur. Le serveur lit le message et le renvoie au même client, accompagné de la date et de l'heure courantes sur le serveur.

Le protocole qu'il faut définir est extrêmement simple :

- Sens client vers serveur : seule une opération est disponible dans le sens client vers serveur. Il s'agit de l'envoi d'un message. Notre protocole peut donc considérer que l'envoi d'un message par le client est effectué au moyen d'une chaîne terminée par le caractère « retour chariot » (`'\n'`). Aucun caractère n'est nécessaire pour délimiter le message. Si des guillemets sont employés, on considère qu'ils font partie du message.

- Sens serveur vers client : une seule opération doit être implémentée dans le sens du serveur vers le client. Il s'agit de l'opération d'écho. Cette opération regroupe deux valeurs : la date/heure et le message d'origine. Le formalisme de réponse est donc un peu plus complexe. Le formalisme du tuple permet de faire passer les deux valeurs : `{"date/heure", "message"}`. Le message est lui aussi terminé par le caractère « retour chariot » (`'\n'`).

  Le message lui-même est une simple chaîne de caractères, délimitée par des guillemets.

  La date et l'heure sont renvoyées au format suivant : `AAAAMMJJ-HHMMSS`. L'année correspond à `AAAA`, le mois à `MM`, le jour dans le mois à `JJ`. L'heure correspond à `HH`, les minutes à `MM` et les secondes à `SS`.

La figure 11-4 illustre des exemples d'échanges réalisés entre le client et le serveur à l'aide de notre protocole.

Figure 11-4

*Exemple de mise
en œuvre de notre
protocole d'écho
client-serveur*

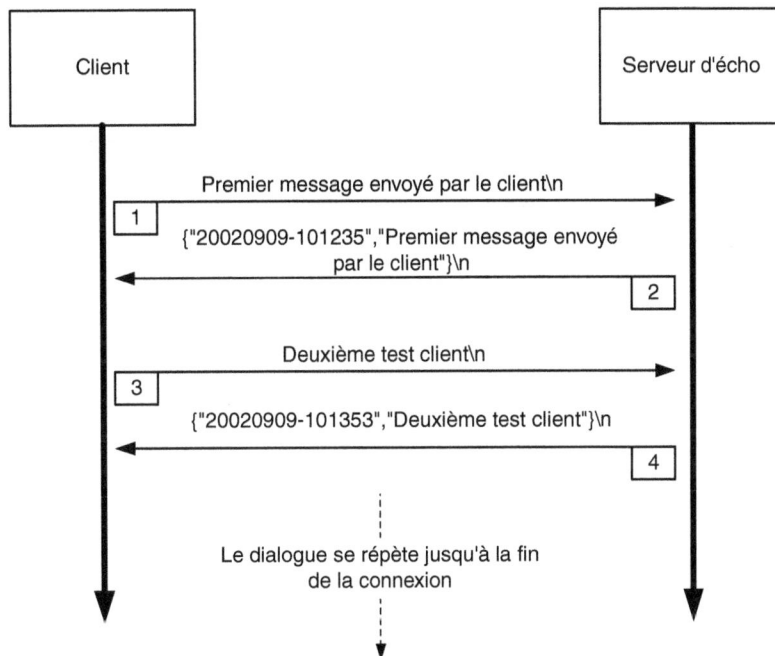

Architecture du serveur

L'étape suivante dans la réalisation de notre serveur consiste à définir son architecture. En effet, la mise en œuvre de notre précédent serveur nous a appris qu'un serveur doit généralement comporter plusieurs processus afin de pouvoir gérer plusieurs connexions simultanées de client, et aussi un processus à longue durée de vie capable de gérer des connexions successives :

L'organisation des processus d'un serveur TCP/IP est en général basée sur deux types de processus :

- un processus unique chargé de gérer les demandes de connexion des clients (`accepte_connexion`) ;

- un processus chargé de traiter les échanges avec le client lui-même. Un processus de ce type est créé pour chaque client connecté. Le processus se termine lorsque le client se déconnecte (`gère_connexion_client`).

La figure 11-5 fait clairement apparaître les responsabilités qui incombent à chacun des processus. C'est le processus Erlang standard `erts` qui est chargé de gérer les aspects réseaux. Il propose trois catégories de fonctionnalités :

- la gestion du serveur, assurant essentiellement la connexion de notre serveur avec un port sur la machine physique sur laquelle il tourne grâce au service ;

- la gestion des connexions, en prenant en charge l'acceptation de nouvelles connexions et la transmission du contrôle de la nouvelle connexion à un nouveau processus ;

- la gestion des interactions avec le client et en particulier la réception des données envoyées par le client et l'envoi des réponses.

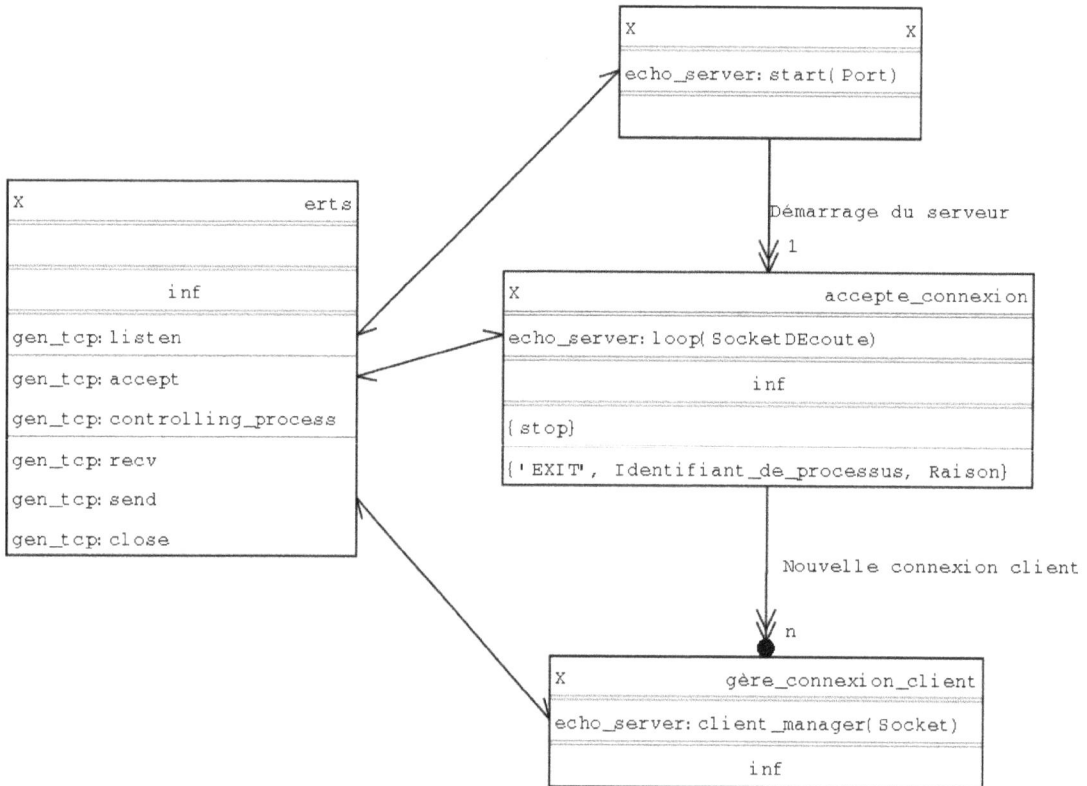

Figure 11-5

Organisation de notre serveur : les principaux processus.

EML : Event Modeling Language

La figure 11-5 présente l'architecture concurrente de notre application telle qu'elle est constituée à l'aide du forma-lisme EML : Event Modeling Language. Ce langage de modélisation orienté événement et concurrence se veut plus adapté qu'UML pour la conception d'application concurrente. Pour plus d'informations, on peut se reporter au document suivant : *http://www.erlang.se/euc/99/Event.ps*

L'éditeur de diagramme DIA dispose d'un mode permettant l'édition des diagrammes EML.

À l'origine développé sous Unix dans le cadre du projet Gnome, il existe désormais également sous Windows et est en général fourni avec les distributions Linux.

Pour plus d'informations sur le programme Dia, vous pouvez vous rendre sur le site : *http://www.lysator.liu.se/~alla/dia/*

La version Windows est disponible sur le site : *http://dia-installer.sourceforge.net/*

Nos différentes fonctions/processus accèdent à ces fonctionnalités selon leur rôle :

- La fonction `echo_server:start/1` est appelée pour depuis le processus courant pour lancer notre serveur. Cette fonction démarre le serveur TCP/IP qui crée une socket d'écoute sur le port passé en paramètre. Le processus qui gère l'écoute sur la socket fait partie de l'ensemble erts et n'est donc pas précisément représenté sur notre schéma. La fonction lance ensuite notre processus serveur qui correspond au processus accepte_connexion, démarré par la fonction echo_server:server/1.

- Le processus accepte_connexion est chargé de l'acceptation de nouvelles connexions, de la création d'un nouveau processus pour prendre en charge le dialogue avec le client pour chaque nouvelle connexion. Il crée donc autant de processus de type gère_connexion_client qu'il accepte de nouvelles connexions. Le processus est également chargé de la gestion des opérations administratives du serveur : il permet de stopper notre serveur d'écho (réception du message {stop}) ; il affiche sur l'écran un message pour chaque nouvelle connexion ou pour chaque déconnexion survenant sur le serveur. Le processus accepte_connexion n'existe qu'en un seul exemplaire dans le système.

- Le processus gère_connexion_client est créé autant de fois qu'il y a de connexions client. Il disparaît lorsque le client se déconnecte. À tout instant, il y a autant d'exemplaires de ce processus fonctionnant dans le système qu'il y a de clients simultanément connectés sur notre serveur. Chacune des « instances » de ce processus est chargée de recevoir les messages du client et de les traiter, à savoir répondre par un message d'écho à chaque nouveau message envoyé. Les messages sont séparés par le caractère « retour chariot ». Chaque instance du processus (spawn_link) est initiée par la fonction echo_server:client_manager/1. Elle reçoit en paramètres la socket représentant la connexion avec le client.

Implémentation du serveur

Notre implémentation découle directement du modèle d'architecture et d'organisation des processus que nous avons préalablement définis.

Notre module echo_serveur est implémenté en deux parties principales :

- le processus serveur permanent, chargé d'accepter de nouvelles connexions, et le modèle de processus gérant les interactions avec les clients ;

- la fonction de traitement des messages envoyés par les clients et l'envoi du message de réponse.

Démarrage du serveur et gestion des demandes de connexion

La fonction de démarrage du serveur remplit deux rôles :

- En premier lieu, le paramètrage des options TCP/IP du serveur. Nous utilisons le mode passif de réception des messages. C'est pour le moment le seul que nous connaissons. Le mode de réception des paquets est 0, ce qui signifie qu'aucun groupement de paquets n'est opéré au niveau du protocole, lors de la réception des données avec la fonction gen_tcp:recv/2. C'est l'usage le plus courant. Nous avons également positionné le paramètre reuseaddr sur vrai (true) afin de pouvoir relancer rapidement un serveur après son arrêt intempestif. Dans un tel cas, la réservation du port n'est pas annulée. Il faut donc attendre que le système d'exploitation se rende compte qu'il n'est plus utilisé et force la libération de la ressource. Dans l'intervalle, le lancement du serveur peut échouer parce qu'un port semble déjà pris, alors qu'en réalité il peut déjà être réutilisé. Cette option est importante, particulièrement durant la phase de développement où les arrêts et les redémarrages du serveur sont fréquents.

- En second lieu, la création du processus chargé d'attendre et d'accepter les nouvelles connexions.

```
%% Début du module echo_server
-module(echo_server).

-export([start/0, start/1, stop/1]).
-export([server/1, client_manager/1]).

-define(default_port, 9999).

%% Démarrage du processus serveur sur le port par défaut
start() ->
    start(?default_port).

%% Démarrage du processus serveur sur le port passé en paramètres
start(Port) ->
    SocketDEcoute = case gen_tcp:listen(Port, [{packet,0}, {active, false}, {reuseaddr,
    ➡true}]) of
                    %% L'accès au port demandé est possible
                    {ok, LSock} -> io:format("Serveur démarré sur le port ~p~n",
                    ➡[Port]),
                                    LSock;
                    %% Ou bien une erreur s'est produite:
                    {error, Raison} -> io:format("Erreur dans le démarrage du serveur
                    ➡sur le port ~p: [~p]~n",
                                                [Port, Raison]),
                                        exit(Raison)
                    end,

    spawn(?MODULE, server, [SocketDEcoute]).
```

La fonction d'arrêt du serveur utilise l'identifiant du processus, renvoyé par la fonction start pour arrêter le serveur. Charge à l'utilisateur de mémoriser la référence du serveur pour pouvoir le stopper aisément par la suite. Le protocole d'arrêt du serveur se résume à l'envoi du message {stop} au processus serveur :

```
stop(Pid) ->
    Pid ! {stop},
    ok.
```

La fonction server/1 démarre le serveur en appelant la fonction récursive loop/1 constituant le serveur. Nous aurions accédé directement à la boucle serveur si nous n'avions pas eu besoin de positionner un indicateur particulier pour le processus serveur. Cette tâche n'a à être exécutée qu'une seule fois, c'est la raison pour laquelle elle se situe hors de la fonction récursive du serveur.

Nous positionnons l'indicateur de processus permettant de convertir le signal de fin de processus en message placé dans la boîte aux lettres du processus serveur : l'indicateur trap_exit est vrai (true). Cela permet au processus serveur de ne pas être arrêté par la machine virtuelle lorsque les processus qui gèrent les connexions des clients s'arrêtent : le processus doit se poursuivre même si certains clients se déconnectent.

Le processus sera notifié de la déconnexion de certains clients par un message de type {'EXIT',
Identifiant_de_processus, Raison} :

```
server(LSock) ->
    process_flag(trap_exit, true),
    loop(LSock).
```

La fonction loop/1 effectue deux opérations étroitement imbriquées.

• Elle implémente la boucle du serveur qui accepte les connexions. Il s'agit d'un processus unique.
Cette fonction accepte les nouvelles connexions de clients. Pour chaque nouvelle connexion, elle
récupère la socket de connexion avec le client. Il faut faire attention de ne pas confondre la socket
référençant chaque connexion cliente avec la socket d'écoute, unique, servant à détecter les
nouvelles connexions entrantes. Dans un deuxième temps, elle crée un processus afin de gérer le
nouveau client auquel elle transmet le contrôle de la socket de connexion avec le client. Elle ne
conserve pas la référence de la connexion avec le client et délègue entièrement les interactions
avec le client au nouveau processus.

• Elle gère deux fonctionnalités d'administration du serveur :

Elle répond au message {stop} destiné à provoquer l'arrêt du serveur. Ce processus est lié à tous
les processus gérant les interactions avec le client. L'arrêt du serveur entraîne donc la déconnexion
de tous les clients.

Elle affiche sur l'écran les déconnexions de clients. Pour cela, elle reçoit le signal de sortie des
processus gérant le dialogue avec un client. La fin d'un de ces processus signifie qu'un client vient
de se déconnecter.

Afin de pouvoir effectuer ces deux types d'opération, notre processus ne doit pas exécuter de fonction bloquante, c'est-à-dire qui arrête le cours du programme dans l'attente d'un événement particulier. Dans le cas contraire, le programme pourrait se trouver suspendu dans l'attente d'une nouvelle
connexion, alors que l'utilisateur lui a envoyé une demande d'arrêt. Les dépassements de délai
d'attente sont pour cette raison très importants en Erlang. Dans notre cas, l'exécution du programme
ne s'arrête ni sur la réception des messages administratifs (receive) ni sur la détection d'une nouvelle
demande de connexion (gen_tcp:accept/2). Dans les deux cas, le programme attend 0,1 seconde et
passe ensuite à l'autre type d'opération.

Notez bien que le processus qui traite individuellement de la connexion avec un client est lancé avec
l'instruction spawn_link/2. C'est indispensable pour propager l'arrêt du serveur au processus de
gestion des connexions clients, mais également pour pouvoir recevoir les signaux de fin de processus
lorsqu'un client se déconnecte.

Enfin, la fonction gen_tcp:controlling_process/2 permet de transférer le contrôle de la socket de
connexion au processus chargé de sa gestion. En effet, un seul processus peut accéder à une socket
donnée, c'est-à-dire qu'un seul processus peut lire et envoyer des informations sur la socket en question. Il s'agit par défaut du processus qui a créé la socket. Il faut donc transférer le contrôle de la
socket de connexion au processus en charge du dialogue avec le client pour qu'il puisse effectivement
appeler les fonctions gen_tcp:recv/2 et gen_tcp:send/2. L'appel d'une de ces deux fonctions à partir
d'un processus qui ne dispose pas du contrôle de la socket renvoie une erreur de type : {error,
eacces} :

```
loop(LSock) ->
    %% Traitement des messages administratifs
    receive
        {stop} ->
            io:format("Serveur arrêté~n", []),
            exit(normal);
        {'EXIT', Pid, Raison} ->
            io:format("Un client vient de se déconnecter~n", [])
    after 100 ->
            timeout
    end,

    %% Traitement des demandes de connexion
    case gen_tcp:accept(LSock, 100) of
        {ok, Sock} ->
            io:format("Connexion d'un nouveau client~n", []),
            PClientID = spawn_link(?MODULE, client_manager, [Sock]),
            gen_tcp:controlling_process(Sock, PClientID),
            server(LSock);
        %% Laisse au server l'opportunité de recevoir des messages
        {error, timeout} ->
            server(LSock)
    end.
```

La fonction `client_manager/1` est une fonction récursive renfermant la logique des processus qui gèrent la connexion avec les clients. Notre fonction récupère les informations envoyées par le client, traite ces opérations au sein de la fonction `action/2`, et itère sur elle-même pour continuer à recevoir des informations. Le critère de sortie de la boucle est la déconnexion du client, provoquant un retour de la fonction `gen_tcp:recv/2` avec des données qui symbolisent une erreur de réception. La cause de cette erreur est la fermeture de la socket qui se produit lors de la déconnexion du client :

```
client_manager(Socket) ->
    client_manager(Socket, []).
client_manager(Socket, Tampon) ->
    case gen_tcp:recv(Socket, 0) of
        {ok, Donnees} ->
            Reste_A_Traiter = action(Socket, lists:flatten([Tampon,Donnees])),
            client_manager(Socket, Reste_A_Traiter);
        {error, closed} ->
            gen_tcp:close(Socket)
    end.
```

La fonction `gen_tcp :close/1` est appelée sur la socket du client déconnecté, afin de libérer les ressources allouées.

Traitement et réponse aux messages clients

La fonction `action/2` est appelée au sein du processus qui gère les échanges avec les clients. Sa structure mérite que l'on s'y attarde. Cette fonction est chargée de détecter les messages pour déclencher une réponse. La fonction parcourt les données reçues, caractère par caractère, jusqu'à détection d'un retour chariot. Lorsqu'un retour chariot est détecté, les caractères accumulés constituent un message, au sens du protocole d'écho que nous avons défini. Ce message est envoyé à la fonction `reponse/2` qui se charge d'y répondre.

Notre fonction a cette particularité de prendre en compte un éventuel reliquat, autrement dit des caractères qui font partie d'un message dont la fin n'aurait pas encore été détectée, et donc récupère d'autres informations en provenance du client. Cette opération est nécessaire car il n'est pas possible de partir du principe que les informations vont être envoyées sur le réseau entre le client et le serveur dans le strict respect des conventions prises par notre protocole. Notre protocole a établi que le retour chariot constituait le séparateur de message. En revanche, l'envoi des données se fait par fragment sur le réseau. Ces fragments ne correspondent pas au découpage de nos messages. Il existe donc potentiellement un reliquat qui doit être pris en compte, car il fait partie du message en cours.

Il y a quelque chose de troublant dans ce comportement, car nous avons demandé à la fonction gen_tcp:recv/2 de recevoir l'ensemble des informations disponibles. C'est ce que fait l'appel à la fonction, mais cela ne signifie pas que le client a envoyé toutes les informations dont il dispose. Le protocole TCP/IP dispose d'un contrôle de flux : une régulation automatique est opérée sur la machine qui envoie les informations afin qu'il n'y ait aucune perte sur la machine qui les reçoit. Pour ce faire, l'expéditeur envoie des petits paquets et attend un accusé de réception effectif avant d'envoyer la suite. Notre client, qui émet des informations, n'envoie donc pas nécessairement toutes les informations dont il dispose. Il envoie des fragments dont le découpage ne correspond pas à notre protocole de plus haut niveau, qui sépare les messages avec un retour chariot. C'est la réception sur le serveur qui déclenche l'envoi de la suite des données.

Notre fonction action/2 doit donc prendre en compte ce fonctionnement. Elle traite les messages complets et renvoie le reliquat afin que les nouvelles données reçues lui soient ajoutées. Ce travail de prise en compte des messages incomplets et d'ajout des nouvelles informations est effectué dans la fonction client_manager/2.

On peut noter que la réponse est envoyée dès que nous comptons un message complet. Cela a pour effet de libérer des ressources : nous n'accumulons pas plusieurs messages pour les traiter en masse à la fin de la réception. Par ailleurs, notre protocole n'implique aucune limite. Le client peut envoyer un nombre illimité de messages. Il n'est donc pas possible d'attendre la fin de l'émission des messages du client pour les traiter, puisqu'il n'y a pas de fin prévue.

```erlang
action(Sock, Donnees) ->
    action(Sock, Donnees, []).

action(Sock, [], Reste) ->
    lists:reverse(Reste);
%% Lorsqu'on reçoit le caractere retour chariot, on renvoie la réponse (dans
%% notre cas, l'écho), et on poursuit le traitement.
%% Deux clauses sont nécessaires car le retour chariot est parfois codé '\r\n'
action(Sock, "\r\n" ++ Caracteres, Message) ->
    reponse(Sock, lists:reverse(Message)),
    action(Sock, Caracteres, []);
action(Sock, "\n" ++ Caracteres, Message) ->
    reponse(Sock, lists:reverse(Message)),
    action(Sock, Caracteres, []);
action(Sock, [Caractere|Caracteres], Message) ->
    %% On continue l'accumulation des caractères du message
    %% jusqu'au retour chariot.
    action(Sock, Caracteres, [Caractere|Message]).
```

La fonction reponse/2 envoie la réponse de type écho au client, à l'aide de la fonction gen_tcp:send/2. Le formatage du message sous forme de tuple est effectué avant l'envoi.

```
reponse(Socket, Message) ->
    DateHeure = genere_dateheure(),
    Reponse = io_lib:format("{\"~s\",\"~s\"}\n", [DateHeure, Message]),
    gen_tcp:send(Socket, Reponse).
```

Le formatage de l'information de date /heure est délégué à la fonction genere_dateheure/0.

```
genere_dateheure() ->
    {{Annee, Mois, Jour}, {Heure, Minute,Seconde}} = calendar:local_time(),
    io_lib:format("~w~2.2.0w~2.2.0w-~2.2.0w~2.2.0w~2.2.0w",
                  [Annee,
                   Mois,
                   Jour,
                   Heure,
                   Minute,
                   Seconde]).
%% Fin du module echo_server
```

L'envoi de listes imbriquées de caractères sur le réseau

Le résultat de la commande de génération de la chaîne de caractères de date /heure crée une liste de caractères imbriquée. Par exemple :

```
1> {{Annee, Mois, Jour}, {Heure, Minute,Seconde}} = calendar:local_time().
{{2002,9,8},{21,30,4}}
2> io_lib:format("~w~2.2.0w~2.2.0w-~2.2.0w~2.2.0w~2.2.0w",[Annee, Mois, Jour, Heure,
➥Minute, Seconde]).
["2002",["0","9"],["0","8"],45,[[],"21"],[[],"30"],["0","4"]]
```

Cependant, pour les flux qui sont envoyés sur une socket (ou sur un fichier), il n'est pas nécessaire d'« aplatir » le flux. Les fonctions de manipulation de flux réseau s'accommodent bien de listes qui ont une profondeur supérieure à 1.

Première connexion à notre serveur

L'outil telnet est disponible sur la plupart des systèmes d'exploitation, sur Unix, comme sur Microsoft Windows. Il constitue un client générique qui permet de tester rapidement notre serveur.

Nous allons d'abord démarrer notre serveur à partir de la ligne de commande Erlang :

```
1> ServeurRef = echo_server:start().
Serveur démarré sur le port 9999
<0.30.0>
```

À partir de la ligne de commande du système d'exploitation, il est possible de se connecter à notre serveur à l'aide d'un client telnet :

```
[mremond@mremond mremond]$ telnet localhost 9999
Trying 127.0.0.1...
Connected to localhost (127.0.0.1).
Escape character is '^]'.
```

Le serveur affiche un message nous informant qu'un nouveau client vient de se connecter :

```
1> ServeurRef = echo_server:start().
Serveur démarré sur le port 9999
<0.30.0>
Connexion d'un nouveau client
```

Nous pouvons utiliser le client telnet pour envoyer des messages au serveur. Les messages sont séparés par une pression sur la touche Entrée. Le serveur nous répond alors instantanément avec le message d'écho :

```
[mremond@mremond mremond]$ telnet localhost 9999
Trying 127.0.0.1...
Connected to localhost (127.0.0.1).
Escape character is '^]'.
Message de test envoye au serveur
{"20020908-213903","Message de test envoye au serveur"}
Deuxieme message
{"20020908-214431","Deuxieme message"}
```

Le serveur accepte plusieurs clients simultanément. Vous pouvez le vérifier en essayant d'initier une nouvelle connexion sur le serveur, depuis la machine locale ou depuis une autre machine sur le réseau. La fonction Erlang i() permet d'obtenir la liste des processus. Sur la liste des processus suivants, nous pouvons observer que trois clients sont connectés simultanément sur notre serveur.

Finalement, vous pouvez déconnecter le client :

```
[mremond@mremond mremond]$ telnet localhost 9999
Trying 127.0.0.1...
Connected to localhost (127.0.0.1).
Escape character is '^]'.
Message de test envoye au serveur
{"20020908-213903","Message de test envoye au serveur"}
Deuxieme message
{"20020908-214431","Deuxieme message"}
^]

telnet> quit
Connection closed.
```

Le serveur nous signale alors la déconnexion d'un client :

```
1> ServeurRef = echo_server:start().
Serveur démarré sur le port 9999
<0.30.0>
Connexion d'un nouveau client
Un client vient de se déconnecter
```

Le serveur peut alors être arrêté depuis la ligne de commande Erlang :

```
3> echo_server:stop(ServeurRef).
ok
Serveur arrêté
```

Implémentation du client

Nous avons utilisé jusqu'ici un client généraliste comme `telnet` pour accéder à notre serveur. Il est probable que nous souhaitions implémenter un client dédié à notre protocole, même si dans notre cas ce dernier est très simple.

Nous allons donc développer un client envoyant des messages à intervalle régulier et récupérant la réponse du serveur pour l'afficher.

Notre protocole étant très simple, notre client est également élémentaire. Il se contente d'un simple échange séquentiel avec le serveur. Il attend d'avoir reçu la réponse du serveur pour envoyer le message suivant. Notre client contrôle cependant que le message renvoyé par le serveur est bien celui qu'il vient d'envoyer et signale une erreur dans le cas contraire. Il s'agit d'un client qui, pour l'essentiel, teste le fonctionnement du serveur.

Le module `echo_client` contient le code du client :

```erlang
%% Début du module echo_client
-module(echo_client).

-export([start/1, start/3]).

-define(defaultserver, localhost).
-define(defaultport, 9999).
-define(FREQ, 5000).  %% envoie un message toutes les 5 secondes

%% Le paramètre nb_messages permet de déterminer le nombre de messages
%% qui devront être échangés
start(Nb_Messages) ->
    start(Nb_Messages, ?defaultserver, ?defaultport).

start(Nb_Messages, Server, Port) ->
    %% [1] Lance la connexion sur le serveur
    Socket = case gen_tcp:connect(Server, Port, [{packet,0}, {active, false},
        {reuseaddr, true}], infinity) of
                {ok, Sock} -> Sock;
                {error, Raison} -> io:format("Erreur de connexion: [~p]~n",
                                                [Raison]),
                                exit(Raison)
            end,

    %% [2] Dialogue avec le serveur
    check_echo(Socket, Nb_Messages),

    %% [3] Se déconnecter du serveur
    gen_tcp:close(Socket).

%% Le processus d'écho se répète jusqu'à ce que tous les messages
%% aient été émis.
check_echo(Socket, 0) ->
    ok;
check_echo(Socket, Nb_Messages) ->
    Message = "Message n°" ++ integer_to_list(Nb_Messages),
    gen_tcp:send(Socket, Message ++ "\r\n"),
    case gen_tcp:recv(Socket, 0) of
        {ok, Donnees} ->
            [Timestamp, Message_recu] = string:tokens(Donnees, "{},\"\r\n"),
```

```
            io:format("Réception d'un écho: ~p = ~p~n",[Timestamp, Message_recu]),
            %% Le client se plante si le message reçu est différent de
            %% celui envoyé:
            Message = Message_recu,
            timer:sleep(?FREQ),
            check_echo(Socket, Nb_Messages -1);
        Other -> {error, disconnected}
    end.
%% Fin du module echo_client
```

Le lancement de notre client permet une connexion directe à notre serveur :

```
1> echo_client:start(50).
Réception d'un écho: "20030302-224434" = "Message n°50"
Réception d'un écho: "20030302-224439" = "Message n°49"
...
```

Réception des données réseaux sous forme de message Erlang

Par défaut, les données sur une socket sont réceptionnées au moyen de la fonction gen_tcp:recv/2 ou gen_tcp:recv/3. Ces fonctions sont utilisées lorsque le mode de réception est passif (*passive mode*). Une autre approche permet de recevoir les données parvenues sur la socket sous forme de message interprocessus Erlang. Ce n'est autre que le mode de réception actif (*active mode*). Cette approche permet de développer des programmes dans le plus pur style Erlang.

Le choix du mode de réception des informations provenant de la socket TCP/IP s'effectue au sein des options lors de la connexion sur un serveur ou de l'écoute sur une socket. Il suffit de positionner l'option {active, true} pour entamer la réception sur la socket avec les mécanismes habituels de réception de messages Erlang. Les messages sont envoyés au processus qui dispose du contrôle sur la socket. Ce contrôle peut être transféré par le biais de la fonction gen_tcp: controlling_process/2. Voici les modifications apportées au code du client précédent qui vont permettre d'utiliser le mode de réception sous forme de messages Erlang :

```
start(Nb_Messages, Server, Port) ->
    %% [1] Lance la connexion sur le serveur
    Socket = case gen_tcp:connect(Server, Port, [{packet,0}, {active, true},
    ➡{reuseaddr, true}], infinity) of
                {ok, Sock} -> Sock;
                {error, Raison} -> io:format("Erreur de connexion: [~p]~n",
                                            [Raison]),
                                    exit(Raison)
            end,

    %% [2] Dialogue avec le serveur
    check_echo(Socket, Nb_Messages),

    %% [3] Se déconnecter du serveur
    gen_tcp:close(Socket).

...
```

```
check_echo(Socket, 0) ->
    ok;
check_echo(Socket, Nb_Messages) ->
    Message = "Message n'" ++ integer_to_list(Nb_Messages),
    gen_tcp:send(Socket, Message ++ "\r\n"),
    receive
        {tcp, Socket, Donnees} ->
            [Timestamp, Message_recu] = string:tokens(Donnees, "{},\"\r\n"),
            io:format("Réception d'un écho: ~p = ~p~n",[Timestamp, Message_recu]),
            %% Le client se plante si le message reçu est différent de
            %% celui envoyé:
            Message = Message_recu,
            timer:sleep(?FREQ),
            check_echo(Socket, Nb_Messages -1);
        Other -> {error, disconnected}
    end.
```

Le choix entre les deux modes de réception est dicté par quelque préférence dans le style de développement, mais il recouvre également un souci de fiabilité. Lorsqu'on utilise la fonction gen_tcp:recv/3, les données sont effectivement lues depuis la socket au moment de l'appel. Si notre application lit les informations très lentement, le flux d'émission est ralenti, s'adapte au rythme du récepteur. C'est une faculté du protocole TCP/IP. Dans le cas de la réception sous forme de message Erlang, toutes les informations sont automatiquement lues sur la socket par le driver TCP/IP et transformées en message Erlang. La régulation n'est plus effectuée par le programme qui traite les informations et il y a donc un risque de saturation au niveau de la file d'attente de messages Erlang si les informations provenant des émetteurs sont envoyées à un rythme rapide.

Voilà pourquoi il est souvent recommandé d'utiliser le mode de réception passif. L'introduction récente de cette possibilité de réguler la réception à partir du mode actif fait cependant disparaître ce problème. Il faut utiliser l'option de socket {active, once} détaillée dans le cas pratique sur le proxy d'annuaire LDAP présenté au chapitre 12. Cette option doit être réactivée après chaque réception de message pour autoriser à nouveau la lecture sur la socket et la génération d'un nouveau message Erlang. Pour utiliser le mode actif, mieux vaut donc intégrer la régulation du flux TCP/IP dans son programme.

Conclusion

Erlang est l'un des langages les plus puissants pour le développement de serveurs TCP/IP. Sa gestion intégrée de la concurrence permet de construire en quelques lignes des serveurs TCP/IP bâtis sur un protocole simple. Les avantages d'Erlang pour la réalisation de tels serveurs se déclinent également pour la réalisation de serveurs implémentant des protocoles beaucoup plus complexes. Dans ce dernier cas, le type binaire est souvent associé à la correspondance de motifs (*bit syntax*) pour produire un code correspondant quasi littéralement à la description du protocole.

Le lecteur souhaitant approfondir sa connaissance du développement client/serveur peut se tourner vers les chapitres 12 et 13 présentant de nouvelles applications reposant sur le protocole TCP/IP.

Trois études de cas

12

Créer un proxy d'annuaire LDAP

Les proxy sont des programmes qui servent d'intermédiaires entre des clients et un serveur. On les appelle parfois « mandataires ». Ils peuvent prendre en charge diverses tâches :

- la vérification de la validité des données envoyées par les clients au serveur, pour des motifs de sécurité, par exemple ;

- la distribution de la charge en utilisant plusieurs serveurs pour satisfaire les requêtes des clients ;

- le simple stockage des informations échangées entre le client et le serveur pour pouvoir déboguer le client ou le serveur, ou bien encore analyser le protocole.

Pour analyser les échanges entre un serveur et un client LDAP (*Lightweight Directory Access Protocol* – Protocole léger d'accès aux annuaires), il nous a fallu concevoir un programme capable de s'intercaler entre les clients et les serveurs, et de nous présenter l'ensemble des informations échangées. Il fallait que l'on pût associer les requêtes clients avec les réponses du serveur. L'objectif était de pouvoir identifier quelles parties du protocole LDAP nous utilisions.

Notre outil devait également être à même d'extraire dans un format compréhensible les informations binaires échangées entre le client et le serveur. Le protocole LDAP encode tous les échanges de données à l'aide du protocole ASN.1 (*Abstract Syntax Notation number 1* – Syntaxe abstraite). Ce protocole permet de traduire des messages dans une notation qui fait office de pivot d'échange entre systèmes informatiques et qui est utilisable dans différents langages.

Erlang est le langage idéal pour l'implémentation de ce proxy, et ce en raison :

- de ses capacités réseaux ;

- de ses possibilités de développement concurrent, particulièrement pertinent pour les développements serveur ;

- de son support avancé de l'ASN.1. L'ASN.1 est particulièrement utilisé dans le domaine des télécommunications. Erlang dispose en standard d'une implémentation robuste de ce protocole.

Ce premier cas pratique illustre plusieurs éléments importants :

- la création d'outils réseau pour satisfaire ses propres besoins applicatifs ;
- le développement client-serveur TCP/IP en utilisant le framework Erlang/OTP ;
- l'automatisation de certaines tâches liées au développement OTP et au développement multi-plate-forme ;
- l'utilisation du protocole ASN.1 ;
- l'extensibilité d'une application à l'aide d'un mécanisme de greffon (*plug-in*) ;
- les mécanismes à partir desquels on peut configurer une application Erlang/OTP ;

l'utilisation des mécanismes de log d'OTP pour faciliter l'administration et le débogage.

> Ce chapitre nécessite que l'on ait pris connaissance du framework OTP. Pour plus d'informations sur ce sujet, vous pouvez vous reporter au chapitre 6.

Architecture de notre application

L'application de proxy pour annuaire LDAP s'appuie entièrement sur le framework de développement Erlang/OTP.

Notre application repose sur les processus suivants :

- **ldap_proxy** : il s'agit du superviseur de plus haut niveau de notre application.
- **ldap_accept** : c'est le processus « travailleur » chargé d'accepter et de réguler les nouvelles connexions.
- **ldap_connections** : c'est un processus superviseur, assurant la supervision de l'ensemble des processus qui gèrent les connexions entre le client et le serveur.
- **Processus serveur de gestion du proxy** : les processus de gestion du proxy se chargent d'effectuer le relais entre un client et un serveur donnés. Un nouveau processus de ce type est créé dynamiquement à chaque nouvelle connexion d'un client. Il peut exister entre 0 et n exemplaires de ce processus dans le système. À un instant particulier, il existe autant de processus de ce type dans le système qu'il y a de clients simultanément connectés. Pour cette raison, il s'agit d'un processus anonyme.

L'organisation des processus dans l'arbre de supervision de l'application Erlang/OTP est décrite en figure 12-1.

Chacun des processus est implémenté comme un comportement OTP :

- **ldap_proxy** est un module de type `supervisor`. Il est implémenté dans le module `ldap_proxy_sup.erl`.
- **ldap_accept** est un module de type `gen_fsm`. Le choix de l'implémentation sous la forme d'une machine correspond au rôle de ce processus : il gère l'état du serveur. Notre implémentation ne propose qu'un seul état correspondant à la mise en attente de nouvelles connexions. Il est cependant possible d'envisager des implémentations comportant plus d'états, notamment pour ajouter un mécanisme de régulation des nouvelles connexions. Par exemple, on peut imaginer un état correspondant à une saturation du proxy, dans lequel les nouvelles connexions ne seraient plus

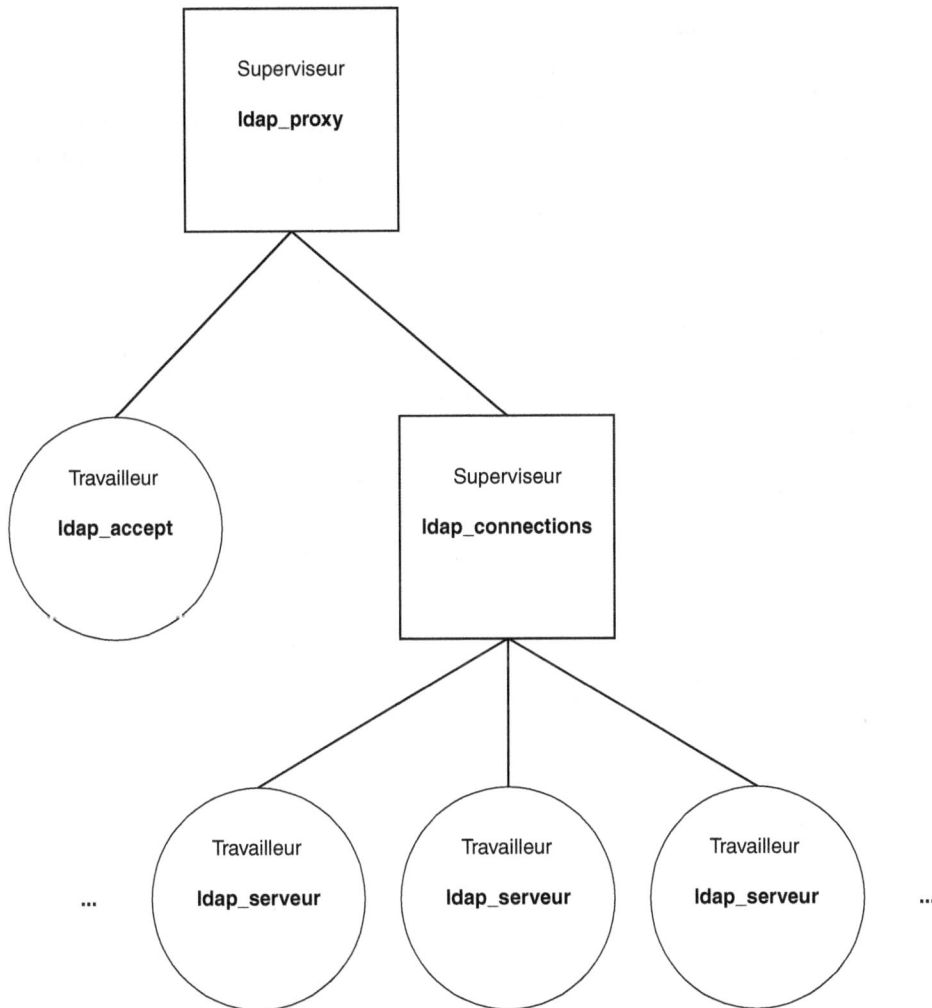

Figure 12-1

Arbre de supervision de l'application ldap_proxy

acceptées. Cet état pourrait basculer dans un mode d'acceptation de nouvelles connexions après déconnexion d'un ou plusieurs clients. Le comportement est implémenté par le module `ldap_accept_fsm.erl`.

- **ldap_connections** est un module de type `supervisor`. Il organise la création et la supervision des processus dynamiques de gestion de la relation entre client et serveur. Il est implémenté par le module `ldap_connections_sup.erl`.

- **ldap_connection** définit un module de type `gen_server`. Il est implémenté par le module `ldap_connection_srv.erl`.

> **Les processus temporaires techniques**
>
> D'autres processus techniques, relatifs à notre implémentation, peuvent avoir été ajoutés. C'est par exemple le cas d'un sous-processus temporaire de `ldap_accept_fsm`. L'acceptation, au sens de l'utilisation de la fonction `gen_tcp:accept/1`, se fait dans un sous-processus temporaire afin de ne pas bloquer le fonctionnement du comportement FSM. L'architecture proposée est une des manières de rendre compatible l'utilisation d'OTP et des comportements Erlang avec l'appel bloquant à la fonction `gen_tcp:accept/1`.

Notre organisation en termes de processus conduit à un module par processus identifié. D'autres modules assurant des fonctionnalités passives de l'application sont ajoutés à cette liste :

- `ldap_proxy_app.erl` : ce module est nécessaire pour le développement d'une application Erlang sur la base du framework OTP.

- `ldap_handler_file.erl` : ce module est un greffon (plug-in) de traitement des informations échangées *via* le proxy entre le client et le serveur.

- `ldap_proxy_config.erl` : ce module regroupe des fonctions d'accès aux valeurs de configuration de l'application.

Les grandes lignes de l'implémentation

src/ldap_proxy_app.erl

Il s'agit du module qui implémente le comportement OTP application. Il se charge principalement du lancement du superviseur de plus haut niveau.

```erlang
-module(ldap_proxy_app).

-behaviour(application).

-export([start/2, stop/1]).

start(Type, []) ->
    %% Initialisation du greffon de traitement
    %% Récupère le nom du module ayant la charge de traiter les données
    %% transitant par le proxy dans le fichier de configuration
    Module    = ldap_proxy_config:proxy_handler(),
    ExtraArgs = ldap_proxy_config:extra_args(),
    Module:start(ExtraArgs),

    ldap_proxy_sup:start_link([]).

stop(_State) ->
    %% Fermeture du plug-in
    Module    = ldap_proxy_config:proxy_handler(),
    ExtraArgs = ldap_proxy_config:extra_args(),
    Module:stop(ExtraArgs),

    _State.
```

Ce module se charge également d'appeler les fonctions d'initialisation et de terminaison du greffon lors du démarrage ou de l'arrêt de l'application.

src/ldap_proxy_sup.erl

Il s'agit du superviseur de plus haut niveau. Il lance la machine à état fini chargée d'accepter les nouvelles connexions, ainsi que le superviseur pour les processus de connexions entre client et serveur.

```
-module(ldap_proxy_sup).

-behaviour(supervisor).

-export([start_link/1]).    % API
-export([init/1]).          % Export "interne"

-define(SERVER, ?MODULE).   % Processus nommé : Le nom est centralisé

%% Démarrage du superviseur
start_link(_StartArgs) ->
    supervisor:start_link({local, ?SERVER}, ?MODULE, []).

%% Lié à l'implémentation du comportement superviseur
init(Args) ->
    Acceptor = {ldap_acceptor,{ldap_accept_fsm,start_link,[]},
        permanent,5000,worker,[ldap_accept_fsm]},
    Connection_sup = {ldap_connections, {ldap_connections_sup, start_link, []},
        permanent, 5000, supervisor, [ldap_connection_sup]},
    {ok,{{one_for_all,2,5}, [Acceptor, Connection_sup]}}.
```

src/ldap_connections_sup.erl

Il s'agit d'un superviseur qui gère un ensemble indéterminé de processus travailleurs identiques selon le mode de redémarrage `simple_one_for_one`. Aucun processus n'est démarré avec le superviseur. Les spécifications passées en retour de la fonction d'initialisation servent simplement à définir le « modèle » de processus qui sera dynamiquement créé à chaque appel de la fonction `supervisor:start_child/2`. Tous les fils de ce superviseur sont des processus identiques.

```
-module(ldap_connections_sup).

-behaviour(supervisor).

-export([start_link/0, start_connection/1]).  % API

-export([init/1]).                            % Export "interne"

-define(SERVER, ?MODULE).

% Démarrage simple du superviseur
start_link() ->
    supervisor:start_link({local, ?SERVER}, ?MODULE, []).

%% Appelé par ldap_accept_fsm pour déléguer la gestion de la connexion
%% du client : crée un nouveau processus conforme aux caractéristiques
```

```
%% AChild définies plus loin.
start_connection(Socket) ->
    supervisor:start_child(?SERVER, [Socket]).

%% Initialisation du superviseur
init([]) ->
    AChild = {connection_srv,
        {ldap_connection_srv, start_link, []}, transient, 5000,
        worker, [ldap_connection_srv,'ELDAPv3']},
    {ok,{{simple_one_for_one,0,1}, [AChild]}}.
```

src/ldap_accept_fsm.erl

Il s'agit du module chargé d'accepter les nouvelles connexions et de démarrer un nouveau processus, de type ldap_connection_srv, pour chaque nouvelle connexion entrante. On fait démarrer les processus de gestions des connexions au moyen du mécanisme de supervision de processus dynamique et donc *via* le superviseur ldap_connections_sup.

```
-module(ldap_accept_fsm).

-behaviour(gen_fsm).

-define(SERVER, ?MODULE).        % nom du processus

-export([start_link/0]).        % API

%% Fonctions liées à gen_fsm
-export([init/1, accepting/2, handle_event/3,
         handle_sync_event/4, handle_info/3, terminate/3, code_change/4]).

%% Fonctions internes
-export([connect/1, accept/1]).

%% L'état du serveur    (Le nombre de connexions en cours n'est pas géré
%%                       dans cette implémentation)
-record(state, {lsocket, acceptor, number_of_connection}).

%% Démarrage du serveur FSM
start_link() ->
    gen_fsm:start_link({local, ?SERVER}, ?MODULE, [], []).

%% Cette fonction est appelée par notre code lorsqu'un nouveau client se connecte
connect(Socket) ->
    gen_fsm:send_event(?SERVER, {connect, Socket}).

%% Suivent les fonctions liées à l'implémentation gen_fsm
init([]) ->
    Port = ldap_proxy_config:proxy_port(),
    {ok, LSocket} = gen_tcp:listen(Port, [binary,
                                          {packet, asn1},
                                          {active, once},
                                          {reuseaddr, true}]),
    error_logger:info_msg("LDAP proxy listening on port ~w.~n", [Port]),
```

```erlang
    %% Mise en attente pour l'acceptation de nouvelles connexions TCP/IP
    AcceptorPid = spawn_link(?MODULE, accept, [LSocket]),
    {ok, accepting, #state{lsocket = LSocket, acceptor = AcceptorPid}}.

%% Il s'agit du seul et unique état de notre FSM.
%% {connect, Pid} est l'unique message géré.
accepting({connect, _Pid}, StateData) ->
    %% Nous pourrions ici contrôler le nombre de connexions en cours et
    %% décider de limiter l'acceptation de nouvelles fonctions.

    %% Un processus pour gérer les appels bloquant à gen_tcp:accept/1
    AcceptorPid = spawn_link(?MODULE, accept,
                             [StateData#state.lsocket]),

    {next_state, accepting, StateData#state{acceptor = AcceptorPid}}.

%% Une bonne partie du code qui suit constitue du code standard lié à
%% l'implémentation d'un comportement gen_fsm
handle_event(Event, StateName, StateData) ->
    {next_state, StateName, StateData}.

handle_sync_event(Event, From, StateName, StateData) ->
    Reply = ok,
    {reply, Reply, StateName, StateData}.

handle_info(Info, StateName, StateData) ->
    {next_state, StateName, StateData}.

terminate(Reason, StateName, StatData) ->
    ok.

code_change(OldVsn, StateName, StateData, Extra) ->
    {ok, StateName, StateData}.

%% Nous arrivons ici sur le code (processus) chargé de gérer l'appel
%% bloquant à gen_tcp:accept/1
accept(LSocket) ->
    {ok, Socket} = gen_tcp:accept(LSocket),
    error_logger:info_msg("New incoming connection (Socket ~p)~n", [Socket]),

    %% Démarrage du processus gérant la connexion entre le client et le
    %% serveur via notre superviseur de processus dynamiques
    Pid = handle_connection({ldap_connections_sup, start_connection}, Socket),

    %% Laisse le comportement FSM gérer la question de l'acceptation ou pas de
    %% nouvelles connexions.
    ?MODULE:connect(Pid).


%% Cette fonction gère la synchronisation entre la connexion du client
%% et le démarrage de la connexion avec le serveur
```

```erlang
handle_connection(ClientHandlingFun, Socket) ->
    {Module, Function} = ClientHandlingFun,

    case apply(Module, Function, [Socket]) of
        %% La connexion avec le serveur a été établie.
        %% On lui transfère le pouvoir de gérer la socket du client.
        {ok, ClientHandlingProcess} ->
            ok = gen_tcp:controlling_process(Socket, ClientHandlingProcess),
            ClientHandlingProcess;
        %% Impossible de se connecter au serveur
        {error, Reason} ->
            undefined
    end.
```

Ce module est caractéristique de la manière de développer un processus d'acceptation de connexion TCP/IP pouvant s'intégrer dans un programme OTP. Il contient plusieurs astuces qu'il est recommandé de réutiliser dans d'autres contextes.

Le port sur lequel le proxy se met en écoute est un paramètre de configuration. Les événements importants, comme la connexion d'un nouveau client, sont envoyés vers le système de logs standards.

Cet exemple utilise des sockets en mode de réception {active, once}. Il s'agit d'un bon compromis entre le confort de réception des messages au formalisme Erlang ({active, true}) et les bénéfices associés à l'autorégulation de la vitesse des flux TCP/IP en fonction de la vitesse de traitement du destinataire ({active, false} implique une réception des messages par gen_tcp:recv/2). Le code du module ldap_connection_srv montre que les messages sont bien reçus sous forme de message Erlang de la forme {tcp, Socket, Data}. En revanche, la réception automatique des données TCP/IP n'est plus effectuée par le pilote Erlang. La suite des données ne peut ensuite être reçue qu'après l'appel à :

```erlang
inet:setopts(Socket, [{active, once}])
```

src/ldap_connection_srv.erl

Ce module constitue le cœur de l'application. Il sert d'intermédiaire entre les requêtes du client et les réponses du serveur. Les informations réseaux provenant sur la socket sont reçues sous forme de message Erlang. Ces messages sont reçus par la fonction handle_info/2 qui traite tous les messages parvenant au processus serveur en dehors de l'API classique du gen_server (gen_server:call et gen_server:cast).

La tâche principale de ce module consiste à écouter les nouvelles demandes de connexion et à lancer de nouveaux processus pour les prendre en charge :

```erlang
-module(ldap_connection_srv).

-behaviour(gen_server).

-export([start_link/1]).       % API

-export([init/1,               % Lié au comportement gen_server
         handle_call/3,
         handle_cast/2,
         handle_info/2,
         terminate/2,
         code_change/3]).
```

```erlang
-define(SERVER, ?MODULE).      % Il s'agit d'un serveur nommé

%% La gestion de l'état du serveur
-record(state, {client_socket, server_socket}).

%% Utilisation des structures de données ASN.1
-include("ELDAPv3.hrl").

%% Démarrer le processus de proxy par la tentative de connexion
%% avec le serveur.
%% Le serveur sur lequel il faut se connecter est défini dans la
%% configuration de l'application
start_link(Client_Socket) ->
    ServerHost = ldap_proxy_config:server_host(),
    ServerPort = ldap_proxy_config:server_port(),

    %% Connexion au serveur LDAP
    Result = gen_tcp:connect(ServerHost,
                             ServerPort,
                             [binary,
                              {packet, asn1},
                              {active, once}]),

    %% Gestion des possibles erreurs et réalisation des tâches liées à la
    %% connexion
    post_connection(Result, Client_Socket).

%% Rien de spécial dans le processus d'initialisation
init([State]) ->
    {ok, State}.

%% Aucun appel direct en Erlang aux fonctionnalités du serveur n'est implémenté
handle_call(Request, From, State) ->
    Reply = ok,
    {reply, Reply, State}.

handle_cast(Msg, State) ->
    {noreply, State}.

%% Le comportement du serveur est déterminé par les messages TCP/IP parvenant à la
%% fonction handle_info/2
%%% Récupère les informations du client et du serveur et les renvoie vers l'autre
%%% partie
handle_info({tcp, Socket, Data}, State) ->
    ServerSocket = State#state.server_socket,
    ClientSocket = State#state.client_socket,

    %% Récupère les informations concernant le plug-in de traitement
    Module   = ldap_proxy_config:proxy_handler(),
    ExtraArgs = ldap_proxy_config:extra_args(),
```

```
    %% Décodage ASN.1
    Message = asn1rt:decode('ELDAPv3', 'LDAPMessage', Data),
    Side  = case Socket of
        ServerSocket -> gen_tcp:send(ClientSocket, Data),
                        %% Prêt à recevoir de nouveaux messages sur la socket
                        inet:setopts(ServerSocket, [{active, once}]),
                        "server";
        ClientSocket -> gen_tcp:send(ServerSocket, Data),
                        %% Prêt à recevoir de nouveaux messages sur la socket
                        inet:setopts(ClientSocket, [{active, once}]),
                        "client"
    end,
    %% Délégation du traitement au plug-in
    Module:log(ServerSocket, ClientSocket, Side, Message, ExtraArgs),
    {noreply, State};

%%% Traite le cas de déconnexion du client ou du serveur : déconnexion de l'autre
%%% partie et fin normale du processus (il ne sera pas redémarré par le
%%% superviseur
handle_info({tcp_closed, Socket}, State) ->
    ServerSocket = State#state.server_socket,
    ClientSocket = State#state.client_socket,
    case Socket of
        ServerSocket -> gen_tcp:close(ClientSocket);
        ClientSocket -> gen_tcp:close(ServerSocket)
    end,
    error_logger:info_msg("Connection closed (~p)~n", [ClientSocket]),
    {stop, normal, State}.

%% Quelques fonctions standards pour le gen_server
terminate(Reason, State) ->
    ok.

code_change(OldVsn, State, Extra) ->
    {ok, State}.

%% Vérification de la connexion avec le serveur et validation/invalidation du
%% démarrage de ce processus (gen_server)
%%% La connexion avec le serveur est ok :
post_connection({ok, Server_Socket}, Client_Socket) ->
    %% On stocke les deux sockets dans l'état
    State = #state{client_socket = Client_Socket,
                   server_socket = Server_Socket},

    %% Effectue le démarrage effectif du gen_server
    %% et transfère le contrôle de la socket server (le transfert du contrôle
    %% de la socket client est effectué là où elle est contrôlée, dans le
    %% module ldap_accept_fsm
    {ok, ConnectionManagerPID} = gen_server:start_link(?MODULE, [State], []),
    ok = gen_tcp:controlling_process(Server_Socket, ConnectionManagerPID),

    {ok, ConnectionManagerPID};

%%% La connexion avec le serveur a échoué
```

```
%%% Déconnecte le client et ne démarre pas le gen_server
post_connection({error, Reason}, Client_Socket) ->
    error_logger:info_msg("Cannot connect to server ~s:~w. Reason = ~p~n",
                    [ldap_proxy_config:server_host(),
                     ldap_proxy_config:server_port(),
                     Reason]),
    {error, Reason}.
```

Il est important de noter que la tentative de connexion a lieu dans la fonction de démarrage du processus. Si la connexion avec le serveur échoue, le processus n'est tout simplement pas démarré. L'embranchement se situe dans les deux clauses de la fonction post_connection/2, chargée d'analyser le résultat de la connexion.

Les autres modules et fichiers requis par notre application sont décrits dans la suite de ce chapitre.

Le support du protocole ASN.1

Le support du protocole ASN.1 est extrêmement simple en Erlang. Il faut simplement procéder à :

La compilation de la description au formalisme ASN.1 en structure de données Erlang. Cette description est stockée dans le fichier LDAPv3.asn. Elle reprend simplement, de façon intégrale, la description du protocole LDAP version 3 telle que décrite en ASN.1 dans la spécification RFC 2251.

La conversion d'une structure de données Erlang vers ASN.1 ou depuis le format ASN.1 vers Erlang, qui est opérée simplement en utilisant les fonctions ASN.1.

src/LDAPv3.asn

Voici le début de la description de ce fichier :

```
-- LDAPv3 ASN.1 specification, taken from RFC 2251
-- Lightweight-Directory-Access-Protocol-V3 DEFINITIONS
ELDAPv3 DEFINITIONS
IMPLICIT TAGS ::=

BEGIN

LDAPMessage ::= SEQUENCE {
        messageID       MessageID,
        protocolOp      CHOICE {
                bindRequest     BindRequest,
                bindResponse    BindResponse,
                unbindRequest   UnbindRequest,
                searchRequest   SearchRequest,
                searchResEntry  SearchResultEntry,
                searchResDone   SearchResultDone,
                searchResRef    SearchResultReference,
                modifyRequest   ModifyRequest,
                modifyResponse  ModifyResponse,
                addRequest      AddRequest,
                addResponse     AddResponse,
```

```
                delRequest      DelRequest,
                delResponse     DelResponse,
                modDNRequest    ModifyDNRequest,
                modDNResponse   ModifyDNResponse,
                compareRequest  CompareRequest,
                compareResponse CompareResponse,
                abandonRequest  AbandonRequest,
                extendedReq     ExtendedRequest,
                extendedResp    ExtendedResponse },
          controls      [0] Controls OPTIONAL }

MessageID ::= INTEGER (0 .. maxInt)

maxInt INTEGER ::= 2147483647 -- (2^^31 - 1) --

LDAPString ::= OCTET STRING

LDAPOID ::= OCTET STRING

LDAPDN ::= LDAPString
```

La description complète du protocole LDAP figure dans la RFC 2251.

On procède à la génération des fichiers Erlang requis pour l'utilisation de cette description ASN.1 à l'aide de la commande :

```
1> asn1ct:compile("ELDAPv3",[ber_bin]).
Erlang ASN.1 version "1.4" compiling "ELDAPv3.asn"
Compiler Options: [ber_bin]
--{generated,"ELDAPv3.asn1db"}--
--{generated,"ELDAPv3.hrl"}--
--{generated,"ELDAPv3.erl"}--
ok
```

La compilation génère trois fichiers : ELDAPv3.asn1db, ELDAPv3.hrl et ELDAPv3.erl.

La conversion du format ASN.1

Pour pouvoir comprendre les échanges entre le client et le serveur tels qu'ils transitent par le proxy, il faut convertir le format binaire ASN.1 vers une structure de données Erlang.

Cette opération de conversion est effectuée dans le module ldap_connection_srv.erl, déjà décrit précédemment. La ligne de code pertinente est située dans la clause handle_info({tcp, Socket, Data}, State) de la fonction handle_info/2 :

```
Result = asn1rt:decode('ELDAPv3', 'LDAPMessage', Data),
```

Le décodage se fait uniquement pour envoi vers la fonction de stockage /traitement des données échangées dans un format Erlang, compréhensible par le développeur.

Pour plus d'informations sur le protocole ASN.1, vous pouvez vous référer à la documentation officielle de l'application Erlang ASN1.

L'utilisation d'outils d'aide à la génération d'applications Erlang/OTP

Utilisation de builder.erl

La gestion de certains fichiers associés à une application OTP peut être simplifiée par l'utilisation d'outils *ad hoc*.

Il est par exemple délicat de suivre, dans un fichier .rel, la description précise du contexte de déploiement jusqu'aux bibliothèques standards. Celles-ci offrent en général une compatibilité totale d'une version d'Erlang à l'autre. Pour effectuer une mise à jour de l'environnement d'Erlang, ou faire le déploiement sur une machine qui dispose d'une version légèrement différente de l'application, il faut changer les numéros de version dans le fichier.

Cette tâche fastidieuse peut être déléguée à un programme. Les versions gérées manuellement dans un fichier .rel seront alors uniquement celles pour lesquelles la compatibilité avec notre application est critique.

Le module Erlang `builder.erl` permet de faciliter la construction d'une application Erlang OTP, en supprimant les opérations manuelles qui peuvent être gérées automatiquement. Développé par Mats Cronqvist et Ulf Wiger, ce programme se charge entre autres des tâches suivantes :

- génération du fichier `.app` à partir d'un fichier `.app.src` simplifié ;
- génération du fichier `.rel` à partir d'un fichier `.rel.src` simplifié ;
- génération automatique du fichier de boot ;
- génération d'un script de lancement de l'application.

> **Builder et les conventions d'organisation du développement**
>
> L'outil `builder` implique le respect de certaines « normes » dans le développement d'une application Erlang/OTP pour fonctionner. Par exemple, il suppose que le répertoire contenant l'application porte les noms de l'application et de sa version, séparés par un tiret.
>
> La documentation de `builder` reprend l'ensemble des conventions à respecter. Notre projet s'appuie sur ces conventions et est à ce titre complètement compatible avec `builder`.

Voici les fichiers requis pour la génération de notre application `ldap_proxy` en s'appuyant sur l'outil `builder`.

BUILD_OPTIONS

Ce fichier contient les paramètres spécifiques de l'application qui doivent être pris en compte par le module `builder`. Dans notre cas, il contient :

```
[{report, verbose},
 {config, {file,"sys.config.mk"}}].
```

src/ldap_proxy.app.src

Il contient une version simplifiée de notre fichier `.app` :

```
{application, ldap_proxy,
  [{description,  "LDAP server proxy for debugging purpose."},
   {vsn,          "&ldap_proxy_vsn&"},
   {modules,      ['ELDAPv3', ldap_accept_fsm, ldap_connection_srv,
                   ldap_connections_sup, ldap_proxy_sup, ldap_proxy_app,
                   ldap_proxy_config]},
   {registered,   [ldap_accept_fsm, ldap_connection_sup, ldap_proxy_sup]},
   {applications, [kernel, stdlib, sasl]},
   {mod,          {ldap_proxy_app, []}},
   {env, [{ldap_proxy_server_host, "localhost"},
          {ldap_proxy_server_port, 389},
          {ldap_proxy_port, 9389},
          {ldap_proxy_handler, ldap_handler_file},
          {ldap_proxy_extra_args, [{filename, "ldap_proxy.data"}]}]}]
  ]}.
```

La clé `env` contient les valeurs de configuration par défaut de notre application. La clé `vsn` contient la valeur `&ldap_proxy_vsn&` : elle sera remplacée par la version de notre application lors de l'exécution de `builder`.

src/ldap_proxy.rel.src

Il s'agit d'une version simplifiée de notre fichier `.rel`. Il contient :

```
{release, {"ldap_proxy", "Release_1"},
 [{kernel,"&kernel_vsn&"},
  {stdlib,"&stdlib_vsn&"},
  {sasl, "&sasl_vsn&"},
  {ldap_proxy, "&ldap_proxy&"}]}.
```

Les versions des applications courantes sont remplacées par les versions des applications existant réellement sur le système, dès lors que la valeur `&app_name_vsn&` est employée pour marquer le numéro de version. Seules les versions strictement nécessaires seront associées à un numéro de version en dur. Pour le reste, le système utilise les versions présentes sur le système cible. La version de l'environnement de runtime Erlang, ERTS, habituellement obligatoire, est ajoutée par `builder`.

sys.config.mk

Il s'agit d'une configuration de notre système Erlang proposée par défaut. Elle est copiée dans le fichier `priv/sys.config`. L'utilisateur personnalise ensuite le fichier `sys.config` pour adapter le déploiement de l'application à son propre environnement.

Le fichier contient des paramètres directement liés à notre application et des paramètres relatifs à son environnement d'exécution (applications kernel et sasl) :

```
[{kernel, [{error_logger, {file, "logs/ldap_proxy_app.log"}},
           {start_ddll, true},
           {start_disk_log, false},
           {start_os, true},
           {start_pg2, true},
           {start_timer, true}]},
  {sasl, [{sasl_error_logger, {file, "logs/ldap_proxy_sasl_log"}},
          {error_logger_mf_dir, "logs"},
          {error_logger_mf_maxbytes, 512000},
          {error_logger_mf_maxfiles, 5}]}
,{ldap_proxy, [{ldap_proxy_server_host, "www.nldap.com"},
               {ldap_proxy_server_port, 389},
               {ldap_proxy_port, 9389},
               {ldap_proxy_handler, ldap_handler_file},
               {ldap_proxy_extra_args, [{filename, "ldap_proxy.data"}]}]}]
].
```

Une organisation des répertoires conforme à l'outil builder

Nous avons déjà évoqué l'existence de conventions dans l'organisation de l'application permettant de se mettre en conformité avec builder. Voici comment sont organisés tous nos fichiers dans la structure des répertoires :

```
ldap_proxy-1.0/
    Fichier : BUILD_OPTIONS
    Fichier : Emakefile
    Fichier :sys.config.mk
-> docs/
    Fichier : LISEZMOI
-> ebin/
-> include/
-> logs/
-> priv/
-> src/
    Fichier : ELDAPv3.asn
    Fichier : ldap_accept_fsm.erl
    Fichier : ldap_connection_srv.erl
    Fichier : ldap_connections_sup.erl
    Fichier : ldap_handler_file.erl
    Fichier : ldap_proxy.app.src
    Fichier : ldap_proxy.rel.src
    Fichier : ldap_proxy_app.erl
    Fichier : ldap_proxy_config.erl
    Fichier : ldap_proxy_sup.erl
```

Utilisation de l'outil Erlang make

Le module `builder` permet de maintenir plus facilement les fichiers propres au framework Erlang/ OTP. Il ne permet pas de lancer la compilation des programmes Erlang. C'est l'objet du module `make`, fourni en standard avec la distribution Erlang.

L'outil Erlang `make` permet de lancer la compilation des différents modules de notre application. La fonction `make:all/0` s'appuie sur un fichier `Emakefile`, qui décrit les fichiers Erlang à compiler et les options possibles pour cette compilation. Chaque opération à effectuer est décrite sur une ligne du fichier. Chaque ligne contient un tuple renfermant à son tour le fichier à compiler et une liste des options de compilation.

Emakefile

Voici le contenu du fichier `Emakefile` :

```
%% La génération des fichiers ASN.1 est souvent faite en deux étapes
{'src/ELDAPv3.asn',         [ber_bin, nobj, {outdir, "include"}]}.
{'include/ELDAPv3.erl', [{outdir, "ebin"}]}.

%% Compilation des modules traditionnels Erlang
{'src/ldap_proxy_app.erl',       [{outdir, "ebin"}]}.
{'src/ldap_proxy_sup.erl',       [{outdir, "ebin"}]}.
{'src/ldap_accept_fsm.erl',      [{outdir, "ebin"}]}.
{'src/ldap_connections_sup.erl', [{outdir, "ebin"}]}.
{'src/ldap_connection_srv.erl',  [{outdir, "ebin"},{i,"include"}]}.
{'src/ldap_proxy_config.erl',    [{outdir, "ebin"}]}.
{'src/ldap_handler_file.erl',    [{outdir, "ebin"}]}.
```

Les jokers

Il est possible d'utiliser des alias pour éviter de devoir écrire une ligne pour chaque fichier à compiler. Par exemple, la ligne suivante compile tous les fichiers Erlang du répertoire `src`. Aucune option de compilation n'est précisée :

```
{'src/*.erl', []}
```

Amélioration du module Erlang make

Le module `make` ne permet cependant pas de compiler les fichiers `.asn`. J'en ai modifié légèrement le code pour qu'il puisse compiler les fichiers ASN.1.

Voici le fragment de code du module `make.erl` modifié pour inclure le support de la compilation ASN.1 :

```
...
%% La fonction gère maintenant la compilation ASN.1
%% Un paramètre a été ajouté : le type du fichier qui va être compilé
recompilep(File, NoExec, Load, Opts) ->
    FileType = filename:extension(File),
    recompilep(FileType, File, NoExec, Load, Opts).

%% Pour l'instant les fichiers .asn sont toujours recompilés
%% même si les fichiers générés sont à jour
```

```
recompilep(".asn", File, NoExec, Load, Opts) ->
    asn1ct:compile(File, Opts);
%% La compilation des sources Erlang n'a lieu que si nécessaire
recompilep(".erl", File, NoExec, Load, Opts) ->
    ObjName = lists:append(filename:basename(File),
                           code:objfile_extension()),
    ObjFile = case lists:keysearch(outdir,1,Opts) of
                  {value,{outdir,OutDir}} ->
                      filename:join(coerce_2_list(OutDir),ObjName);
                  false ->
                      ObjName
              end,
    case exists(ObjFile) of
        true ->
            recompilep1(File, NoExec, Load, Opts, ObjFile);
        false ->
            recompile(File, NoExec, Load, Opts)
    end;
%% Les autres types de fichiers ne sont pas reconnus.
recompilep(OtherFileType, File, NoExec, Load, Opts) ->
    io:format("Filetype of ~s is not a filetype handled by the make module.~n~s",
    ➥[File, OtherFileType]).
...
```

Génération de notre application

La génération de la version exécutable de notre application à partir de ses sources peut être entièrement automatisée grâce à une commande lançant la compilation des sources, puis la génération des fichiers propres à OTP, fichier de boot et script de démarrage de l'application. La commande suivante permet d'enchaîner les deux traitements :

```
erl -noshell -s make all -s builder go -s init stop
```

Cette approche de génération de l'application a cet avantage qu'elle est multi-plate-forme et qu'elle peut fonctionner aussi bien sous Windows que sous Linux. L'utilisation des fichiers makefile classiques implique l'installation sous Windows de l'environnement de développement GNU Cygwin.

Les fichiers générés par la phase de compilation /génération des fichiers OTP sont les suivants :

```
ldap_proxy-1.0/
-> ebin/
    Fichier : ELDAPv3.beam
    Fichier : ldap_connection_srv.beam
    Fichier : ldap_handler_file.beam
    Fichier : ldap_proxy_app.beam
    Fichier : ldap_proxy_sup.beam
    Fichier : ldap_accept_fsm.beam
    Fichier : ldap_connections_sup.beam
    Fichier : ldap_proxy.app
    Fichier : ldap_proxy_config.beam
```

```
-> include/
    Fichier : ELDAPv3.asn1db
    Fichier : ELDAPv3.erl
    Fichier : ELDAPv3.hrl
-> priv/
    Fichier : ldap_proxy.boot
    Fichier : ldap_proxy.rel
    Fichier : ldap_proxy.script
    Fichier : ldap_proxy.start
    Fichier : sys.config
```

La configuration de l'application OTP

Les mécanismes de configuration d'une application OTP

Nous allons ensuite faire en sorte que notre application puisse être parfaitement configurée en utilisant les mécanismes standards OTP de gestion des paramètres.

Les paramètres de notre application seront les suivants :

- Adresse du serveur LDAP
- Port du serveur LDAP
- Port du proxy LDAP
- Module `greffon` pour stocker les informations du proxy
- Paramètres supplémentaires à destination du module `greffon`

Dans notre code, le paramétrage de l'application est récupéré à l'aide de la fonction `application:get_env/1`.

On peut ensuite préciser de plusieurs manières ces paramètres. Nous allons d'abord affecter des valeurs par défaut à tous nos paramètres. Les valeurs par défaut sont répertoriées dans le fichier de l'application `ldap_proxy.app.src`, sous la clé `env`.

Quelles options inclure dans le fichier .app ?

Dans le fichier `.app`, il faut uniquement mettre les options de configuration par défaut qui ont du sens. Toute option qui n'est pas suffisamment générale ne doit pas y être intégrée.

Dans notre cas, le fichier `ldap_proxy.app.src` contient des paramètres par défaut qui ne présentent aucun risque et sont pertinents. Il traite du cas où l'on souhaite configurer un proxy local sur la même machine que le serveur LDAP. De la même manière, le greffon par défaut est celui fourni en standard avec notre application.

Pour permettre la personnalisation des options de configuration et la génération d'un fichier de configuration « modèle », il faut créer une entrée pour notre application dans le fichier `sys.config.mk`.

L'utilisateur final intervient dans le fichier `sys.config`, généré à partir du fichier `sys.config.mk` pour adapter l'application à son contexte. Par exemple, si aucun serveur LDAP n'est disponible sur la machine locale, le proxy ne peut pas fonctionner. Le fichier `sys.config.mk` présente une redéfinition des options standards.

Notre fichier `sys.config.mk` propose par exemple d'utiliser le serveur de test LDAP mis à disposition par Novell[1].

L'utilisation des paramètres de l'application dans le code

Où placer le code de lecture des paramètres ?

Une manière d'utiliser les options de configuration peut consister à laisser le module qui implémente le comportement de l'application dans notre programme lire toutes les options de configuration et les passer en paramètres au superviseur de premier niveau. Bien que séduisante de prime abord, cette approche présente l'inconvénient d'alourdir le code. Les paramètres doivent alors être véhiculés dans la chaîne d'appel depuis le module application jusqu'à l'endroit de l'implémentation où ces paramètres sont utilisés. L'ajout d'un nouveau paramètre nécessite également de changer le code à de nombreux endroits.

Il est souhaitable de récupérer les paramètres de l'application directement aux endroits de notre code où ils sont utilisés. Pour centraliser l'accès à la configuration et donc faciliter la maintenance ultérieure du code, il est également préférable de créer un module dédié pour lire les paramètres de configuration. Le module `ldap_proxy_config` joue ce rôle. Cette approche permet d'accéder d'une manière unique à la configuration et, le cas échéant, d'effectuer des traitements sur les valeurs lues.

Si l'on souhaite contrôler la valeur des options au démarrage du serveur, il est possible d'ajouter une fonction de contrôle de la configuration, appelée par le module de démarrage de notre application.

src/ldap_proxy_config.erl

Le code de lecture des informations de configuration est assez direct dans le cas de notre application. Il se contente de lire les paramètres passés à notre application par l'un des divers moyens possibles.

```
-module(ldap_proxy_config).

-export([server_host/0,
         server_port/0,
         proxy_port/0,
         proxy_handler/0,
         extra_args/0]).

server_host() ->
    {ok, ServerHost} = application:get_env(ldap_proxy_server_host),
    ServerHost.

server_port() ->
    {ok, ServerPort} = application:get_env(ldap_proxy_server_port),
    ServerPort.

proxy_port() ->
    {ok, ProxyPort} = application:get_env(ldap_proxy_port),
    ProxyPort.
```

---

1. Consultez les conditions d'utilisation de ce serveur sur le site *www.nldap.com*, avant de l'utiliser pour vos propres tests.

```
proxy_handler() ->
    {ok, Handler} = application:get_env(ldap_proxy_handler),
    Handler.

extra_args() ->
    {ok, ExtraArgs} = application:get_env(ldap_proxy_extra_args),
    ExtraArgs.
```

Tracer les informations échangées entre le client et le serveur sur le proxy

Une approche du développement par plug-in

Notre proxy a principalement pour rôle de garder la trace des échanges ayant lieu entre le client et le serveur. Il ne modifie en rien les données qui transitent par lui.

Selon l'analyse que l'on souhaite effectuer de ces échanges, on peut vouloir les stocker dans un simple fichier texte, ou bien choisir de les stocker dans une base de données pour pouvoir effectuer plus facilement par la suite des requêtes. Pour que cela soit possible, nous avons adopté une approche de configuration de type greffon (plug-in).

Dans notre exemple, les informations échangées sont stockées dans un fichier. On peut cependant se servir d'une base de données Mnesia ou d'une table DETS afin de pouvoir analyser leur contenu ultérieurement par simple développement d'un nouveau module et changement des options de configuration.

L'application utilise un module par défaut qui permet d'enregistrer les échanges dans un fichier texte simple. Il est cependant possible de remplacer ce module depuis le fichier de configuration, en en changeant le nom. Le proxy continue alors de fonctionner normalement, dès lors que le module que l'on utilise pour traiter les informations respecte l'interface de notre module d'origine.

src/ldap_handler_file.erl

Dans notre cas, l'interface du module est très simple et comporte seulement trois fonctions à implémenter sur le modèle du module initial, ldap_handler_file : start/1, stop/1 et log/4.

```erlang
-module(ldap_handler_file).

%% Interface du plug-in
-export([start/1, stop/1, log/5]).

-define(app_name, ldap_proxy).

%% Initialisation du plug-in
%% Dans notre cas, il s'agit d'ouvrir le fichier
%% et de mémoriser le descripteur de fichier
start(ExtraArgs) ->
    case lists:keysearch(filename, 1, ExtraArgs) of
        false -> io:format("Plugin error: Error initializing plugin ldap_handler_file.~n ", []),
                ok;
        {value, {filename, Filename}} ->
            {ok, FD} = file:open(Filename, [append,binary]),
            application:set_env(?app_name, file_descriptor, FD),
            ok
```

```
        end.

    %% Ferme le plug-in
    %% Il s'agit ici de fermer le fichier
    stop(ExtraArgs) ->
        case application:get_env(?app_name, file_descriptor) of
            {ok, FD} -> file:close(FD);
            _Other   -> file_was_not_open
        end.

    %% La fonction principale du plug-in, celle qui effectue le traitement :
    log(ServerSocket, ClientSocket, Side, Data, ExtraArgs) ->
        case application:get_env(?app_name, file_descriptor) of
            {ok, FD} -> Msg = io_lib:format("********~nSocket: ~p~n-> ~s data: ~p ~n",
            ➡[ClientSocket, Side, Data]),
                            Result = file:write(FD, Msg);
            Other   -> io:format("Plugin error: Cannot process LDAP information.~n", [])
        end.
```

Le descripteur de fichier est stocké dans l'environnement de l'application, comme les informations de configuration. Ses informations sont lues directement dans le code du module et non *via* le module de configuration car ce code dépend de l'implémentation du greffon, et uniquement de celle-ci. Les autres greffons n'ont pas nécessairement besoin de cette information.

L'utilisation des logs pour faciliter administration et débogage

Les logs d'une application permettent d'obtenir des informations sur les arrêts système pouvant survenir dans l'application. Nous utilisons deux types de logs dans notre application :

Les logs SASL donne essentiellement des informations sur l'activité des processus du point de vue du framework OTP : démarrage d'un processus, « plantage », redémarrage.

Les logs du noyau Erlang (Kernel) présentent les informations relatives à l'application, c'est-à-dire principalement les messages d'information et erreurs d'exécution, etc.

Dans tous les cas, ils constituent une source importante d'information tant pour l'exploitation que pour le développement d'un programme.

On procède à leur configuration au niveau du fichier de paramétrage de l'environnement sys.config. C'est au moyen de la fonction error_logger:info_msg/2 que l'on génère des logs de niveau applicatif /noyau. Cette fonction génère des messages purement informatifs. Le même module permet de tracer des messages d'avertissement ou d'erreur.

Le fonctionnement de l'application ldap_proxy

Lancement et test de l'application

L'outil builder a généré un script de démarrage de notre application dans le répertoire priv qui facilite le lancement de l'application :

```
[mremond@erlang ldap_proxy-1.0]$ priv/ldap_proxy.start
Erlang (BEAM) emulator version 5.2.3.3 [source] [hipe]
```

```
Eshell V5.2.3.3  (abort with ^G)
1> appmon:start().
{ok,<0.52.0>}
```

L'application `appmon` permet de contrôler l'exécution de `ldap_proxy`. La figure 12-2 représente l'arbre de supervision de notre application tel qu'il apparaît lors de deux connexions simultanées, représentées par les deux processus en bas à gauche.

Figure 12-2

Arbre de supervision de l'application ldap_proxy

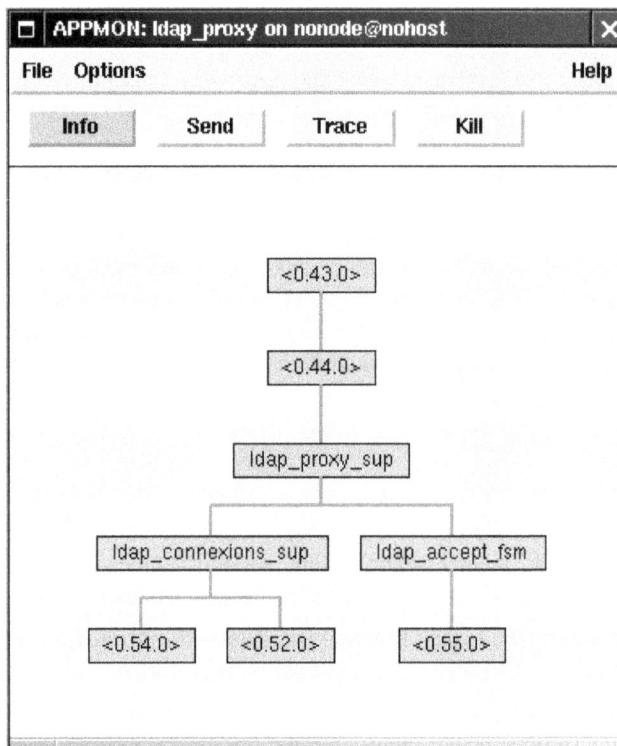

Pour le reste, le test se poursuit en utilisant des clients d'annuaires LDAP pour vérifier le fonctionnement de notre proxy : GQ, Mozilla, Outlook… N'oubliez pas de demander à votre client de se connecter sur la machine `localhost`, sur le port `9389` (par défaut).

Le suivi des logs applicatifs

Telle qu'elle est définie, la configuration de l'application permet de naviguer dans le système de logs, grâce à un navigateur simplifié, baptisé le *report browser*. Ce dernier est géré par le module `rb`, qui permet de lister les événements et d'obtenir une liste d'événements correspondant à un type donné. La session suivante, réalisée depuis le répertoire `logs`, illustre quelques fonctionnalités de l'outil :

```
Eshell V5.2  (abort with ^G)
1> rb:start().
```

```
rb: reading report...done.
{ok,<0.51.0>}
2> rb:list().
  No              Type    Process       Date     Time
  ==              ====    =======       ====     ====
   9            progress  <0.33.0>  2003-03-08 11:08:26
   8            progress  <0.33.0>  2003-03-08 11:08:26
   7            progress  <0.33.0>  2003-03-08 11:08:26
   6            progress  <0.33.0>  2003-03-08 11:08:26
   5            progress  <0.20.0>  2003-03-08 11:08:26
   4            info_msg  <0.43.0>  2003-03-08 11:08:26
   3            progress  <0.43.0>  2003-03-08 11:08:26
   2            progress  <0.43.0>  2003-03-08 11:08:26
   1            progress  <0.20.0>  2003-03-08 11:08:26
ok
3> rb:list(info_mgs).
  No              Type    Process       Date     Time
  ==              ====    =======       ====     ====
ok
4> rb:list(info_msg).
  No              Type    Process       Date     Time
  ==              ====    =======       ====     ====
   4            info_msg  <0.43.0>  2003-03-08 11:08:26
ok
5> rb:show(info_msg).

INFO REPORT  <0.46.0>                              2003-03-08 11:08:26
===============================================================================

LDAP proxy listening on port 9389.
ok
```

La navigation n'est pas très conviviale au moyen de l'outil par défaut, mais la création d'une interface Web pour accéder aux informations de logs à partir d'un navigateur est une tâche qui ne présente aucune difficulté.

Conclusion

Ce cas pratique nous a permis de mettre en œuvre la plupart des concepts acquis dans le cadre de cet ouvrage. L'application produite ne se veut pas parfaite et comporte de nombreuses possibilités d'amélioration. Telle quelle, elle constitue cependant un bon éclairage sur le processus de développement d'une application OTP.

Nous avons vu qu'il est possible de réaliser ce type application avec beaucoup moins de code et de manière bien plus simple, sans utiliser le framework OTP. C'est une option tout à fait envisageable dans de nombreux cas.

L'intérêt du développement sur la base d'OTP est patent lorsque les développements sont réalisés par des équipes conséquentes. Le framework OTP permet alors de guider les développeurs Erlang et de leur proposer un cadre et une approche commune.

> Le code de l'application réalisée est disponible sur le site d'accompagnement de cet ouvrage à l'adresse www.editions-eyrolles.com.

13

Erlang et le jeu vidéo

De par les possibilités qu'il offre en termes de concurrence, mais également grâce à ses fonctionnalités réseau naturelles, Erlang est bien adapté au développement d'applications de jeu vidéo.

Ce chapitre présente deux cas pratiques de développement de jeu. Dans la première partie, nous présenterons la création d'un automate de type « jeu de la vie » tel qu'il peut être conçu sur la base d'une approche concurrente du développement. Dans la seconde, nous poserons les bases de l'architecture d'un jeu vidéo multi-joueur. Dans les deux cas, il s'agit de présenter des pistes et d'offrir des bases d'expérimentation au lecteur.

Jeu de la vie

Les règles du jeu

Le jeu de la vie est un automate cellulaire, imaginé par John Conway. Il s'agit d'un jeu simulant l'évolution d'une vie artificielle à partir d'une configuration de cellule dans un espace. Notre application reprend une des variantes des règles d'évolution et propose de suivre l'évolution des cellules dans un espace à partir d'une configuration d'origine établie aléatoirement.

Dans la variante que nous avons choisie, les règles sont très simples. Les cellules peuvent se trouver dans deux états, et être soit vivantes, soit mortes. Chaque cellule est caractérisée et délimitée par sa position sur une grille à deux dimensions. Les cellules sont représentées par des cases carrées sur cette grille.

Le jeu s'intéresse à l'évolution des cellules dans l'espace donné de génération en génération. L'évolution de chaque cellule génération à l'autre est déterminée en fonction du nombre de cellules vivantes se trouvant dans les quatre cases adjacentes à une cellule. Les cases sont voisines si elles ont un côté commun. La proximité en diagonale est ignorée. Les règles d'évolution sont les suivantes :

- Une cellule vivante meurt si le nombre de cellules vivantes voisines est égal ou inférieur à 1. Cela correspond à un état d'isolement de cellule.

- Une cellule vivante meurt si le nombre de cellules vivantes qui l'entourent est égal à 4. Cela correspond à un état de surpeuplement autour de la cellule.

- Une cellule morte devient vivante si le nombre de voisins vivants est égal à 3. Cela correspond à une reproduction « trisexuée ».

Naissance et mort de cellules sont considérées comme ayant lieu simultanément Les calculs intermédiaires de la situation dans l'espace n'influencent en rien le calcul pour les autres cellules de la même génération.

Implémentation du jeu de la vie en Erlang

En principe, les implémentations du jeu de la vie sont extrêmement procédurales. Un tableau contenant une représentation en forme de grille est maintenu en mémoire. Un nouveau tableau est généré par le programme principal de génération en génération. Il s'agit d'un pur calcul de l'état de la grille au fil du temps. Aucune concurrence, aucune simultanéité n'est généralement envisagée dans l'application.

Lorsqu'on analyse le problème, il devient flagrant cependant que les cellules telles que nous les envisageons peuvent directement correspondre à un processus Erlang. Dans notre modèle d'application, nous aurons donc un processus par cellule. Un autre processus est chargé d'initialiser le jeu et de dispatcher à chaque cellule les changements d'état des autres cellules. Chaque cellule s'intéressera alors à l'état de ses voisines et prendra la décision de changer d'état à partir de l'analyse des informations sur son contexte.

Cette implémentation présente également l'intérêt de souligner combien l'approche d'un même problème peut différer selon que l'on adopte un langage procédural traditionnel ou un langage concurrent.

L'implémentation de la cellule

Le module `cellule.erl` implémente le comportement d'une cellule.

Dans le jeu de la vie, une cellule est principalement déterminée par sa position et son statut. Dans une approche concurrente, le temps est également un facteur très important à prendre en compte. L'évolution des cellules doit être synchronisée. Pour qu'une cellule réside dans le même espace-temps, la façon dont elle est générée va également être importante. En résumé, l'état du processus cellule doit donc contenir :

- les coordonnées de la cellule,

- son statut (morte ou vivante),

- sa génération.

Une cellule doit envoyer son statut à l'ensemble des autres cellules afin que chacune puisse prendre connaissance des évolutions de son environnement. Pour répartir le message vers toutes les cellules, plusieurs options étaient possibles :

- communiquer à chaque cellule la référence de toutes les autres cellules,

- ne communiquer à chaque cellule que la référence des cellules voisines,

- communiquer son état à un tiers chargé d'en informer toutes les cellules.

Dans notre implémentation, nous avons opté pour la troisième approche, celle qui est le plus conforme à l'idée que l'on se fait d'une cellule : il doit en effet y résider le moins d'information et d'intelligence possible. La cellule peut simplement communiquer son statut et prendre des décisions sur sa vie, sa mort ou sa naissance/résurrection.

Après avoir communiqué les informations concernant son statut à toutes les cellules du jeu, la cellule se met en attente de réception d'information en provenance des autres cellules. Elle ne prendra en compte que les informations en provenance de ces voisines. Lorsque toutes les informations ont été reçues, la cellule peut mettre à jour son état et envoyer les informations de statuts relatives à la génération suivante.

Dans le module `cellule.erl`, la tâche la plus délicate consiste à déterminer les cellules dont des informations sont attendues. On utilise pour cela les coordonnées de la cellule considérée et la taille de la matrice.

```erlang
%% Début du module cellule
-module(cellule).
-export([create/2, create/3, loop/7]).

%% Fréquence des générations = 1 seconde.
-define(frequence, 2).


%% Coordonnées d'une cellule: {Horizontale, Verticale}. 1,1 = Haut à gauche
%% Illustration classique de la manière dont on opère des tests en Erlang:
%% Utilisation du pattern matching
%% L'ordre des séquences est important: Si les bords sont définis avant les
%% coins (cas le plus particulier, les coins ne peuvent être traités correctement
%% puisque la correspondance s'effectuera en premier sur le bord.

%% Les coins constituent 4 cas particuliers qui n'ont que 2 voisins.
%% Cas particulier n°1: La cellule est dans le coin en haut à gauche
voisin(Coordonnes = {1,1}, Matrice = {I,J}) ->
    [{1,2}, {2,1}];
%% Cas particulier n°2: La cellule est dans le coin en haut à droite
voisin(Coordonnes = {I,1}, Matrice = {I,J}) ->
    [{I-1, 1}, {I, 2}];
%% Cas particulier n°3: La cellule est dans le coin en bas à gauche
voisin(Coordonnees = {1,J}, Matrice = {I,J}) ->
    [{1, J - 1},{2, J}];
%% Cas particulier n°4: La cellule est dans le coin en bas à droite
voisin(Coordonnes = {I,J}, Matrice = {I,J}) ->
    [{I, J - 1},{I - 1, J}];
%% Les bords n'ont que 3 voisins.
%% Bord haut: Y différent de J => Ce n'est pas le cas particulier 3
voisin(Coordonnes = {1,Y}, Matrice = {I,J}) ->
    [{1, Y - 1},{1, Y + 1}, {2, Y}];
%% Bord gauche: X différent de I => Ce n'est pas le cas particulier 4
voisin(Coordonnes = {X,1}, Matrice = {I,J}) ->
    [{X - 1, 1},{X + 1, 1}, {X, 2}];
%% Bord bas: X différent de I => Ce n'est pas le cas particulier 4
voisin(Coordonnes = {X,J}, Matrice = {I,J}) ->
    [{X - 1, J},{X + 1, 1}, {X, 2}];
```

```
%% Bord droite: Y différent de J => Ce n'est pas le cas particulier 4
voisin(Coordonnes = {I,Y}, Matrice = {I,J}) ->
    [{I - 1, Y},{I, Y -1}, {I, Y + 1}];
%% Le cas général: 4 voisins
voisin(Coordonnes = {X,Y}, Matrice = {I,J}) ->
    [{X, Y - 1}, {X, Y + 1}, {X - 1, Y}, {X + 1, Y}].

%% Si aucun état n'est fourni lors de la création de la cellule, on
%% propose un état aléatoire
create(Coordonnes, Matrice) ->
    Etat = case random:uniform(2) of
        1 -> alive;
        2 -> dead
      end,
    create(Coordonnees, Etat, Matrice).

%% Initialisation de la cellule pour la génération 0 : Un nouveau processus
%% est créé
create(Coordonnees = {X, Y}, Etat, Matrice = {I, J}) ->
    Generation = 0,
    Voisins = voisin(Coordonnees, Matrice),
    PidDispatcher = self(),
    CellulePid = spawn(?MODULE, loop, [Coordonnees, Etat, Generation, PidDispatcher, Voisins,
    ⇒[], length(Voisins)]),
    PidDispatcher ! message(Coordonnees, Generation,  Etat),
    CellulePid.

%% Cas particulier, on dispose des informations de toutes les cellules de même génération
loop(Coordonnees, Etat, Generation, PidDispatcher, Voisins, TamponMessages, 0) ->
    %% Calcule le nouvel état: 0 voisin: meurt, 1,2: Voisin vit, 3, 4 voisins
    %% meurt
    %% On pourrait placer un instruction receive ici pour déclencher le passage
    %% à la prochaine itération, par exemple depuis l'interface utilisateur.
    timer:sleep(?frequence * 1000),

    NewEtat = prochain_etat(Etat, TamponMessages),
    PidDispatcher ! message(Coordonnees, Generation + 1, NewEtat),

    loop(Coordonnees, NewEtat, Generation + 1, PidDispatcher, Voisins, [], length(Voisins));
%% Cas général, on reçoit les messages des cellules de même génération
loop(Coordonnees, Etat, Generation, PidDispatcher, Voisins, TamponMessages,
⇒VoisinsManquants) ->
    %% Ne reçoit que les messages en provenance d'une génération donnée.
    Receive
     {cellule, CoordCell, Generation, EtatCellule} ->
        case lists:member(CoordCell, Voisins) of
            %% Stocke les informations des cellules voisines dans le tampon
            ⇒true -> loop(Coordonnees, Etat, Generation, PidDispatcher, Voisins,
            [EtatCellule|TamponMessages], VoisinsManquants - 1);
            %% Si le message ne provient pas d'un voisin, on l'ignore
            false -> loop(Coordonnees, Etat, Generation, PidDispatcher, Voisins,
            ⇒TamponMessages, VoisinsManquants)
        end
```

```
        end.
message(Coordonnees, Generation, Etat) ->
    {cellule, Coordonnees, Generation, Etat}.

%% Calcule le nouvel état: 0 voisin: meurt, 1,2: voisins vit, 3, 4 voisin meurt
prochain_etat(Etat, EtatsVoisin) ->
    NbVoisinsVivants = count(alive, EtatsVoisin),
    case NbVoisinsVivants of
     0 -> dead;
     1 -> alive;
     2 -> alive;
     3 -> dead;
     4 -> dead
    end.
count(Etat, EtatsVoisin) ->
    count(Etat, EtatsVoisin, 0).
count(Etat, [], Nb) ->
    Nb;
count(Etat, [Etat|AutresEtats], Nb) ->
    count(Etat, AutresEtats, Nb + 1);
count(Etat, [EtatVois|EtatsVois], Nb) ->
    count(Etat, EtatsVois, Nb).
```

L'implémentation du processus initialisant le jeu et transmettant les messages

Le module game.erl se charge de cette implémentation.

```
-module(game).
-export([start/1, start/2]).

start(Matrice) ->
    %% Initialise le générateur de nombre aléatoire
    {A,B,C} = now(),
    random:seed(A,B,C),
    %% Démarre le programme avec une représentation par défaut (ici en texte)
    start(texte_ui, Matrice).

start(UIModuleHandler, Matrice = {X,Y}) ->
    %% Génération de la liste des cellules de la matrice par list
    %% comprehension
    ToutesCellules = [ {I,J} || I <- lists:seq(1, X), J <- lists:seq(1, Y)],

    %% Création de tous les processus cellules et récupération de la
    %% liste des Processus ids de toutes les cellules.
    CellulePids = lists:map(fun(Coord) -> cellule:create(Coord, Matrice) end,
    ⮞ToutesCellules),

    %% Démarrage de l'interface utilisateur
    UIPid = spawn(UIModuleHandler, start, [length(CellulePids), 0, Matrice]),

    %% Appel de la fonction de dispatch.
    dispatch([UIPid|CellulePids]).
```

```erlang
%% Broadcast :
%% Renvoie les informations des cellules vers toutes les cellules et
%% vers le processus d'interface utilisateur
dispatch(Pids) ->
    receive
  Message ->
     lists:foreach(fun(Pid) ->
             Pid ! Message end, Pids),
       dispatch(Pids)
    end.
```

L'affichage de l'espace de jeu en mode console

Le module `texte_ui` implémente l'affichage du résultat. Il s'incarne également dans le programme sous forme de processus.

```erlang
-module(texte_ui).
-compile(export_all).

start(NbCell, Generation, Matrice) ->
    io:format("Jeu de la vie en Erlang~n", []),
    loop(NbCell, Matrice, Generation, NbCell, []).

%% Cas particulier: On a reçu toutes les cellules d'une génération: On
%% affiche
loop(NbCell, Matrice, Generation, 0, Tampon) ->
    %% Affichage du résultat à partir de tampon
    io:format("Generation ~p:~n",[Generation]),
    affiche(Matrice, Tampon),

    %% Nouvelle génération
    loop(NbCell, Matrice, Generation + 1, NbCell, []);
loop(NbCell, Matrice, Generation, NbCellRestant, Tampon) ->
    receive
  %% Ne recoit que les cellules de génération attendue
  {cellule, Coord, Generation, EtatCellule} ->
     loop(NbCell, Matrice, Generation, NbCellRestant -1, [{Coord,EtatCellule}|Tampon])
    end.

affiche(Matrice = {X,Y}, Tampon) ->
    ToutesCellules = [ {I,J} || I <- lists:seq(1, X), J <- lists:seq(1, Y)],
    lists:foreach(fun(Cell = {A,B}) ->
         {value, {Cell, Etat}} = lists:keysearch(Cell, 1, Tampon),
         io:format("~c", [represente_cellule(Etat)]),
         case B of
             Y -> io:format("~n",[]);
             Other -> ok
         end
      end,
      ToutesCellules).

represente_cellule(alive) ->
    $+;
```

```
represente_cellule(dead) ->
    $..
```

Le lecteur peut réaliser à partir de ce modèle un module permettant de représenter graphiquement l'état et l'évolution de notre jeu de la vie, par exemple en utilisant l'application GS.

Lancement du jeu de la vie

Le jeu de la vie se lance avec la commande suivante depuis le shell Erlang :

```
1> game:start({10,10}).
Jeu de la vie en Erlang
Generation 0:
+.++++.+..
.++....+.+
+...++.+++
+.....+...
+.++.+...+
.+..+...+.
..++.....+
....+..+++
++.....+++
++++......
Generation 1:
..++++++++
.++++++.+
+++++.+++
++++..+++
+.++..+.+.
+....+.+.+
.+++...+..
+++.+++.+
+++++.++..
+.+++..+++
Generation 2:
.++.....++
++.......
+....+....
...
```

Note sur l'algorithme proposé

L'algorithme proposé ici représente l'exemple le plus simple d'organisation pour un jeu de la vie distribué. Cette approche génère pour chaque cellule autant de messages qu'il y a de cellules dans le jeu. Si l'on compte un nombre important de cellules, le jeu est ralenti. Par exemple, pour un tableau de 25 par 25 cellules, il faut échanger près de 400 000 messages à chaque génération. Erlang parvient à gérer un tel flux mais, pour que le jeu soit capable de monter en charge, il faut mettre en place un algorithme dans lequel le nombre de messages échangé croît linéairement en fonction du nombre de cellules dans le jeu. Pour ce faire, chaque cellule ne doit diffuser ses informations d'état qu'à son voisinage.

Exercice : variante dans les règles

À titre d'exercice pour le lecteur, il est possible de modifier les règles pour implémenter une autre variante du jeu de la vie, à partir desquelles la proximité est déterminée non plus sur quatre cases directement adjacentes, mais sur huit en incluant les diagonales. Dans ces conditions, les cellules évoluent comme suit :

- Une cellule vivante meurt si le nombre de cellules vivantes voisines est égal ou inférieur à 1.
- Une cellule vivante meurt si le nombre de cellules vivantes qui l'entourent est égal ou supérieur à 4.
- Une cellule morte devient vivante si le nombre de voisins vivants est strictement égal à 3.

À vous maintenant de considérer l'impact d'un tel changement de règles du jeu sur l'évolution de l'automate cellulaire.

Envisager d'autres variantes

Une autre variante possible peut consister à permettre à différentes cellules d'un même jeu de la vie de se comporter différemment. On peut imaginer, par exemple, que les naissances puissent s'effectuer à partir de divers modules ayant des caractéristiques différentes pour déterminer la vie ou la mort de la cellule. Parmi les comportements différents, on peut éventuellement introduire les notions de durée de vie, de plus ou moins grande tolérance à l'isolement ou à la surpopulation, etc.

L'approche parallèle du jeu de la vie permet d'envisager des variantes encore plus folles. On peut imaginer une distribution du jeu de la vie sur un ensemble de machines, chaque machine d'un réseau symbolisant une cellule du jeu de la vie. Chaque processus qui fonctionne sur une machine est capable de représenter son état à l'utilisateur, pouvant de ce fait représenter l'état global du système. Des paramètres extérieurs, liés à la machine dans laquelle vit la cellule, peuvent influencer sa vie ou sa mort : y a-t-il un utilisateur connecté sur la machine ? L'activité CPU de la machine dépasse-t-elle un certain seuil ?

Ah ! vous pensiez vous ennuyer durant les longues nuits d'hiver ? Vous avez là un sujet d'étude inépuisable !

Goonix-Rei : un jeu de rôle multi-joueur

Goonix-Rei est un projet de développement d'un jeu de rôle multi-joueur sous forme de logiciel libre, initié par Thierry Mallard. Un de ses objectifs est de montrer la pertinence de l'utilisation d'Erlang pour des projets d'application réseau.

Cette section illustre simplement les grandes lignes de l'architecture du jeu vidéo. Elle se fixe comme objectifs :

- la mise en place de l'architecture serveur ;
- la présentation du squelette de code du serveur de jeu vidéo ;
- une présentation succincte du client réalisé pour le projet, le développement du client, établi en langage C++ sur la base du moteur 3D OGRE, n'entrant pas dans le cadre de cet ouvrage ;
- une évocation des possibilités d'évolution de l'application, sur la base du squelette de code développé.

Pourquoi utiliser Erlang pour un développement de jeu vidéo ?

Le secteur du jeu vidéo s'oriente désormais résolument vers des applications multi-joueurs. Le développement de ces plates-formes pose cependant de nombreux problèmes qui n'ont pour le moment pas encore été résolus :

- La montée en charge du serveur central est extrêmement difficile à assurer.

- La tolérance aux pannes est un élément fondamental de la plate-forme serveur. Du point de vue commercial, les jeux multi-joueurs sont souvent proposés à partir d'une formule d'abonnement, qui permet d'assurer l'évolution du système et sa maintenance. Les fréquentes interruptions de service mécontentent les clients et menacent le modèle économique de ces plates-formes.

- Les jeux vidéo multi-joueurs sont en constante évolution. Ils nécessitent notamment de fréquentes mises à jour pour permettre de lutter contre les failles découvertes par les joueurs, leur permettant de « gagner » sans effort. Le maintien de l'équilibre du jeu se fait au prix d'une mise à jour continue du code du serveur, ce qui a pour effet, le plus souvent, de rendre la plate-forme indisponible durant de longues périodes. Un mécanisme de mise à jour du code à chaud doit être proposé.

Jeux vidéo et applications de gestion

Du point de vue des développements réseau, les jeux vidéo sont précurseurs des futurs développements d'applications métier. Les problèmes évoqués auxquels l'utilisation d'Erlang apporte une réponse convaincante sont identiques à ceux rencontrés lors de la conception d'une application de gestion distribuée : montée en charge, tolérance aux pannes, mise à jour du code sans interruption de service… Le jeu vidéo est un terrain d'expérimentation grandeur nature pour les architectures informatiques de demain. Les concepts développés ici s'appliquent donc dans une large mesure au développement d'applications de gestion distribuées.

En résumé, une application de jeu vidéo est un service hébergé. Internet évolue lentement vers un tel modèle. La viabilité économique du modèle implique un niveau de fiabilité et de disponibilité qui se situe au-delà du potentiel de développement des langages et des outils actuels. Erlang a prouvé sa capacité à assumer de telles contraintes dans le domaine de la téléphonie, en particulier filaire. Ce langage devrait donc aujourd'hui se révéler le plus pertinent s'agissant d'assurer une transition analogue pour les services Web.

L'architecture de l'application

Goonix-Rei s'appuie sur une architecture client-serveur traditionnelle. Un serveur central organise les interactions entre tous les clients. L'utilisation d'Erlang permet de définir des possibilités de montée en charge et de tolérance aux pannes du serveur. Le serveur central ne constitue donc pas dans la conception de l'application un point d'échec unique. Dans notre exemple, le serveur Erlang est présenté comme fonctionnant sur une machine unique. La transition vers un fonctionnement en grappe de machines est cependant naturelle dans le cadre d'une plate-forme hébergée.

La figure 13-1 présente l'architecture de notre application.

Figure 13-1

Architecture du jeu vidéo Goonix-Rei

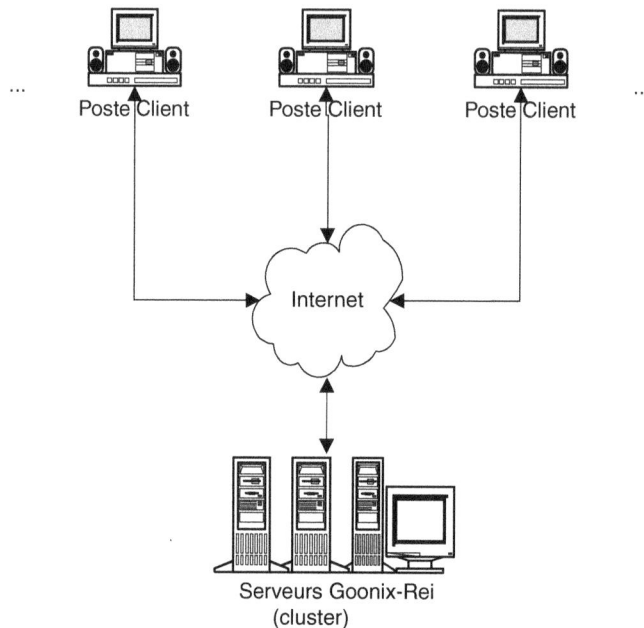

Organisation des processus dans le code du serveur

L'organisation des processus dans le code du serveur, qui est présentée en figure 13-2, ressemble beaucoup à la hiérarchie de supervision mise en œuvre dans le cadre du proxy LDAP. C'est une organisation classique de processus qui sert extrêmement souvent pour les développements Erlang.

Par rapport à notre proxy LDAP, on note surtout la présence de deux nouveaux processus :

- **rei_server_notify** : il s'agit d'un processus chargé de renvoyer les événements qui font évoluer la représentation du monde vers tous les clients connectés. Ce processus dédié se charge de conserver l'identifiant de tous les processus qui gèrent une connexion client. Chaque événement donnant lieu à une diffusion à tous les clients déclenche l'envoi d'un message à ce processus, qui l'envoie à son tour à chacun des clients *via* le processus contrôlant la socket.

- **rei_server_engine** : il s'agit d'un processus chargé de gérer les évolutions du monde en fonction des lois physiques. Dans notre exemple, il s'agit d'un processus qui fait bouger de façon aléatoire certains types d'objet. Dans le cadre d'une version plus complète du jeu, il s'agit d'un processus réalisant l'interface avec le moteur de gestion de la physique du jeu. Ce moteur est réalisé en C++. Il s'agit du même outil que celui mis en œuvre sur les clients pour réaliser le rendu du monde en trois dimensions. Il est cependant utilisé sur le serveur dans un rôle limité aux calculs de déplacement et de collision dans le monde 3D. Les fonctionnalités d'affichage ne sont pas utilisées.

Figure 13-2

*Arbre de supervision
du serveur Goonix-Rei*

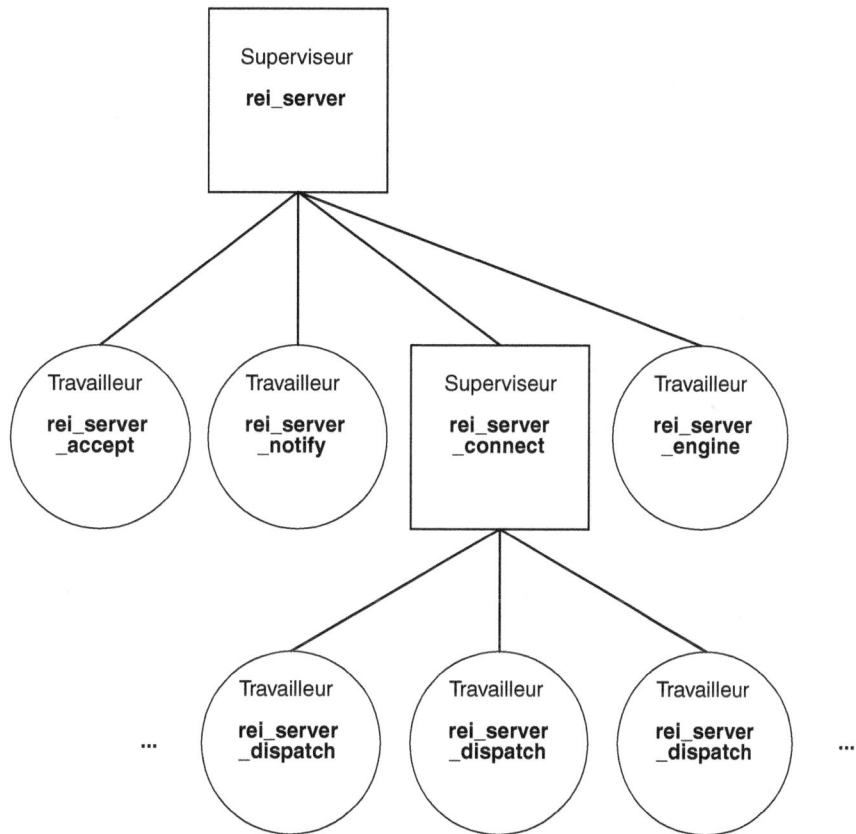

Le code des modules de comportement dans notre serveur

src/rei_server_app.erl

Il s'agit du code désormais habituel du comportement application de notre programme. Le code s'occupe principalement de lancer le superviseur de notre application.

```
-module(rei_server_app).
-behaviour(application).
-export([start/2, stop/1]).

start(Type, []) ->
    rei_server_sup:start_link([]).

stop(_State) ->
    _State.
```

src/rei_server_sup.erl

Le code du superviseur principal lance les trois principaux processus travailleurs de notre application, ainsi que le superviseur pour les processus de connexion.

```
-module(rei_server_sup).

-behaviour(supervisor).
-export([start_link/1]).

-export([init/1]).

-define(SERVER, ?MODULE).

start_link(_StartArgs) ->
    supervisor:start_link({local, ?SERVER}, ?MODULE, []).

init([]) ->
    AChild = {'rei_server_accept_fsm',{'rei_server_accept_fsm',start_link,[]},
                permanent,2000,worker,['rei_server_accept_fsm']},
    NotifySrv = {'rei_server_notify_srv',{'rei_server_notify_srv',start_link,[]},
                permanent,2000,worker,['rei_server_notify_srv']},
    CChild = {'rei_server_connect_sup', {'rei_server_connect_sup', start_link,
                []}, permanent, 2000, supervisor, ['rei_server_connect_sup']},
    {ok,{{one_for_all,0,1}, [AChild, NotifySrv, CChild]}}.
```

src/rei_server_engine_srv.erl

Le code de ce module n'est pas présenté ici. Ce module a simplement pour rôle de faire le relais entre le moteur de calcul 3D, les événements déclenchés par le moteur et les événements déclenchés par le serveur Erlang ou les clients du jeu.

src/rei_server_accept_fsm.erl

C'est le module qui se charge d'accepter les connexions et de démarrer le schéma opérationnel consistant à lancer un nouveau processus chargé de dialoguer avec le client.

```
-module(rei_server_accept_fsm).
-behaviour(gen_fsm).

%%% Connect et disconnect utilisent la référence de la socket comme paramètre
-export([start_link/0, connect/1, disconnect/1]).

%%% Les fonctions liées à gen_fsm
-export([init/1, accepting/2, handle_event/3,
        handle_sync_event/4, handle_info/3, terminate/3, code_change/4]).

%% Lié au mode d'implémentation du processus acceptant les connexions
-export([accept/1]).

-record(state, {lsocket, acceptor, number_of_connections = 0}).

-define(PORT, 1666).
-define(SERVER, acceptor).

%%=====================================================================
%% Interface de notre machine à états : deux types d'événements sont
%% gérés : connect pour la connexion d'un nouveau client et disconnect
%%=====================================================================
start_link() ->
    gen_fsm:start_link({local, ?SERVER}, ?MODULE, [], []).
```

```erlang
connect(Socket) ->
    gen_fsm:send_event(?SERVER, {connect, Socket}).

disconnect(Socket) ->
    gen_fsm:send_event(?SERVER, {disconnect, Socket}).

%%====================================================================
%% Les fonctions de gen_fsm
%%====================================================================
init([]) ->
    Opts =
        [{active, once},
         {nodelay, true},
         {packet,raw},
         {reuseaddr,true}],

    % Le programme se plante s'il ne peut pas se mettre en écoute sur la socket
    {ok, ListenSocket} = gen_tcp:listen(?PORT, Opts),

    error_logger:info_msg("Rei Server listening on port ~w.~n", [?PORT]),

    %% Nouveau processus technique : Acceptation de nouvelles connexions
    AcceptorPid = spawn_link(?MODULE, accept,
                             [ListenSocket]),
    {ok, accepting, #state{lsocket = ListenSocket, acceptor = AcceptorPid}}.

%% Le serveur reçoit un événement de connexion d'un nouveau processus
%% Aucune vérification portant sur le nombre de connexions simultanées n'est faite
%% dans cette version
accepting({connect, Pid}, StateData) ->
    NumConnections = StateData#state.number_of_connections,

    %% Relance le processus d'acceptation des connexions
    AcceptorPid = spawn_link(?MODULE, accept, [StateData#state.lsocket]),

    {next_state,accepting, StateData#state{acceptor = AcceptorPid,
                                   number_of_connections=NumConnections+1}};

%% En cas de déconnexion d'un client : Mise à  jour du compteur de connexions
accepting({disconnect, Pid}, StateData) ->
    NumConnections = StateData#state.number_of_connections,
    {next_state, accepting, StateData#state{number_of_connections=NumConnections - 1}}.

%% Quelques fonctions obligatoires dans un comportement gen_fsm
handle_event(Event, StateName, StateData) ->
    {next_state, StateName, StateData}.

handle_sync_event(Event, From, StateName, StateData) ->
    Reply = ok,
    {reply, Reply, StateName, StateData}.

handle_info(Info, StateName, StateData) ->
    {next_state, StateName, StateData}.

terminate(Reason, StateName, StateData) ->
    ok.
```

```erlang
code_change(OldVsn, StateName, StateData, Extra) ->
    {ok, StateName, StateData}.


%%% Le code d'acceptation de nouveau client (gen_tcp)
accept(LSocket) ->
    {ok, Socket} = gen_tcp:accept(LSocket),
    error_logger:info_msg("New incoming connection (Socket ~p)~n", [Socket]),

    %% Que faire avec la nouvelle connexion ?
    Pid = manage_connection(Socket),

    %% Enregistrement du client : Il reçoit désormais les notifications
    %% d'événement dans le monde 3D
    rei_server_notify_srv:add(Pid),

  %% Accepte une nouvelle connexion le cas échéant
    ?MODULE:connect(Pid).

%% Lance un processus de gestion de la nouvelle connexion du client
manage_connection(Socket) ->
    case supervisor:start_child(rei_server_connect_sup, [Socket]) of
        %% Le processus de gestion de la connexion est correctement démarré
        %% Transfert du contrôle de la socket de connexion
        {ok, ClientHandlingProcess} ->
            ok = gen_tcp:controlling_process(Socket, ClientHandlingProcess),
            ClientHandlingProcess;
        {error, Reason} ->
            undefined
    end.
```

src/rei_server_notify_srv.erl

Ce module est chargé de conserver la liste de toutes les connexions en cours, représentées par l'identifiant de processus qui gère la connexion par socket avec le client. Il peut ainsi, lorsqu'on appelle sa fonction notify/2, faire parvenir des informations à l'ensemble des clients connectés.

```erlang
-module(rei_server_notify_srv).
-behaviour(gen_server).

%% API
-export([start_link/0, add/1, remove/1, notify/1]).

%% fonctionnalités gen_server
 -export([init/1, handle_call/3, handle_cast/2, handle_info/2, terminate/2,
          code_change/3]).

-record(state, {client_dispatch_pids=[]}).

%% API
```

```erlang
start_link() ->
    gen_server:start_link({local, ?MODULE}, ?MODULE, [], []).

%% Ajout d'un client à la liste de distribution
add(Pid) ->
    gen_server:cast(?MODULE, {add, Pid}).

%% Retire un client de la liste de distribution
remove(Pid) ->
    gen_server:cast(?MODULE, {remove, Pid}).

%% Envoi d'un message à tous les clients
notify(Message) ->
    gen_server:cast(?MODULE, {notify, Message}).

%% Quelques fonctionnalités de gen_server, inutilisées dans notre module
init([]) ->
    {ok, #state{}}.

handle_call(Request, From, State) ->
    Reply = ok,
    {reply, Reply, State}.

%% Les traitements : Ajout ou suppression d'un client ...
handle_cast({add, Pid}, State) ->
    Pids = State#state.client_dispatch_pids,
    {noreply, State#state{client_dispatch_pids = Pids ++ [Pid]}};
handle_cast({remove, Pid}, State) ->
    Pids = State#state.client_dispatch_pids,
    {noreply, State#state{client_dispatch_pids = Pids -- [Pid]}};
%% ... et envoi d'un message à tous les clients
handle_cast({notify, Message}, State) ->
    Pids = State#state.client_dispatch_pids,
    lists:foreach(fun(Pid) ->
                          rei_server_dispatch_srv:send(Pid, Message)
                  end,
                  Pids),
    {noreply, State}.
handle_cast(Msg, State) ->
    {noreply, State}.

%% D'autres fonctions inutilisées de gen_server
handle_info(Info, State) ->
    {noreply, State}.
terminate(Reason, State) ->
    ok.
code_change(OldVsn, State, Extra) ->
    {ok, State}.
```

src/rei_server_connect_sup.erl

Ce module supervise les processus gérant les connexions clients. Il gère un ensemble de processus fils générés dynamiquement grâce à l'utilisation de la stratégie de redémarrage simple_one_for_one :

```erlang
-module(rei_server_connect_sup).
-behaviour(supervisor).

-export([start_link/0, init/1]).
-define(SERVER, ?MODULE).

start_link() ->
    supervisor:start_link({local, ?SERVER}, ?MODULE, []).

init([]) ->
    DispatchSrv = rei_server_dispatch_srv,
    {ok,{{simple_one_for_one,5,5}, [{DispatchSrv, {DispatchSrv, start_link, []},
     transient, 2000, worker, [DispatchSrv]}]}}.
```

src/rei_server_dispatch_srv.erl

Ce module récupère les informations en provenance de la connexion client et les traite. Il est également le point de passage obligé pour toutes les informations devant être envoyées à un client donné, à l'aide de la fonction send/2.

```erlang
-module(rei_server_dispatch_srv).
-behaviour(gen_server).

-export([start_link/1, send/2, close/1]).

%% fonctionnalités gen_server callbacks
-export([init/1, handle_call/3, handle_cast/2, handle_info/2, terminate/2,
         code_change/3]).

-record(state, {socket, data_buffer=[]}).

%% Interface du module
start_link(Socket) ->
    gen_server:start_link(?MODULE, [Socket], []).

send(Pid, Message) ->
    gen_server:cast(Pid, {send, Message}).

close(Pid) ->
    gen_server:cast(Pid, {close}).

%% Démarrage d'interfaçage avec le client
init([Socket]) ->
    {ok, #state{socket=Socket}}.

%% Ferme la connexion et met fin au processus courant
handle_cast({close}, State) ->
    Socket = State#state.socket,
    gen_tcp:close(Socket),
    {stop, normal, State};
%% Traitement des demandes d'envoi d'information vers le client
%% par d'autres processus Erlang
```

```
handle_cast({send,Message}, State) ->
    Socket = State#state.socket,
    gen_tcp:send(Socket, Message),
    {noreply, State}.


%% Gestion de la connexion : Reçoit les données clients, gère la déconnexion...
handle_info({tcp,Socket,Data}, State) ->
    inet:setopts(Socket, [{active, once}]), %%Prêt à recevoir de nouvelles données
    {Lines, RemainingData} = process_data(State#state.data_buffer ++ Data),
    lists:foreach(fun(Line) -> process_line(Line, Socket) end, Lines),
    {noreply,State#state{data_buffer = RemainingData}};
handle_info({tcp_closed,Socket}, State) ->
    error_logger:info_msg("Client ~p disconnected~n", [Socket]),
    {stop, normal, State};
handle_info(Info, State) ->
    io:format("Info: ~p~n", [Info]),
    {noreply,State}.


%% Fonctionnalités de gen_server inutilisées
handle_call(Request, From, State) ->
    Reply = ok,
    {reply, Reply, State}.
terminate(Reason, State) ->
    ok.
code_change(OldVsn, State, Extra) ->
    {ok, State}.


%% Fonctions internes : Le traitement des données
%% L'ensemble du traitement est délégué à des modules plug-in
%% portant le nom de l'opération demandée par le client.
%% Les opérations sont séparées par des retours chariots
%% 1. Découpage des données en lignes
process_data(Data) ->
    process_data(Data, []).
process_data(Data, Lines) ->
    Pos = string:str(Data, "\n"),
    case Pos of
        0 -> {Lines, Data};
        _ ->
            Line = get_line(Data, Pos),
            Rest = string:substr( Data, Pos+1, string:len(Data) - (Pos-1) ),
            process_data(Rest, Lines ++ [Line])
    end.

%% 2. Traitement de chacune des lignes : Délégation à un module gérant l'opération
%%    et renvoi du résultat au client
process_line([], Socket) ->
    ok;
```

```
process_line(Line, Socket) ->
    [Command | Params] = string:tokens(Line, [$ ]),
    Module = list_to_atom(httpd_util:to_lower(Command)),
    case catch Module:process(Params) of
        {'EXIT', Error} ->
            error_logger:info_msg("Protocol error: ~p~n     -> ~p~n", [Command, Error]),
            gen_tcp:send(Socket, "ERROR\r\n");
        {continue, Response} ->
            gen_tcp:send(Socket, Response);
        {close, Response} ->
            gen_tcp:send(Socket, Response),
            close(self())
    end.

%% Renvoi la commande déclenchée par le client à partir de la position du retour
%% chariot (\n)
get_line(Data, Pos) ->
    Line  = string:substr( Data, 1, Pos-1 ),
    %% Supprime éventuellement les caractères \r en fin de commande s'il y en a
    Line2 = string:strip(Line, right, $\r),
    Line2.
```

Code de traitement protocolaire

Description du protocole

Les échanges entre le client et le serveur se fondent sur la définition d'un protocole d'échange textuel simple entre le client et le serveur. Chaque opération ou information transmise est décrite sur une ligne séparée par un retour chariot. Le protocole prend la forme :

```
OPERATION NomParametre1=ValeurParametre1 NomParametre2=ValeurParametre2 ...
```

Le premier mot correspond au nom de l'opération demandée. Le reste de la chaîne est une suite de paramètres nommée associés à des valeurs.

Note

Le protocole proposé ici est loin d'être parfait. Il ne s'agit que d'un exemple de ce qu'il est possible de réaliser. Les améliorations possibles sont nombreuses : utilisation d'un code d'erreur en plus du texte, pour faciliter la gestion des erreurs, simplification des donneés échangées, etc.

Le protocole correspond à la définition des opérations fonctionnelles que nous avons définies pour le prototype du jeu. Voici les opérations possibles depuis le client du jeu :

- Connexion : permet de déclarer l'utilisateur et le mot de passe. Si l'utilisateur n'existe pas, il est automatiquement créé. Par exemple :

```
CONNECT login=mikl password=1234
```

- Création d'un objet : permet d'ajouter des objets dans le monde. Les objets sont définis dans notre prototype par leur identifiant, leur classe et leur position. Par exemple :

```
NEW id=tree1 class=tree pos={1.0,2.33,0.0}
```

- Mise à jour d'un objet : on peut ainsi changer la position d'un objet. Par exemple :

    ```
    UPDATE id=tree1 class=tree pos={1.0,2.33,1.3}
    ```

- Arrêt de la connexion : le client peut demander la fermeture de la connexion :

    ```
    QUIT
    ```

Le serveur peut utiliser les éléments protocolaires suivants :

- Envoi des informations ayant trait à l'évolution du monde 3D géré par le serveur : après la connexion, ou lorsque les informations évoluent dans le monde 3D, le serveur envoie des informations aux clients. Par exemple :

    ```
    INFO object id=tree2 class=tree pos=1.000000,2.330000,0.000000
    ```

- Les erreurs : le serveur peut renvoyer une erreur au client si une commande échoue ; en général, c'est qu'elle n'est pas comprise par le serveur. Le mot-clé ERROR est utilisé, suivi du texte décrivant le message d'erreur. Par exemple :

    ```
    ERROR incorrect password
    ```

Les autres messages provenant du serveur peuvent être ignorés par le client.

Implémentation du protocole

Afin qu'il soit évolutif, le protocole est géré sous la forme de plug-ins. Le traitement d'un message protocolaire dans le serveur est entièrement délégué à un module dont le nom est dérivé de l'opération demandée. Si un tel module n'existe pas, le serveur considère qu'il s'agit d'une erreur protocolaire et renvoie l'erreur au client.

L'ajout de nouvelles opérations dans le protocole revient à développer un nouveau module répondant à l'API de plug-in. Dans notre cas, la seule contrainte est de disposer d'une fonction process/1, réalisant le traitement associé à l'opération demandée par le client. L'extension du protocole est donc extrêmement simple.

src/connect.erl

Le module connect prend en charge la création et l'identification des utilisateurs et renvoie l'état du monde 3D au client. Le client peut ainsi proposer à l'utilisateur une représentation tridimensionnelle du monde.

```erlang
-module(connect).

-export([process/1]).

-include("rei.hrl").

%% Déclenche le traitement de la commande de connexion
process(Params) ->
    Params_list = rei_lib:parse_parameters(Params),

    Login = rei_lib:get_value(Params_list, "login", string),
    Password =rei_lib:get_value(Params_list, "password", string),

    LoginResult = mnesia_rei:check_user(Login, Password),

    process_login(LoginResult, Login, Password).
```

```
%% Si le login est ok: Envoie une confirmation et la description actuelle du monde
%% Si l'utilisateur n'existe pas, on le crée et on considère que le login est ok
%% Si le mot de passe est incorrect, on renvoie une erreur
%%% Le premier atome dépend du résultat de la fonction mnesia_rei:check_user/2
process_login(incorrect_user, Login, Password) ->
    mnesia_rei:create_user(Login, Password),
    {continue, ["INFO connect=ok created=true\r\n"] ++ send_world()};
process_login(incorrect_password, _Login, _Password) ->
    {continue, "ERROR incorrect password\r\n"};
process_login(ok, _Login, _Password) ->
    {continue, ["INFO connect=ok\r\n"] ++ send_world()}.
    %% Send back world information


%% Récupère la description du monde 3D dans la base de données et envoie au client
send_world() ->
    ListId = mnesia_rei:list_objects(),
    lists:map(fun(ObjectId) ->
                      Object = mnesia_rei:get_object(ObjectId),
                      {X, Y, Z} = Object#object.pos,
                      io_lib:format("INFO object id=~s class=~p pos=~f,~f,~f\r\n",
                                    [Object#object.id,
                                     Object#object.class,
                                     X, Y, Z])
              end, ListId).
```

src/new.erl

Ce module gère la création des nouveaux objets dans le monde 3D. La persistance du monde est déléguée au module mnesia_rei. Tous les clients déjà connectés sont prévenus qu'un nouvel objet a été
ajouté.

```
-module(new).

-export([process/1]).

process(Params) ->
    Result = rei_lib:parse_parameters(Params),

    Id = rei_lib:get_value(Result,    "id"  , string),
    Class = rei_lib:get_value(Result, "class", atom),
    Pos = rei_lib:get_value(Result,   "pos",   pos),

    %% Création de l'objet dans la base de données
    mnesia_rei:new_object(Id, Class, Pos),

    %% Prévient tous les clients de l'opération réalisée
    Message = rei_lib:notify_message(Id, Class, Pos),
    rei_server_notify_srv:notify(Message),

    {continue, "INFO id=" ++ Id ++ " creation=ok\r\n"}.
```

src/update.erl

Ce module gère la mise à jour des informations concernant un objet, *via* le module `mnesia_rei`. Il déclenche également un événement permettant d'avertir tous les clients connectés des modifications.

```erlang
-module(update).

-export([process/1]).

-include("rei.hrl").

process(Params) ->
    Params_list = rei_lib:parse_parameters(Params),

    Id = rei_lib:get_value(Params_list,   "id"   , string),
    Class = rei_lib:get_value(Params_list, "class", atom),
    Pos = rei_lib:get_value(Params_list,   "pos",   pos),

    %% Mise à jour de l'objet dans la base de données Mnesia
    mnesia_rei:update_object(Id, Class, Pos),

    %% Prévient tous les clients de l'opération réalisée
    Message = rei_lib:notify_message(Id, Class, Pos),
    rei_server_notify_srv:notify(Message),

    {continue, "INFO id=" ++ Id ++ " update=ok\r\n"}.
```

src/quit.erl

Ce module permet tout simplement de mettre fin à la connexion. Un code de retour particulier a été utilisé (`{close, Message}`) pour demander la fermeture de la socket, qui n'est pas accessible directement pour les modules d'extension protocolaires.

```erlang
-module(quit).

-export([process/1]).

-include("rei.hrl").

process(Params) ->
    Params_list = rei_lib:parse_parameters(Params),
    {close, "INFO quit=ok\r\n"}.
```

Évolution du protocole

Le protocole proposé ici dans le cadre de notre exemple est extrêmement simple. La version finale du protocole est évidemment plus formelle, contrôlée et optimisée pour les usages réseaux sur la base de la notation ASN.1.

Le code des modules complémentaires

Des modules complémentaires permettent de rassembler par grandes fonctionnalités le code pouvant être utilisé dans les comportements, qui constitue l'ossature de l'application. Ces modules servent par exemple à gérer l'accès à la base de données Mnesia, contenant une représentation du monde 3D.

src/rei_lib.erl

Il s'agit d'un module regroupant des fonctionnalités utiles et utilisables dans l'ensemble du code de l'application. Il contient par exemple le code permettant d'extraire les paramètres d'une opération à partir de la chaîne de caractères envoyée par le client :

```erlang
-module(rei_lib).

-export([parse_parameters/1, get_value/3,
         notify_message/3]).

%% Analyse les paramètres des commandes du protocole REI
%% L'entrée de la fonction est une chaîne de la forme :
%%  login=mikl password=123
%% Le retour est une liste de tuples de longueur 2 de type {Cle, Valeur}
parse_parameters(Params) ->
   F = fun(X) ->
      [Key, Value] = string:tokens(X, [$=]),
      {httpd_util:to_lower(Key), httpd_util:to_lower(Value)} end,
   lists:map(fun(X) -> [Key, Value] = string:tokens(X, [$=]),
                       {Key, Value} end,
            Params).

%% Lecture de la valeur associée à un paramètre nommé
%% et conversion vers un type de données exploitable par le programme,
%% passé en paramètre
get_value(Params, Key, Type) ->
    Result = case lists:keysearch(Key, 1, Params) of
               {value, {Key, Value}} -> Value;
               false -> undefined
             end,
    convert(Type, Result).

convert(pos, Value) when list(Value) ->
    [X,Y,Z] = string:tokens(Value, [${ , $, , $}]),
    {to_num(X), to_num(Y), to_num(Z)};
convert(pos, Value) ->
    {0.0, 0.0, 0.0};
convert(string, Value) when atom(Value) ->
    atom_to_list(Value);
convert(string, Value) ->
    lists:flatten(Value);
convert(atom, Value) when atom(Value) ->
    Value;
convert(atom, Value) when list(Value) ->
    list_to_atom(Value).
```

```
to_num(Value) ->
    list_to_float(Value).

%% Compose le message de notification des évolutions survenant dans le monde
%% envoyé à tous les clients
notify_message(Id, Class, Pos) ->
    {X, Y, Z} = Pos,
    Message = io_lib:format("INFO object id=~s class=~p pos=~f,~f,~f\r\n",
                            [Id,
                             Class,
                             X, Y, Z]).
```

src/mnesia_rei.erl

Ce module prend en charge la persistance du monde. Il stocke les utilisateurs et les objets présents dans le monde.

```
-module(mnesia_rei).

-export([create/0]).                    %% Base de données
-export([check_user/2, create_user/2]). %% Gestion des utilisateurs
-export([new_object/3, list_objects/0,  %% Gestion du monde
         get_object/1, update_object/3]).

%% Schema de la base de données
-include("rei.hrl").

%% Creation de la base de données (initialisation)
create() ->
    Nodes = [node()],
    mnesia:create_schema(Nodes),
    mnesia:start(),
    mnesia:create_table(user, [{attributes, record_info(fields, user)},
                               {type, set}, {disc_copies, Nodes}]),
    mnesia:create_table(object, [{attributes, record_info(fields, object)},
                                 {type, set}, {disc_copies, Nodes}]),
    mnesia:info(),
    mnesia:stop().

%% ** Gestion des utilisateurs
%% Vérifie que l'utilisateur existe et que le mot de passe est correct
%% Renvoie: ok si l'utilisateur existe et le mot de passe est correct
%%          incorrect_password si l'utilisateur existe mais le mot de passe est
%%                             erronée
%%      incorrect_user si l'utilisateur n'existe pas
check_user(Login, PasswordTry) ->
    Read = fun() ->
                   mnesia:read({user, Login}) end,
    case mnesia:transaction(Read) of
      {atomic,[]} ->
            incorrect_user;
      {atomic, [#user{login = Login, password=Password}]} ->
            check_password(PasswordTry, Password)
    end.
```

```
check_password(Password, Password) ->
    ok;
check_password(Try, Password) ->
    incorrect_password.

%% Insère le nouvel utilisateur dans la base de données
create_user(Login, Password) ->
    Insert = fun() ->
                    mnesia:write(#user{login=Login, password=Password}) end,
    mnesia:transaction(Insert),
    %% Nous considérons dans cette version que tous les personnages sont les mêmes
    %%  (Bonhomme de neige)
    new_object( "mainactor_" ++ Login, snowman, {128.0, 0.0, 120.0}).

%% ** Gestion des objets dans le monde 3D
%% Création d'un objet REI
new_object(Id, Class, Pos) ->
    Insert = fun() ->
                    mnesia:write(#object{id=Id, class=Class, pos=Pos}) end,
    mnesia:transaction(Insert).

%% Mise à jour d'un objet REI
update_object(Id, Class, Pos) ->
    Insert = fun() ->
                    mnesia:write(#object{id=Id, class=Class, pos=Pos}) end,
    mnesia:transaction(Insert).

%% Liste les objets existant dans le monde
%% Renvoie tous les identifiants d'objets
list_objects() ->
    Get_keys = fun() ->
                    mnesia:all_keys(object) end,
    {atomic, Keys} = mnesia:transaction(Get_keys),
    Keys.

%% Récupère un objet à partir de son identifiant
get_object(Id) ->
    Get_object = fun() ->
                    mnesia:read({object, Id}) end,
    {atomic, ObjectList} = mnesia:transaction(Get_object),
    case ObjectList of
        [] -> nothing ;
        [Object] -> Object
    end.
```

include/rei.hrl

Ce fichier source décrit le schéma de la base de données. La base comporte une table pour stocker les utilisateurs et une autre table pour stocker les objets.

```
%% Table utilisée pour stocker les utilisateurs et leur classe de représentation
%%  dans le monde 3D
-record(user, {login, password, object}).
%% Table utilisée pour stocker les objets et leur position dans le monde
-record(object, {id, class, pos={0.0,0.0,0.0}}).
```

La position d'un objet dans le monde est décrite par un vecteur, qui permet de connaître la position de l'objet, mais également son orientation.

Le code de packaging

Le code de packaging s'appuie sur les outils builder et make, déjà présentés dans le chapitre 13 sur le proxy LDAP.

Notre application dépend notamment de la base de données Mnesia. Nous devons le préciser dans les fichiers qui décrivent l'application.

src/rei_server.app.src

```
{application, "REI Server",
  [{description, "Online multiplayer video game."},
   {vsn,         "&rei_server_vsn&"},
   {modules,     [rei_server_app, rei_server_sup,
                  rei_server_accept_fsm, rei_server_connect_sup,
                  rei_server_dispatch_srv, rei_server_notify_srv,
                  rei_server_engine_srv,
                  mnesia_rei, new, rei_lib, connect, quit, update]},
   {registered,  [rei_server_accept_fsm, rei_server_connect_sup,
                  rei_server_sup, rei_server_notify_srv]},
   {applications, [kernel, stdlib, sasl, mnesia]},
   {mod,         {rei_server_app, []}},
   {env, [{rei_server_port, 1666}]}
  ]}.
```

src/rei_server.rel.src

```
{release, {"rei_server", "Milestone 1"},
 [{kernel,"&kernel_vsn&"},
  {stdlib,"&stdlib_vsn&"},
  {sasl, "&sasl_vsn&"},
  {mnesia, "&mnesia_vsn&"},
  {rei_server, "&rei_server_vsn&"}]}.
```

Emakefile

Par comparaison avec le fichier Emakefile tel que nous l'avons utilisé dans l'application de proxy LDAP, on doit noter que nous avons ici factorisé les informations concernant le répertoire ou placé les fichiers binaires et le répertoire des fichiers d'inclusion :

```
{['src/rei_server_app.erl',
  'src/rei_server_sup.erl',
  'src/rei_server_accept_fsm.erl',
  'src/rei_server_connect_sup.erl',
  'src/rei_server_dispatch_srv.erl',
  'src/rei_server_notify_srv.erl',
  'src/rei_server_engine_srv.erl',
  'src/rei_lib.erl',
  'src/mnesia_rei.erl',
```

```
  'src/connect.erl',
  'src/new.erl',
  'src/update.erl',
  'src/quit.erl'],

[{outdir, "ebin"},{i, "include"}]].
```

BUILD_OPTIONS

Il faut préciser dans quels répertoires sont sockées les données de la base Mnesia.

```
[{report, verbose},
 {config, {file,"sys.config.mk"}},
 {erl_opts, ["-mnesia dir database"]}].
```

build.sh

Le script build.sh permet de lancer la construction de l'application :

```
#!/bin/sh
erl -noshell -s make all -s builder go -s init stop
```

Le fonctionnement du jeu

On réalise la compilation de l'application au moyen de la commande :

```
$ ./build.sh
Recompile: src/rei_server_app.erl
Recompile: src/rei_server_sup.erl
Recompile: src/rei_server_accept_fsm.erl
Recompile: src/rei_server_connect_sup.erl
Recompile: src/rei_server_dispatch_srv.erl
Recompile: src/rei_server_notify_srv.erl
Recompile: src/rei_lib.erl
Recompile: src/mnesia_rei.erl
Recompile: src/connect.erl
Recompile: src/new.erl
Recompile: src/update.erl
Recompile: src/quit.erl
pushed 1st report level verbose(2)
[builder:589] systools:make_script() -> ok
```

On lance l'application avec la commande :

```
$ priv/rei_server.start
```

On utilise un script pour lancer la création des objets dans le monde. Il s'agit simplement d'une suite d'opérations protocolaires se servant de la commande NEW de création d'objets. Le fichier world.template permet de créer quelques objets pour tester notre application :

```
CONNECT login=mikl password=1234
NEW id=snowman1 class=snowman pos=121.0,0.0,117.0
NEW id=snowman2 class=snowman pos=127.0,0.0,120.0
NEW id=snowman3 class=snowman pos=131.0,0.0,121.0
```

```
NEW id=snowman4 class=snowman pos=132.0,0.0,122.0
NEW id=snowman5 class=snowman pos=103.0,0.0,123.0
NEW id=snowman6 class=snowman pos=117.0,0.0,124.0
NEW id=snowman7 class=snowman pos=129.0,0.0,125.0
NEW id=snowman8 class=snowman pos=138.0,0.0,126.0
NEW id=snowman9 class=snowman pos=121.0,0.0,127.0
NEW id=snowmanA class=snowman pos=130.0,0.0,128.0
QUIT
```

Les classes d'objets sont interprétées par le client, en particulier pour en assurer la représentation graphique. Nous supposons donc ici que le client sait comment représenter la classe d'objet bonhomme de neige (*snowman*).

Le monde 3D est simplement chargé en envoyant ce fichier vers le serveur *via* le réseau, grâce à la commande netcat :

```
$ cat priv/world.template | nc localhost 1666
```

Dès lors, plusieurs clients peuvent se connecter et se déplacer simultanément dans le monde 3D. La figure 13-3 présente une copie d'écran du client évoluant dans un monde géré par le serveur.

Figure 13-3

L'écran du client : le personnage navigue dans un monde 3D géré par notre serveur

Conclusion

L'utilisation d'Erlang dans le domaine du jeu vidéo montre que les qualités intrinsèques du langage Erlang s'appliquent bien au-delà de son domaine de prédilection que sont les télécommunications. Plus exactement, avec l'introduction du réseau dans la plupart des applications informatiques, Erlang est en général promu comme un langage d'implémentation de choix avec, à la clé, la promesse d'une extension des qualités des applications de télécommunications (robustesse, haute disponibilité, etc.) à d'autres types de systèmes qui posent aujourd'hui des problèmes de fiabilité.

Le prototype du jeu vidéo Goonix-Rei présenté dans ce chapitre peut être enrichi sur bien des points. Ainsi les graphismes sont-ils gérés sur le client. Il est prévu d'ajouter un serveur de média permettant au serveur de télécharger la représentation tridimensionnelle des objets qu'il ne connaît pas encore. Par ailleurs, l'intégration entre le moteur de calcul de la physique et le serveur en Erlang est un des points les plus sophistiqués de l'application finale. Cette intégration fine est nécessaire pour permettre au monde géré de rester hautement disponible et tolérant aux pannes.

Si le développement de ce projet vous passionne, vous pouvez suivre ses évolutions et y participer sur le site du projet *http://goonix.sourceforge.net/*.

14

Développement d'extensions pour le modeleur Wings 3D

Wings 3D est un modeleur 3D développé en Erlang. Un modeleur 3D est un outil destiné à la création de modèles 3D dédiés aux jeux vidéo ou aux animations en image de synthèse. Ce logiciel est particulièrement intéressant pour la création de formes organiques complexes, comme des visages, des animaux, des personnages, etc. Semblable à la technique de la pâte à modeler, cet outil permet de déformer un objet simple, par exemple une sphère, pour en faire un objet complexe.

Aujourd'hui, Wings 3D est devenu une des applications Open Source les plus en vue en matière de modélisation 3D. Une des raisons de son succès est de permettre de développer des extensions (plug-ins). Nous allons voir dans ce chapitre comment développer des extensions de ce logiciel sous forme de plug-ins.

> Le logiciel Wings3D peut être téléchargé sur le site *http://www.wings3d.com/*.

Les différents types d'extension

Wings 3D offre des possibilités de personnalisation à ses utilisateurs, sous la forme de plug-ins développés en Erlang. La réalisation d'un plug-in pour Wings 3D est aujourd'hui encore une opération peu documentée dans le produit. Dans cette section, nous exposons les principes élémentaires qu'il convient de suivre pour réaliser des extensions au logiciel Wings 3D.

Les plug-ins sont implémentés sous la forme de modules Erlang. Pour être pris en compte par l'application, le fichier compilé en pseudo-code doit se trouver dans le sous-répertoire `plug-ins` de l'application. Ils doivent également respecter la convention de nommage suivante : `wpT_*.beam`, où T est une lettre représentant le type du plug-in.

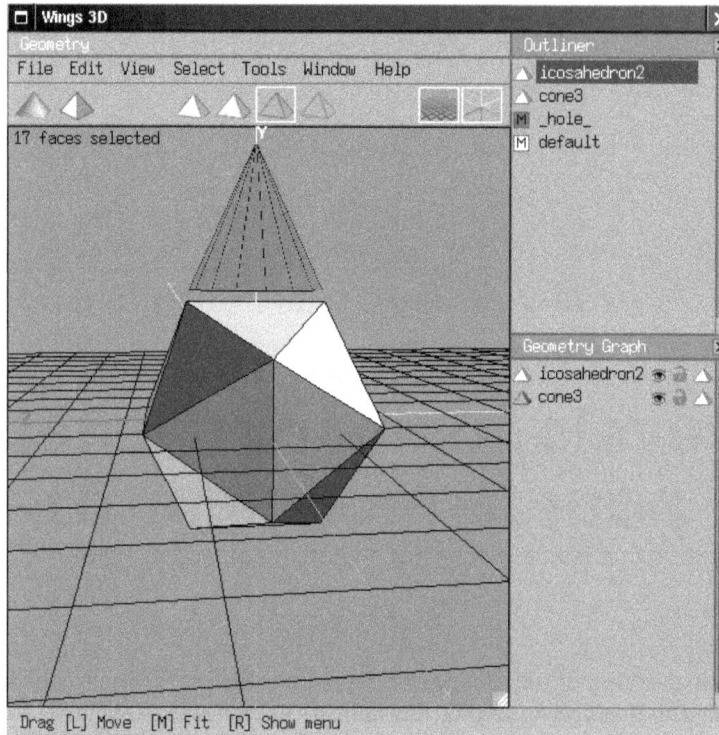

Figure 14-1

Une forme en cours de travail dans l'écran principal de Wings 3D.

Dans la version 0.98 de Wings 3D, il y a quatre types d'extensions :

- **wpc** : les plug-ins d'*extension de commande* permettent d'ajouter des fonctionnalités accessibles par le biais des menus de l'application. La lettre « c » doit être utilisée dans la convention de nommage de ce type de plug-in. Un plug-in d'extension de commande doit implémenter les fonctions suivantes : init/0, menu/2 et command/2.

- **wp8** : les plug-ings d'*interface utilisateur* permettent de modifier en profondeur le fonctionnement de l'interface utilisateur. Grâce à ce type de plug-in, un développeur va utiliser les boîtes de dialogue natives à son système d'exploitation pour la gestion des fichiers (sauvegarde, chargement) ou pour l'affichage d'informations. Le caractère « 8 » doit être utilisé dans le nom du fichier pour représenter le type du plug-in. Un plug-in d'interface utilisateur doit implémenter les fonctions suivantes : init/1, menus/0. La fonction init/1 renvoie une fonction anonyme appelée pour prendre en charge les boîtes de dialogue utilisateurs.

Ces plug-ins servent principalement pour le portage de Wings 3D sur d'autres plates-formes que celle qui est supportée de façon basique ou sur d'autres bibliothèques graphiques. Des exemples sont fournis en standard dans Wings permettant d'utiliser les boîtes de dialogues standards de Mac OS X ou de QT.

- **wp9** : il s'agit d'extensions d'interfaces utilisateur, utilisées pour définir l'accès aux fonctionnalités standards dans l'interface de Wings 3D. Ces plug-ins permettent de définir l'interface utilisateur par défaut de Wings. Ils sont seulement utilisés pour le développement de Wings 3D lui-même.

- **wpf** : ce sont les plug-ins utilisés pour modifier les polices de caractères utilisées dans l'interface utilisateur. L'utilisateur avancé ou le développeur d'extensions recourt rarement à ce type d'extension.

Un développeur d'extension réalise dans la plupart des cas un plug-in d'extension de commande (wpc). Nous allons donc nous intéresser plus particulièrement au développement de ce type d'extension.

Développer un plug-in d'analyse

Un plug-in d'extension de commande Wings 3D est simplement un module Erlang comportant trois fonctions bien déterminées :

- `init/0` : cette fonction est appelée au démarrage de l'application. Elle doit renvoyer l'atome `true`, si l'initialisation du module se déroule correctement.

- `menu/2` : cette fonction permet d'insérer les fonctionnalités du module dans les menus de Wings. Elle renvoie un tuple appliquant les modifications au menu. Lorsque l'application Wings 3D crée la structure des menus, elle appelle pour chaque entrée de menu et pour chacun des plug-ins la fonction `menu/2`. Le premier paramètre est le menu sous lequel nous souhaitons ajouter nos fonctions. Le second paramètre est l'état actuel du sous-menu, sous la forme d'une liste de tuples. On crée une option dans un sous-menu simplement en ajoutant un tuple décrivant l'entrée de menu à la fin de la liste passée en second paramètre.

- `command/2` : cette fonction récupère les événements qui se produisent dans l'interface utilisateur. Le premier paramètre précise la nature de l'événement, tandis que le second correspond à la description complète de la scène.

Démarche et logiciels libres

Pour procéder à des développements sur la base d'outils logiciels libres, il faut le plus souvent bien en comprendre le fonctionnement précis.

Dans les premières phases de développement du projet, la documentation à destination des développeurs est souvent limitée. On dispose certes des sources du logiciel et on peut en prendre connaissance pour cerner la manière dont il fonctionne.

Cette approche n'est cependant pas aisée et souvent est-il plus recommandé de la conforter par le développement d'outils et d'extensions permettant d'analyser le fonctionnement de l'application.

La réalisation du proxy LDAP s'inscrit dans cette démarche. Dans le cas pratique qui nous intéresse sur le logiciel Wings 3D, nous allons adopter une approche similaire : le premier plug-in développé ne fait rien dans le logiciel, si ce n'est qu'il permet de comprendre quand, comment et avec quels paramètres les fonctions des plug-ins sont mises en œuvre.

Le module `wpc_debug.erl` présente le code source de notre module d'analyse. Il signale sur la sortie standard les appels de fonctions de notre plug-in, avec bien évidemment le détail des paramètres d'appels.

```
-module(wpc_debug).

-export([init/0,menu/2,command/2]).

%% Il faut toujours inclure ces fichiers dans les extensions à Wings
%% 3D
-include_lib("esdl/include/gl.hrl").
-include("e3d.hrl").
-include("e3d_image.hrl").

init() ->
    io:format("~p: Initialisation~n", [?MODULE]),
    true.

%% La fonction menu ne change pas les menus
%% Elle se contente d'afficher les paramètres passés lors de l'appel
%% et de renvoyer la liste d'éléments du menu inchangée.
menu(EntreeDeMenu, Elements) ->
    io:format("~p: menu/2 Entree=~p Elements=~p~n", [?MODULE, EntreeDeMenu, Elements]),
    Elements.

%% La fonction commande renvoie l'atome next lorsqu'elle n'est pas
%% concernee par l'evenement
%% Dans notre cas, on affiche les parametres reçus et on passe la main aux autres plug-ins
command(Event, State) ->
    io:format("~p: command/2 Evenement=~p Etat=~p~n", [?MODULE, Event, State]),
    next.
```

Ce module a été placé dans un répertoire baptisé « perso » dans le répertoire de plug-ins de Wings 3D. On le compile en se servant de la commande suivante :

```
erlc -I ../../e3d/ wpc_debug.erl
```

Initialisation du module

Lors du lancement de Wings 3D, ce module donne des informations sur l'utilisation du plug-in par le logiciel. Quand le modeleur est lancé, la fonction d'initialisation de notre plug-in est appelée :

```
1> wings:start().
<0.30.0>
wpc_debug: Initialisation
```

L'interprétation de la fonction `init/0` ne pose pas de problème particulier. La fonction `init/0` de chaque plug-in est toujours appelée au démarrage de Wings.

Le premier événement reçu : {file, autosave}

Après un certain temps d'inactivité, le résultat suivant s'affiche à l'écran :

```
wpc_debug: command/2 Evenement={file,autosave} Etat={st,{0,nil},
                                  face,
                                  false,
                                  [],
                                  {0,nil},
                                  {2,
                                   {default,
    ...
```

À intervalle régulier, l'événement {file, autosave} est déclenché par le modeleur. La fonction command/2 de chaque plug-in est appelée pour laisser à chacun d'eux l'opportunité d'intervenir sur la sauvegarde automatique.

Le fonctionnement des menus

Les menus standards

Ouvrez maintenant le menu *File*. La fonction menu/2 est appelée. Notre programme signale les événements suivants :

```
wpc_debug: menu/2 Entree={file} Elements=[{"New",new,"Create a new, empty scene"},
                            {"Open...",
                             open,
                             "Open a previously saved scene"},
                            {"Merge...",
                             merge,
                             "Merge a previously saved scene into the current scene"},
                            separator,
                            {"Save",save,"Save the current scene"},
                            {"Save As...",
                             save_as,
                             "Save the current scene under a new name"},
                            {"Save Selected...",
                             save_selected,
                             "Save only the selected objects or faces"},
                            {"Save Incrementally",save_incr},
                            separator,
                            {"Revert",
                             revert,
                             "Revert current scene to the save contents"},
                            separator,
                            {"Import",
                             {import,[{"Nendo (.ndo)...",ndo}]}},
                            {"Export",
                             {export,
                                 [{"Nendo (.ndo)...",ndo},
                                  {"ExtremeUV [Experimental] (.xndo)...",
                                   xndo}]}},
```

```
                                    {"Export Selected",
                                     {export_selected,
                                        [{"Nendo (.ndo)...",ndo},
                                         {"ExtremeUV [Experimental] (.xndo)...",
                                          xndo}]}},
                                    separator,
                                    {"Render",{render,[]}},
                                    separator,
                                    {"Exit",quit}]
```

Le premier paramètre de menu/2 correspond à l'élément de menu qui a été activé. Le second paramètre correspond à l'état du menu qui est affiché à l'écran. La fonction menu/2 permet de modifier le menu et donc d'en renvoyer une autre version.

L'ouverture du sous-menu *Import* fait également appel à un événement. En modifiant la description du sous-menu, il nous est possible de greffer des fonctionnalités n'importe où dans le système de menu.

```
wpc_debug: menu/2 Entree={file,import} Elements=[{"Nendo (.ndo)...",ndo},
                                    {"3D Studio (.3ds)...",tds,[option]},
                                    {"Adobe Illustrator (.ai)...",
                                     ai,
                                     [option]}]
```

Les menus contextuels

Les menus contextuels (clic droit), dans la zone graphique ou dans l'arbre d'objets, déclenche également l'appel à la fonction menu/2 de tous les plug-ins, avec un paramètre d'entrée différent selon le contexte. L'entrée est par exemple {shape} pour le menu contextuel de création de forme, {outliner} pour l'appel du menu contextuel dans l'arbre d'objets, etc.

La réception des événements

Lorsqu'on clique sur un élément de menu, on déclenche un événement, et donc un appel à la fonction command/2 :

```
wpc_debug: command/2 Evenement={file,save} Etat={st,{0,nil},
                                    face,
                                    false,
                                    [],
                                    {0,nil},
                                    {2,
    ...
```

Chaque événement dans Wings 3D déclenche un appel à la fonction command/2 de tous les plug-ins. La nature de l'événement est passée en premier paramètre. Le second paramètre, l'état, est en fait une description de l'ensemble de la scène en cours de modélisation.

Tout l'art du développement d'un plug-in pour Wings 3D se résume donc à :

- gérer les accès au menu pour intégrer nos fonctions complémentaires dans l'interface de Wings ;
- traiter correctement les événements qui déclenchent nos fonctionnalités, par exemple, les appels de menus, les changements de mode, la création d'objet, etc. ;

- analyser l'état du « monde » 3D, si nécessaire, et effectuer les transformations correspondant à l'objet de notre module. Ce peut être par exemple la création d'un objet, le déplacement d'un triangle dans une scène 3D, etc.

Dans la suite de ce chapitre, nous présentons les différentes étapes de réalisation d'une extension.

Performance de notre plug-in

Lorsque le nombre de facettes dans la scène augmente, notre plug-in ralentit considérablement le fonctionnement de Wings 3D, car il doit imprimer à l'écran un nombre important d'informations, pour chaque action effectuée.

Les différents types d'entrées de menu

Les entrées de menu simples

Une entrée de menu se présente sous la forme d'un tuple. Simple, elle prend la forme d'un tuple de longueur 2, comprenant une chaîne de caractères décrivant la commande (Description) et un atome permettant de lier le menu à l'implémentation de la commande (Commande) :

```
{Description, Commande}
```

Elle peut cependant comprendre un troisième élément refermant un texte d'aide plus long sur la commande, qui apparaît dans la barre de statut de l'application (Aide) :

```
{Description, Commande, Aide}
```

La commande permet de configurer l'événement qui sera émis dès lors que le menu en question sera sélectionné. L'événement émis dans le cas d'une sélection dans le menu principal est un emboîtement de tuples en représentant la position dans l'arborescence du menu. L'exemple suivant présente l'événement émis lors de la sélection d'une opération dans un menu de profondeur 2 (*File / Export / Nendo*) :

```
{file,{export,ndo}}
```

Une opération dans un menu de profondeur 3 renvoie un événement comportant un niveau d'imbrication supplémentaire (*Select / By /Vertices with / 2 edges*) :

```
{select,{by,{vertices_with,2}}}
```

Les descriptifs de commande utilisables dans les entrées de menu

La commande qui décrit un menu peut être un atome mais également un nombre, comme dans l'exemple présenté précédemment. Les valeurs pourront ainsi être directement utilisées, sans conversion, dans l'implémentation de la commande.

Les entrées de menu comportant une boîte de dialogue

Une entrée de menu peut également comporter une case permettant d'accéder de façon optionnelle à un écran de saisie d'options. À cette fin, le tuple de description de l'entrée de menu comprend en troisième élément la valeur [option] :

```
{Description, Commande, [option]}
```

ou

```
{Description, Commande, Aide, [option]}
```

Ces options permettent de réaliser un traitement avec des valeurs par défaut, ou bien, en cliquant sur le petit carré de l'option, de préciser des valeurs pour l'exécution.

L'événement renvoyé inclut l'atome false si l'option par défaut est demandée, ou l'atome true si l'option est accédée en cliquant sur la case. Par exemple, pour la création d'un cylindre, les deux événements suivants peuvent être renvoyés :

```
{shape,{cylinder,false}}
```

ou

```
{shape,{cylinder,true}}
```

Le module d'extension doit traiter les deux cas, et lancer, ou pas, l'affichage de la boîte de dialogue.

La figure 14-2 présente une copie d'écran d'une des fonctions de notre extension : une boîte de dialogue affichant la liste des objets de la scène.

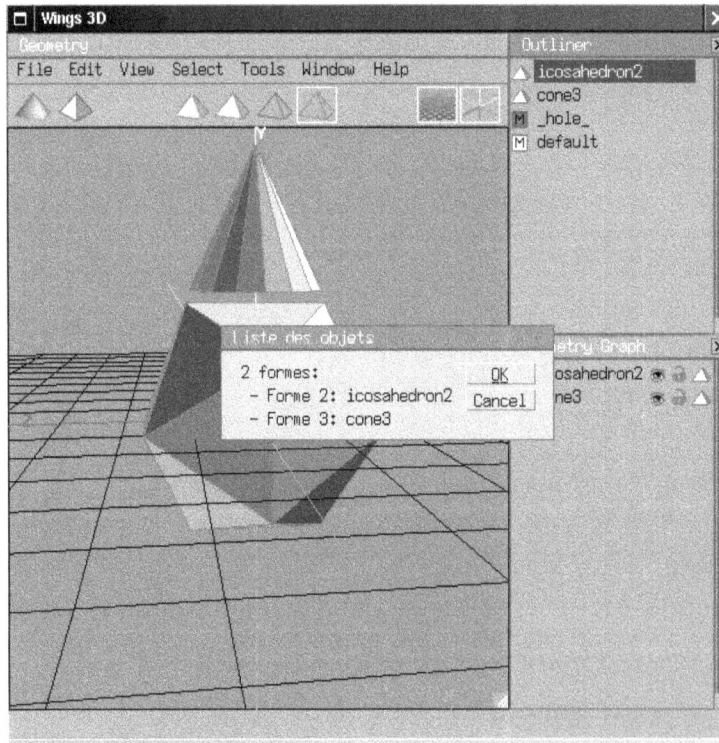

Figure 14-2

Notre extension Wings 3D : une boîte de dialogue présentant la liste des objets de notre scène

Les interrupteurs

De façon effective, une entrée de menu peut simplement être une case à cocher qui permette de paramétrer des options vrai ou faux pour certaines valeurs de l'application. Pour réaliser une telle option de menu, il faut positionner le dernier élément du tuple d'entrée de menu à la valeur [] ou bien [crossmark].

```
{Description, Param, [crossmark]}
```

ou

```
{Description, Param, []}
```

Un descriptif d'aide peut là encore être ajouté en troisième position du tuple.

Le deuxième élément du tuple représente alors le nom du paramètre et non plus seulement une valeur d'événement généré. Ces valeurs sont gérées globalement dans l'application à l'aide du module standard Erlang proplists qui, plus précisément, permet de gérer la liste des options utilisées dans l'application. Des fonctions de plus haut niveau sont accessibles *via* l'interface de développement de Wings 3D, rassemblées dans le module wpa.

Pour plus d'informations sur la gestion des options, vous pouvez vous reporter à la documentation officielle du module proplists.

Les séparateurs de menu

On peut également ajouter un séparateur de menu en renvoyant l'atome separator dans la liste contenant la description du sous-menu.

Le traitement des événements et l'analyse du monde 3D

Lorsque l'appel à la fonction command/2 de notre module d'extension est réalisé, celle-ci reçoit, en second paramètre, une valeur représentant l'état de notre « monde ».

Représentation de l'événement

Un événement n'est autre qu'un tuple décrivant l'événement généré. L'événement suivant est par exemple généré lorsqu'on le demande, *via* le menu contextuel. La valeur true signifie que nous souhaitons entrer nos propres paramètres et non pas utiliser les valeurs par défaut :

```
{shape,{cylinder,true}}
```

L'événement suivant est déclenché après la validation de la boîte de dialogue de création du cylindre :

```
{shape, {cylinder, [16]}}
```

Le nouvel événement permet de récupérer, vérifier et traiter les valeurs de la boîte de dialogue.

La description du monde

La fonction command/2 prend en entrée un tuple décrivant l'événement qui a déclenché l'appel, ainsi que l'état global du monde 3D. L'événement est décrit par un enregistrement de type st. Sa description est la suivante :

- shapes : il s'agit de toutes les formes marquées comme étant visibles. Elles se présentent sous la forme équilibrée d'un arbre binaire, qui peut être manipulé à l'aide du module standard gb_tree. La forme elle-même est représentée comme un enregistrement de type we, traduction en Erlang de la structure de données classique à arêtes ailées (*winged edge*)[1].

- selmode : il s'agit du mode de sélection actif dans Wings 3D. C'est un atome représentant l'un des quatre modes de sélection possibles : vertex, edge, face, body. Les fonctionnalités mises en œuvre par un module d'extension peuvent être différentes selon le mode de sélection.

- sh : option « *smart highlight* » activée ou pas. La valeur est true ou false.

- sel : il s'agit d'une liste contenant les éléments présents dans la sélection courante. La valeur est de la forme [{Id,GbSet}]. L'identifiant est celui de la forme sélection. Les valeurs dans GbSet dépendent du mode de sélection. Elles sont représentées sous la forme d'un arbre binaire « balancé » de type gb_sets.

- ssels : il s'agit d'une liste contenant les sélections mémorisées. Les sélections sont stockées sous la forme d'un arbre binaire balancé (gb_trees) ayant pour clé d'accès {ModeDeSelection, NomGroupe}. L'interface utilisateur de Wings 3D désigne cette fonctionnalité sous le nom de groupe.

- mat : le paramètre contient la liste des matériaux définis dans le monde 3D. La liste se présente sous la forme d'un arbre binaire équilibré gb_trees.

- file : c'est le nom du fichier en cours d'édition.

- saved : drapeau qui précise si le modèle a été sauvegardé. La valeur est true ou false.

- onext : il s'agit du prochain identifiant d'objet disponible.

- bb : il s'agit des coordonnées de la boîte qui est capable d'englober notre scène. Si on coupe la scène autour de cette boîte, tous les objets du monde 3D sont conservés.

- edge_loop : il s'agit de la précédente boucle d'arêtes.

- repeatable : contient la dernière commande qui peut être répétée.

- args : contient les paramètres associés aux commandes de glissement à la souris.

- def : opérations par défaut.

- top : haut de la pile d'annulation d'opération.

- bottom : bas de la pile d'annulation d'opération.

- next_is_undo : il s'agit de la situation de l'environnement d'annulation/rejeu (*undo* et *redo*).

- undone : il s'agit des états qui ont été annulés.

- vec : vecteur actuellement visible.

---

1. La description de la structure de données à arêtes ailées est disponible sur le site : *http://www.cs.mtu.edu/~shene/COURSES/cs3621/NOTES/model/winged-e.html*.

La représentation du monde 3D est entièrement utisable depuis les extensions Wings. La figure 14-3 présente dans une boîte de dialogue le type d'informations qu'il est possible de retirer de la structure de données décrivant la scène.

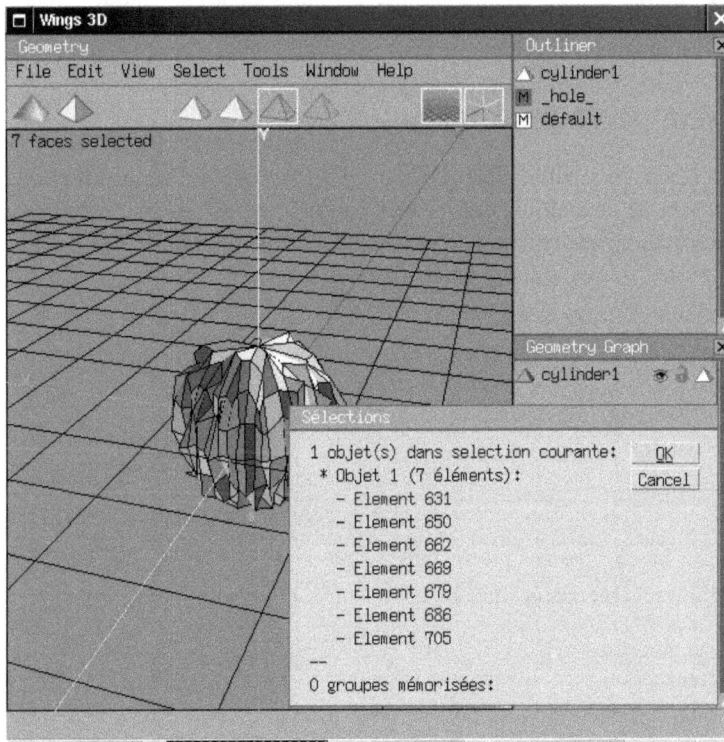

Figure 14-3

Accès aux informations décrivant la scène 3D depuis notre propre extension.

La description complète des structures de données figure dans les fichiers `wings.hrl` et `e3d.hrl`. Nous invitons le lecteur à s'y reporter.

La valeur de retour de la fonction command/2

Après les traitements, le comportement de l'application est déterminé par les valeurs de retour de la fonction `command/2`. En voici les valeurs possibles :

- `next` : il s'agit de la valeur de retour utilisée lorsqu'on souhaite qu'une fonction standard ou un autre module d'extension dispose de l'opportunité d'agir sur l'événement.

- `keep` : la valeur de retour signifie que l'événement a été traité et qu'il ne doit pas être passé à d'autres fonctions standards ou applications.

- `{command_error, Error}` : permet de signaler une erreur détectée lors de l'exécution de la commande.

- `aborted` : signale l'abandon de l'exécution de la commande par l'utilisateur.
- `{new_shape,Prefixe,Fs,Vs}` : permet de créer un nouvel objet dans le monde 3D.
- `State` : permet de renvoyer une nouvelle version modifiée de la scène.

D'autres valeurs de retour permettent d'assurer certaines tâches techniques, dont l'utilisation n'entre pas _stricto sensu_ dans le cadre de cet ouvrage : {drag, _}, {push, _}, {seq, _, _}.

La réalisation de notre extension

Dans cette extension, nous allons réaliser notre propre module d'extension. Son rôle va consister à afficher dans une boîte de dialogue des valeurs particulières sur l'« état » du monde 3D. En plus des fonctions d'information, une commande permet de modifier le monde 3D en déplaçant aléatoirement les points composant l'ensemble des objets de notre scène.

Voici le code source de notre extension :

```erlang
%% Module de debug orienté vers l'analyse de l'état du monde 3D passé
%% à la fonction command/2
%% erlc -I ../../e3d/ -I ../../src/ wpc_debug2.erl
-module(wpc_debug2).

-export([init/0,menu/2,command/2]).

%% Il faut toujours inclure ces fichiers dans les extensions à Wings
%% 3D
-include_lib("esdl/include/gl.hrl").
-include("e3d.hrl").
-include("e3d_image.hrl").
-include("wings.hrl").

init() ->
    %% Initialisation du générateur de nombres aléatoires:
    {A,B,C} = erlang:now(),
    random:seed(A,B,C),
    true.

%%%   -=-=-=-=- Paramétrage des menus -=-=-=-=-
%% Ajout d'options à la fin du menu d'aide
menu({help}, Elements) ->
    Elements ++ [separator,
      {"Informations générales", general_info},

      {"Liste des objets", objects},
      {"Liste des sélections", select_list}];
%% Ajout d'une option aléatoire dans le menu outil
menu({tools}, Elements) ->
    Elements ++ [separator,
      {"Changements aléatoires", random}];
%% Les autres menus sont ignorés
menu(_EntreeDeMenu, _Elements) ->
    _Elements.
```

```erlang
%% ----------------------- general_info -----------------------
%% Génération d'un écran d'information général à partir de l'état du
%% monde
command({help, general_info}, State) ->
    %% Récupère le nom du fichier en cours d'édition (#st.file)
    NomFichier = case State#st.file of
            undefined -> "Noname";
            Fichier   -> Fichier
        end,

    %% Récupère le mode de sélection actif dans Wings (#st.selmode)
    SelMode = atom_to_list(State#st.selmode),

    %% Récupère l'état de l'option smart highlight (#st.sh)
    SmartHighlight = atom_to_list(State#st.sh),

    %% Met en forme l'écran
    wpa:dialog("Informations générales",
        [{label, "Fichier: " ++ NomFichier},
     {label, "Mode de sélection: " ++ SelMode},
     {label, "Smart Highlight: " ++ SmartHighlight}],
        fun(Resultat) -> {help,{general_info,Resultat}}
        end);
%% La sortie de l'écran d'information ne nécessite pas de validation.
%% C'est l'endroit où il faut insérer contrôles et traitements
command({help, {general_info, Resultat}}, State) ->
    keep;

%% ----------------------- objects -----------------------
%% Affiche la liste des objets
command({help, objects}, State) ->
    Formes = gb_trees:keys(State#st.shapes),

  %% Attention: Il faut utiliser lists:flatten1, car la fonction de
  %% création de l'interface de dialogue ne fonctionne bien qu'avec
  %% des listes plates

    %% Prépare une liste de labels pour l'affichage des objets de la scène
    Recap = [{label, lists:flatten(io_lib:format("~w formes:", [length(Formes)]))}],
    Objets = lists:map(fun(FormeId) ->
                WingedEdge = gb_trees:get(FormeId, State#st.shapes),
                Nom = WingedEdge#we.name,
                {label, lists:flatten(io_lib:format(" - Forme ~w: ~s", [FormeId, Nom]))}
        end,
        Formes),

    %% Met en forme l'écran
    wpa:dialog("Liste des objets",
        Recap ++ Objets,
        fun(Resultat) -> {help,{objects,Resultat}}
        end);

%% La sortie de l'écran d'information ne nécessite pas de validation.
```

```erlang
%% C'est l'endroit où il faut insérer contrôles et traitements
command({help, {objects, Resultat}}, State) ->
    keep;

%% ----------------------- objects -------------------------
%% Sélections
command({help, select_list}, State) ->
    %% Récupère l'état de la sélection courante (#st.sel)
    Selection = State#st.sel,

    %% Prépare une liste de labels pour l'affichage des sélections de la scène
    RecapSelCourante = [{label, lists:flatten(io_lib:format("~w objet(s) dans selection
➡courante:",
                [length(Selection)]))}],

    SelCourante = lists:map(fun({ObjetSelId, ElementSel}) ->
                [{label, lists:flatten(io_lib:format(" * Objet ~w (~w éléments):",
                        [ObjetSelId, gb_sets:size(ElementSel)]))}] ++
                selection(ElementSel)
            end,
            Selection),

    %% Récupère le nom et le mode des sélections mémorisées existantes
    %% (#st.ssels)
    GroupeIds = gb_trees:keys(State#st.ssels),
    RecapGroupes = [{label, lists:flatten(io_lib:format("~w groupes mémorisées:",
➡[length(GroupeIds)]))}],
    Groupes = lists:map(fun({ModeSel, Nom}) ->
            {label, io_lib:format(" - ~s (mode: ~p)", [Nom, ModeSel])}
        end,
        GroupeIds),

    %% Met en forme l'écran
    wpa:dialog("Sélcctions",
        lists:flatten(RecapSelCourante ++ SelCourante ++ [{label, "--"}] ++
            RecapGroupes ++ Groupes),
        fun(Resultat) -> {help,{objects,Resultat}}
        end),

    keep;
%% La sortie de l'écran d'information ne nécessite pas de validation.
%% C'est l'endroit où il faut insérer contrôles et traitements
command({help, {select_list, Resultat}}, State) ->
    keep;

command({tools, random}, State) ->
    %% Récupère les identifiants des formes
    FormeIds = gb_trees:keys(State#st.shapes),

    %% Pour chacune des formes récupère le nombre de points vertices
    lists:foreach(fun(FormeId) ->
```

```
    WingedEdge = gb_trees:get(FormeId, State#st.shapes),
    {Id, Coordonnees} = gb_trees:to_list(WingedEdge#we.vp),
    io:format("-- ~p~n", [Coordonnees])
    end,
    FormeIds),
      keep;

%% Les autres événements doivent être gérés par Wings lui-même ou par
%% d'autres modules.
command(_Event, _State) ->
    next.

%% Renvoie une chaîne décrivant la sélection dans un objet donné
selection(GbSet) ->
    Iter = gb_sets:iterator(GbSet),
    selection(Iter, []).
selection(Iter, Liste) ->
    case gb_sets:next(Iter) of
  {Value, Iter2} -> %% Element
      Element = {label, lists:flatten(io_lib:format("   - Element ~p~n", [Value]))},
      selection(Iter2, Liste ++ [Element]);
  none -> %% Plus d'élements
      Liste
    end.

%% -----------------------------
%% Fonctions internes:
randomize(Coordonnees) ->
    %% Tirage de trois nombres aléatoires:
    %% Axe:
    Axe = random:uniform(3),
    %% Sens:
    Sens = random:uniform(3) - 2,

    %% Ampleur (Jusqu'à 15 % de la coordonnée)
    %% Normalement ce devrait être 15 % de la taille de la bounding box
    Ampleur = random:uniform(15),

    Result = lists:mapfoldl(
        fun(Valeur, Axe) ->
            {Valeur + (Sens * (Ampleur * Valeur/200)), Axe + 1}
        end,
        1,
        tuple_to_list(Coordonnees)).
```

Dans cet exemple, le code illustre l'accès à diverses informations présentes dans la structure de données st, représentant l'état de la scène 3D dans son intégralité. Ce module vous permet de d'appréhender la manière dont la structure de données st peut être manipulée.

Lors de l'exécution du module, vous pouvez constater que de nouvelles options sont maintenant disponibles dans le menu *Help*. Ces options vous permettre d'obtenir des informations sur la scène qui est en cours d'utilisation.

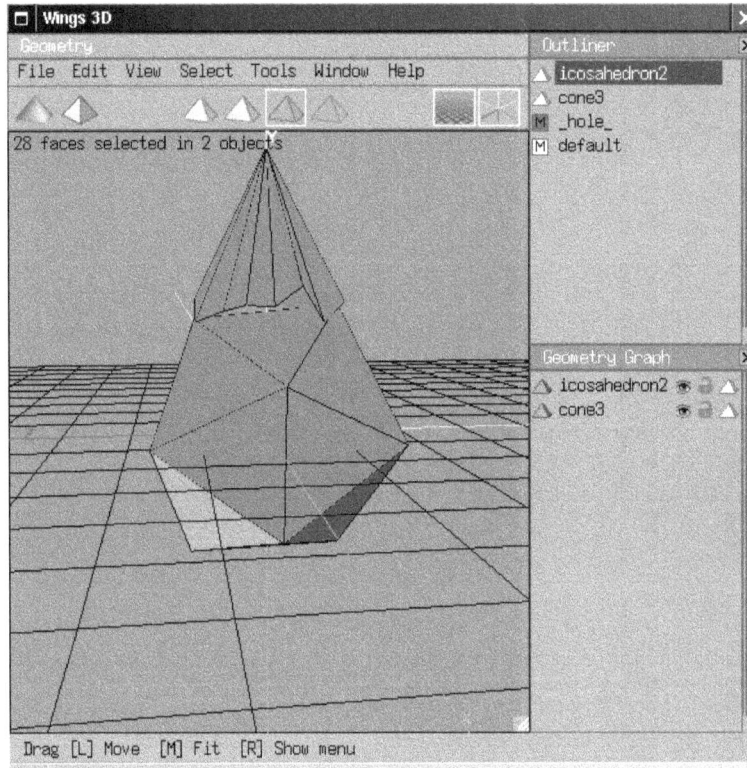

Figure 14-4

Notre monde 3D après l'utilisation de notre extension de déplacement aléatoire des points.

Conclusion

Wings 3D est un fabuleux modeleur, même s'il est encore difficile d'accès pour le développeur d'extension. Cet exemple de module d'extension nous a permis de poser les bases nécessaires pour la réalisation de plug-ins. Tant l'intégration d'un plug-in dans l'application que l'analyse et la manipulation du monde 3D ne doivent plus représenter de mystère pour le lecteur. Il ne reste plus qu'à profiter de toute la puissance de cet outil !

Index

www.ingramcontent.com/pod-product-compliance
Lightning Source LLC
Chambersburg PA
CBHW080709220326
41598CB00033B/5352